高等学校"十三五"规划教材

环境学导论

Introduction to Environmental Science

周北海　陈月芳　袁蓉芳　施春红　等编著

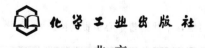

化学工业出版社

·北京·

《环境学导论》按照环境学基础理论、环境污染与治理、人口/资源与环境问题、生态系统四大部分进行编写,主要介绍了全球环境问题、水环境、大气环境、土壤环境、固体废物与环境、物理环境、人口与环境、粮食生产与环境、能源与环境、自然资源的开发利用与环境、战争与环境、生态学基础、生物多样性、工业生态系统构建、农业生态系统保护、城市生态系统保护、农村生态系统保护、生态文明理论与实践、可持续发展等方面的内容。在每一章前列出"本章要点",章节后精心设计"思考题";在重要章节中,设置相关知识的专栏介绍。

《环境学导论》可作为环境科学专业、生态学专业以及相关专业的本科生教材,也可供对环境问题、环境生态有兴趣的读者选用。

图书在版编目(CIP)数据

环境学导论/周北海等编著 . —北京:化学工业出版社,2016.12 (2024.1重印)

高等学校"十三五"规划教材

ISBN 978-7-122-28620-8

Ⅰ.①环… Ⅱ.①周… Ⅲ.①环境科学-高等学校-教材 Ⅳ.①X

中国版本图书馆 CIP 数据核字(2016)第 298096 号

责任编辑:宋湘玲 王淑燕 装帧设计:韩 飞
责任校对:王素芹

出版发行:化学工业出版社(北京市东城区青年湖南街 13 号 邮政编码 100011)
印 装:三河市延风印装有限公司
787mm×1092mm 1/16 印张 23½ 字数 576 千字 2024 年 1 月北京第 1 版第 11 次印刷

购书咨询:010-64518888 售后服务:010-64518899
网 址:http://www.cip.com.cn
凡购买本书,如有缺损质量问题,本社销售中心负责调换。

定 价:49.80 元

自工业革命以来，世界经济迅猛发展，其前提是以环境破坏和污染为代价。水污染、大气污染、固体废物污染、物理性污染以及生态环境破坏、生物多样性破损蔓延全球，这些问题至今都未得到解决，在有些国家和地区甚至变得越发严重。环境问题的根本在于人类的诸多不当活动，因此《环境学导论》有助于提升全民的环境意识。基于编写团队的教学实践，本书内容在满足环境专业要求的同时，兼顾矿冶专业的特点。

《环境学导论》的出版得到了北京科技大学的立项支持，由周北海教授、陈月芳副教授、施春红副教授、袁蓉芳博士组成编写团队，并有郭利、关欢欢、安丹凤、王岩、滕科均等研究生参与。本书由 20 章组成，全书编写分工如下：第 1、2，13～18，20 章袁蓉芳编写；第 3～11 章由陈月芳编写；第 12 章由周北海编写；第 19 章由施春红编写。全书由周北海策划、构思并统稿。

《环境学导论》首先从基本环境概念介绍导入，接着站在全球环境的角度客观分析中国主要环境问题。让读者对环境学及国内外形式有宏观认知。在此基础上，本书基于水、大气、土壤（固废）三大环境问题，以物理、人口、粮食生产、能源、自然资源、战争等与环境之间的关系为着重点，对环境学进行系统阐述。最后，从生态学，生物多样性，工业、农业、城市和农村生态系统保护，上升到生态文明理论与实践、可持续发展的重要意义。全书有概念、有问题、有方法、有模式、有实践。全书内容安排上，力求系统性、完整性和新颖性。其中，本人主笔的"战争与环境"一章在同类书籍中鲜有专门章节触及，本书先行做尝试，以起抛砖引玉的作用。另外，一些案例和内容以专栏形式编排。

《环境学导论》引用了一些国内外同行学者的研究成果，在此深表谢意。

《环境学导论》可作为环境科学专业、环境工程专业、生态学专业以及相关专业本科生的教材。

环境学发展迅速，加上我们能力所限，虽竭尽全力，但书中不当和错误之处在所难免，敬请各位专家、学者批评指正。

周北海
2017 年 1 月于北京

第1章 绪论

第2章 全球环境问题

第3章 水环境

第4章 大气环境

第5章　土壤环境

第6章　固体废物与环境

第7章 物理环境

第8章 人口与环境

第9章　粮食生产与环境

第 10 章 能源与环境

第 11 章 自然资源的开发利用与环境

第15章　工业生态系统构建

第16章　农业生态系统保护

第17章　城市生态系统保护

第18章　农村生态系统保护

第19章 生态文明理论与实践

第20章 可持续发展

第 1 章　绪　论

本章要点

1. 环境及其相关名词的概念；
2. 环境的组成和特点；
3. 环境问题的产生、特点和如何分类；
4. 环境学所研究的基本内容、基本任务和其学科体系。

1.1　环境的概念及其组成

1.1.1　环境的概念

环境学，是研究人类生存的环境质量及其保护与改善的科学。环境学研究的对象，是以人类为主体的外部世界，即人类赖以生存和发展的物质条件的综合体，包括自然环境和社会环境。自然环境是直接或间接影响到人类的、一切自然形成的物质及其能量的总体。社会环境是指人类生存及活动范围内的社会物质、精神条件的总和。广义的环境包括整个社会经济文化体系，狭义的环境仅指人类生活的直接环境。

1.1.1.1　环境的概念

根据《中华人民共和国环境保护法》，环境是指"影响人类社会生存和发展的各种天然的和经过人工改造的自然因素总体，包括大气、水、海洋、土地、矿藏、森林、菜园、野生动物、自然古迹、人文古迹、自然保护区、风景名胜区、城市和乡村等"。

随着人类文明的发展，科学技术的进步，"环境"的概念也在不断深化。"环境"有两层含义：①指以人为中心的人类生存环境，关系到人类的毁灭与生存，同时又不是泛指人类周围的一切自然的和社会的客观事物整体，如银河系并不包含在这个概念中。②随着人类社会的发展，环境概念也在发展。譬如，现阶段没有把月球视为人类的生存环境，而随着宇宙航行和空间科学的发展，月球将有可能会成为人类生存环境的组成部分。

1.1.1.2　环境要素

环境要素也称环境基质，是构成人类环境整体的各个独立的、性质不同的而又服从整体演化规律的基本物质组分。环境要素分为自然环境要素和人工环境要素。自然环境要素通常是指水、大气、生物、岩石、土壤、阳光等。有的学者认为环境要素，不包括阳光，因此环境要素并不等于自然环境因素。

环境要素组成环境的结构单元，环境结构单元又组成环境整体或环境系统。例如，水组成水体，全部水体总称为水圈；大气组成大气层，全部大气层总称为大气圈；生物体组成生物群落，全部生物群落集称为生物圈。

环境要素具有一些重要的特点，主要包括以下几个方面。

① 最差（小）限制律。整体环境的质量不是由环境诸要素的平均状态决定，而是受环境诸要素中那个与最优状态差距最大的要素的控制。这就是说，环境质量的好坏，取决于诸要素中处于"最差状态"的那个要素，而不能够因其他要素处于优良状态而得到弥补。因此，环境要素之间是不能相互替代的。

② 等值性。即各个环境要素，无论他们本身在规模上或者数量上如何不同，但只要是一个独立的要素，那么对于环境质量的限制作用无质的差异。也就是说任何一个环境要素，对于环境质量的限制，只有在他们处于最差状态时才具有等值性。

③ 整体性大于个体之和。即一处环境的性质，不等于组成该环境各个要素性质之和，而是更丰富复杂。

④ 相互联系，相互依赖。环境要素在地球演化史上先后出现，并相互联系相互依赖。

环境要素的这些特点，不仅制约了各环境要素间的相互联系、相互作用，也是人们认识环境、评价环境、改造环境的基本依据。

1.1.1.3　环境质量

环境质量，是在一个具体的环境内环境的总体或环境的某些要素对人类的生存和繁衍以及社会经济发展的适宜程度，是反映人类的具体要求而形成的对环境评定的一种概念。通常用环境质量来反映环境污染程度。环境质量是环境系统客观存在的一种本质属性，是环境系统所处的状态，可以进行定性或定量描述。环境质量包括自然环境质量和社会环境质量。

（1）自然环境质量

自然环境质量可分为物理环境质量、化学环境质量及生物环境质量。

物理环境质量用来衡量周围物理环境条件，如气候、水文、地质地貌等自然条件的变化，放射性污染、热污染、噪声污染、微波辐射、地面下沉、地震等自然灾害等。

化学环境质量是指周围工业是否产生化学环境要素，如果周围的重污染工业较多，那么产生的化学环境要素就多一些，产生的污染比较严重，化学环境质量就比较差。

生物环境质量是自然环境质量中最主要的组成部分，鸟语花香是人们向往的自然环境，生物环境质量是针对周围生物群落的构成特点而言的。不同地区的生物群落结构及组成的特点不同，其生物环境质量就显出差别。

（2）社会环境质量

社会环境是人工创建的生态环境，它既包括物质环境，也包括政治、精神环境。社会环境既是物质文明和精神文明的标志，又随着人类文明的演进而不断地丰富和发展。社会环境质量主要包括经济、文化和美学等方面的环境质量。

1.1.1.4　环境容量与环境承载力

（1）环境容量

环境容量，是在人类生存和自然生态系统不致受害的前提下某一环境所能容纳的污染物的最大负荷量，或一个生态系统在维持生命机体的再生能力、适应能力和更新能力的前提下承受有机体数量的最大限度。就环境污染而言，污染物存在的数量超过最大容纳量，这一环境的生态平衡和正常功能就会遭到破坏。

环境容量是在环境管理中实行污染物浓度控制时提出的概念，包括绝对容量和年容量两个方面。前者指某一环境所能容纳某种污染物的最大负荷量，后者指某一环境在污染物的积累浓度不超过环境标准规定的最大容许值的情况下，每年所能容纳的污染物最大负荷量。

（2）环境承载力

环境承载力又称环境承受力或环境忍耐力，指在一定时期内，在维持相对稳定的前提下，环境资源所能容纳的人口规模和经济规模的大小。地球的面积和空间是有限的，资源也是有限的，显然它的承载力也是有限的。

人类赖以生存和发展的环境是一个大系统，既为人类活动提供空间和载体，又为人类活动提供资源并容纳废弃物。对于人类活动来说，环境系统的价值体现在它能对人类社会生存发展活动的需要提供支持。由于环境系统的组成物质在数量上有一定的比例关系、在空间上具有一定的分布规律，所以它对人类活动的支持能力有一定的限度。当人类社会经济活动对环境的影响超过环境所能支持的极限，即外界的"刺激"超过环境系统维护其动态平衡与抗干扰的能力，也就是人类社会行为对环境的作用力超过了环境承载力，就会对环境产生破坏。

（3）环境容量与环境承载力的关系

从环境容量和环境承载力的定义和特征可以看出，环境承载力既不是一个纯粹描述自然环境特征的量，又不是一个描述人类社会的量，它与环境容量是有区别的。环境容量强调的是环境系统对自然和人文系统排污的容纳能力，侧重体现和反映环境系统的自然属性，即内在的自然秉性和特质。环境承载力则强调在环境系统正常结构和功能的前提下，环境系统所能承受的人类社会经济活动的能力，侧重体现和反映环境系统的社会属性，即外在的社会秉性和特质。环境系统的结构和功能是其承载力的根源。从一定意义上讲，没有环境的容量，就没有环境的承载力。

1.1.1.5　环境污染

环境污染指自然的或人类活动产生的有害物质或因子进入环境而超过环境的自净能力所引起环境系统的结构与功能发生变化，从而使环境的质量降低，对人类的生存与发展、生态系统和财产造成不利影响的现象。造成环境污染的原因很多，主要包括化学型、物理型和生物型三个方面。

（1）环境污染的分类

环境污染多种多样，分类方式较多。按环境要素，分为大气污染、土壤污染、水体污染；按属性，分为显性污染和隐性污染；按人类活动，分为工业型污染、生活型污染、农业型污染；按污染物性质，分为化学污染、生物污染、物理污染（噪声污染、放射性、电磁波）、固体废物污染、能源污染。

环境污染源是指环境污染的发生源，通常指能产生物理的、化学的及生物的有害物质或能量的设备、装置或场所的人类活动引发的环境污染发生源。环境污染源主要有以下几方面：工厂源、生活源、交通源、农业源、采矿源、空气源以及其他污染源。

（2）环境污染的特点

环境污染是各种污染因素本身及其相互作用的结果。同时，环境污染还受社会评价的影响而具有社会性。它的特点可归纳为：复杂性、潜伏性、持久性、广泛性。

环境污染损害具有复杂性。首先，由于环境污染的源来自生产生活的各个领域，产生的污染物种类繁多，并且这些污染物常常是经过转化、代谢、富集等各种反应后，才导致污染损害。其次，与一般民事违法行为所造成损害不同，污染环境行为造成他人损害的过程非常复杂。

环境污染损害具有潜伏性。这是因为，环境本身具有消化污染物的自净能力，但如果某种污染物的排放量超过环境的自净能力，环境不能消化掉的那部分污染物会慢慢地蓄积起来，最终导致损害的发生。

环境污染损害具有持续性。环境损害常常透过广大的空间和长久的时间，经过多种因素的复合积累后才形成，因此造成的损害是持续不断的。同时，由于受科学技术水平的制约，对一些污染损害缺乏有效的防治方法。因此，环境污染损害并不因为污染物的停止排放而立即消除，具有持续性。

环境污染损害具有广泛性。一是受害地域的广泛性，如海洋污染往往涉及周边的数个国家；二是受害对象的广泛性，包括全人类及其生存的环境；三是受害利益的广泛性，环境污染往往同时侵害人们的生命、健康、财产等。

（3）环境的自净

环境受到污染后，在物理、化学和生物的作用下，逐步消除污染物达到自然净化的过程。环境自净按发生机理可分为物理净化、化学净化和生物净化三类。环境自净能力，指自然环境通过大气、水流的扩散、氧化以及微生物的分解作用，将污染物化转为无害物的能力。

环境自净的物理作用有稀释、扩散、淋洗、挥发、沉降等。含有烟尘的大气，通过气流的扩散、降水的淋洗、重力的沉降等作用，而得到净化；混浊的污水进入江河湖海后，通过物理的吸附、沉淀和水流的稀释、扩散等作用，水体恢复到清洁的状态。

环境自净的化学反应有氧化和还原、化合和分解、吸附、凝聚、交换、络合等。例如，某些有机污染物经氧化还原作用生成水和 CO_2 等。

生物的吸收、降解作用使环境污染物的浓度和毒性降低或消失。例如，植物能吸收土壤中的酚、氰，并在体内转化为酚糖甙和氰糖甙，球衣菌可以把酚、氰分解为 CO_2 和水；绿色植物可吸收 CO_2，放出 O_2。

（4）环境污染的危害

环境污染会给生态系统造成直接的破坏和影响，如沙漠化、森林破坏，也会给人类社会造成间接的危害，有时这种间接危害比直接危害更大，也更难消除。

全球范围内都不同程度地出现了环境污染问题，具有全球影响的包括大气环境污染、海洋污染、城市环境问题等。随着经济和贸易的全球化，环境污染也日益呈现国际化趋势，出现的危险废物越境转移问题则是这方面的突出表现。

环境污染对生物的生长发育和繁殖具有十分不利的影响。污染严重时，生物在形态特征、生存数量等方面都会发生明显的变化。根据污染物的来源，环境污染对人体健康的危害主要包括以下几方面。

① 大气污染与人体健康　大气污染主要是指大气的化学性污染。大气中化学污染物的种类很多，对人体危害严重的多达几十种。我国的大气污染属于煤炭型污染，主要污染物是烟尘和 SO_2，此外还有 NO_x 和 CO 等。这些污染物主要通过呼吸道进入人体，不经肝脏的解毒作用，直接由血液运输到全身。所以，大气的化学污染对人体健康的危害很大。

大气中化学性污染物的浓度一般比较低，对人体主要产生慢性毒害作用。城市大气的化学性污染是慢性支气管炎、肺气肿和支气管哮喘等疾病的重要诱因。在工厂大量排放有害气体且无风多雾时，大气中的化学污染物不易散开，就会使人急性中毒。

大气中化学性污染物中具有致癌作用的有多环芳烃类和含铅化合物等，其中苯并 [a] 芘引起肺癌的作用最强烈。燃烧的煤炭、行驶的汽车和香烟的烟雾中都含有很多苯并 [a] 芘。大气中的化学性污染物，还会降落到水体和土壤中以及农作物上，被农作物吸收和富集后，进而危害人体健康。

大气污染还包括大气的生物性污染和大气的放射性污染。大气的生物性污染物主要有病原菌、霉菌孢子和花粉。病原菌能使人患肺结核等传染病，霉菌孢子和花粉能使一些人产生过敏反应。大气中的放射性污染物，主要来自原子能工业的放射性废弃物和医用 X 射线源等，这些污染物容易使人患皮肤癌和白血病等。

② 水污染与人体健康。河流、湖泊等水体被污染后，对人体健康会造成严重危害，主要表现在三个方面。第一，饮用污染的水和食用污水中的生物，能使人中毒，甚至死亡。例如，1956 年，日本熊本县的水俣湾地区出现一些病因不明的患者，患者出现痉挛、麻痹、运动失调、语言和听力发生障碍等症状，最后因无法治疗而痛苦地死去，人们称这种怪病为水俣病。这种病是由当地含 Hg 的工业废水造成的。Hg 转化成甲基汞后，富集在鱼、虾和贝类的体内，人们如果长期食用这些鱼、虾和贝类，就会引起以脑细胞损伤为主的慢性甲基汞中毒。第二，被人畜粪便和生活垃圾污染的水体，能够引起病毒性肝炎、细菌性痢疾等传染病，以及血吸虫病等寄生虫疾病。第三，一些具有致癌作用的化学物质，如 As、Cr、苯胺等污染水体后，可在水体中的悬浮物、底泥和水生生物体内蓄积。长期饮用这样的污水，容易诱发癌症。

③ 固体废物污染与人体健康。固体废物是指人类在生产和生活中丢弃的固体物质。应当认识到，固体废物只是在某一过程或某一方面没有使用价值，实际上往往可作为另一生产过程的原料被利用，因此，固体废物又叫"放在错误地点的原料"。但是，这些"原料"往往含有多种对人体健康有害的物质，如不及时加以处理或利用，长期堆放，就会污染生态环境，对人体健康造成危害。

④ 噪声污染与人体健康。噪声对人的危害是多方面的。第一，损伤听力。长期在强噪声中工作，听力就会下降，甚至造成噪声性耳聋。第二，干扰睡眠。当人的睡眠受到噪声干扰时，就不能消除疲劳、恢复体力。第三，诱发多种疾病。噪声会使人处在紧张状态，心率加快、血压升高，甚至诱发胃肠溃疡和内分泌系统功能紊乱等疾病。第四，影响心理健康。噪声使人心情烦躁，不能集中精力学习和工作，并且容易引发工伤和交通事故。

1.1.2 环境的组成

人类的生存环境是一个复杂的巨系统，不同的环境在功能和特征上存在很大差异。

环境有自然环境与人工环境之分。自然环境是环绕人们周围的各种自然因素的总和，如大气、水、植物、动物、土壤、岩石矿物、太阳辐射等。人工环境是由人为设置边界面围合成的空间环境。自然环境是人工环境的基础，人工环境又是自然环境的发展。

1.1.2.1 自然环境

环境法中的自然环境，是指"对人类生存和发展产生直接或间接影响的各种天然形成的物质和能量的总体，如大气、水、土壤、日光辐射、生物等"。这些是人类赖以生存的物质基础，通常把这些因素划分为大气圈、水圈、生物圈、土壤圈、岩石圈五个自然圈。人类是自然的产物，而人类活动又影响着自然环境。自然环境包括人类生活的一定的生态环境、生物环境和地下资源环境。

自然环境按人类对它们的影响程度以及它们所保存的结构形态、能量平衡，可分为原生环境和次生环境。原生环境受人类影响较少，物质的交换、迁移和转化，能量、信息的传递和物种的演化，基本上仍按自然界的规律进行，如某些原始森林地区、荒漠、冻原地区、大洋中心区等都是原生环境。次生环境是指人类活动影响下，物质的交换、迁移和转化，能量、信息的传递等都发生重大变化的环境，如耕地、种植园、城市、工业区等。自然环境又可分为非生物环境和生物环境。

（1）非生物环境

太阳、大气、水体以及土壤以各种不同的方式为生物组合成多种多样的无机环境，包括生物生存和生长所需的能源——太阳能和其他能源，气候——光照、温度、降水、风等，基质和介质——岩石、土壤、水、空气等，物质代谢原料——CO_2、水、O_2、N_2、无机盐、有机质等。

（2）生物环境

生物环境包括植物、动物和微生物，按它们在环境中的功能与作用，可划分为生产者、消费者和分解者。生产者是指能以简单无机物制造食物的自养生物，包括所有绿色植物和能够进行光能和化能自养的细菌。它们能进行光合作用，以简单的物质为原料制造有机物质。消费者是指不能用无机物直接制造有机物，而是直接或间接依赖有机物的异养生物。根据营养方式的不同，可以分为食草动物、小型食肉动物、大型食肉动物或顶级食肉动物。消费者对初级产物起着加工、再生产的作用，并可以对生物种群的数量起到一定的调控作用。这对于维持系统的平衡稳定十分重要。分解者都是异养生物，包括细菌、真菌、放线菌以及原生动物和一些小型无脊椎动物等。它们把动物残体的复杂有机物分解为生产者能重新利用的简单化合物，并释放能量。分解者的作用极为重要，如果没有它们，动植物尸体将会堆积成灾，物质将不能循环，生物失去生存空间，环境系统将不复存在。

1.1.2.2 人工环境

广义的人工环境，是指为满足人类的需要，在自然物质的基础上通过人类长期有意识的社会劳动，加工和改造自然物质，创造物质生产体系，积累物质文化等所形成的环境体系。

狭义的人工环境，是指由人为设置边界围合成的空间环境，如房屋围护结构围合成的民用建筑环境、生产环境和交通运输外壳围合成的交通运输环境（如车厢环境、船舱环境）等。

人工环境与自然环境在形成、发展、结构与功能等方面存在本质差别。随着人类驾驭自然能力的提高，人类与自然环境的影响力度不断增强，范围逐渐扩大。正是人类充满智慧的劳动创造，才形成了堪比自然的、丰富多彩的多样化环境，满足了人类不断增长的物质与文化需求。但也因为如此，人类与自然的矛盾逐渐激化，从而带来越来越严重的环境问题。

1.1.3　环境的特点

（1）环境的整体性

环境中的各种因素（物理的、化学的、生物的、社会的）不是孤立存在的，而是互相依存、互相影响、互相联系的。环境中的碳、氧、氮、硫等物质在全球的生物化学循环中与整体环境之间有着密不可分的联系。由于超音速飞机在平流层日益频繁地飞行，NO_x、氯氟烃（氟利昂）等进入平流层，导致臭氧层破坏，从而减弱阻挡强紫外线辐射的能力，削弱臭氧层对地面生物的保护作用；煤炭、石油等能源的燃烧产生的 CO_2 等气体在大气中的含量增加，引起地球平均气温上升，导致温室效应；人口激增、资源滥用等社会因素也对整体环境产生影响。

（2）环境的综合性

环境的综合性表现在两个方面。一是任何一个环境问题的产生，都是环境系统内多因素综合作用的结果，其中既有自然因素如温度、湿度及风的作用，更有人为因素如污染物的排放等作用，而且这些因素之间相互影响、相互制约。为了解决某一环境问题，往往需要综合涉及各个领域的学科，在一个总体目标或方案的构架下，有针对性地将涉及的各学科问题逐一解决。例如，为解决一条河流的污染问题，在调查污染物种类、性质时，要依靠环境化学、环境物理学、微生物学等学科的理论知识；弄清污染危害程度、范围以及河流本身的自净能力，需借助该河流的水文地质资料以及生态学、土壤学、医学等方面的知识；制定治理方案，要考虑国家、地方的现行政策、法规和对经济发展的影响，资金筹措等经济、财政方面的因素。此外，还需运用系统工程学方法制定现实条件下的最佳方案。

（3）环境的区域性

不同地区的环境呈现明显的地域差异，形成不同的地域单元，称为环境的区域性。这也是由于环境中物质和能量的地域分异规律而形成的。

太阳辐射因地球形态和运动轨迹的特点在地表的辐射能量按纬度呈条带状分布，导致具有不同能量水平的环境体系按纬度方向延伸。

由于地表组成物质的不均匀性，特别是海洋、陆地两大物质体系的存在，使地表的能量和水分进行再分配，引起环境按经线方向由海洋向内陆有规律的变化（湿润、半湿润、半干旱、干旱），从而使具有不同物质、能量水平按经线方向伸展的环境类型，叠加于按纬线方向伸展的环境体系之上（沿海、内陆差异）。

地貌部位不同（高山、平原），往往会有不同的物质能量水平，相应地有不同的大气、水文和生物状况，使环境类型更加复杂多样。

由于科学技术水平不同，生产方式不同，人类对自然的开发和利用性质、程度都显示出极大的差别。由于自然演化和人类干预，使人类生存环境明显具有地域差异，形成不同的地域单元，表现出强烈的区域性。

（4）环境的有限性

自然环境中蕴藏着大量的物质与能量，但这些资源都是有限的。另外，环境对污染物的容纳量即环境容量也是有限的。环境的有限性提醒人类必须改变传统的生产和生活方式，提高资源利用率，尽可能少向环境排放废物，改善人与自然的关系，构建和谐的人居环境，这样人类才能持续发展。

（5）环境的稳定性

环境的稳定性是指在无外界因素影响的条件下，环境内部保持相对平衡的状态。环境的稳定性是一种动态平衡，因此它是一种状态的物质循环、能量传递、信息交换的权衡。

稳态是一种动态，但整个生态系统的平衡状态维持是有能力范围的，超出系统自我调节范围，就会崩溃。

（6）环境变化的滞后性

自然环境受到外界影响后，其变化及影响往往是滞后的。环境受到破坏后，产生的后果很难及时反映出来，有些甚至是难以预测的；环境一旦破坏，所需要的恢复时间长，尤其是超过阈值后，很难恢复。例如，森林被砍伐后，对区域的气候、生物多样性的影响可能反应明显，但对水土保持的影响则是潜在的、滞后的。化学污染也是如此，日本水俣病是在污染物排放后20年才显现出明显的危害。这种污染危害的时滞性，一方面是由于污染物在生态系统内的各类生物种的吸收、转化、迁移和积累需要时间；另一方面与污染物的性质（如半衰期）有关。

1.2 环境问题的产生

1.2.1 环境问题及其分类

环境问题，是指由于人类活动作用于周围环境所引起的环境质量变化，以及这种变化对人类的生产、生活和健康造成的影响。人类在改造自然环境和创建社会环境的过程中，自然环境仍以其固有的自然规律变化着。社会环境一方面受自然环境的制约，另一方面也以其固有的规律运动着。人类与环境不断地相互影响和作用，产生环境问题。

环境问题多种多样，归纳起来有两大类。一类是自然演变和自然灾害引起的原生环境问题，也叫第一环境问题，如地震、洪涝、干旱、台风、崩塌、滑坡、泥石流等导致的自然灾害，以及特殊的自然环境导致的地方病。另一类是人类活动引起的次生环境问题，也叫第二环境问题。次生环境问题一般又分为环境污染和环境破坏两大类，如乱砍滥伐引起的森林植被的破坏、过度放牧引起的草原退化、大面积开垦草原引起的沙漠化和土地沙化、工业生产造成大气、水环境恶化等。

通常所说的环境问题，多指人为因素作用的结果。环境问题是在 20 世纪 50 年代才被提出来的，现已成为五大世界性问题（人口、粮食、资源、能源和环境）之一。近年来，人们又把由于人口发展、城市化以及经济发展而带来的社会结构和社会生活问题，称为第三环境问题。

当前人类面临着日益严重的环境问题，这里"虽然没有枪炮，没有硝烟，却在残杀着生灵"，但没有哪一个国家和地区能够逃避不断发生的环境污染和自然资源破坏带来的危害，它直接威胁着生态环境，威胁着人类的健康和子孙后代的生存。

1.2.2　环境问题的产生与变化

环境问题自古就有，并且伴随着生产力的发展而越发突出，主要表现在：由小范围向大范围发展，由轻度污染、轻度破坏、轻度危害向重度污染、重度毁坏、重度危害的方向发展。环境问题贯穿于人类发展的整个过程。在不同的历史阶段，由于生产方式和生产力水平的差异，环境问题的类型、影响范围和影响程度也不尽一致。根据产生的先后顺序和轻重程度，环境问题的产生与发展可大致分为三个阶段。

（1）早期环境问题阶段

环境问题的早期阶段，包括从人类诞生到工业革命之前的漫长历史时期。随着人类生产力水平的提高，出现较为严重的局部环境问题主要表现在土地方面，包括大量伐树、过度破坏草原、水土流失和土壤沙化。

在该阶段，人类经历了从以采集狩猎为生的游牧生活到以耕种养殖为生的定居生活的转变，人类从完全依赖大自然的恩赐转变到自主利用土地、生物、陆地水体和海洋等自然资源。在原始社会时期，生产力水平很低，人类依赖自然环境，过着以采集天然动植物为生的生活。人类主要是利用环境，很少有意识地改造环境。虽然当时已经出现环境问题，但并不突出，而且很容易被自然生态系统自身的调节能力所抵消。到了奴隶社会和封建社会时期，生产工具不断进步，生产力逐渐提高，人类学会了驯化野生动植物，出现耕作业和渔牧业的劳动分工，即人类社会的第一次劳动大分工。

由于耕作业的发展，人类的生活资料有了较以前稳定得多的来源，人类种群开始迅速扩大，因此利用和改造环境的力量愈来愈大。为了扩大物质生产规模的资源需要，人类社会便开始出现烧荒、垦荒、兴修水利工程等改造活动，由此引起严重的水土流失、土壤盐渍化或沼泽化等问题。典型的例子是，古代经济发达的美索不达米亚，因不合理的开垦和灌溉，变成了不毛之地；中国的黄河流域曾经森林广布，土地肥沃，而西汉和东汉时期的两次大规模开垦导致森林骤减，水源得不到涵养，造成水旱灾害频繁，水土流失严重，沟壑纵横，土地日益贫瘠，给后代造成了不可弥补的损失。但总的说来，这一阶段的人类活动对环境的影响还是局部的，主要体现在生态退化，没有达到影响整个生物圈的程度。

（2）近代环境问题阶段

此阶段包括从工业革命时期到 1984 年英国科学家发现、1985 年美国科学家证实南极上空出现"臭氧层空洞"的这段时期。

1785 年瓦特改进纽可门蒸汽机（瓦特蒸汽机），从此迎来了英国产业革命，开创了以机器代替手工劳动的时代。工业革命是世界史的一个新时期的起点，经济从农业占优势向工业占优势迅速过渡，环境问题也开始出现新的特点并日益复杂化和全球化。18 世纪后期，欧洲的一系列发明和技术革新大大提高了人类社会的生产力，人类开始以空前的规模和速度开采和消耗能源和其他自然资源。新技术使英国、欧洲和美国等地在不到一个世纪的时间里先后进入工业化社会，并迅速向全世界蔓延，在世界范围内形成发达国家和发展中国家的差别。

工业化社会的特点是高度城市化。这一阶段的环境问题与工业和城市同步发展。先是由于人口和工业密集，燃煤量和燃油量剧增，发达国家城市饱受空气污染之苦，后来这些国家的城市问题突出，环境"公害"事件频繁发生，出现了交通拥挤、供水不足和卫生状况恶劣等情况。

工业"三废"、汽车尾气更加剧了这些污染公害的程度。20 世纪 60～70 年代，发达国家普遍加大对城市环境问题的治理力度，并把污染严重的工业搬到发展中国家，较好地解决了国内的环境污染问题。随着发达国家环境状况的改善，发展中国家却开始步发达国家的后尘，重走工业化和城市化的老路，城市环境问题有过之而无不及，同时伴随着严重的生态破坏。

近代环境问题阶段的特点，体现为由工业污染向城市污染和农业污染发展、点源污染向面源污染发展、局部污染向区域性和全球性污染发展，构成了第一次环境问题高潮。震惊世界的"八大公害"就发生在这一阶段。

（3）当代环境问题阶段

从科学家证实南极上空出现"臭氧洞"开始，人类环境问题发展到当代环境问题阶段，引发了第二次世界环境问题的高潮。这一阶段环境问题的特征是，在全球范围内出现了不利于人类生存和发展的征兆，集中体现为酸雨、臭氧层破坏和全球变暖三大全球性大气环境问题。与此同时，发展中国家的城市环境问题和生态破坏、一些国家的贫困化愈演愈烈，水资源短缺在全球范围内普遍发生，其他资源（包括能源）也相继出现将要耗竭的信号。这一切表明，生物圈这一生命支持系统对人类社会的支撑已接近它的极限。与上一阶段的环境问题的特征相比，当代环境问题的特征发生了很大变化。当代环境问题具有全球化、综合化、高科技化、累积化、社会化和政治化等新特点。

1.2.3 环境问题的特点与实质

1.2.3.1 环境问题的实质

人类是环境的产物。人类和一切生物一样，不可能脱离环境而存在，而是每时每刻都生活在环境之中，并且不断受到各种环境因素的影响，同时人类的活动也不断影响着自然环境。从环境问题的发展历程来看，人为的环境问题随着人类的诞生而产生，并随着人类社会的发展而发展。人类为了维持生命，要从周围环境中获取生活资料和生产资料，随之也就开始不断地改造环境。也就是说，环境问题的实质是人与自然的关系问题，是人类经济活动索取资源的速度超过了资源本身及其替代品的再生速度，以及向环境排放废弃物的数量超过了环境的自净能力。

一方面，盲目发展、不合理开发利用资源造成环境质量恶化和资源浪费，甚至枯竭和破坏。另一方面，由于人口爆炸、城市化和工农业高速发展使排放的废物超过环境容量而引起环境污染。只有正确处理发展与环境的关系，才能从根本上解决日益严重的环境问题。

1.2.3.2　环境问题的特点

纵观全球环境的发展变化，当前环境问题的特点可以归纳为以下几个方面。

（1）全球化

以往环境问题的影响及危害主要集中于污染源附近或特定的生态环境里，特点是局部性或区域性，对全球环境影响不大。但近年来，一些环境污染具有跨国、跨地区的流动性的特点。一些国际河流，上游国家造成的污染，可能危及下游国家；一个国家大气污染造成的酸雨，可能会降到别国。当代出现的一些环境问题，如气候变暖、臭氧层空洞等，其影响范围是全球性的，产生的后果也是全球性的。当代许多环境问题涉及高空、海洋甚至外层空间，影响的空间尺度具有大尺度、全球性的特点，已远非农业社会和工业化初期出现的一般环境问题可比。环境问题的全球化，决定了环境问题的解决要靠全球的共同努力。

（2）综合化

直到 20 世纪 50～60 年代，人们最关心的环境问题还是"三废"污染及其对健康的危害。但当代环境问题已远远超出这一范畴，涉及人类生存环境的各个方面，包括森林锐减、草原退化、沙漠扩展、土壤侵蚀、物种减少、水源危机、气候异常、城市化问题等，已深入到人类生产、生活的各个方面。

（3）高技术化

随着当代科技的迅猛发展，由高新技术引发的环境问题日渐增多，如原子弹、导弹试验，核反应堆的使用及其事故，电磁波引起的环境问题，超音速飞机带来的臭氧层破坏、航天飞行的太空污染等。生物工程技术的潜在影响以及大型工程技术的开发利用都可能产生难以预测的生态灾难。这些环境问题技术含量高、影响范围广、控制难、后果严重，已引起世界各国的普遍关注。

（4）累积化

虽然人类已进入现代文明时期，进入后工业化、信息化时代，但历史上不同阶段所产生的环境问题，在当今地球上依然存在；同时，现代社会又滋生出一系列的环境问题，导致了从人类社会出现以来各种环境问题在地球上的积累、组合、集中暴发的复杂局面。

（5）社会化

由于当代环境问题已影响到社会的各个方面，影响到每个人的生存与发展。因此，当代环境问题已不是限于少数人、少数部门关心的问题，而成为全社会共同关心的问题。

（6）政治化

当代的环境问题已不再是单纯的技术问题，而成为国际、各国国内政治的重要问题。2009 年 12 月在哥本哈根世界气候大会上，世界各国因碳排放引起的一系列环境问题争执不休，最终也未能达成协议。很多国家的对外出口频频受到进口国的制裁也说明了这一问题。环境问题的政治化主要表现包括：①成为国际合作和交往的重要内容；②成为国际政治斗争的导火索之一，如各国在环境义务的承担、污染转嫁等问题上经常产生矛盾并引起激烈的政治斗争；③世界上出现一些以环境保护为宗旨的组织，如绿色和平组织等，这些组织在国际政治舞台上已占有一席之地，成为一股新的政治势力。

1.3 环境学的任务

环境学是研究人类生存的环境质量及其保护与改善的科学。环境科学研究的环境，是以人类为主体的外部世界，即人类赖以生存和发展的物质条件的综合体，包括自然环境和社会环境。环境学是迅速发展的一门综合性科学。它是在解决环境问题的社会需要的推动下形成和发展起来的。环境学的概念和内涵，随着环境保护实际工作和环境学理论研究工作的发展，日益丰富和完善。

1.3.1 环境学的产生

作为一门科学，环境学产生于20世纪50～60年代，而人类关于环境必须加以保护的认识则可追溯到人类社会的早期。我国早在春秋战国时代就有所谓"天人关系"的争论。孔子倡导"天命论"，主张"尊天命""畏天命"，认为天命不可抗拒，成为近代地球环境决定论的先驱。荀子则与其相反，针锋相对地提出"天人之分"，主张"尊天命而用之"，认为"人定胜天"。在古埃及、希腊、罗马等地也有过类似的论述。直至20世纪50～60年代，全球性的环境污染与破坏，才引起人类思想的极大震动和全面反省。

20世纪60年代以前的报纸或书刊，几乎找不到"环境保护"这个词。这就是说，环境保护在那时并不是一个存在于社会意识和科学讨论中的概念。"向大自然宣战""征服大自然"的观念和口号，一直持续到20世纪都没有人怀疑它的正确性。1962年，美国海洋生物学家R. Carson女士出版了《寂静的春天》一书，描述人类可能将面临一个没有鸟、蜜蜂和蝴蝶的世界。这部著作第一次对这一人类意识的绝对正确性提出了质疑，标志着人类首次关注环境问题，在世界范围内引起人们对野生动物的关注，唤起了人们的环境意识。以此为标志，近代环境学开始产生并发展起来。

环境学在短短几十年内，出现了两个重要历史阶段。第一阶段是直接运用地学、生物学、化学、物理学、公共卫生学、工程技术科学的原理和方法，阐明环境污染的程度、危害和机理，探索相应的治理措施和方法，由此发展出环境地学、环境生物学、环境化学、环境物理学、环境医学、环境工程学等一系列新的边缘性分支学科。污染防治的实践活动表明，有效的环境保护同时还须依赖于对人类活动及社会关系的科学认识与合理调节，于是又涉及许多社会科学的知识领域，并相应地产生环境经济学、环境管理学、环境法学等。这些自然科学、社会科学、技术科学新分支学科的出现和汇聚标志着环境学的诞生。这一阶段的特点是直观地确定对象，直接针对环境污染与生态破坏现象进行研究。在此基础上发展起来的具有独立意义的理论，主要是环境质量学说。其中，包括环境中污染物质迁移转化规律、环境污染的生态效应和社会效应、环境质量标准和评价等科学内容。与此相应，这一阶段的方法论是系统分析方法的运用，寻求对区域环境污染进行综合防治的方法，寻求局部范围内既有利于经济发展又有利于改善环境质量的优化方案。因此，这一阶段把环境学定义为关于环境质量及其保护与改善的科学。

由于环境问题在实质上是人类社会行为失误造成的，是复杂的全球性问题，要从根本上解决环境问题，必须寻求人类活动、社会物质系统的发展与环境演化三者之间的统一。由此，环境学发展到一个更高一级的新阶段，即把社会与环境的直接演化作为研究对象，综合考虑人口、经济、资源与环境等主要因素的制约关系，从多层次乃至最高层次上探讨人与环境协调演化的具体途径。它涉及科学技术发展方向的调整、社会经济模式的改变、人类生活方式和价值观念的变化等。与之相应，环境学的定义是：研究环境结构、环境状态及其运动变化规律，研究环境与人类社会活动间的关系，并在此基础上寻求正确解决环境问题，确保人类社会与环境之间演化、持续发展的具体途径的科学。

现阶段，环境学是主要研究环境结构与状态的运动变化规律及其与人类社会活动之间的关系，研究人类社会与环境之间协同演化、持续发展的规律和具体途径的科学。它的形成和发展过程，与传统的自然科学、社会科学、技术科学都有十分密切的联系。

1.3.2 环境学的特点

环境学以"人类—环境"系统（人类生态系统）为特定的研究对象，具有如下特点。

（1）综合性

环境学是在 20 世纪 60 年代随着经济高速发展和人口急剧增加形成的第一次环境问题高潮而兴起的一门综合性很强的重要学科。它涉及的学科面广，具有自然科学、社会科学、技术科学交叉渗透的广泛基础，几乎涉及现代科学的各个领域。同时，它的研究范围也涉及人类经济活动和社会行为的各个领域，包括管理、经济、科技、军事等部门及文化教育等人类社会的各个方面。环境学的形成过程、特定的研究对象，以及非常广泛的学科基础和研究领域，决定了它是一门综合性很强的重要的新兴学科。

（2）人类地位的特殊性

在"人类—环境"系统中，人与环境的对立统一关系具有共轭性，并呈正相关。人类对环境的作用和环境的反馈作用相互依赖、互为因果，构成一个共轭体。人类对环境的作用越强烈，环境的反馈作用也越显著。人类作用呈正效应时（有利于环境质量的恢复和改善），环境的反馈作用也呈正效应（有利于人类的生存和发展）；反之，人类将受到环境的报复（负效应）。

环境学理论的确证或否证既不同于自然科学，也不同于社会科学。因为人类社会存在于人类自身的主观决策过程中，一些环境学专家对未来的预测如果实现，无疑是对其理论的确证。如果未来环境问题的实际情况与预言的不一样，可以说是否证了该理论。但是，由于人类有决策作用，可能正是由于预言的作用才提醒人们及早做出决策，采取有力措施避免出现所预言的不利于人类的环境问题（环境的不良状态）。从这个意义上说，即使是被否证的理论有时也是很有意义的。这是环境学的又一重要特点。

（3）学科形成的特点

环境学的建立主要是从经典学科中分化、重组、综合、创新的方式进行的，它的学科体系形成不同于经典学科。在萌发阶段，它是多种经典学科运用本学科的理论和方法研究相应的环境问题，经分化、重组，形成环境化学、环境物理等交叉的分支学科，经过综合形成多个交叉的分支学科组成的环境学。而后，以"人类—环境"系统（人类生态系统）为特定研究对象，进行自然科学、社会科学、技术科学跨学科的综合研究，创立人类生态学、理论环境学的理论体系，逐渐形成环境学特有的学科体系。

1.3.3 环境学的研究内容及基本任务

环境学研究的主要内容有四个方面：①环境质量的基础理论：包括环境质量状况的综合评价，污染物质在环境中的迁移、转化、增大和消失的规律，环境自净能力的研究，环境被污染、破坏对生态的影响等；②环境质量的控制与防治：包括改革生产工艺，综合利用，尽量减少或不产生污染物质以及净化处理技术；合理利用和保护自然资源；环境区域规划和综合防治等；③环境监测分析技术和环境质量预报技术；④环境污染与人体健康的关系，特别是环境污染所引起的致癌、致畸和致突变的研究及防治。

从环境学总体上来看，它研究人类与环境之间的对立统一关系，掌握"人类—环境"系统的发展规律，调控人类与环境间的物质流、能量流的运行、转换过程，防止人类与环境关系的失调，维护生态平衡；通过系统分析，规划设计出最佳的"人类—环境"系统，并把它调节控制到最优化的运行状态。这就需要在广泛地、彻底地通晓环境变化过程的基础上，维护环境的生产能力，以及合理开发利用自然资源，协调发展与环境的关系，从而达到以下两个目的：一是可更新资源得以永续利用，不可更新的自然资源能以最佳的方式节约利用；二是使环境质量保持在人类生存、发展所必需的水平上，并趋向逐渐改善。这种试图从总体上调控"人类—环境"系统的努力，自20世纪70年代以来一直在进行，主要有以下几方面内容。

（1）探索全球范围内自然环境演化的规律

全球性的环境包括大气圈、水圈、土壤圈、岩石圈、生物圈在相互作用、相互影响中不断地演化，环境变异也随时随地发生。在人类改造自然的过程中，为使环境向有利于人类的方向发展，避免向不利于人类的方向发展，就必须了解和掌握环境的变化过程，包括环境系统的基本特征、结构和组成，以及演化的机理等。

（2）探索全球范围内人与环境的相互依存关系

主要是探索人与生物圈的相互依存关系。近年来，生物圈这个词在国际上已被广泛使用。人类生存在生物圈内，生物圈的状况和变化情况是关系到人类生存与发展的大问题。因此，探索和深入认识人与生物圈的相互关系十分重要。

其一是研究生物圈的结构和功能，以及在正常状态下生物圈对人类的保护作用、提供资源能源的作用，作为农作物及野生动植物生长基础的作用，以及为人类提供生存空间和生存发展所需物质的支持作用等。其二是探索人类的经济活动和社会行为（生产活动、消费活动）对生物圈的影响，已产生的和将要产生的影响，有利或不利的影响，以及生物圈结构和特征发生的变化，特别是重大的不良变化及其原因分析，如酸雨、温室效应、气候变暖、臭氧层破坏以及大面积生态破坏等。其三是研究生物圈发生不良变化后，对人类的生存和发展已经造成和将要造成的不良影响，以及应采取的战略对策。

（3）协调人类的生产、消费活动同生态要求之间的关系

在上述两项探索研究的基础上，需进一步研究协调人类活动与环境的关系，促进"人类—环境"系统协调稳定的发展。

　　在生产、消费活动与环境所组成的系统中，尽管物质、能量的迁移转化过程异常复杂，但在物质、能量的输入和输出之间总量是守恒的生产与消费的增长，意味着取自环境资源、能源和排向环境的废物相应地增加。环境资源是丰富的，环境容量是巨大的，但在一定的时空条件下环境承载力又是有限的。盲目发展生产和消费势必导致资源的枯竭和破坏以及环境的污染和破坏，削弱人类的生存基础，损害环境质量和生活质量。因此，必须把发展经济和保护环境作为两个不可偏废的目标纳入综合经济活动决策中。在"人类—环境"系统中，人是矛盾的主要方面，必须主动调整人类的经济活动和社会行为（生产、消费活动的规模和方式），选择正确的发展战略，以求得人类与环境的协调发展。环境与发展的问题已成为世界各国关注的焦点。

　　（4）探索区域污染综合防治的途径

　　运用工程技术和管理措施（法律、经济、教育及行政手段），从区域环境的整体上调控"人类—环境"系统，利用系统分析及系统工程的方法，寻求解决区域环境问题的最优方案。

　　① 综合分析自然生态系统的状况、调节能力，以及人类对自然生态系统的改造和所采取的技术措施。在调查原有生态系统的状况及需要改造的目标之后，加以分析比较，即可掌握技术的发展及外部能量的输入是否会超出生态系统的调节能力，然后综合考虑尽可能利用生态系统的调节能力和采取相应的人为措施。人为措施包括防治污染破坏的技术措施，也包括防治污染破坏的环境政策、立法，即包括技术调控和政策调控两方面。

　　② 综合考虑经济部门之间的联系，探索物质、能量在其间的流动过程和规律，优化结构和布局，寻求对资源的最佳利用方案。例如：电力部门既需要采掘工业的煤作原料，又需要化学工业的制品软化锅炉用水，它的电力可供应煤矿和化学工业，粉煤灰又可供给水泥厂做原料。这种联络网组成一个各因素之间的直接或间接的相互依赖关系。弄清这种体系的内在联系，有利于协调人类的生产、消费活动与环境保护的关系。

　　③ 以生态理论为指导研究制定区域（或国家）的环境经济规划。我国在 1973 年确定的"32 字环境保护方针"中，提出"全面规划、合理布局"的要求。1975 年联合国欧洲经济委员会在鹿特丹经济规划生态对象讲座讨论会上也提出这个问题，之后为越来越多的人所重视。1983 年 12 月 31 日，我国召开第二次全国环境保护会议，提出"经济建设、城乡建设与环境建设同步规划、同步实施、同步发展"的战略方针。在 1992 年联合国"环境与发展大会"以后，1993 年我国制定了"中国环境与发展的十大对策"，在第一条"实行持续发展战略"中重申了"三同步"的战略方针，并要求在制定和实施发展战略时编制环境保护规划。

　　环境科学的研究领域，在 20 世纪 50～60 年代侧重于自然科学和工程技术的方面，现已扩大到社会学、经济学、法学等社会科学方面。对环境问题的系统研究，要运用地学、生物学、化学、物理学、医学、工程学、数学以及社会学、经济学、法学等多种学科的知识。因此，环境科学是一门综合性很强的学科。它在宏观上研究人类同环境之间的相互作用、相互促进、相互制约的对立统一关系，揭示社会经济发展和环境保护协调发展的基本规律；在微观上研究环境中的物质，尤其是人类活动排放的污染物在有机体内迁移、转化和蓄积的过程及其运动规律，探索它们对生命的影响及其作用机理等。

1.3.4　环境学的学科体系

　　环境学主要是运用自然科学和社会科学等有关学科的理论、技术和方法来研究环境问题。环境是一个有机的整体，环境污染又是极其复杂的、涉及面相当广泛的问题。因此，在环境科学发展过程中，环境科学的各个分支学科虽然各有特点，但又互相渗透，互相依存，它们是环境科学整体不可分割的组成部分。属于自然科学方面的有环境地学、环境生物学、环境化学、环境物理学、环境医学、环境工程学；属于社会科学方面的有环境管理学、环境经济学、环境法学等。按性质和作用，环境学大致可划分为三部分：环境科学、环境技术学及环境社会学（表1-1），每一部分下又有许多细小的分支。

表1-1　环境学学科体系的组成及其作用

学科	分支学科	作用
环境科学	环境化学	研究大气、水、土壤环境中潜在有害有毒化学物质含量的鉴定和测定、污染物存在形态、迁移转化规律、生态效应以及减少或消除其产生的科学
	环境物理学	研究物理环境和人类之间的相互作用。主要研究声、光、热、电磁场和射线对人类的影响，以及消除其不良影响的技术途径和措施
	环境生态学	研究人为干扰下，生态系统内在的变化机理、规律和对人类的反效应，寻找受损生态系统恢复、重建和保护对策的科学。即运用生态学理论，阐明人与环境之间的相互作用及解决环境问题的生态途径
	环境生物学	研究生物与受人类干预环境之间的相互作用的机理和规律
	环境地学	以人-地系统为对象，研究其发生和发展、组成和结构、调节和控制、改造和利用
环境技术学	环境工程学	运用工程技术的原理和方法，防治环境污染，合理利用自然资源，保护和改善环境质量
	环境医学	研究环境与人群健康的关系，特别是研究环境污染对人群健康的有害影响及其预防措施。具体内容包括探索污染物在人体内的动态和作用机理，查明环境致病因素和致病条件，阐明污染物对健康损害的早期危害和潜在的远期效应
环境社会学	环境管理学	研究采用行政的、法律的、经济的、教育的和科学技术等手段调整社会经济发展同环境保护之间的关系，处理国民经济部门、社会集团和个人有关环境问题的相互关系，通过全面规划和合理利用自然资源，达到保护环境和促进经济发展的目的
	环境经济学	运用经济科学和环境科学的原理和方法，分析经济发展和环境保护的矛盾，以及经济再生产、人口再生产和自然再生产三者之间的关系，选择经济、合理的物质变换方式，以使用最小的劳动消耗为人类创造清洁、舒适、优美的生活和工作环境
	环境法学	研究关于保护自然资源和防治环境污染的立法体系、法律制度和法律措施，目的在于调整因保护环境而产生的社会关系
	环境伦理学	从伦理和哲学的角度研究人类与环境的关系，是人类对待环境的思维和行为的准绳
	环境美学	研究审美立体、环境意识、环境道德以及技术美的设计，从而达到美感、审美享受的要求，使社会物质不断发展
	环境心理学	研究从心理学角度保持符合人们心愿的环境的一门科学

 习题与思考题

1. 什么是环境？环境具有哪些特点？
2. 简要解释与环境学相关名词的概念。
3. 环境问题是如何产生的？当前人类所面临的主要环境问题有哪些？
4. 环境问题具有哪些特点？其实质是什么？
5. 环境学研究的对象和任务是什么？
6. 简述环境容量和环境承载力的联系与区别？

◆ **参考文献** ◆

[1]　王静，单爱琴. 环境学导论[M]. 徐州：中国矿业大学出版社，2013.

[2]　刘克锋，张颖. 环境学导论[M]. 北京：中国林业出版社，2012.

[3]　何强，井文涌，王翊亭. 环境学导论[M]. 北京：清华大学出版社，2004.

[4]　李秀霞，张燕. 环境科学研究进展[J]. 大众文艺：理论版，2009，7(7)：13-14.

[5]　卢昌义. 现代环境学概论[M]. 厦门：厦门大学出版社，2005.

[6]　李焰. 环境科学导论[M]. 北京：中国电力出版社，2002.

[7]　窦贻俭，李春华. 环境科学原理[M]. 南京：南京大学出版社，2003.

[8]　仝致琦，谷蕾，马建华. 关于环境科学基本理论问题的若干思考[J]. 河南大学学报：自然科学版，2012，42(2)：168-173.

[9]　张勇，杨凯，徐启新，等. 环境科学研究传统的建立与进化—兼论理论环境学[J]. 环境科学进展，1999，7(4)：141-146.

[10]　李春景，徐飞. 现代科学学科发展的聚散共生规律——以环境科学体系建构为例[J]. 科技导报，2004，(4)：21-25.

[11]　章申. 环境问题的由来、过程机制、我国现状和环境科学发展趋势. 中国环境科学[J]. 1996，16(6)：401-404.

[12]　唐永銮，曹军建. 中国环境科学理论研究及发展[J]. 环境科学，1993，14(4)：2-8.

[13]　宋晓燕，王惠翔. 中国环境科学专题文献研究[J]. 环境科学进展，1999，1(4)：55-65.

[14]　杨志峰，刘静玲. 环境科学概论[M]. 北京：高等教育出版社，2010.

[15]　朱玉涛，马建华. 再论环境科学体系[J]. 河南科学，2006，24(1)：129-133.

[16]　陈英旭. 环境学[M]. 北京：中国环境科学出版社，2001.

[17]　莫祥银. 环境科学概论[M]. 北京：化学工业出版社，2009.

[18]　昝廷全，艾南山. 环境科学的一个新原理——极限协同原理初探[J]. 甘肃环境研究与监测，1985(2)：6-8.

第 2 章 | 全球环境问题

2.1 全球环境问题

全球环境问题，也称国际环境问题，指超越主权国家国界和管辖范围的区域性和全球性的环境污染和生态破坏问题。

20 世纪 80 年代以来，具有全球性影响的环境问题日益突出，不仅发生了区域性的环境污染和大规模的生态破坏，而且出现了温室效应、臭氧层破坏、全球气候变化、酸雨、物种灭绝、土地沙漠化、森林锐减、越境污染、海洋污染、野生物种减少、热带雨林减少、土壤侵蚀等大范围和全球性的环境危机，严重威胁着全人类的生存和发展。

2.1.1 气候变暖

2.1.1.1 气候变暖的概念

自地球形成以来，温室效应就一直在起作用。如果没有温室效应，地球表面就会寒冷无比，温度会在 -20℃，生命就不会形成。地表上的大气层，既让太阳辐射透过而达到地面，同时又阻止地面辐射的散失。地球大气层和地表这一系统就如同一个巨大的"玻璃温室"，使地表始终维持着一定的温度，产生适于人类和其他生物生存的环境。人们把大气对地面的这种保护作用称为大气的温室效应。

引起温室效应的气体称为"温室气体"，它们对太阳短波辐射（可见光）具有高度的透过性，对地球反射出来的长波辐射（如红外线）具有高度的吸收性。这些气体包括 CO_2、CH_4、氟氯化碳、O_3、NO_x 和水蒸气等，其中与人类关系最密切的是 CO_2。

2.1.1.2 全球变暖的危害

全球变暖，指全球的气候变化以及这种变化对自然和人类生存环境的影响。其实，全球变暖这种说法有误导性，因为它让人觉得气候会变热，而不是更干旱、更多恶劣天气。气候变化影响全球的水文和生物状况，或者说影响着一切，包括风、雨和温度。

（1）冰川消融

全球变暖以及由此带来的冰雪加速消融，正在对全人类以及其他物种的生存构成严重威胁。冰川是我们赖以生存的资源——淡水最主要的来源，地下淡水储备很大部分来自冰山融水。在气温平衡正常时，冰山的冰雪循环系统，即冰山夏天融化，流向山下，流入地下，给平原地区积累淡水。冬天水分以水蒸气的形式回到山上，通过大量降雪重新积累冰雪，也是过滤过程。整个循环过程为淡水的稳定平衡起到保障作用。

（2）海平面上升

气温升高会造成冰山消融。海冰和极地冰盖不断融化，使海洋水量增多，造成海平面升高。海平面上升，会导致降水重新分布，改变全球的气候格局。

目前，世界上有很多像迈阿密这样的城市都面临着海平面上升带来的威胁。格陵兰岛冰盖融化使科罗拉多河的流量增加 6 倍。如果格陵兰岛和南极的冰架继续融化，2100 年海平面将比现在高出 6 m。

（3）热浪

2003 年，横扫欧洲的致命热浪造成约 3.5 万人死亡，这可能是科学家在 20 世纪初开始跟踪的酷暑趋势的预兆。

热浪不仅抑制人体的一些功能，更能致人死亡。在最近的 50～100 年中，酷热热浪的发生频率比往常高出 2～4 倍。据预测，在未来 40 年中还会有比如今的情况严重 100 倍的热浪情况出现。持续的热浪会导致火灾频繁发生，还会造成相关疾病的出现，地球平均气温也会升高。

（4）飓风

全球气温上升会对降水造成影响。在短短 30 年里，4～5 级强烈飓风的发生频率几乎增加一倍。台风海啸等灾难不但直接破坏建筑物和威胁人类生命安全，也会带来次生灾难，尤其是台风、飓风等灾难所带来的大量降雨，会导致泥石流、山体滑坡等，严重威胁交通安全和居民生活安全。

（5）干旱

一些地方被风暴和泛滥的洪水袭击时，另一些地方却遭受干旱的威胁。随着气候变暖，专家估计旱情可能至少增加 66%。旱情增加使供水量萎缩，并且导致农作物产量下降。这使得全球的粮食生产和供给处于危险之中，人们面临饥饿威胁的危险越来越高。

（6）疾病

洪水、干旱高温天气，给病毒创造了极好的生长环境，蚊子、扁虱、老鼠等携带疾病的生物愈发繁盛。据世界卫生组织称，新生的或复发的病毒正在迅速传播中，它们会生存在与以往不同的国家中，一些热带疾病也可能在寒冷的地方发生，比如蚊子就使加拿大人感染了西尼罗河病毒。每年大约有 15 万人死于跟气候变化相关的疾病，一切与热有关的心脏病和疟疾引起的呼吸问题，都处于增长中。

（7）经济损失

随着温度的增高，弥补因气候变化造成损失的花费越来越多。严重的风暴和洪水造成的农业损失多达数十亿美元，同时治疗传染性疾病和预防疾病传播也需很多开销。极端天气也会造成极其严重的经济滑坡。2005 年破纪录的飓风在路易斯安那州停留数月，造成的经济收入损失约占总收入的 15%，财产损失至少 1350 亿美元。

塔夫茨大学全球发展与环境研究所的一项研究表明，如果在全球变暖的危机面前无所作为，人类将在 2100 年拿到一张 20 兆亿美元的账单。

（8）战争隐患

优质粮食、水源和土地的减少，使威胁全球安全的隐患增多，从而引起冲突和战争。安全问题专家称，苏丹达尔富尔地区的冲突表明，虽然全球变暖不是危机产生的唯一原因，但其根源可追溯到气候变化的影响，特别是现有自然资源的减少。达尔富尔暴力事件暴发在长期干旱的时期里，20 年里只有微量降水，甚至毫无降水，而附近印度洋的气温却一直升高。

不稳定的食物供给会引发战争和冲突，这表明暴力和生态危机之间存在关联。水资源短缺和食物缺乏的国家因此埋下安全隐患，区域动荡、恐慌和侵略都有可能发生。

（9）栖息地减少

如果年均气温保持 1.1～6.4℃ 的增长速度，到 2050 年约 30% 的动植物会面临灭绝的威胁。野生动物研究者注意到更多的弹性迁移，如动物从北方迁徙到南方，寻找维持其生存所需的栖息地。

气温升高，冰川消融，海平面升高。海平面上升威胁到人类的栖息地，根据现有的人口规模及分布状况，如果海平面上升 1m，全球将有 1.45 亿人的家园被海水吞没。

（10）珊瑚白化

珊瑚白化仅仅是全球变暖对生态系统产生的有形影响之一。气候变化对自然生态系统产生影响，意味着世界上任何变化都与土地、水和生物生活的变化息息相关。科学家通过观察白化和死亡的珊瑚礁，发现这是海水变暖造成的。同时，一些植物漂移，动物改变栖息地的现象，也都是由于空气和水的温度上升或冰盖融化的造成的。

（11）食物链断裂

海洋温度上升会破坏大量以珊瑚为中心的生物链。最底层的食物消失，使海洋食物链从最底层开始向上迅速断裂，并蔓延至海洋以外。由于没有了食物，大量海洋生物和以海洋生物为食的其他生物将死亡。

温度上升，无脊椎类动物，尤其是昆虫类生物会提早从冬眠中苏醒，而靠这些昆虫为生的长途迁徙动物却错过捕食时机，从而大量死亡。昆虫们提前苏醒，因为没有了天敌，将会肆无忌惮地吃掉大片森林和庄稼。没有森林，等于无形当中增加 CO_2 的含量，加速全球变暖，形成恶性循环；没有庄稼，等于人类没有食物。

2.1.1.3 《联合国气候变化框架公约》

为阻止全球变暖趋势，联合国 1992 年在里约再度召开大会，通过了《联合国气候变化框架公约》，这是继斯德哥尔摩会议和《我们共同的未来》报告之后又一个里程碑式的环境会议。它的最大成功在于促进各国政府把政策目标转化为具体行动，并在通过经济的、行政的以及制度的手段管理环境上作出初步尝试。

会议取得了重要成果，设定地球宪章、行动计划、公约、财源、技术转让及制度六大议题，并成功通过了《里约环境发展宣言》和《21世纪议程》，签订了《生物多样性公约》《气候变化框架公约》和《森林公约》等重要文件。在这次会议上，环境保护与经济发展的不可分割性被广泛接受，"高生产、高消费、高污染"的传统发展模式被否定。

2015年12月12日，《联合国气候变化框架公约》缔约方会议第二十一次大会在法国巴黎布尔歇会场圆满闭幕，全球195个缔约方国家通过了具有历史意义的全球气候变化新协议——《巴黎协定》。协定指出，各方将加强对气候变化威胁的全球应对，把全球平均气温较工业化前水平升高控制在2℃之内，并为把升温控制在1.5℃之内努力。只有全球尽快实现温室气体排放达到峰值，21世纪下半叶实现温室气体净零排放，才能降低气候变化给地球带来的生态风险以及给人类带来的生存危机。《巴黎协定》成为历史上首个关于气候变化的全球性协定。

2.1.2　臭氧层破坏

2.1.2.1　臭氧层的作用

臭氧层指大气平流层中O_3浓度相对较高的部分，主要作用是吸收短波紫外线。自然界中的臭氧层大多分布在离地20～50km的高空。

臭氧层中的O_3主要是紫外线照射产生的。O_2分子受到短波紫外线照射时会分解成原子状态。氧原子不稳定，极易与其他物质发生反应。O_3相对密度大于O_2，在逐渐降落过程中，随着温度上升，臭氧不稳定性愈趋明显，受到长波紫外线照射时又还原为O_2。臭氧层就是保持着这种O_2与O_3相互转换的动态平衡。

（1）保护作用

臭氧层能够吸收波长小于306.3nm的紫外线（UV），主要是一部分中波紫外线（UV-B，波长290～300nm）和全部的短波紫外线（UV-C，波长＜290nm），保护人类和动植物免遭短波紫外线的伤害。经过臭氧层后，只有长波紫外线（UV-A）和少量的UV-B能够辐射到地面，UV-A对生物细胞的伤害要比UV-B轻微得多。臭氧层很薄，假设将臭氧层拿到地面（1个大气压），厚度只有3mm。

（2）加热作用

O_3吸收太阳光中的UV并将其转换为热能，从而加热大气。臭氧层存在于同温层。同温层又称平流层，由于臭氧层的加热作用，此层被分成不同的温度层，高温层置于顶部，而低温层置于底部。它与位于其下贴近地表的对流层刚好相反，对流层是上冷下热的。在中纬度地区，同温层位于离地表10～50km的高度，而在极地，此层则始于离地表8km左右的高度。

2.1.2.2　臭氧层的破坏

1984年，英国科学家首次发现南极上空出现臭氧洞。1985年，美国"雨云-7号"气象卫星测到这个臭氧洞。同年，英国科学家法尔曼等人在南极哈雷湾观测站发现，在过去10～15年间春天南极上空的臭氧浓度减少约30%，有近95%的臭氧层被破坏。从地面上观测，高空的臭氧层已极其稀薄，与周围相比像是形成一个"洞"，直径达上千千米。1998年臭氧空洞面积比1997年增大约15%，达历史最高纪录，为2720万平方千米，比南极大陆还大一倍。

2.1.2.3 臭氧层破坏的原因

当氟氯碳化物飘浮在空气中时，因受到紫外线的影响而分解释出氯原子。氯原子的活性极大，易与其他物质结合。氯原子遇到 O_3 时，便开始产生化学变化。O_3 被分解成一个氧原子和一个 O_2 分子，氯原子就与氧原子相结合。当其他氧原子遇到氯氧化合分子，就又把氧原子抢回来，组成一个 O_2 分子，而恢复成单身的氯原子又可破坏其他臭氧。

2.1.2.4 臭氧层破坏的影响

臭氧层耗竭，会使太阳光中的紫外线大量辐射到地面。如果臭氧层中 O_3 含量减少10%，地面的紫外线辐射将增加 19%～22%，皮肤癌发病率将增加 15%～25%。据估计，大气层中 O_3 含量每减少 1%，皮肤癌患者就会增加 10 万人。紫外线辐射增强，将打乱生态系统中复杂的食物链，导致一些主要生物物种灭绝，使地球上 2/3 的农作物减产，还会导致全球气候变暖。

(1) 对健康的影响

UV-B 的增加对人类健康有严重的危害作用，潜在危险包括引发和加剧眼部疾病、皮肤癌和传染性疾病。对有些危险如皮肤癌已有定量评价，但其他影响如传染病等仍存在很大的不确定性。平流层臭氧减少 1%，全球白内障的发病率将增加 0.6%～0.8%，由此引起失明的人数将增加 1 万～1.5 万人。

(2) 对植物的影响

臭氧层损耗对植物的危害机制尚不如其对人体健康的影响清楚。在已研究过的植物品种中，超过 50% 的植物出现 UV-B 的负影响，如豆类、瓜类等作物；植物的生理和进化过程受 UV-B 辐射的影响。植物也具有一些缓解和修补这些影响的机制，在一定程度上可适应UV-B 辐射的变化。对森林和草地，臭氧层损耗可能会改变物种的组成，进而影响不同生态系统的生物多样性分布。

(3) 对生态的影响

世界上 30% 以上的动物蛋白质来自海洋。浮游植物的生长局限在光照区，即水体表层有足够光照的区域。暴露于 UV-B 下，浮游植物的定向分布和移动会受到影响，生物的存活率降低。

浮游植物生产力下降与 O_3 减少造成的 UV-B 辐射增加直接有关。如果平流层 O_3 减少25%，浮游生物的初级生产力将下降 10%，这将导致水面附近的生物减少 35%。

UV-B 辐射对鱼、虾、蟹、两栖动物和其他动物的早期发育阶段都有危害作用，最严重的影响是繁殖力下降和幼体发育不全。即使在现有的水平下，UV-B 也是限制因子。UV-B照射量，很少量的增加就会导致消费者生物的显著减少。

(4) 对循环的影响

对陆生生态系统，UV 增加会改变植物的生成和分解，进而改变大气中重要气体的吸收和释放。当 UV-B 光降解地表的落叶层时，这些生物质的降解过程被加速；当主要作用是对生物组织的化学反应而导致埋在下面的落叶层光降解过程减慢时，降解过程被阻滞。植物的初级生产力随着 UV-B 辐射的增加而减少。

对水生生态系统，UV 也有显著作用。UV-B 会影响水生生态系统中的碳循环、氮循环和硫循环。此外，紫外辐射还会抑制海洋表层浮游细菌的生长，从而对海洋生物地球化学循环产生重要的潜在影响。

（5）对材料的影响

因平流层 O_3 损耗导致阳光紫外辐射的增加会加速建筑、喷涂、包装及电线电缆等所用材料尤其是高分子材料的降解和老化变质。当这些材料尤其是塑料用于一些不得不承受日光照射的场所时，只能靠加入光稳定剂或进行表面处理来避免或减缓日光破坏。UV-B 辐射增加会加速这些材料的光降解，从而缩短使用寿命。短波 UV-B 辐射对材料的变色和机械完整性的损失有直接影响，特别是在高温和阳光充足的热带地区，这种破坏作用更为严重，造成的损失全球每年达数十亿美元。

2.1.2.5 国际社会的应对

1985 年 3 月在奥地利首都维也纳通过了有关保护臭氧层的国际公约——《保护臭氧层维也纳公约》。1987 年 9 月 16 日在加拿大蒙特尔尔会议上通过了《关于消耗臭氧层物质的蒙特利尔议定书》，以进一步对氯氟烃类物质进行控制。

1989 年 3～5 月，联合国环境署连续召开了保护臭氧层伦敦会议与《保护臭氧层维也纳公约》和《蒙特利尔议定书》缔约国第一次会议——赫尔辛基会议，进一步强调保护臭氧层的紧迫性，5 月 2 日通过了《保护臭氧层赫尔辛基宣言》，鼓励所有尚未参加《保护臭氧层维也纳公约》及《蒙特利尔议定书》的国家尽早参加。联合国秘书长潘基文发表致辞说，《蒙特利尔议定书》取得了很大成功，议定书的签署可能是迄今在环境问题上进行全球合作的最佳实例，各国政府必须继续履行保护臭氧层的承诺。

《巴黎协定》是 2015 年 12 月 12 日在巴黎气候变化大会上通过、2016 年 4 月 22 日在纽约签署的气候变化协定。该协定指出，各方将加强对气候变化威胁的全球应对，把全球平均气温较工业化前水平升高控制在 2℃ 之内，并为把升温控制在 1.5℃ 之内努力。只有全球尽快实现温室气体排放达到峰值，21 世纪下半叶实现温室气体净零排放，才能降低气候变化给地球带来的生态风险以及给人类带来的生存危机。根据规定，《巴黎协定》生效前提是由至少55 个缔约方批准、接受、核准或加入文书后 30 日起生效，同时这些缔约方的温室气体排放总量至少占全球碳排放总量的 55%。2016 年 9 月 G20 杭州峰会上，中美两国分别向联合国秘书长潘基文递交参加《巴黎协定》的法律文书，为推动《巴黎协定》尽早生效作出了重大贡献。据世界资源研究所（WRI）最新统计，在中美宣布加入完成批约之后，目前共有 26 个国家宣布批准《巴黎协定》，将参加《巴黎协定》的国家排放量占全球排放的份额提高到近 40%。

2.1.3 酸雨蔓延

2.1.3.1 酸雨的出现

酸雨，正式名称为酸性沉降，指 pH 值小于 5.6 的雨雪或其他形式的降水，可分为湿沉降与干沉降。湿沉降指所有气状污染物或粒状污染物随着雨、雪、雾或雹等降水型态而落到地面；干沉降指在不下雨雪等的时间以降尘形式而落到地面。

（1）酸雨的发现

近代工业革命始于蒸汽机发明，此后火力电厂星罗棋布，燃煤数量日益猛增，同时大量

排放 SO_2 和 NO_x。这些酸性物质，在高空中被雨雪冲刷溶解，导致酸雨的形成。1872 年英国科学家史密斯分析伦敦市雨水成分，发现它呈酸性，且农村雨水中含碳酸铵，酸性不大；郊区雨水含硫酸铵，略呈酸性；市区雨水含硫酸或酸性的硫酸盐，呈酸性。于是，史密斯最先在他的著作《空气和降雨：化学气候学的开端》中提出"酸雨"这一专有名词。

（2）酸雨的类型

酸雨中的阴离子主要是 SO_4^{2-} 和 NO_3^-，根据两者在酸雨样品中的浓度可以判定降水的主要影响因素是 SO_2 还是 NO_x。SO_2 主要是来自于矿物燃料的燃烧，NO_x 主要是来自于汽车尾气等污染源。根据 SO_4^{2-} 和 NO_3^- 离子的浓度比值可将酸雨分为 3 类，分别为硫酸型或燃煤型（$SO_4^{2-}/NO_3^- > 3$）、混合型（$0.5 < SO_4^{2-}/NO_3^- \leqslant 3$）和硝酸型或燃油型（$SO_4^{2-}/NO_3^- \leqslant 0.5$）。因此，可以根据一个地方的酸雨类型来初步判断酸雨的主要影响因素。燃煤多的地区，酸雨属硫酸型酸雨，燃石油多的地区常下硝酸型酸雨。

2.1.3.2 酸雨的危害

（1）土壤酸化

酸性土壤，经酸雨冲刷，会加速酸化过程；碱性土壤，对酸雨有较强的缓冲能力与稀释能力。酸雨能加速土壤矿物质营养元素的流失，改变土壤结构，导致土壤贫瘠化，影响植物正常发育，还能诱发植物病虫害，使农作物大幅度减产。

酸雨能使土壤中的铝从稳定态中释放出来，使活性铝增加而有机络合态铝减少，活性铝增加会严重地抑制林木的生长。酸雨可抑制某些土壤微生物的繁殖，降低酶活性，土壤中的固氮菌、细菌和放线菌均会明显受到酸雨的抑制。

（2）植被损害

当降水 pH 值小于 3.0 时，可对植物叶片造成直接损害，使叶片失绿变黄并开始脱落。野外调查表明，在降水 pH 值小于 4.5 的地区，马尾松林、华山松和冷杉林等出现大量黄叶并脱落。

酸雨对中国森林的危害主要在长江以南的省份。据初步调查统计，四川盆地受害的森林面积最大约为 28 万公顷，贵州受害森林面积约为 14 万公顷。根据某些研究结果，西南地区酸雨造成的森林生产力下降，共损失木材 630 万立方米。虽然对森林的生态价值的计算方法还有一些争议，但森林的生态价值超过它的经济价值这种认识几乎是一致的。

（3）建材腐蚀

酸雨能使非金属建筑材料（混凝土、砂浆和灰砂砖）表面硬化，水泥溶解，出现空洞和裂缝。降落到建筑物表面的酸雨跟 $CaSO_4$ 发生反应，生成能溶于水的 $CaSO_4$，被雨水冲刷掉。酸雨还是摧残文物古迹的元凶，英国伦敦英王查理一世的塑像、德国慕尼黑的古画廊、科伦大教堂已被腐蚀得面目全非。我国柳州的柳江铁桥，由于酸雨影响，1 年就需防腐 1 次，而在没有酸雨的 20 世纪 60 年代，3～4 年才作 1 次防腐处理。

（4）健康危害

作为水源的湖泊和地下水酸化后，金属溶出，对饮用者会产生危害。很多国家由于酸雨的影响，地下水中的 Pb、Cu、Zn、Cr 的浓度已上升到正常值的 10～100 倍。

酸雨可使儿童免疫功能下降，慢性咽炎、支气管哮喘发病率增加，同时可使老人眼部、呼吸道患病率增加。含酸的空气使多种呼吸道疾病增加，巴西的库巴坦市由于酸雨的毒害，20％的居民患有气喘病、支气管炎或鼻炎，其中 5 岁以下儿童患病率竟高达 38％。1980 年，美国和加拿大有 5 万多人因受酸雨影响而死亡。

（5）国际纠纷

酸雨是一种超越国境的污染物，可随大气转移到 1000km 以外的地区。在人们通常认为地球上最洁净的北极圈内冰雪层中，也检测出浓度相当高的酸雨物质。因此，酸雨问题已不再是一个局部环境问题，它正在发展成国与国之间的一个日益尖锐的政治矛盾。

在挪威、瑞典等北欧国家降的酸雨，大部分是从西欧国家工业区的排放源传送过去的，其中瑞典南部大气中的硫有 77％是"偷越国境"进来的。加拿大南部的酸雨，则是从北部工业区越境传播而来的。因此，瑞典和加拿大两国，都通过各种途径，坚决反对污染输出。

2.1.3.3　国际社会的应对

欧洲和北美许多国家在遭受多年的酸雨危害之后，终于认识到大气无国界，防治酸雨是一个国际性的环境问题，必须共同采取对策，减少 SO_x 和 NO_x 的排放量。

1979 年 11 月在日内瓦举行的联合国欧洲经济委员会的环境部长会议上，通过了《控制长距离越境空气污染公约》。该公约规定，到 1993 年底，缔约国必须把 SO_2 排放量削减到 1980 年排放量的 70％。欧洲和北美等 32 个国家在公约上签字。为了实现许诺，多数国家已采取积极对策，制定了减少致酸物排放量的法规。例如，美国的《酸雨法》规定，密西西比河以东地区，SO_2 排放量需在 10 年内由 1983 年的 2000 万吨/年减少到 1000 万吨/年；加拿大 SO_2 排放量由 1983 年的 470 万吨/年减少到 1994 年的 230 万吨/年，等等。

2.1.4　海洋污染

（1）海洋污染的概念

海洋污染通常是指人类改变海洋原来的状态，使海洋生态系统遭到破坏。海洋污染会损害生物资源，危害人类健康，妨碍人类的海上活动，损坏海水质量和环境质量等。

（2）海洋污染的类型

根据污染物的性质和毒性，以及对海洋环境造成的危害方式，主要污染物有以下几类。

① 石油污染，包括原油和从原油中分馏出来的溶剂油、汽油、煤油、柴油、润滑油、石蜡、沥青等，以及经过裂化、催化而成的各种产品；

② 重金属和酸碱污染，包括 Hg、Cu、Zn、Co、Zr、Cr 等重金属，As、S、P 等非金属及各种酸和碱；

③ 农药污染，包括有农业上大量使用含有 Hg、Cu 以及有机氯等成分的除草剂、灭虫剂，以及工业上应用的多氯酸苯等；

④ 有机物质和营养盐类污染，包括工业排出的纤维素、糖醛、油脂、粪便、洗涤剂和食物残渣，以及化肥的残液等；

⑤ 放射性核素，是由核武器试验、核工业和核动力设施释放出来的人工放射性物质，主要是 Sr-90、Cs-137 等半衰期为 30 年左右的同位素；

⑥ 固体废物，主要是工业和城市垃圾、船舶废弃物、工程渣土和疏浚物等；

⑦ 工业废热，造成海洋的热污染，在局部海域，如比正常水温高 4℃以上的热废水常年流入时，就会产生热污染；

⑧ 赤潮，是在特定的环境条件下，海水中某些浮游植物、原生动物或细菌爆发性增殖或高度聚集而引起水体变色的一种有害生态现象；

⑨ 海洋倾倒，通过船舶、平台或其他载运工具向海洋处置废弃物或其他有害物质的行为。

2.1.5　危险废物越境转移

危险废物指国际上普遍认为具有爆炸性、易燃性、腐蚀性、化学反应性、急性毒性、慢性毒性、生态毒性和传染性等特性中的一种或几种特性的生产性垃圾和生活性垃圾，前者包括废料、废渣、废水和废气等，后者包括废食、废纸、废瓶罐、废塑料和废旧日用品等，这些垃圾给环境和人类健康带来危害。

1988 年 6 月，非洲的尼日利亚科科港发生有害废物非法进口导致多人中毒死亡的事件。也正是以这一事件为契机，国际社会经过艰苦谈判才通过了《控制危险废物越境转移及其处置的巴塞尔公约》。

2.1.6　森林锐减

森林面积指由乔木树种构成，郁闭度 0.2 以上（含 0.2）的林地或冠幅宽度 10m 以上的林带的面积。森林面积包括天然起源和人工起源的针叶林面积、阔叶林面积、针阔混交林面积和竹林面积，不包括灌木林地面积和疏林地面积。

（1）世界各地的森林面积

日本和韩国的森林面积比例都超过 60%，中国台湾接近 60%，均远超世界水平；欧洲、北美、新西兰、澳洲等西方国家的平均森林面积比例 30%～35% 左右，连以爱好森林著称的德国和瑞士也不过 30%～31%，中国和印度更的森林面积比例尚不到 30%。

（2）森林面积在减少

人类对森林的过度采伐，导致森林资源在迅速减少。现在，全世界每年有 1200 万公顷的森林消失。森林锐减地区多在发展中国家，由于贫困所迫，不得已用宝贵的森林资源换取外汇，如印度尼西亚、菲律宾、泰国等东南亚国家，出口木材是他们外汇收入的一大来源。除了出口之外，在亚非拉一些发展中国家约有 20 多亿农村人口，他们是用木柴作生活燃料。

森林锐减的另一个原因是毁林开荒。一些地区由于人多地少，当地农民把坡度很陡的山坡都开垦为耕地。按规定坡度在 25°以上不能作为耕地，但实际上一些地方甚至在坡度 50°以上的地方耕种。

2.1.7　土地荒漠化

在 1994 年通过的《联合国关于在发生严重干旱和/或荒漠化的国家特别是在非洲防治荒漠化的公约》中指出，荒漠化是指包括气候变异和人类活动在内的种种因素造成的干旱、半干旱和亚湿润干旱地区的土地退化。

狭义的荒漠化（即沙漠化）是指在脆弱的生态系统下，由于人为过度的经济活动，破坏其平衡，使非沙漠地区出现类似沙漠景观的环境变化过程。广义荒漠化则是指由于人为和自然因素的综合作用，使得干旱、半干旱甚至半湿润地区自然环境退化的总过程。

土地荒漠化的形成是一个复杂过程，它是人类不合理经济活动和脆弱生态环境相互作用的结果。土地沙漠化沙漠是干旱气候的产物，早在人类出现以前地球上就有沙漠。但是，荒凉的沙漠和丰腴的草原之间并没有不可逾越的界线。有水，沙漠上可以长起茂盛的植物，成为生机盎然的绿洲，而绿地如果没有水和植物，也会很快退化为一片沙砾。

（1）全球荒漠化状况

20 世纪 60～70 年代，非洲西部撒哈拉地区连年严重干旱，造成空前灾难，使国际社会密切关注全球干旱地区的土地退化。于是，"荒漠化"一词开始流传开来。据联合国资料，目前全球 1/5 的人口、1/3 的土地受到荒漠化的影响。非洲和亚洲是荒漠化现象最严重的地区。在非洲，46％的土地和 4.85 亿人口受到荒漠化威胁。亚洲一半以上的干旱地区受到荒漠化的影响，其中中亚地区尤为严重。

到 1996 年为止，全球荒漠化土地达 3600 万平方千米，占地球陆地面积的 1/4，相当于俄罗斯、加拿大、中国和美国国土面积的总和。全世界受荒漠化影响的国家有 100 多个，尽管各国都在同荒漠化进行抗争，但荒漠化却以每年 5 万～7 万平方千米的速度扩大。

（2）荒漠化的危害

世界上有 21 亿人口居住在沙漠或者旱地中。沙漠和旱地有着极其独特的价值，世界上 50％的牲畜生长在沙漠和旱地的牧场中，44％的可耕地为旱地，而且旱地固存着全球 46％的碳。荒漠化正影响着世界 25％的陆地面积，威胁着大约 100 个国家的 10 亿多人的生活。每年消失的土地可产粮食 2000 万吨，因土地沙漠化和土地退化造成的经济损失达到 420 亿美元。

联合国秘书长潘基文指出，为争夺不断减少的旱地资源还会引发地区冲突和更广泛的紧张局势，上百万人被迫迁徙会造成被遗弃地区的社会崩溃，并给日益拥挤的城镇带来不稳定的危险。

（3）荒漠化的防治

为减少荒漠化的影响，2007 年联合国大会宣布 2010～2020 年为"联合国荒漠及防治荒漠化十年"。2009 年 12 月，联合国大会要求五大联合国机构针对十年计划发起相关活动。这五大机构分别为联合国环境规划署、联合国开发计划署、国际农业发展基金以及包括联合国秘书处新闻部在内的其他联合国机构。

2010 年 8 月 16 日，联合国在巴西正式启动"联合国荒漠及防治荒漠化十年（2010～2020 年）"计划，以进一步提高世界各国人民对荒漠化、土地退化以及旱灾威胁可持续发展及脱贫进程的认识。

2.1.8　生物多样性减少

2.1.8.1　野生动植物减少与物种灭绝

野生动植物资源，是指一切对人类的生产和生活有用的野生动植物的总和。野生动植物资源具有很高的价值，不仅为人类提供许多生产和生活资料，提供科学研究的依据和培育新品种的种源，而且对维持生态平衡具有重要的作用。

（1）野生动植物资源的破坏

农耕和其他经济活动的发展，往往造成野生动植物资源的破坏，特别是商业目的的追求、人为的滥捕滥杀和过度采集使野生动植物资源不断减少，使一些珍贵稀有野生动植物灭绝或者濒临灭绝，从而给人类的生产活动和生态环境造成极大的损害。

（2）物种灭绝

物种灭绝泛指植物或动物的种类不可再生性地消失或破坏。物种灭绝一直是生命进程中的一部分。自从6亿年前多细胞生物在地球上诞生以来，物种大灭绝现象已发生过5次。

第一次物种大灭绝发生在距今4.4亿年前的奥陶纪末期，约85%的物种灭绝。在距今约3.65亿年前的泥盆纪后期，发生第二次物种大灭绝，海洋生物遭到重创。距今约2.5亿年前二叠纪末期的第三次物种大灭绝，是地球史上最严重的一次，96%的物种灭绝。第四次发生在1.85亿年前，80%的爬行动物灭绝。第五次发生在6500万年前的白垩纪时期，统治地球1.6亿年的恐龙灭绝。

自工业革命开始，由于生态环境破坏、环境污染，以及迅速的人口增长，致使每天都有几十种动植物灭绝，地球已进入第六次物种大灭绝时期。世界自然保护联盟发布的《受威胁物种红色名录》表明，目前世界上还有1/4的哺乳动物、1200多种鸟类以及3万多种植物面临灭绝的危险。据统计，全世界每天有75个物种灭绝，每小时有3个物种灭绝。

前五次物种大灭绝事件，主要是由于地质灾难和气候变化造成的。第六次物种大灭绝，人类是罪魁祸首。美国杜克大学著名生物学家Stuart Pimm认为，如果物种以这样的速度减少下去，到2050年前将有1/4到一半的物种将会灭绝或濒临灭绝。

2.1.8.2 全球生物多样性的概况

生物多样性是指在一定时间和一定地区所有生物物种及其遗传变异和生态系统的复杂性的总称。它包括基因多样性、物种多样性和生态系统多样性三个层次。

（1）物种数量难以确定

目前地球上究竟有多少物种还很难准确断定。被科学上描述过的物种约140万种，其中脊椎动物4万余种、昆虫75万种、高等植物25万种以及其他无脊椎动物真菌和微生物等，但还有很多物种没有被人类发现。1980年，科学家被热带森林昆虫的多样性震惊，仅对巴拿马的研究发现，全部1200种甲壳动物中的80%以前没有被命名。这表明世界上的生物种类相当丰富，而且，人类尚未认知的占很大比例。

（2）生物多样性分布不平均

全球生物多样性的分布不是平均的。陆地生物物种主要分布在热带森林，占全球陆地面积7%的热带森林容纳全世界半数以上的物种；亚热带和温带也有较丰富的生物多样性。马达加斯加、巴西大西洋沿岸森林、厄瓜多尔等10个热点地区约占陆地总面积的0.2%，却拥有世界总种数27%的高等植物，其中13.8%是这些地区的特有物种。海洋也蕴藏着极其丰富的生物。在门的水平上，海洋生态系统比陆地及淡水生物群落变化多，有更多的门及特有门。西大西洋、东太平洋、西印度洋等海域是世界生物多样性较集中的海域。

（3）生物多样性危机加剧

由于人类活动的加剧以及长期对生物多样性保护的忽视，全球的生物多样性正在以惊人的速度衰减。在生态方面，据 1997 年世界资源所估计，全世界只剩下 1/5 的森林仍保持着较大面积和相对自然的生态系统，热带森林正以每年 6.7 万～9.2 万平方千米的速度消失，按此发展，蕴藏着世界一半以上陆地物种的热带森林在未来 25 年内将彻底消亡。在物种方面，据专家估计，自恐龙灭绝以来，当前地球上生物多样性损失的速度比历史上任何时候都快。

2.1.8.3　全球生物多样性的保护

1972 年，联合国大会决定建立环境规划署，各国政府签署了若干地区性和国际协议以处理如保护湿地、管理国际濒危物种贸易等议题。

1987 年，世界环境和发展委员会得出发展经济必须减少破坏环境的结论，这份划时代的报告题为《我们共同的未来》。它指出，人类已具备实现自身需要并且不以牺牲后代实现需要为代价的可持续发展的能力，同时呼吁"一个健康的、绿色的经济发展新纪元"。20 世纪 90 年代初，联合国环境规划署首次评估生物多样性的结论是：如果目前的趋势继续下去，在可以预见的未来，5%～20% 的动植物种群可能受到灭绝的威胁。遗传方面，生境缩小和碎片化导致野生生物物种种内遗传多样性严重丧失。

1992 年，在巴西里约热内卢召开了由各国首脑参加的最大规模的联合国环境与发展大会，在此次"地球峰会"上，签署了《生物多样性公约》，这是第一项生物多样性保护和可持续利用的全球协议。生物多样性公约的目标广泛，成为国际法的里程碑。

2.1.9　土壤侵蚀

2.1.9.1　土壤侵蚀的概念和类型

水土流失指在水力作用下，土壤表层及其母质被剥蚀、冲刷搬运而流失的过程。土壤侵蚀是指土壤及其母质在水力、风力、冻融或重力等外营力作用下，被破坏、剥蚀、搬运和沉积的过程。土壤在外营力作用下产生位移的物质量，称土壤侵蚀量。衡量土壤侵蚀的数量指标主要采用土壤侵蚀模数，即每年每平方千米土壤流失量。单位面积单位时间内的侵蚀量称为土壤侵蚀速度（或土壤侵蚀速率）。

土壤侵蚀量中被输移出特定地段的泥沙量，称为土壤流失量。在特定时段内，通过小流域出口某一观测断面的泥沙总量，称为流域产沙量。

2.1.9.2　影响土壤侵蚀的因素

影响土壤侵蚀的因素分为自然因素和人为因素。自然因素是水土流失发生、发展的先决条件，或者叫潜在因素，人为因素则是加剧水土流失的主要原因。

气候因素特别是季风气候与土壤侵蚀密切相关。季风气候的特点是降雨量大而集中，多暴雨，因此加剧土壤侵蚀。最主要而又直接的是降水，一般说来，暴雨强度愈大，水土流失量愈多。

地形是影响水土流失的重要因素，而坡度、坡长、坡形等都对水土流失有影响，其中坡度的影响最大，因为坡度是决定径流冲刷能力的主要因素。

植被破坏使土壤失去天然保护屏障，成为加速土壤侵蚀的先导因子。据中国科学院华南植物研究所的试验结果，光板的泥沙年流失量为 26902kg/hm²，桉林地为 6210kg/hm²，阔叶混交林地仅 3kg/hm²。

人为活动是造成土壤流失的主要原因，表现为植被破坏（如滥垦、滥伐、滥牧）和坡耕地垦植（如陡坡开荒、顺坡耕作、过度放牧），或由于开矿、修路未采取必要的预防措施等，都会加剧水土流失。

2.1.9.3 土壤侵蚀的危害

（1）破坏土壤资源

由于土壤侵蚀，大量土壤资源被蚕食和破坏，沟壑日益加剧，土层变薄，土地被切割得支离破碎，耕地面积不断缩小。中国水土流失总面积达 150 万平方千米（不包括风蚀面积），其中黄土高原水土流失面积达 43 万平方千米，占黄土高原面积的 81%。吉林省黑土地区，每年流失土层厚达 0.5～3cm，黑土层不断变薄，有的地方甚至全部侵蚀，使黄土或乱石遍露地表；四川盆地中部土石丘陵区，坡度 15°～20° 的坡地每年被侵蚀的表土达 2.5cm；黄土高原强烈侵蚀区，平均年侵蚀量 6000 吨/平方千米以上，最高可达 20000 吨/平方千米以上；南方红黄壤地区以江西兴国县为例，平均年流失量 5000～8000 吨/平方千米，最高达 13500t/km²。全国每年流失土壤超过 50 万吨，占世界总流失量的 20%，流失的土壤氮磷钾等养分相当于 5000 多万吨化肥量。

（2）生态环境恶化

严重的水土流失，导致地表植被的破坏，自然生态环境失调恶化，洪、涝、旱、冰雹等自然灾害接踵而来，特别是干旱的威胁日趋严重。频繁的干旱严重威胁着农林业生产的发展。由于风蚀的危害，致使大面积土壤沙化，经常形成沙尘暴天气，造成严重的大气环境污染。

（3）破坏设施

水土流失带走的大量泥沙，进入水库、河道、天然湖泊，造成河床淤塞、抬高，引起河水泛滥，这是平原地区发生特大洪水的主要原因。同时，泥沙淤积还会造成大面积土壤的次生盐渍化。由于一些地区重力侵蚀的崩塌、滑坡或泥石流等经常导致交通中断，道路桥梁破坏，河流堵塞，已造成巨大的经济损失。

2.1.10 有毒有害化学品污染

由于全球有毒化学品的种类和数量不断增加以及国际间贸易的扩大，大多数有毒化学品对环境和人体的危害还不完全清楚，在环境中的迁移也难以控制。为了防止危险化学品和农药通过国际贸易给一个国家造成危害和灾难，国际上采用事前知情同意程序公约（即鹿特丹公约）。有毒化学品污染在我国也客观存在，从局部一些调查研究和监测数据看，情况比预想的要严重得多。

（1）有毒有害化学品的侵入途径

随着工农业迅猛发展，有毒有害污染源随处可见，而给人类造成的灾害要属有毒有害化学品最为严重。化学品侵入环境的途径几乎是全方位的，其中最主要的侵入途径可大至分为四种：①人为施用直接进入环境；②在生产、加工、储存过程中，废弃污形式排放进入环境；③在生产、储存和运输过程中因突发性事故而进入环境；④在燃料燃烧过程中以及日常生活使用中直接排入或者使用后作为废弃物进入环境。

联合国国际化学品安全规划署提出将"DDT"、艾氏剂、狄氏剂、异狄氏剂、氯丹、六氯苯、灭蚁灵、毒杀芬八种农药以及多氯联苯、二噁英和苯并呋喃作为持久性有机污染物，它们在环境中化学性质稳定，容易蓄积在鱼类、鸟类和其他生物体内，并通过食物链进入人体，对人类和环境构成更大的威胁。

（2）有毒有害化学品的危害

化学品在推动社会进步、提高生产力、消灭虫害、减少疾病、方便人民生活方面发挥了巨大作用，但在生产、运输、使用、废弃过程中不可避免会进入环境。人们最为关注的是那些对生物有急慢性毒性、易挥发、在环境中难降解、高残留、通过食物链危害身体健康的化学品，他们对动物和人体有致癌、致畸、致突变的危害。这些危害主要表现在以下几方面。

① 环境荷尔蒙类损害。国际上对环境荷尔蒙研究很活跃，筛选出大约 70 种这类化学品（如二噁英等）。欧、日、美等 20 个国家的调查表明，近 50 年男子的精子数量减少 50%，且活力下降，原因在于这些有害化学品进入人体干扰雄性激素的分泌，导致雄性退化。

② 致癌、致畸、致突变化学品类损害。约 140 多种化学品对动物有致癌作用，确认对人的致癌物和可疑致癌物约有 40 多种。人类患肿瘤病例的 80%～85% 与化学致癌物污染有关。致畸、致突变化学品污染物就更多。

③ 有毒化学品突发污染类损害。有毒有害化学品突发污染事故频繁发生，严重威胁人民生命财产安全和社会稳定，有的还会造成严重生态灾难。

2.2　中国的主要环境问题

中国的主要环境问题表现在水土流失严重、沙漠化迅速发展、草原退化加剧、森林资源锐减、生物物种加速灭绝、地下水位下降、水体污染明显加重、大气污染严重、环境污染向农村蔓延等方面。造成中国生态环境不断恶化的原因是多方面的，也是复杂的，主要来自人口压力、工业化压力和市场压力。

2.2.1　水污染

（1）地表水污染

水污染问题伴随工业化的高速推进而急剧恶化。2013 年全国废水排放量为 695.4 亿吨。2014 年长江、黄河、珠江、松花江、淮河、海河、辽河七大流域和浙闽片河流、西北诸河、西南诸河的国控断面中，Ⅰ类水质断面占 2.8%，Ⅱ类占 36.9%，Ⅲ类占 31.5%，Ⅳ类占 15.0%，Ⅴ类占 4.8%，劣Ⅴ类占 9.0%。北方的海河、淮河和辽河变黑，几乎成了超级排污沟，南方的太湖、巢湖和滇池发生严重富营养化。而且，水污染依然在恶化，表现为从支流向干流、从城市向农村、从地表向地下、从陆地向海洋蔓延。

（2）地下水危机

我国地下水的污染情况相当严重，污染组分越来越复杂，污染面积不断扩大，污染程度和污染深度都在不断增加。污染总体趋势表现为：由点状污染、条带状污染向面上扩散，由浅层污染向深层污染渗透，由局部向区域扩散，从城区向周围蔓延。污染物的组分，则由无机向有机发展，危害程度日趋严重。

统计显示，约 50％的城市市区地下水污染较严重，部分城市浅层地下水已不能直接饮用。此外，华北平原部分地区，在深层地下水中已有污染物检出。国土资源部门 2005 年对全国 195 个城市的监测结果表明，97％的城市地下水受到不同程度污染，40％的城市地下水污染趋势加重。

我国各大平原是地下水的主要开采区，普遍出现地下水水位连年下降的情况，形成地下水降落漏斗，漏斗中心地下水位下降达几十米。华北平原地下水位降落漏斗面积达到 $7 \times 10^4 km^2$，部分地区的地下水含水层被彻底疏干。

（3）水质性缺水

水质性缺水是淡水资源受污染而短缺的现象。中国本属于资源性缺水国家，长期以来重经济、轻环保，众多河流、湖泊水库和地下水被污染的状况触目惊心，由此而造成的水质性缺水与资源性缺水彼此叠加，使中国缺水状况犹如雪上加霜。据统计，1200 多条河流中的 850 条受到不同程度的污染，占 70％以上。

由于污染，中国水质性缺水的城市数量呈上升趋势，严重缺水城市主要集中在华北和沿海地区，并已蔓延到南方地区。上海和广州是典型的水质性缺水城市，因为黄浦江和珠江水质严重污染，它们守着黄浦江、珠江却不得不到青浦县的淀山湖、宝山区陈行水库或上溯几十公里的上游取水。自引滦入津工程之后，陆续有许多大型的远距离引水或跨流域调水工程，如引碧入连、引黄济青、引黄入晋、引沂入淮、引松入长等，大多是由于城市污水污染水源造成水质性缺水所致。

水质性缺水与资源性缺水有密不可分的关系。首先，资源性缺水会导致水质性缺水状况加剧，经济发展对水的需求急剧增加致使水源的开发利用率无节制地增加，过高的开发利用率使被污染的水还来不及自净便又投入使用。使用的是污水，排放的是污染更严重的水。资源性缺水导致水质下降，水质下降导致水不能利用，如此恶性循环的结果，使资源性缺水和水质性缺水同时发生，且都更严重。

2.2.2 大气污染

（1）煤烟

煤烟型污染是指由煤炭燃烧排放出的烟尘、SO_2 等一次污染物以及由这些污染物发生化学反应而生成二次污染物所构成的污染。从燃煤烟气中收集下来的细灰称为粉煤灰（也称飞灰），是燃煤电厂排出的主要固体废物。

我国的大气污染属于煤炭型污染，主要的污染物是烟尘和 SO_2，此外还有 NO_x 和 CO 等。这些污染物主要通过呼吸道进入人体内，不经过肝脏的解毒作用，直接由血液运输到全身，能引起上呼吸道感染、心脏病、支气管炎、肺炎、肺气肿、肺癌等疾病。

（2）酸雨

中国从 20 世纪 80 年代开始对酸雨污染进行观测调查研究，当时的酸雨主要发生在重庆、贵阳和柳州为代表的西南地区，酸雨面积约为 170 万平方千米。到 90 年代中期，酸雨发展到长江以南、青藏高原以东及四川盆地的广大地区，酸雨面积扩大 100 多万平方千米。以长沙、赣州、南昌、怀化为代表的华中酸雨区现已经成为全国酸雨污染最严重的地区，其中心区平均降水 pH 值低于 4.0，酸雨频率高达 90％以上，达到"逢雨必酸"的程度。华北的京津、东北的丹东和图们等地区也频频出现酸性降水。年均 pH 值低于 5.6 的区域面积已占我国国土面积的 40％左右。中国的酸雨是硫酸型的，主要是人为排放 SO_2 造成的。

（3）雾霾

雾霾是指空气中因悬浮着大量微粒而形成的大气混浊现象。霾，是空气中的灰尘、硫酸、硝酸、有机碳氢化合物等粒子使大气混浊，视野模糊并导致能见度恶化。如果水平能见度小于 10km 时，这种非水成物组成的气溶胶系统造成的视程障碍称为霾或灰霾。

我国雾霾天气成因具有明显的季节性变化。1981～2010 年，霾天气出现频率是冬半年明显多于夏半年，冬半年中的冬季霾日数占全年的比例为 42.3％。

从时间跨度来看，1961～2013 年，中国中东部地区（东经 100°以东）平均年雾霾日数总体呈增加趋势。近年来，年雾霾日数最多的是 1980 年，有 35.8 天。20 世纪 80 年代以前，中国中东部地区平均雾日数基本都在霾日数的 3 倍以上；20 世纪 80 年代以来，雾日数呈减少趋势，而霾日数呈增加趋势，雾霾日数比例逐渐减小，特别是 2011 年和 2012 年的霾日数均超过雾日数。

中东部地区连续 3 天以上霾过程站次数在 20 世纪虽然略有增加，但总体变化不大，但进入 21 世纪后，连续霾过程次数增加显著。持续 3 天以上的霾过程次数，2001～2012 年的监测平均值，均为 1961～2000 年监测平均值的 2 倍以上，其中，持续 6 天霾的过程，监测数据是对比数据的 3.1 倍。

在 2013 年 10 月，中东部雾霾呈现高发态势。2013 年，全国平均雾霾日数为 4.7 天，较常年同期（2.4 天）偏多 2.3 天，是 52 年（1961～2013 年）以来最多的一年。其中，黑龙江、辽宁、河北、山东、山西、河南、安徽、湖南、湖北、浙江、江苏、重庆、天津均为历史同期最多。

2015 年 11 月 8 日，沈阳市发布首个重度污染天气一级红色预警。同年 12 月 7 日，北京市空气重污染应急指挥部发布空气重污染预警等级由橙色提升为红色的消息，这也是北京市首次启动空气重污染红色预警；相隔仅仅 10 天，北京发布第二次空气重污染红色预警，并规定从 12 月 19 日起，全市采取最严格的减排措施。

2.2.3　土壤污染

（1）土壤盐渍化

土壤盐渍化是指土壤底层或地下水的盐分随毛细管水上升到地表，水分蒸发后，使盐分积累在表层土壤中的过程。中国盐渍土或称盐碱土的分布范围广、面积大、类型多，总面积约 1 亿公顷，主要发生在干旱、半干旱和半湿润地区。

土壤次生盐渍化的形成很大程度上给地下水带来诸多影响。由于地下水超采使地下水位持续下降，沿渤海、黄海的沙质和基岩裂隙海岸地带，发生海水入侵，在有咸水分布的地区出现咸水边界向淡水区移动。

（2）土壤板结

土壤团粒结构是土壤肥力的重要指标，土壤团粒结构的破坏会导致土壤的保水、保肥能力及通透性降低，造成土壤板结。

有机质含量是土壤肥力和团粒结构的一个重要指标，有机质降低会使土壤板结。土壤有机质的分解是通过微生物的活动来实现的。向土壤中过量施入氮肥后，微生物的氮素供应增加1份，消耗的碳素相应增加25份。碳素来源于土壤有机质，有机质含量低，会影响微生物的活性，从而影响土壤团粒结构的形成。

土壤团粒结构是带负电的土壤黏粒和有机质通过带正电的多价阳离子连接而成的。多价阳离子以键桥形式将土壤微粒连接成大颗粒，形成土壤团粒结构。土壤中的阳离子以二价的钙、镁离子为主，向土壤中过量施入磷肥时，磷酸根离子与钙、镁等阳离子结合形成难溶性磷酸盐，这样既浪费磷肥，又破坏土壤团粒结构。

向土壤中过量施入钾肥时，钾离子置换性特别强，能将形成土壤团粒结构的多价阳离子置换出来，而钾离子不具有键桥作用，土壤团粒结构的键桥被破坏，也就破坏了团粒结构。

（3）黑土地减少

黑土地是一种性状好、肥力高、非常适合植物生长的土壤。以弯月状分布于黑龙江、吉林两省的黑土带，是中国最肥沃的土地。东北黑土区在近百年的开发垦殖过程中，水土流失正使肥沃的东北黑土地变得又"薄"又"黄"。

每生成1cm黑土需要200～400年时间，而现在黑土层却以每年近1cm的速度流失，每年流失的黑土总量达1亿～2亿立方米，光是跑掉的N、P、K养分就相当于数百万吨化肥。土壤中有机物质含量比开垦前下降近2/3，板结和盐碱化现象严重。黑土的流失与黄土不同，黄土高原只是把土层流薄，但还能长庄稼，而黑土一旦流失光，将寸草不生。

现在，东北典型黑土区面积103万平方千米，其中典型黑土地面积17万平方千米。水土流失面积4.47万平方千米，约占典型黑土区总面积的26.3%。据测算，黑土地现有的部分耕地再经40～50年的流失，黑土层将全部流失，届时"黑土地"也许将成为一个历史名词。

2.2.4 固体废物污染

固体废物按来源可分为生活垃圾、一般工业固体废物和危险废物三种。此外，还有农业固体废物、建筑废料及弃土。固体废物具有两重性，在一定时间、地点，某些物品对用户不再有用或暂不需要而被丢弃，成为废物，但对另一些用户或者在某种特定条件下，废物可能成为有用的甚至是必要的原料。

固体废物的来源主要包括生活垃圾、工业固体废物和危险废物。生活垃圾是指在城市日常生活中或为城市日常生活提供服务活动中产生的固体废物以及法律法规规定视为城市生活垃圾的固体废物，包括瓜果皮、剩菜剩饭等有机类，废纸、饮料罐、废金属等无机类，废电池、荧光灯管、过期药品等有害类。

工业固体废物是指在工业、交通等生产活动中产生的固体废物，对人体健康或环境危害性较小，如钢渣、锅炉渣、粉煤灰、煤矸石、工业粉尘等，排入环境的各种废渣、污泥、粉尘等。工业固体废物如果没有严格按环保标准要求安全处理、处置，将对土地资源、水资源会造成严重的污染。

危险废物是指列入国家危险废物名录或者根据国家规定的危险废物鉴别标准和鉴别方法认定的具有危险特性的废物，即指具有毒性、腐蚀性、反应性、易燃性、浸出毒性等特性之一，它对人体健康和环境保护潜伏着巨大危害，如引起或助长死亡率增高，或使严重疾病的发病率增高，或在管理不当时会给人类健康或环境造成重大急性或潜在危害等。

2.2.5　土地荒漠化

荒漠化是指由于自然原因或人为因素导致的土地退化。荒漠化包括土地沙漠化，石漠化和土壤盐渍化。而土壤沙漠化主要指发生在干旱半干旱地区，主要是风力作用形成，地表面被沙石覆盖。而石漠化发生在湿润区，尤其是喀斯特地貌区，是由于流水侵蚀作用露出石灰岩而形成。

2.2.5.1　中国土地荒漠化的现状

中国荒漠化形势十分严峻，是世界上荒漠化严重的国家之一。根据全国沙漠、戈壁和沙化土地普查及荒漠化调研结果，荒漠化土地面积为 262.37 万平方千米，占国土面积的 27.33%。

根据 17 个典型沙区同一地点不同时期的陆地卫星影像资料分析，也证明中国荒漠化发展形势十分严峻。毛乌素沙地地处内蒙古、陕西、宁夏交界，面积约 4 万平方千米，40 年间流沙面积增加 47%，林地面积减少 76.4%，草地面积减少 17%。浑善达克沙地南部由于过度放牧和砍柴，9 年间流沙面积增加 98.3%，草地面积减少 28.6%。此外，还有甘肃民勤绿洲的萎缩，新疆塔里木河下游胡杨林和红柳林的消亡，甘肃阿拉善地区草场退化、梭梭林消失等一系列严峻的事实。

2.2.5.2　土地荒漠化的危害

土地荒漠化和沙化是一个渐进过程，危害却是持久和深远的。据专家测算，中国每年因土地沙化造成的直接经济损失高达 540 亿元，直接或间接影响近 4 亿人口的生存、生产和生活。土地荒漠化、沙化不仅恶化生态环境，降低土地生产力，威胁江河安全，而且加剧沙区贫困。土地荒漠化、沙化的危害主要表现在以下三个方面。

（1）可利用土地资源减少

20 世纪 50 年代以来，中国有 67 万公顷耕地、235 万公顷草地和 639 万公顷林地变成沙地。中国国家林业局提供的资料显示，20 世纪末沙化每年以 3436 平方千米的速度扩展，每 5 年就有一个相当于北京市行政区大小的国土面积因沙化而失去利用价值。

（2）土地生产力严重衰退

土壤风蚀不仅是沙漠化的主要组成部分，而且是首要环节。风蚀会造成土壤中有机质和细粒物质的流失，导致土壤粗化，肥力下降。据采样分析，在毛乌素沙地，每年土壤被吹失 5~7cm，每公顷土地损失有机质 7700kg、氮素 387kg、磷素 549kg、小于 0.01mm 的物理黏粒 3.9 万千克。中国科学院测算，沙漠化致使全国每年损失土壤有机质及氮、磷、钾等达 5590 万吨，折合化肥 2.7 亿吨。

（3）自然灾害加剧

土地荒漠化是最能让人类有直接感受的危害，导致自然灾害加剧。北方地区沙尘暴越来越频繁，且强度大，范围广。1993年5月5日新疆、甘肃、宁夏先后发生强沙尘暴，造成116人死亡或失踪，264人受伤，损失牲畜几万头，农作物受灾面积33.7万公顷。1998年4月15~21日，自西向东发生一场席卷中国干旱、半干旱和亚湿润地区的强沙尘暴，途经新疆、甘肃、宁夏、陕西、内蒙古、河北和山西西部。4月16日飘浮在高空的尘土在京津和长江下游以北地区沉降，形成大面积浮尘天气。

2.2.6 石质荒漠化

石质荒漠化是指在热带、亚热带湿润、半湿润气候条件和岩溶极其发育的自然背景下，受人为活动干扰，使地表植被遭受破坏，导致土壤严重流失，基岩大面积裸露或砾石堆积的土地退化现象，也是岩溶地区土地退化的极端形式，简称"石漠化"。石漠化发展最直接的后果就是土地资源的丧失，又由于石漠化地区缺少植被，不能涵养水源，往往伴随着严重人畜饮水困难。

2.2.6.1 中国石漠化分布特征

我国石漠化主要发生在以云贵高原为中心，北起秦岭山脉南麓，南至广西盆地，西至横断山脉，东抵罗霄山脉西侧的岩溶地区。行政范围涉及黔、滇、桂、湘、鄂、渝、川和粤8省（区、市），国土面积107.1万平方公里，岩溶面积45.2万平方公里。该区域是珠江的源头，长江水源的重要补给区，也是南水北调水源区、三峡库区，生态区位十分重要。石漠化是该地区最为严重的生态问题，影响着珠江、长江的生态安全，制约着区域经济社会的可持续发展。

国家林业局表示，截至2011年，中国石漠化土地面积为1200.2万公顷，占监测区国土面积的11.2%，占岩溶面积的26.5%。涉及湖北、湖南、广东、广西、重庆、四川、贵州和云南8个省（区、市）455个县5575个乡。我国石漠化程度以轻度、中度为主。轻度、中度石漠化土地占石漠化总面积的73.2%，其自然地理分布具有以下几个特点。

（1）分布集中

石漠化土地集中分布在喀斯特强烈发育的区域，如贵州的水城、惠水，广西大化等。以云贵高原为中心的81个县，国土面积仅占监测区的27.1%，而石漠化面积却占石漠化总面积的53.4%。

（2）多发于坡度较大坡面

《岩溶地区石漠化状况公报》指出石漠化土地主要发生于坡度较大的坡面上。发生在16度以上坡面上的石漠化面积达1100万公顷，占石漠化土地总面积的84.9%。

（3）与贫困状况密切相关

第一次全国石漠化监测结果显示，监测区的平均石漠化发生率为28.7%，而县财政收入低于2000万元的18个县，石漠化发生率为40.7%，高出监测区平均值12个百分点；在农民年均纯收入低于800元的5个县，石漠化发生率高达52.8%，比监测区平均值高出24.1%。

2.2.6.2 石漠化危害与防治

石漠化地区极易发生山洪、滑坡、泥石流，加上地下岩溶发育，导致水旱灾害频繁发生，几乎连年旱涝相伴；同时，石漠化山地岩石裸露率高，土壤少，贮水能力低，岩层漏水性强，极易引起缺水干旱，而大雨又会导致严重水土流失。由于水土流失严重，西南大部分地区缺土，一些地方还存在着工程性缺水现象。石漠化与水土严重流失已形成恶性循环，造成山穷、水枯、林衰、土瘦，给西南地区人们的生存带来了很大的问题。石漠化地区日趋恶化的脆弱生态环境制约了西南地区的发展，石漠化地区的人口问题、生存问题、能源问题，成了不容回避的问题。水土资源不断流失后呈现的石漠化现象，不仅恶化了农业生产条件和生态环境，而且将使群众失去赖以生存的基本条件，许多地方不得不考虑生态移民。

做好石漠化防治工作，遏制中国土地石漠化整体扩展的趋势，改善岩溶地区的生态环境，可采取以下防治措施。

（1）专项综合治理

国家应把石漠化防治纳入国家生态建设总体构架之中，编制石漠化防治工程规划，安排专项资金，启动石漠化防治专项工程。

（2）科学防治

石漠化防治必须要依托科技支撑，大力开展科研工作，组织开展技术攻关。大力推广现有的成熟技术及模式，积极推进新技术、新工艺的应用。加强基层科研人员及当地农民的培训工作，使广大群众掌握防治石漠化的基础知识和技能，提高治理者的整体科学素养。

（3）加强法制建设

石漠化的防治要从源头抓起，坚持预防为主、科学治理。要将强法制建设，加大执法力度，一手抓治理，扩大林草植被，一手抓保护，严格监管，依法保护好现有的林草植被，防止产生新的石漠化土地。

（4）完善动态监测

完善石漠化动态监测体系建设，定期监测、实时掌握石漠化状况和动态变化趋势，及时对防治工作进展及成果做出客观评价，为防治决策提供依据。

2.2.7 食品污染

食品污染是指食品及其原料在生产和加工过程中，因农药、废水、污水、各种食品添加剂及病虫害和家畜疫病所引起的污染，以及霉菌毒素引起的食品霉变，运输、包装材料中有毒物质和多氯联苯、苯并芘所造成的污染的总称。食品是构成人类生命和健康的三大要素之一。食品一旦受污染，就会危害人类的健康。

2.2.7.1 食品污染的类型

食品污染分为生物性、化学性、物理性及放射性污染四类。

（1）生物性污染

生物性污染是指有害的病毒、细菌、真菌以及寄生虫污染食品。鸡蛋变臭，蔬菜烂掉，主要是细菌、真菌在起作用。细菌有许多种类，有些细菌如变形杆菌、黄色杆菌、肠杆菌可以直接污染动物性食品，也能通过工具、容器、洗涤水等途径污染动物性食品，使食品腐败变质。

据调查，食物中黄曲霉素较高的地区，肝癌发病率比其他地区高几十倍。英国科学家认为，乳腺癌可能与黄曲霉毒素有关。我国华东、中南地区气候温湿，黄曲霉毒素的污染比较普遍，主要污染在花生、玉米上，其次是大米等食品。霉菌污染食品使其食用价值降低，甚至完全不能食用。霉菌毒素中毒大多通过被霉菌污染的粮食、油料作物以及发酵食品等引起，而且霉菌中毒往往表现为明显的地方性和季节性。

（2）化学性污染

化学性污染是由有害、有毒的化学物质污染食品引起的。农药是造成食品化学性污染的一大来源，还有含 Pb、Cd、Cr、Hg、硝基化合物等有害物质的工业废水、废气及废渣，食用色素、防腐剂、发色剂、甜味剂、固化剂、抗氧化剂食品添加剂，作食品包装用的塑料、纸张、金属容器等。

在农田、果园中大量使用化学农药，是造成粮食、蔬菜、果品化学性污染的主要原因。这些污染物还可以随着雨水进入水体，然后进入鱼虾体内。我国某地湖泊受到农药污染后，不少鱼的身体变形，烹调后药味浓重，被称为"药水鱼"。

许多粮食、蔬菜、果品和肉类，都要经过长途运输或储存，或者经过多次加工，才送到人们面前。在这些食品的运输、储存和加工过程中，常常往食品中投放各种添加剂，如防腐剂、漂白剂、抗氧化剂、调味剂、着色剂等，其中不少添加剂具有一定的毒性。

2005 年 3 月 4 日，亨氏辣椒酱在北京首次被检出含有"苏丹红一号"。不到 1 个月内，在包括肯德基等多家餐饮、食品公司的产品中相继被检出含有"苏丹红一号"。2008 年中国奶制品污染事件是中国的一起食品安全事件。此外，毒大米、黑心月饼、皮革奶等食品污染事件层出不穷，为中国食品安全敲响了警钟。

（3）物理性污染

主要来源于非化学性的杂物，虽然有的污染物可能并不威胁消费者的健康，但会严重影响食品应有的感官性状或营养价值，使食品质量得不到保证，主要包括：①来自食品产、储、运、销的污染物，如粮食收割时混入的草籽、液体食品容器池中的杂物、食品运销过程中的灰尘等；②食品中掺假，如粮食中掺入沙石、肉中注入水、奶粉中掺入大量的糖，小麦粉生产过程中混入磁性金属物等。

（4）放射性污染

食品中的放射性物质有来自地壳中的放射性物质，称为天然本底；也有来自核武器试验或和平利用放射能所产生的放射性物质，即人为的放射性污染。某些鱼类能富集金属同位素，如铯和锶等，后者半衰期较长，多富集于骨组织中，而且不易排出。某些海产动物，如软体动物能富集锶，牡蛎能富集大量锌，某些鱼类能富集铁。放射性核素对食品的污染有三种途径：①核试验的降沉物；②核电站和核工业废物的排放；③意外事故泄漏。

2.2.7.2　食品污染的危害与防治

食品污染的危害主要有：①食品腐败变质，失去营养价值；②食品变味、变形、变色，影响食品的感官；③食品被污染后，食用会引起感染或急性中毒；④长期摄入被有毒化学物质污染的食物可引起慢性中毒；⑤有些食品的污染物还有致畸致癌作用。

防止食品污染，不仅要注意饮食卫生，还要从各个细节着手。只有这样，才能从根本上解决问题。食品污染的防治措施主要有：①开展卫生宣传教育；②食品生产经营单位要全面贯彻执行食品卫生法律和国家卫生标准；③食品卫生监督机构要加强食品卫生监督，把住食品生产、出厂、出售、出口、进口等卫生质量关；④加强农药管理；⑤灾区要特别加强食品运输，贮存过程中的管理，防止食品意外污染事故。

2.2.8　生物多样性减少

2.2.8.1　中国生物多样性现状

中国是世界上少数几个国土既有东西跨度，又有南北跨度，同时具备垂直高差的国家之一。在丰富的气候、地形、地貌等自然条件下，形成了丰富的物种资源。我国还拥有包括温带、寒温带、亚热带、高山、丘陵、湖泊、森林、海洋等众多的生态类型，孕育出各种生态类型中的大量物种，使生态系统多样性和遗传多样性，是地球上生物多样性最丰富的国家之一，因此中国生物多样性的保护也是世界生物多样性保护的重要部分。中国的生物多样性具有如下特点。

① 物种丰富。中国有高等植物 3 万余种，其中在世界裸子植物 15 科 850 种中，中国就有 10 科约 250 种，是世界上裸子植物最多的国家；脊椎动物 6347 种，占世界种数近 14％。

② 特有属、种繁多。高等植物中特有种最多，约 17300 种，占中国高等植物总种数的 57％以上。6347 种脊椎动物中，特有种 667 种，占 10.5％。

③ 区系起源古老。由于中生代末中国大部分地区已上升为陆地，第四纪冰期又未遭受大陆冰川的影响，许多地区都不同程度保留了白垩纪、第三纪的古老残遗部分。例如，松杉类世界现存 7 个科，中国有 6 个科。动物中大熊猫、白鳍豚、扬子鳄等都是古老孑遗物种。

④ 栽培植物、家养动物及其野生亲缘的种质资源非常丰富。中国有药用植物 11000 多种，牧草 4215 种，原产中国的重要观赏花卉超过 30 属 2238 种。中国是世界上家养动物品种和类群最丰富的国家，共有 1938 个品种和类群。

⑤ 生态系统丰富多彩。中国具有地球陆生生态系统，如森林、灌丛、草原和稀树草原、草甸、荒漠、高山冻原等各种类型，由于不同的气候、土壤等条件，又进一步分为约 600 种亚类型。海洋和淡水生态系统类型也很齐全。

2.2.8.2　中国生物多样性的危机

我国是世界上生物多样性丧失最严重的地区之一。根据森林调查的森林生物多样性的压力指数，第一次清查（1973～1976 年）时为 100，第三次清查（1984～1988 年）时为 133.73，第五次清查（1994～1998 年）时为 178.63，第六次清查（1999～2003 年）时为 199.10。

我国湿地动植物资源极为丰富，有不少珍稀濒危物种和中国特有物种，如白鳍豚、扬子鳄等为我国特有的世界性濒危物种。就水禽而言，共有 257 种，占全国鸟类种数的 20.6％。全球共有鹤类 15 种，在我国湿地分布有 9 种。我国湿地还是世界水禽的重要繁殖地、越冬地和候鸟迁徙的停留地，如东北的三江平原和松嫩平原是丹顶鹤的重要繁殖地，新疆的巴音布鲁克湿地是天鹅的重要繁殖地。

湿地生态系统也受到相当严重的破坏，近 20 多年来，中国海岸湿地已被围垦 700 多万公顷。从 20 世纪 50 年代到 2013 年，湖北省百亩以上的湖泊从 1332 个锐减为 574 个，比 20 世纪 50 年代减少 56.9%；5000 亩以上的湖泊从 322 个减少到了 110 个。湖北"千湖之省"美誉不再，名难符实。山丘区生物多样性方面，山丘区多为经济发展落后的地区，当地居民为维持生存和发展经济而盲目开发资源，诱发生态系统的退化和生物多样性水平的降低。

海洋生物多样性方面，中国海已记录 20278 个物种，其中黄、渤海 1140 种，东海 4167种，南海 5613 种。但是，我国海洋生物多样性也同样面临危机，某些海域的生物种数，因生态环境恶化而锐减，如 20 世纪 60 年代山东省胶州湾河口附近潮间带生物种类多达 54 种，70 年代减到 33 种，80 年代只剩下 17 种，原有 14 种优势种仅剩下 1 种。

目前，数以百计的高等动植物被列入我国濒危动植物物种红色名单中。1988 年 12 月国务院批准并公布的《国家重点保护野生动物名录》共 257 种，其中一级保护 96 种，二级保护 161 种。世界《濒危野生动物国际贸易公约》规定中所列的 640 种禁止或限制贸易的濒危动物中，我国被列入的就有 156 种。1984 年国务院环委会公布，并于 1987 年国家环保局、中科院修订的《中国珍稀保护植物名录》共 389 种。

2.2.8.3 生物多样性危机产生的原因

导致物种濒危和灭绝的原因是多方面的，除火山爆发、洪水泛滥、陆地升沉、森林火灾、特大干旱等自然因素所造成的影响外，人为因素是最重要的，归结起来有以下几点。

（1）生境碎片化和丧失

对大多数物种而言，最严重的威胁来自生境减少和碎片化。在中国，生境的碎片化是造成生物多样性丧失的主要原因之一。生境碎片化和丧失的主要原因是人类的影响和破坏，如大面积森林的乱砍滥伐、围湖造田、毁林开荒、过度放牧等，都会破坏和改变生物生存的生态环境，降低生态多样性。人类的生产和经济活动，也会影响其他生物的生境，如水库、高速公路、铁路的建造都会隔离原有整个大面积的生境，造成碎片化，而造成某些生物的生殖隔离，降低遗传多样性。

（2）生物资源不合理利用

人类的生存和发展需要利用生物资源，但不合理的利用会造成生物多样性的丧失。在中国，乱捕滥猎和乱采滥挖现象始终没有得到有效控制。例如，猕猴在 20 世纪 50 年代因过度捕捉出口，造成种群数量剧减，迄今尚未得到恢复。我国淡水鱼资源由于不断加大捕捞强度和不控制时间，产量急剧下降的同时，种群数量也很难回升。许多传统的中药和经济植物由于长期过量采挖和开发利用，致使种群数量急剧缩减。许多物种因被认为对人造成危害而被捕杀。经统计，在濒临灭绝的脊椎动物中，有 37% 的物种受到过度开发的威胁。

（3）环境污染

环境污染也是造成生物多样性下降的原因之一。根据联合国有关组织发布的全世界大气污染最严重的 10 个城市中中国占有 7 席。中国每天排放的污水每年以 8% 的速度递增，和经济增长率几乎一致，表明我国的经济发展很大程度上是建立在牺牲环境为代价的基础上的。有机农药、重金属等有害物质不仅可以通过食物链积聚于生物体内，同时也破坏生态系统和生态平衡，使物种濒危或灭绝。我国渤海黄海和东海的赤潮频率呈现上升趋势，爆发间隔越来越短，范围越来越广，损失也越来越大，对生物多样性的破坏无可估计。

（4）外来物种引入

在生物多样性遭破坏的原因中，另一个令人吃惊的严重威胁是非本地物种的引入。据《生物多样性公约指南》，"外来物种对生物多样性的严重威胁仅次于栖息地的丧失，外来物种对生物多样性的危害已得到很好的证明"。在中国有很多生动的例子，20世纪40年代我国引入一种叫"水花生"（喜旱莲子草）的饲料作物，由于该物种适应性强，无性繁殖快，致使水花生成为一种恶性杂草，遍及农田、水沟和池塘中。还有"大米草"，过去作为海滩护堤和牧草植物引入国内，因繁殖力强，现在在江苏、福建等省的沿海海滩蔓延，严重影响贝类等水产品的生产。此外，豚草的蔓延扩展和人体健康危害更是广为人知。

（5）人口膨胀

人为干扰因素的本质原因是人与野生动植物争夺生活空间，人口的膨胀必然导致人类对生物资源的需求加剧。自1950年以来，谷物、鱼类和木材的人均需求量分别增加40％、100％和33％。中国目前是人口第一大国，这必然造成巨大的资源需求，加上过去没有意识到生物多样性的潜在危机，对生物资源的过度开发和破坏造成的危机至今都无法消除。

（6）全球影响

作为世界的一个重要部分，中国的生物多样性危机是世界生物多样性危机的一部分，也受到世界上其他国家的影响。一方面，温室效应、厄尔尼诺现象、酸雨等全球气候变化造成中国气候的改变，引起一些物种生存环境的变化。另一方面，经济发达国家对中国国内资源的掠夺也造成很大的损害，如日本用做卫生筷的木材70％以上来自中国，使得我国大面积的森林被盲目采伐以换取经济价值，造成生态的恶化。当然中国对于世界的影响也是巨大的，因此我们必须以负责的态度面对中国和世界的生物多样性危机。

专栏—世界十大环境事件

1. 马斯河谷烟雾事件

发生于1930年比利时的马斯河谷工业区，由于SO_2和粉尘污染对人体造成综合影响，一周内有近60人死亡，数千人患呼吸系统疾病。

2. 洛杉矶光化学烟雾事件

发生于1943年美国洛杉矶，当时该市的200多万辆汽车排放大量的汽车尾气，在紫外线照射下产生光化学烟雾，大量居民出现眼睛红肿、流泪、喉痛等症状，死亡率大大增加。

3. 多诺拉烟雾事件

发生于1948年美国宾夕法尼亚州的多诺拉镇，因炼锌厂、钢铁厂、硫酸厂排放的SO_2及氧化物和粉尘造成大气严重污染，使5900多居民患病。事件发生的第一天有17人死亡。

4. 伦敦烟雾事件

发生于1952年英国伦敦，由于冬季燃煤排放的烟尘和SO_2在浓雾和空气中积聚不散，前两个星期死亡4000人，以后的两个月内又有8000多人死亡。

5. 四日市哮喘病事件

发生于1961年前后的日本四日市，由于石油化工和工业燃烧重油排放的废气严重污染大气，引起居民呼吸道病症剧增，尤其是使哮喘病的发病率大大提高，50岁以上的老人发病率约为8%，死亡10多人。

6. 水俣病事件

发生于1953～1956年间的日本熊本县水俣市，因石油化工厂排放含汞废水，人们食用了被汞污染并富集了甲基汞的鱼、虾、贝类等水生生物，造成大量居民中枢神经中毒，死亡率达38%，汞中毒者达283人，其中60多人死亡。

7. 富山痛痛病事件

发生于1955～1972年间的日本富山县神通川流域，因锌、铅冶炼厂等排放的含镉废水污染了河水和稻米，居民食用后而中毒，1972年患病者达258人，死亡128人。

8. 爱知米糠油事件

发生于1968年日本北九州市、爱知县一带，因食用油厂在生产米糠油时，使用多氯联苯作脱臭工艺中的热载体，这种毒物混入米糠油中，被人食用后中毒，患病者超过10000人，16人死亡。

9. 博帕尔毒气事件

发生于1984年印度中央邦博帕尔市，由于设在该市的美国联合碳化物公司农药厂的储罐爆裂，大量剧毒物甲基异氰酸酯外泄，造成至少2500多人死亡，十几万人受伤的惨剧。

10. 切尔诺贝利核污染事件

发生于1986年前苏联基辅地区的切尔诺贝利核电站，由于反应堆爆炸，大量放射性物质外泄，上万人受到辐射伤害，直接死亡31人，13万居民被迫疏散，污染范围波及邻国，核尘埃遍布欧洲。

专栏—新《环境保护法》解读

2014年4月24日，我国通过了《环保法修订案》，新法被称为"史上最严厉"的环保法（自2015年1月1日施行）。本次修改明确了新世纪环境保护工作的指导思想，加强政府责任和责任监督，衔接和规范相关法律制度，以推进环境保护法及其相关法律的实施。修改后的法律共七章七十条，与1989版的保护法的六章四十七条相比，有了较大变化，其中凸显建立公共预警机制、扩大公益诉讼主体、加强政府监管职责等五方面亮点。

新举措——建立公共检测预警机制

国家建立健全环境与健康监测、调查和风险评估制度；鼓励和组织开展环境质量对公众健康影响的研究，采取措施预防和控制与环境污染有关的疾病。

国家建立环境污染公共监测预警的机制。环境受到污染，可能影响公众健康和环境安全时，依法及时公布预警信息，启动应急措施。

国家建立跨行政区域的重点区域、流域环境污染和生态破坏联合防治协调机制。

新制定——首次将生态保护红线写入法律

新法规定，国家在重点生态保护区、生态环境敏感区和脆弱区等区域，划定生态保护红线，实行严格保护。

新主体——环境公益诉讼主体扩大

新法规定凡依法在设区的市级以上人民政府民政部门登记的，专门从事环境保护公益活动连续五年以上且信誉良好的社会组织，都能向人民法院提起诉讼。

新标准——按日计罚无上限

新法明确规定，企业事业单位和其他生产经营者违法排放污染物，受到罚款处罚，被责令改正，拒不改正的，依法作出处罚决定的行政机关可以自责令更改之日的次日起，按照原处罚数额按日连续处罚。

新职责——明确政府管理

新法规定，县级以上人民政府环境保护主管部门及其委托的环境监察机构和其他负有环境保护监督管理职责的部门，有权对排放污染物的企业事业单位和其他生产经营者进行现场检查。领导干部虚报、谎报、瞒报污染情况，将会引咎辞职。出现环境违法事件，造成严重后果的，地方政府分管领导、环保部门等监管部门主要负责人，要承担相应的刑事责任。

习题与思考题

1. 全球环境问题主要有哪几种类型？其主要危害分别是什么？
2. 全球环境问题的主要防治对策有哪些？
3. 中国主要的环境问题有哪些？产生的影响分别体现在哪些方面？
4. 你对目前我国环境保护持何种态度，有何观点？
5. 了解环境保护法的修订背景及修订内容。

参考文献

[1] 左玉辉. 环境学[M]. 北京：高等教育出版社，2002.

[2] 蒋展鹏. 环境工程学[M]. 北京：高等教育出版社，2005.

[3] 蒋展鹏，杨宏伟. 环境工程学[M]. 北京：高等教育出版社，2013.

[4] 王淑莹，高春娣. 环境导论[M]. 北京：中国建筑工业出版社，2004.

[5] 成岳，刘媚，乔启成等. 环境科学概论[M]. 上海：华东理工大学出版社，2012.

[6] 仝川. 环境科学概论[M]. 北京：科学出版社，2001.

[7] 陈征澳，邹洪涛. 环境学概论[M]. 广州：暨南大学出版社，2011.

[8] 胡筱敏. 环境学概论[M]. 武汉：华中科技大学出版社，2010.

[9] 孙枢，李晓波. 我国资源与环境科学近期发展战略刍议[J]. 地球科学进展，2001，16(5)：727-733.

[10] 王敏，黄滢. 中国的环境污染与经济增长[J]. 经济学，2015，14(2)：558-562.

第 3 章 | 水环境

本章要点

1. 水循环的意义和类型；
2. 水污染的来源、危害和分类；
3. 水污染的环境标准及控制技术。

3.1 地球上的水

水是自然生态环境中最积极、最活跃的因素，同时又是人类生存和社会经济活动不可缺少的物质。水是地球上所有生命的摇篮，在亿万年前的海里，孕育了最初的蛋白质，从而开始了地球上漫长的生命旅程。

地球是由水圈、土壤圈、大气圈、岩石圈和生物圈组成的，而水圈又是最活跃的一个圈层。水圈是由地球地壳表层、表面和围绕地球的大气层中液态、气态和固态的水组成的圈层。

在地球水圈中有约 13.86 亿立方千米水，它以液态、固态和气态形式分布于海洋、陆地、大气和生物体中。在全球总水量中，海洋水量约 13.38 亿立方千米（96.54%），南极、北极和高山区的冰川积雪约 0.24 亿立方千米（1.74%），地下水约 0.23 亿立方千米（1.69%），存于陆地河流、湖泊、沼泽等地表水约 50.6 万立方千米（0.037%）。表 3-1 是地球水圈中水储量的分布情况。

表 3-1　地球水圈水储量分布

水体	水储量		咸水		淡水	
	10^3 立方千米	%	10^3 立方千米	%	10^3 立方千米	%
海洋	1338000.00	96.538	1338000.00	99.0400	—	—
冰川与永久积雪	24064.00	1.7362	—	—	24064.10	68.7697
地下水	23400.00	1.6883	12870.00	0.9527	10530.00	30.0606
冰冻层中冰	300.00	0.0216	—	—	300.00	0.8564
湖泊水	176.40	0.0127	85.40	0.0063	91.00	0.2598
土壤水	16.50	0.0012	—	—	16.50	0.0171
大气水	12.90	0.0009	—	—	12.90	0.0378
沼泽水	11.47	0.0008	—	—	11.47	0.0337
河流水	2.12	0.0002	—	—	2.12	0.0061

水体	水储量		咸水		淡水	
	10^3 立方千米	%	10^3 立方千米	%	10^3 立方千米	%
生物水	1.12	0.0001	—	—	1.12	0.0032
总计	1385984.6	100	—	—	35029.21	100

值得注意的是，在地球水圈中淡水仅占总水量的 2.53%，且主要分布在冰川与永久积雪和地下。扣除目前暂时无法取用的冰川积雪及深层地下水，理论上可以开发利用的淡水不到地球总水量的 1%。实际上，人类可以利用的淡水量远低于这一理论值，因为许多淡水人们还无法利用。

3.2　水循环

3.2.1　水的自然循环

3.2.1.1　水循环及其意义

在太阳入射能和地球表面热能的共同作用下，地表水不断被蒸发成为水蒸气，进入大气。水蒸气遇冷凝结成水或冰，在地球重力的作用下，以降水形式落至地表。水的这个周而复始的运动过程称为水循环。水循环是地球上最重要的物质循环之一，它不仅实现全球的水量转移，而且推动全球能量交换和生物地球化学循环，并为人类提供不断再生的淡水资源。

水循环的主要作用表现在：水循环联系着地球的各个圈层，并在各个圈层间进行物质和能量交换，直接涉及自然界中一系列的物理、化学和生物过程。在垂直方向上，通过蒸发、降水、下渗、植物蒸腾等环节，把大气圈、水圈、生物圈、岩石圈联系起来；在水平方向上，通过水汽输送和径流输送，把陆地和海洋联系起来。

水循环的存在，使人类赖以生存的水资源得到不断更新，成为一种再生资源，可以永久使用；使各个地区的气温、湿度等不断得到调整。人类的活动也在一定的空间和一定尺度上影响着水循环。

3.2.1.2　水循环原理

水循环是自然地理环境中最主要的物质循环。形成水循环的内因是水的物理特性，即水的三态（固、液、气）转化，外因是太阳辐射和地心引力。在水循环的各个环节中，水运动始终遵循质量和能量守恒定律，表现为水量平衡原理和能量平衡原理。

（1）水量平衡原理

水量平衡是指在任一时段内研究区的输入与输出水量之差等于该区域内的储水量的变化值。水量平衡原理是物理学中"物质不灭定律"的一种表现形式。

① 全球储水量。地球储水量约 $1.386 \times 10^9 \, \text{km}^3$，其中海水约 $1.338 \times 10^9 \, \text{km}^3$，占全球水量的 96.5%。在余下的水量中地表水占 1.78%，地下水占 1.69%。人类可利用的淡水量约为 $3.5 \times 10^7 \, \text{km}^3$，主要通过海洋蒸发和水循环而产生，仅占全球储水量的 2.53%。淡水中只有少部分分布在湖泊、河流、土壤和浅层地下水中，大部分则以冰川、永久积雪和多年冻土的形式存储。其中，冰川储水量约 $2.4 \times 10^7 \, \text{km}^3$，约占淡水总量的 69%，大部分都存

储在南极和格陵兰地区。

② 水量变化规律。地球上的水时时刻刻都在循环运动，地球表面的蒸发量同返回地球表面的降水量相等，处于相对平衡状态，总水量没有太大变化。但是，对某一地区来说，水量的年际变化往往很明显，河流的丰水年、枯水年常常交替出现。降水量的时空差异性会导致区域水量分布极其不均。

在水循环和水资源转化过程中，水量平衡是一个至关重要的基本规律。根据水量平衡原理，某个地区在某一段时期内，水量收入和支出差额等于该地区储水量的变化量。

据估算，全球平均每年海洋上约有 $5.05 \times 10^5 \mathrm{km}^3$ 的水蒸发到空中，而降水量约为 $4.58 \times 10^5 \mathrm{km}^3$，降水量比总蒸发量少 $0.47 \times 10^5 \mathrm{km}^3$，这同陆地注入海洋的总径流量相等。

（2）能量平衡原理

能量守恒定律是水循环运动所遵循的另一个基本规律，水的三态转换和运移都伴随着能量的转换和输送。对于水循环系统而言，它是一个开放的能量系统，与外界有着能量的输入和输出。大气传送的潜热（水汽）作为一条联系能量平衡的纽带，贯穿于整个水循环过程中。

① 地球的辐射平衡。太阳辐射是水循环的原动力，也是地球—大气系统的外部能源。假设射入地球的太阳辐射量以 1 个单位计，其中有 30％仍以短波辐射形式被大气和地表反射回太空，19％被大气吸收，51％在地球表面被吸收。由于地球是近乎热平衡的（无长期净增热），被吸收的 70％太阳辐射最终以长波辐射形式再度辐射回太空。在返回太空之前，这部分能量在地表与大气之间会经过复杂的再循环，这种再循环包括辐射能、感热通量（接触和对流输热）和潜热通量（水分蒸发吸热）。

② 热量传送。辐射到地球上的太阳能除了很少一部分供植物光合作用需要外，约有23％消耗于海洋表面和陆地表面的蒸发中。水分不仅能从水面和陆地表层蒸发，而且也会通过植物叶面的蒸腾作用进入大气中。大气中的水遇冷则凝结成雨雪等，又落回地表。水汽凝结时，这些能量又被重新释放出来。

长期以来，在水循环这个开放的自然系统中，能量与物质的转换和输送处于动态平衡，以保证整个系统的平均活动的均衡性，保持地球上生物生存环境的长期稳定。

3.2.1.3　水循环的类型

水循环分为海陆间循环、陆上内循环和海上内循环三种类型。

海陆间水循环，也称大循环，指海洋水与陆地水之间，通过一系列过程所进行的相互转换运动。海洋表面水经过蒸发变成水汽，水汽上升到空中，随着气流运行被输送到大陆上空，其中一部分水汽凝结成降水。降落到地面的水，一部分形成地表径流，一部分形成地下径流，两种径流经过江河汇集，流入海洋，形成海陆间的水循环。陆地上的水，通过海陆间水循环不断得到补充，水资源得以再生，从而维持地球水的动态平衡，使地球各种水体处于不断更新状态。

陆上内循环，属于小循环，指陆面的水分通过陆面蒸发、水面蒸发和植物蒸腾形成水汽，在空中冷凝形成降水仍落到陆地上，从而完成水循环过程。通过陆上内循环，陆上的水可以得到少量的补充，重要的是影响全球的气候和生态，是地表形态的主要塑造者。

海上内循环，也属于小循环，指海洋面上的水蒸发成水汽，进入大气后在海洋上空凝结，形成降水又回到海洋的局部水分交换过程。海上内循环是携带水量最大的水循环，是海陆间大循环的近 10 倍之多。海上内循环使地表整个圈层之间、海陆之间实现物质迁移和能量转换。

3.2.2　社会水循环

除了自然条件的变化外，人类活动很大程度上也影响水资源的数量、质量及时空分布。人类对水环境影响的方式可分为两种：一种是对水环境的间接干预，即通过人类活动引起环境的变化影响水资源系统的传输过程；另一种是以改变水循环系统结构方式直接干扰、改变水环境和水资源的自然状态。这就是水的人类社会循环干扰水的自然循环状态。

（1）社会水循环的概念

水的社会循环指在水的自然循环中，人类不断利用地下径流或地表径流满足生活与生产活动之需，使用后又排回自然水体的人工循环。最典型的社会水循环莫过于城市用水。城市从自然水体中取水，净化后供给工业、商业、市政和居民使用，用后的污水经排水系统输送到污水处理厂，处理后又排回自然水体。

水的社会循环系统可分为给水系统和排水系统两大部分，两者是不可分割的统一有机体。给水系统是自然水的提取、加工、供应和使用过程，好比是水社会循环的动脉，用后污水的收集、处理与排放这一排水系统则是水社会循环的静脉。在水的社会循环中，污水的收集与处理系统是能否维持水社会循环可持续性的关键，是连接水社会循环与自然循环的纽带。

（2）水的社会循环与自然循环的关系

水的社会循环是水自然水文循环的一个附加组成部分，是一个带有人类印记的特殊的水循环类型。它对自然循环产生强烈的相互交流作用，不同程度地改变着世界上水的循环运动。

水的自然循环和社会循环交织在一起，水的社会循环依赖于自然循环，又对水的自然循环造成不可忽视的负面影响。实际上，人类社会水循环不仅仅包括从河道取水供饮用和生活，也包括了为了维持工农业生产和用于获取水力能源的用水循环。而且，在某种程度上，其循环流量往往更加庞大而又易于被忽略。

开发利用水资源是人类对水资源时空分布进行干预的直接方式。修建水库、水坝、引水渠、开采地下水等人为干扰，使自然系统的结构以及物能传输过程发生改变，形成新的水文情势。在人类大兴水利带来巨大生产效益、能源效益的同时，弊端也日益显现出来。

3.3　水污染及其主要来源

3.3.1　水污染及其危害

水污染是指水体因某种物质的介入，导致水的物理、化学、生物或者放射性等方面特性的改变，从而影响水的有效利用，危害人体健康或者破坏生态环境，造成水质恶化的现象。水污染情况的不断恶化，加剧全球的水资源短缺，危及人类健康和环境健康，严重制约到人类社会、经济与环境的可持续发展。

（1）对人类健康的危害

水污染后，通过饮水或食物链，污染物进入人体，使人急性或慢性中毒。As、Cr、铵类、苯并［α］芘等，还可诱发癌症。被寄生虫、病毒或其他致病菌污染的水，会引起多种传染病和寄生虫病。重金属污染的水，对人的健康有危害。如被 Cr 污染的水，人饮用后会造成肾、骨骼病变，摄入硫酸镉 20mg 就会造成死亡；Pb 造成的中毒，会引起贫血，神经错乱；六价铬有很大毒性，能引起皮肤溃疡，还有致癌作用；饮用含 As 的水，会发生急性或慢性中毒，造成机体代谢障碍，皮肤角质化，引发皮肤癌；有机磷农药会造成神经中毒，有机氯农药会在脂肪中蓄积，对人和动物的内分泌、免疫功能、生殖机能均造成危害；稠环芳烃多数具有致癌作用；氰化物也是剧毒物质，进入血液后，与细胞的色素氧化酶结合，使呼吸中断，造成呼吸衰竭窒息死亡。

（2）对工农业生产的危害

水被污染后，工业用水须投入更多的处理费用，造成资源、能源的浪费。食品工业用水要求更为严格，水质不合格，会使生产停顿。这也是导致工业企业效益不高，质量不好的因素之一。农业使用污水，使作物减产，品质降低，甚至使人畜受害，农田遭受污染，土壤质量下降。海洋污染的后果也十分严重，如石油污染，造成海鸟和海洋生物死亡。

（3）水的富营养化的危害

在正常情况下，氧在水中有一定的溶解度。溶解氧不仅是水生生物得以生存的条件，而且氧参加水中的各种氧化还原反应，促进污染物转化降解，是天然水体具有自净能力的重要原因。污水的有机物在水体中降解释出营养元素，促进水中藻类丛生，植物疯长使水体溶解氧下降，甚至出现无氧层。结果，致使水生植物大量死亡，水面发黑，水体发臭，形成"死湖""死河""死海"，进而变成沼泽。这种现象称为水的富营养化。富营养化的水臭味大、颜色深、细菌多。

3.3.2　水污染物来源

水污染源可分为自然污染源和人为污染源两类。水污染最初主要是由自然因素造成的，如地表水渗漏和地下水流动将地层中某些矿物质溶解，使水中盐分、微量元素或放射性物质浓度偏高，导致水质恶化，但自然污染源一般只发生在局部地区，危害往往也具有地区性。随着人类活动范围和强度的加大，人类活动逐步成为水污染的主要原因。

按污染物进入水环境的空间分布方式，人为污染源又可分为点污染源和面污染源。

3.3.2.1　点污染源

点污染源指集中由排污口排入水体的污染源，主要是生活污水和工业废水。

（1）生活污水

生活污水主要来自家庭、机关、商业以及城市公用设施的污水，包括冲厕排水、洗浴排水、厨房排水、洗涤排水等。生活污水的成分，99％为水，固体杂质不到1％，污染物以悬浮态或溶解态的有机物、无机物为主，此外含有部分微量金属（Zn、Cu、Cr、Mn、Ni 和 Pb 等），以及多种致病菌等。

生活污水中悬浮固体含量为 200～400mg/L，BOD_5（五日生化需氧量）为 100～700mg/L。随着经济的发展和人们生活水平的提高，生活污水量及污染物总量都在不断增加，部分污染物指标（如 BOD_5）甚至超过工业废水成为水环境污染的主要来源。

（2）工业废水

工业废水是指工业生产过程中排出的废水和废液。按主要污染物的化学性质分类，工业废水可分为无机废水、有机废水、混合废水、重金属废水、放射性废水和冷却水。

按工业企业的产品和加工对象可分为造纸废水、纺织废水、制革废水、农药废水、冶金废水、炼油废水等；按废水中所含污染物的主要成分可分为酸性废水、碱性废水、含酚废水、含铬废水、含有机磷废水和放射性废水等；按废水的发生源可分为工艺废水、设备冷却废水、洗涤废水及场地冲洗废水等。

一般而言，工业废水具有如下几个特点：①污染量大。工业行业用水量大，其中70%以上转变为工业废水排入环境，污染物浓度一般也很高。②成分复杂。工业污染物形态多样，包括有机物、无机物、重金属、放射性物质等。③感官不佳。工业废水常带有令人不悦的颜色或异味。④水质水量多变。业废水的水量和水质随生产工艺、生产方式、设备状况、管理水平和生产时段等的不同而有很大差异，即使是同一工业的同一生产工序，水质也有很大变化。

3.3.2.2 面污染源

面污染源又称非点污染源，指以大面积范围排放污染物输入水体的污染源，通常表现为无组织性，主要包括农村灌溉水形成的径流、农村废水和地面雨水径流等。量小而分布很广的点污染源，也可视为面污染源。

（1）农村面源

农村面源污染是指农业生产活动和农村生活中，溶解的或固体的污染物在降水和径流的冲刷作用下，通过非特定的农田地表径流、农田排水和地下渗漏，进入受纳水体所引起的污染。由于化肥和农药的过量使用，农田地表径流中含有大量的 N、P 等营养物质和农药。不合理地施用化肥和农药还会改变土壤的物理特性，降低土壤的持水能力，产生更多的农田径流并加速土壤的侵蚀。农田径流中氮的浓度为 1～70mg/L，磷的浓度为 0.05～1.1 mg/L。由于农业对化肥的依赖性增加，畜禽养殖业的动物粪便已从一种传统的植物营养物变成一种必须加以处置的污染物。畜禽养殖废水中常含有很高的有机物浓度，这些有机物易被微生物分解，但其中含氮有机物经过氨化作用形成氨，再被亚硝酸盐菌和硝酸盐菌转化为亚硝酸和硝酸，常引起地下水污染。目前，农业已成为大多数国家水环境最大的面污染源。

由于面污染源量大、面广、情况复杂，故对其的控制要比点污染源难得多。并且，随着对点污染源的管制的加强，面污染源在水环境污染中所占的比重在不断增加。据调查，损害美国地表水的污染源中，面源贡献已分别达到 65%（河流）和 75%（湖泊）。

（2）城市径流

在城市地区，大部分土地为屋顶、道路、广场所覆盖，地面渗透性很差。雨水降落并流过铺砌的地面，常夹带有大量的城市污染物。例如，汽车尾气中的重金属、轮胎磨损物、建筑材料腐蚀物、路面沙砾、建筑工地淤泥和沉淀物、动植物的废弃物、动物排泄物中的细菌、城市草地和公园喷洒的农药、润滑油、石油、阻冻液以及融雪撒的路盐等。城市地区的雨水一般排入雨水下水道，然后直接排入附近水体，通常并不经过任何处理。城市径流对受纳溪流、河流湖泊有较严重的不利影响。

3.3.3 水污染物

造成水体水质、水中生物群落以及水体底泥质量恶化的各种有害物质（或能量）都可叫做水体污染物。常见的污染物种类如下。

（1）固体污染物

固体物质在水中有三种存在形态：溶解态、胶体态和悬浮态。在水质分析中习惯于将固体微粒分为两部分：能透过滤膜（孔径因材料不同而异，约为 $3\sim10\mu m$）的溶解性固体，不能透过滤膜的悬浮物，合称为总固体。

固体悬浮物主要来自于矿石处理、冶金、化工、化肥、造纸和食品加工等过程，还来自农田排水和水土流失等。悬浮物会使水体浑浊，影响水生植物的光合作用，而且水体中的悬浮物沉积淤塞河道，危害水体底栖生物的繁殖，影响渔业生产。灌溉时悬浮物会堵塞土壤的孔隙，不利于作物的生长。严重的是当水体中含有有毒物质时，会因悬浮物的吸附作用使污染程度加深。

（2）耗氧有机物

生活污水和印染、造纸、食品、餐饮、石化等工业废水中含有碳水化合物、蛋白质、氨基酸、脂肪酸、油脂等有机物和其他可被生物降解的人工合成有机物。这些物质本身无毒，但排入水体后在微生物作用下分解，会消耗水体大量的氧，使水中溶解氧降低，故称为耗氧有机物。在标准状况下，水中溶解氧约 $9mg/L$。溶解氧降至 $4mg/L$ 以下时，将严重影响鱼类和水生生物的生存；溶解氧降低到 $1mg/L$ 时，大部分鱼类会窒息死亡；溶解氧降至零时，水中厌氧微生物占据优势，有机物将进行厌氧分解，产生 CH_4、H_2S、NH_4 和硫醇等难闻、有毒气体，造成水体发黑发臭，影响甚至窒息水中鱼类及其他水生生物，还会影响城市供水及工农业用水、景观用水。

（3）植物性营养物

植物营养物主要指氮、磷化合物，主要来源是化肥、农业废弃物、生活污水和造纸制革、印染、食品、洗毛等工业废水。植物营养物污染主要表现为水体富营养化。N 和 P 的浓度分别超过 $0.2mg/L$ 和 $0.02mg/L$ 时，会引起富营养化，促使藻类迅速繁殖，在水面上形成大片水华或赤潮。当藻类大量死亡时，水中 BOD 猛增，导致生物腐败，恶化环境卫生，危害水产业。此外，生活污水经过处理以后，含氮、磷的有机物转化为无机的氮、磷，也是造成营养性污染的主要途径。

（4）重金属

作为水污染物的重金属，主要指 Hg、Cd、Pb、Cr 以及类金属砷等生物毒性显著的元素，也包括具有一定毒性的一般重金属（如 Zn、Ni、Co、Sn 等）。从重金属对生物与人体的毒性危害来看，重金属污染的特点表现为：①毒性通常由微量所致，一般重金属产生毒性的浓度范围在 $1\sim10mg/L$ 之间，毒性较强的金属 Hg、Cd 等为 $0.01\sim0.001mg/L$；②重金属及其化合物的毒性几乎都通过与有机体结合而发挥作用；③重金属不能被生物降解，生物从环境中摄取的重金属会通过食物链发生生物放大、富集，在人体内不断积蓄造成慢性中毒，如淡水浮游植物能富集汞 1000 倍，而淡水无脊椎动物及鱼类的富集作用可高达 10000倍；④重金属的毒性与金属的形态有关，如六价铬的毒性是三价铬的 10 倍。

专栏—痛痛病

　　富山县位于日本中部地区，其间流淌着一条名叫"神通川"的河流。它不仅是居住在河流两岸人们世世代代的饮用水源，也灌溉着两岸肥沃的土地，使之成为日本主要粮食基地的命脉水源。

　　20 世纪初期开始，人们发现该地区的水稻普遍生长不良。1931 年又出现一种怪病，患者大多是妇女，病症表现为腰、手、脚等关节疼痛。病患后期，患者骨骼软化、萎缩，四肢弯曲，脊柱变形，骨质松脆，就连咳嗽都能引起骨折。患者不能进食，疼痛无比，常常大叫"痛死了"，有的患者因无法忍受痛苦而自杀。这种病由此得名为"骨痛病"或"痛痛病"。日本医学界发现，"骨痛病"是由神通川上游的神冈矿山废水引起的 Cd 中毒。

（5）难降解有机物

　　难降解有机物是指那些难以被自然降解的有机物，大多为人工合成化学物质，如有机氯化合物、有机重金属化合物以及多环有机物等。这些化学物质的特点是能在水中长期稳定地存留，并在食物链中进行生化积累。目前，人类仅对不足 2％的人工化学品进行了充分的检测和评估，对超过 70％的化学品都缺乏健康影响信息的了解，而对其累积或协同作用的研究则更加匮乏。

专栏—莱茵河事件

　　莱茵河是一条国际河流，发源于瑞士阿尔卑斯山圣哥达峰下，自南向北流经瑞士、列支敦士登、奥地利、德国、法国和荷兰等，于鹿特丹港附近注入北海。全长 1360km，流域面积 22.4×10⁴km²。

　　巴塞尔位于莱茵河湾和德法交界处，是瑞士第二大城市，也是瑞士的化学工业中心。1986 年 11 月 1 日深夜，位于巴塞尔市的桑多兹（Sandoz）化学公司的一个化学品仓库发生火灾，剧毒农药储罐爆炸，硫、磷、汞等有毒物质随灭火水流进入下水道，排进莱茵河。

　　事故造成约 160km 范围内大量的鱼类死亡，约 480km 范围内的井水受到污染影响而不能饮用。污染事故警报传向下游瑞士、德国、法国、荷兰四国沿岸城市，沿河自来水厂全部关闭，改用汽车向居民定量供水。

（6）石油类物质

　　石油污染，指在开发、炼制、储运和使用中，原油或石油制品因泄漏、渗透而进入水体。沿海及河口石油的开发、油轮运输、炼油工业废水的排放以及生活污水的大量排放等都会导致水体受到石油的污染。石油类物质除会引起火灾外，它的危害还在于原油或其他油类在水面形成油膜，隔绝氧气与水体的气体交换，堵塞鱼类等动物的呼吸器官，黏附在水生植物或浮游生物上，导致水鸟和水生生物的死亡。

（7）酸碱污染物

酸碱污染主要是酸类和碱类物质进入废水引起的，一般用 pH 值反映其效应。酸性废水主要来自于湿法冶金厂、金属酸洗工艺、矿山及化工厂等；碱性废水来自印染厂、炼铝工艺、制碱厂等。酸碱污染会改变水体的 pH 值，破坏水体的自然缓冲作用和水体生态系统的平衡。

（8）病原体

病原体指可造成人或动物感染疾病的微生物（包括细菌、病毒、立克次氏体、寄生虫、真菌）或其他媒介（微生物重组体包括杂交体或突变体）。生活污水、医院污水、皮毛、制革、屠宰、生物制品等工业行业废水，常常含有各种病原体，如病毒、寄生虫、病菌、霍乱、伤寒、肠炎、胃炎、痢疾及其他多种病毒传染病及寄生虫病。受污染后的水体，微生物的数量剧增，以病虫卵、致病菌和病毒为主，它们常常与其他细菌和大肠杆菌共存，因此一般规定用细菌总数和大肠杆菌指数及菌值数作为病原体污染的直接指标。传统的二级生化污水处理以及消毒后，某些病毒、病原微生物仍可以存活。

（9）热污染

工矿企业排放的高温废水使水体的温度升高，称为热污染。热污染为一种能量污染。水体的温度升高会使水中溶解氧含量降低，影响鱼类的生存和繁殖，加快一些细菌和藻类的繁殖，使厌氧菌发酵，水体恶臭。同时，热污染会加快生化反应和化学反应的速度，还会提高某些有毒物质的毒性，破坏生态系统的平衡。

鱼类的生长都有一个最佳的温度区间。水温过高或者过低都不适合鱼类的生长，严重时会导致鱼类的死亡。而且，鱼的种类不同所适应的温度也是不一样。

（10）放射性污染

水体放射性污染是放射性物质进入水体后造成的，对人体有危害的有 X 射线、α 射线、β 射线、γ 射线及质子束等。这类物质主要来自核电厂的冷却水、核爆炸物体的散落物、放射性废物、原子能发电、生产以及使用放射性物质的机构。水体中的放射性物质可被生物体的表面吸附，也可以进入生物体内蓄积起来，还可以通过食物链对人体产生内照射。

专栏—水俣病

水俣镇是日本水俣湾东部的一个小镇。1925 年，日本氮肥公司在这里建厂，后又增设合成醋酸厂。1949 年后，该公司开始生产氯乙烯。1956 年，水俣湾附近发现一种奇怪的病。这种病症最初出现在猫身上，被称为"猫舞蹈症"。病猫步态不稳，抽搐、麻痹，甚至跳海寻死，被称为"自杀猫"。随后不久，此地也出现患这种病症的人。患者由于脑中枢神经和末梢神经被侵害，轻者口齿不清、步履蹒跚、面部痴呆、手足麻痹、感觉障碍、视觉丧失、震颤、手足变形，重者精神失常，或酣睡，或兴奋，身体弯弓高叫，直至死亡。这种"怪病"就是日后轰动世界的"水俣病"。

"水俣病"的罪魁祸首是当时处于世界化工业尖端技术的氮生产企业。氯乙烯和醋酸乙烯在制造过程中要使用含汞的催化剂，排放的废水含有大量的汞。当汞在水中被水生物食用后，会转化成甲基汞。这种剧毒物质只要有挖耳勺的一半量就可置人于死命，而当时水俣湾的甲基汞含量达到了足以毒死日本全国人口两次都有余的程度。

3.3.4　典型水体污染

人类直接或间接地把污染物质或能量引入江、湖、海、洋等水域，因而污染水体和底泥。对水体污染有三种看法：水体受到人类活动影响后，改变了它的"自然状况"，使水体中某种物质超过水体的本底含量，水体质量变劣，破坏了水体的原有用途。由于水的"自然"状态已不存在，目前多数人可以接受的水体污染定义，是指进入水体的污染物质的数量超过水体的自净能力，使水质变劣，影响甚至失去水的原来价值和作用，称为水体污染。

3.3.4.1　河流污染

（1）河流污染总体状况

2014 年，长江、黄河、珠江、松花江、淮河、海河、辽河七大流域和浙闽片河流、西北诸河、西南诸河的国控断面中，Ⅰ类水质断面占 2.8%，同比上升 1.0 个百分点；Ⅱ类占 36.9%，同比下降 0.8 个百分点；Ⅲ类占 31.5%，同比下降 0.7 个百分点；Ⅳ类占 15.0%，同比上升 0.5 个百分点；Ⅴ类占 4.8%，劣Ⅴ类占 9.0%，同比均持平。主要污染指标为化学需氧量、五日生化需氧量和总磷。见图 3-1。

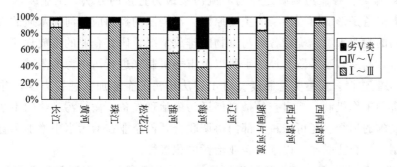

图 3-1　2013 年中国十大流域水质类别比例（2013 中国环境状况公报）

① 长江流域。国控断面中，Ⅰ类水质断面占 4.4%，同比上升 2.5 个百分点；Ⅱ类占 51.0%，同比上升 0.4 个百分点；Ⅲ类占 32.7%，同比下降 4.2 个百分点；Ⅳ类占 6.9%，同比上升 0.6 个百分点；Ⅴ类占 1.9%，同比上升 0.7 个百分点；劣Ⅴ类占 3.1%，同比持平。与上年相比，长江流域水质无明显变化。

② 长江干流。长江干流国控断面均为Ⅰ～Ⅲ类水质，Ⅰ类水质断面占 7.3%，同比上升 4.9 个百分点；Ⅱ类占 41.5%，同比下降 3.7 个百分点；Ⅲ类占 51.2%，同比下降 1.2 个百分点。与上年相比，长江干流水质无明显变化。

③ 长江主要支流。Ⅰ类水质断面占 3.4%，同比上升 1.7 个百分点；Ⅱ类占 54.2%，同比上升 1.7 个百分点；Ⅲ类占 26.3%，同比下降 5.1 个百分点；Ⅳ类占 9.3%，同比上升

0.8个百分点；Ⅴ类占2.6%，同比上升0.9个百分点；劣Ⅴ类占4.2%，同比持平。

④ 黄河流域。国控断面中，Ⅰ类水质断面占1.6%，同比持平；Ⅱ类占33.9%，同比上升8.1个百分点；Ⅲ类占24.2%，同比下降6.5个百分点；Ⅳ类占19.3%，同比上升1.6个百分点；Ⅴ类占8.1%，同比持平；劣Ⅴ类占12.9%，同比下降3.2个百分点。

⑤ 黄河干流。国控断面中，Ⅰ类水质断面占3.8%，同比持平；Ⅱ类占53.8%，同比上升15.3个百分点；Ⅲ类占34.7%，同比下降15.3个百分点；Ⅳ类占7.7%，无Ⅴ类、劣Ⅴ类断面，同比均持平。与上年相比，黄河干流水质无明显变化。

⑥ 黄河支流。国控断面中，无Ⅰ类水质断面；Ⅱ类占19.4%，同比上升2.8个百分点；Ⅲ类占16.7%，同比持平；Ⅳ类占27.8%，同比上升2.8个百分点；Ⅴ类占13.9%，同比持平；劣Ⅴ类占22.2%，同比下降5.6个百分点。与上年相比，黄河支流水质无明显变化。

（2）河流污染主要特点

① 污染程度随径流量而变化：在排污量相同的情况下，河流径流量愈大，污染程度愈低。径流量的季节性变化，带来污染程度的时间上的差异。

② 污染物扩散快：河流的流动性，使污染的影响范围不限于污染发生区，上游污染会很快影响到下游，甚至会波及整个河道的生态环境。

③ 污染危害大：河水是主要的饮用水源，污染物通过饮水可直接危害人体，也可通过食物链和灌溉农田间接危及人身健康。

（3）河流污染治理的主要措施

河流污染治理是我国目前面临的一个重大难题，可以从以下几方面入手。

① 控制污染源。控制污染源是控制河流污染最为直接的方法。工业废水、生活污水和雨水径流进入河道是形成河流污染的主要原因。污染源的控制应从河流水质的现状出发，追踪调查污染物的主要来源，确定各类污染物的排放情况，研究企业的排放规律，从而确定污染源的消减量，利用行政手段、经济手段以及市场机制来进行污染源的削减。

② 加强法制建设，完善奖惩制度。对于违法排污的企业加大惩罚力度，并建立统一有序、分工负责的工作机制，严肃查处擅自停运污染治理设备、偷排污染物的不法行为，确保水污染防治设施的运行。还可与税务部门协调联合，使企业在治污当中增加利益，建立激励企业治污体制，使企业受益，以增加企业治污的积极性。

③ 大力推行清洁生产。工业部门要加快产业结构调整，合理调整工业布局，推动资源消耗小、效益高的高新技术产业的发展。推行清洁生产，要把清洁生产当作在可持续发展战略指导下的一次工业企业的全面改造。

④ 加强人们环保意识。为人们讲解环保知识，进行多种形式的宣传，使人们对河流污染的来源、途径以及危害有一个直观的认识，人人从自身做起，减少对河流的危害。

专栏—淮河癌症村

淮河流域频现"癌症村"。不足1000人的下湾村，近200名村民被检查出胃癌、肝癌、食道癌、肺癌、乳腺癌等各种癌症，陆续去世；1/3的村民患有肝炎。造成这一现象的罪魁祸首是被污染的淮河水。20 世纪 80 年代开始，随着制革厂、造纸厂、化肥厂等纷纷布局在沙颍河两岸，大量污水被直排入河。此后近 20 年间，清澈的沙颍河变成黑臭水，沙颍河的上游散发恶臭的黑水甚至熏死了两岸的草木。

1994 年 7 月，淮河上游因突降暴雨而开闸泄洪，积蓄的 2 亿立方米水被放掉。这些积蓄水的水质低劣，所经之处，河面上泡沫密布，鱼虾死亡殆尽。下游居民饮用经自来水厂处理过的淮河水后，出现恶心、腹泻、呕吐等症状，沿河自来水厂被迫停止供水 54 天，百万淮河民众饮水告急。

3.3.4.2 湖泊污染

（1）我国湖泊生态环境总体状况

我国湖泊（含水库）生态环境总体形势严峻。一是部分湖泊生态功能严重退化。江湖阻断以及围垦、围网、围堤、乱修乱建等过度的人为活动导致湖泊生境破碎和生物栖息地减少，破坏湖泊生态系统平衡，湖泊生物多样性受到严重损害，生态功能严重退化。二是部分湖泊出现富营养化问题。根据《2014 年中国环境状况公报》，2014 年全国 62 个重点湖泊（水库）中，7 个湖泊（水库）水质为Ⅰ类，11 个为Ⅱ类，20 个为Ⅲ类，15 个为Ⅳ类，4 个为Ⅴ类，5 个为劣Ⅴ类（见表 3-2），主要污染指标为总磷、化学需氧量和高锰酸盐指数。

表 3-2 2014 年重点湖泊（水库）水质状况

水质状况	三湖	重要湖泊	重要水库
优	—	斧头湖、洪湖、梁子湖、洱海、泸沽湖	密云水库、丹江口水库、松涛水库、太平湖、新丰江水库、石门水库、长潭水库、千岛湖、隔河岩水库、黄龙滩水库、东江水库、漳河水库
良好	—	瓦埠湖、南四湖、南漪湖、东平湖、升金湖、武昌湖、骆马湖、班公错	于桥水库、崂山水库、董铺水库、峡山水库、富水湖、磨盘山水库、大伙房水库、小浪底水库、察尔森水库、大广坝水库、王瑶水库、白莲河水库
轻度污染	太湖、巢湖	阳澄湖、小兴凯湖、高邮湖、兴凯湖、洞庭湖、莱子湖、鄱阳湖、阳宗海、镜泊湖、博斯腾湖	尼尔基水库、莲花水库、松花湖
中度污染	—	洪泽湖、淀山湖、贝尔湖、龙感湖	—
重度污染	滇池	达赉湖、白洋淀、乌伦古湖、程海（天然背景值较高所致）	—

自"九五"以来，国家对"三湖"开展了大规模的治理工作，初步遏制了"三湖"水质恶化的趋势。为保护湖泊生态环境，避免众多湖泊再走"先污染、后治理"的老路，自 2011 年开始，财政部和环境保护部支持水面面积 50km^2 及以上、具有饮用水水源功能或重要生态功能、现状水质或目标水质好于Ⅲ类（含Ⅲ类）的湖泊开展生态环境保护工作。截至 2014 年底，中央财政累计投入 75 亿元，分批支持抚仙湖、千岛湖、洱海等约 70 个湖泊开展生态环境保护工作。

（2）主要环境压力

随着湖泊流域人口增长和经济发展，特别是湖泊流域种养殖业、旅游业、采矿业以及沿湖工业和城镇化的不断发展，保护"一湖清水"的压力越来越大。一是湖泊流域城乡人口增长和沿湖区域城市化，加大了沿岸生活污染防治和湖滨带生态保护压力，部分城镇生活污染处理基础设施建设滞后；二是湖泊流域大量农业面源、农村生活污水直接入湖，尤其是网箱养殖等造成氮、磷等污染负荷不断加大，富营养化趋势上升，控源减排的任务十分艰巨。

水质较好湖泊在保障饮用水安全和湖泊流域生态环境安全方面发挥着重要作用，对支撑湖泊流域内甚至流域外的经济社会发展及区域生态平衡具有重要意义。目前，我国一些水质较好湖泊面临污染和生态退化的威胁，迫切需要按照保护优先、自然恢复为主的原则，实行"一湖一策"，建立健全水质较好湖泊生态环境保护长效机制。

专栏—太湖水富营养化

太湖是我国五大淡水湖之一。太湖位于太湖流域的中心，是该地区的主要饮用水源，兼具调蓄、灌溉、航运、旅游、养殖等功能。20世纪80年代，随着人口的急剧增长、经济的高速发展、人为活动的剧烈影响以及环境保护工作的滞后，使太湖水质逐渐恶化，富营养化程度加剧。

2007年4月底5月初，太湖梅梁湾爆发大规模藻类水华，导致周围水域大面积水质恶化。无锡市区的自来水取自太湖，引起的突发饮用水危机几乎席卷了无锡整座城市，严重影响市民生活和城市生产。

蓝藻是一种最原始、最古老的藻类植物。一般来说，含叶绿素a和藻蓝素量较大的细胞大多呈蓝绿色，也有少数种类含有较多的藻红素，藻体多呈红色。在一些营养丰富的水体中，有些蓝藻常于夏季大量繁殖，在水面形成一层蓝绿色、有腥臭味的浮沫，称为"水华"。有些藻类甚至还会产生一些毒素，对鱼类等水生动物以及人、畜均有很大危害。

3.3.4.3 海洋污染

海洋污染通常是指人类改变海洋原来的状态，使海洋生态系统遭到破坏。海洋污染会损害生物资源，危害人类健康，妨碍捕鱼和人类在海上的其他活动，损坏海水质量和环境质量等。

（1）海洋污染主要特点

① 污染源广。不仅人类在海洋的活动可以污染海洋，而且人类在陆地和其他活动方面所产生的污染物，也会通过江河径流、大气扩散和降水等形式，最终汇入海洋。

② 持续性强。海洋不可能像大气和江河那样，通过一次暴雨或一个汛期，使污染物转移或消除。污染物一旦进入海洋，就很难再转移出去，往往通过生物的富集作用和食物链传递，对人类造成潜在威胁。

③ 扩散范围广。全球海洋是相互连通的一个整体，一个海域遭到污染，往往会扩散到周边海域，甚至有的后期效应还会波及全球。

④ 防治难、危害大。海洋污染有很长的积累过程，往往不易及时发现。一旦形成污染，治理费用大，需要长期治理才能消除影响，特别是对人体产生的毒害难以彻底清除干净。

专栏一　"埃克森·瓦尔迪兹"号溢油污染事故

　　1989 年 3 月 24 日，载有约 17 万吨原油的美国油轮"埃克森·瓦尔迪兹"在阿拉斯加威廉王子湾布莱礁上搁浅，6 个小时内溢出 3 万多吨货油。阿拉斯加 1100km 的海岸线上布满石油，对当地造成了巨大的生态破坏。

　　该地区一度繁盛的鲱鱼产业在 1993 年彻底崩溃，迄今仍未恢复。大马哈鱼种群数量始终处于相当低的水平，小型虎鲸群体濒临灭绝。据估计，该场溢油事件成为发生在美国水域规模最大的溢油事故，造成大约 28 万只海鸟、2800 只海獭、300 只斑海豹、250 只白头海雕以及 22 只虎鲸死亡。生态系统恢复要长达 20 多年，事故造成的全部损失近 80 亿美元。

　　（2）我国海洋环境污染的成因

　　海洋污染，主要有陆源污染、海洋开发和海洋工程兴建（海水养殖、围海造地、海岸工程、深海开发）、湿地人为破坏、海洋石油勘探开发污染、废物倾倒、船舶排放污染以及海上事故污染。

　　海洋污染的深层次原因，主要是人口和资源对海洋的压力，社会公众海洋环保意识的淡薄、社会经济发展的影响、现代海洋科技的应用、海洋监察手段落后和执行力不足、涉海行政部门协调不够。

3.3.4.4　地下水污染

　　（1）地下水污染概念

　　地下水是水环境系统的重要组成部分，是人类赖以生存的物质条件之一。地下水污染的定义是指地下水的污染物质超过地下水的自净能力，从而使地下水的组成及其性质发生变化的现象。地表以下地层复杂，地下水流动极其缓慢，因此，地下水污染具有过程缓慢、不易发现和难以治理的特点。

　　2014 年，全国 202 个地级及以上城市开展了地下水水质监测工作，监测点总数为 4896 个，其中国家级监测点 1000 个。水质为优良级的监测点比例为 10.8%，良好级的监测点比例为 25.9%，较好级的监测点比例为 1.8%，较差级的监测点比例为 45.4%，极差级的监测点比例为 16.1%（图 3-2）。主要超标指标为总硬度、溶解性总固体、铁、锰、"三氮"（亚硝酸盐氮、硝酸盐氮和氨氮）、氟化物、硫酸盐等，个别监测点有砷、铅、六价铬、镉等重（类）金属超标现象。

　　（2）地下水污染源

　　引起地下水污染的各种物质来源称为地下水污染源。按产生污染物的行业或活动可划分为工业污染源、农业污染源、生活污染源。这种分类方法便于掌握地下水污染的特征。

　　①工业污染源。工业污染源是地下水的主要污染来源，特别是未经处理的污水和固体废物的淋滤液，直接渗入地下水中，对地下水造成严重污染。其中，在生产产品和矿业开发过程中所产生的废气、废水、废渣即"三废"，数量最大，危害最为严重。

　　工业废水是天然水体最主要的污染源之一，种类繁多，排放量大，所含污染物组成复杂；废气中所含各种污染物随着降雨、降雪落在地表，进而渗入地下，污染土壤和地下水。工业废渣及污泥中都含有多种有毒有害污染物，若露天堆放、填埋，都会受到雨水淋滤而渗

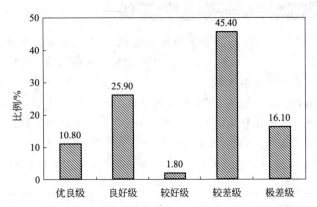

图 3-2　2014 年全国地下水水质状况（选自 2014 年环境质量公报）

入地下水中；其次是储存装置和输运管道的渗漏，往往是一种连续性污染源，不易被发现；还有就是由于事故而产生的偶然性污染源，由于事故而产生的偶然性污染源，往往没有防备。

② 农业污染源。我国农业生产污染地下水的途径主要包括三种：一是农药以及化肥的使用，农药中有很多不易分解挥发的有害物质，这些物质残留与土壤或者进入水域将对地下水质量造成恶劣影响，而化肥中的磷、氮、钾肥都会随着降水或者灌溉水向地下深入，对浅层的地下水造成很大影响；二是农业污染物如渗井、粪坑等能够通过淋滤和渗透对浅层的地下水造成污染，导致水质硬度增加；三是污水灌溉，城市污水含有有机碳化物、氮、磷、钾等物质，所以污水灌溉可在一定程度上提高土壤肥力，但长期如此则会污染地下水并使农作物减产。

③ 生活污染源。随着人口的增长和生活水平的提高，生活污水量逐渐增多。除此之外，科研、文教单位排出的废水成分复杂，常含有多种有毒物质。医疗卫生部门的污水中则含有大量细菌和病毒，是流行病和传染病的重要来源之一。生活垃圾对地下水的污染也很严重，垃圾填埋场中的生活垃圾集中，如防渗结构不合要求或垃圾渗滤液未经妥善处理就排放，均可造成垃圾中污染物进入地下水。

（3）地下水污染的防治

地下水污染具有隐蔽性和难逆转性的特点。所以，加强对地下水污染的控制尤为重要，具体要做好如以下几方面工作。

① 减少污染物的排放。对产生的废水加强无害化处理，严禁未经处理的污水排向地下；利用高效、低毒的农药，减轻农药的污染。

② 防止污水入渗。在选择废料堆放地等污染地带，修建防渗构筑物；加强下水道封闭性，减少渗漏，堵塞并截留污染水体的扩散。

③ 合理布局。排污量大的工矿企业要远离地面水体和地下水补给区；污染物需要深埋处理时，要研究地质和水文地质条件。

④ 加强监管措施。严格设置戒严带，取水构筑物附近不得存在污染源；限制带即戒严带以外抽水影响半径以内，禁用污灌和剧毒农药，不得修建厕所、粪坑、垃圾坑、污水管道，不得破坏深层土壤；监视带如存在潜在污染源，要对其进行监视并进行流行病学观察，以便及时采取治疗。

专栏—河北红色井水事件

河北沧县小朱庄 1 名村民从自备井里抽出铁红色地下水，附近一家养殖场近 700 只鸡饮用这种水后集体死亡。2013 年 3 月 29 日，"红色水事件"发生后，沧县组织环保、畜牧、水务、安监等部门及乡镇政府召开专题会议，对河北建新化工股份有限公司沧县分公司相关问题进行调查处理。同时，环保部门对该分公司附近的深井水、养鸡场用水、洗车店附近浅井水、排污口等水源地，分别取样检测并实时监控。

河北省沧县官方 2013 年 4 月 8 日证实，小朱庄村养鸡场内井水苯胺含量为 7.33mg/L，为饮用水标准 0.1mg/L 的 73.3 倍。河北建新化工股份有限公司（沧县分公司）排水沟坝南的苯胺含量为 4.59mg/L，超出排污标准（2mg/L）一倍多。

3.4　水污染控制

3.4.1　水环境标准

水环境标准体系是对水环境标准工作全面规划、统筹协调相互关系，明确其作用、功能、适用范围而逐步形成的一个完整的管理体系。我国的水环境标准体系，可概括为"五类三级"。"五类"指水环境质量标准、水污染物排放标准、水环境基础标准、水监测分析标准和水环境标准样品标准五类，"三级"指国家级标准、行业级标准和地方级标准三级。

3.4.1.1　水环境质量标准

我国的水环境质量标准是根据水域及其使用功能分别制定，主要有地表水环境质量标准、地下水质量标准、海水水质标准、农田灌溉水质标准、渔业水质标准、生活饮用水水质标准、工业用水水质标准等。标准也分成强制标准和推荐性标准两种，国家和行业标准两类，共计 46 项，主要的有《地表水环境质量标准》（GB 3838—2002）、《海水水质标准》（GB 3907—1997）、《地下水质量标准》（GB /T14848—93）、《农田灌溉水质标准》（GB 5084—92）、《渔业水质标准》（GB 11607—89）等。

我国《地表水环境质量标准》（GB 3838—2002）依据地面水域使用功能和保护目标将其划分为五类功能区：Ⅰ类适用于源头水、国家自然保护区；Ⅱ类适用于集中式生活饮用水地表水源地一级保护区、珍稀水生生物栖息地、鱼虾类产卵场、仔稚幼鱼的索饵汤等；Ⅲ类适用于集中式生活饮用水地表水源地二级保护区、鱼虾类越冬场、洄游通道、水产养殖区等渔业水域及游泳区；Ⅳ类适用于一般工业用水区及人体非直接接触的娱乐用水区；Ⅴ类适用于农业用水区及一般景观要求水域。

根据国家标准《海水水质标准》（GB 3097—1997），按照海域的使用功能和保护目标，将海水水质分为四类：第Ⅰ类适用于海洋渔业水域、海上自然保护区和珍稀濒危海洋生物保护区；第Ⅱ类适用于水产养殖区、海水浴场、人体直接接触海水的海上运动或娱乐区，以及与人类食用直接有关的工业用水区；第Ⅲ类适用于一般工业用水区、滨海风景旅游区；第Ⅳ类适用于海洋港口水域、海洋开发作业区。劣于国家海水水质标准中四类海水水质的则为劣Ⅳ类水。

3.4.1.2 污水排放标准

根据排放控制形式，污水排放标准一般分为浓度标准和总量控制标准。

（1）浓度标准

浓度标准规定向水体排放污染物的浓度限值，单位一般为 mg/L。我国现有的地方标准和国家标准基本上都是浓度标准。浓度标准的优点是指标明确，对每个污染指标都执行一个标准，管理方便，但未考虑排放量、受纳水体环境容量的大小、性状和要求等，因此不能确保水体的环境质量。当排放总量超过水体的环境容量时，受纳水质不能达标。另外，企业也可以通过稀释来降低排放水中的污染物浓度，但会造成水资源浪费，水环境污染加剧。

（2）总量控制标准

总量控制是指以控制一定时段内一定区域内排污单位排放污染物总量为核心的环境管理方法体系。它包含三个方面的内容：一是排放污染物的总量；二是排放污染物总量的地域范围；三是排放污染物的时间跨度。总量控制通常有三种类型：目标总量控制、容量总量控制和行业总量控制。目前，我国的总量控制基本上是目标总量控制。水体的水环境要求越高，环境容量则越小。

（3）国家排放标准

国家排放标准按照污水排放去向，规定水污染物最高允许排放浓度及部分行业最高允许排水量。本标准适用于现有单位水污染物的排放管理，以及建设项目的环境影响评价、建设项目环境保护设施设计、竣工验收及其投产后的排放管理。我国现行的国家排放标准主要有《污水综合排放标准》（GB 897—1996）、《城镇污水处理厂污染物排放标准》（GB 18918—2002）、《污水海洋处置工程污染控制标准》（GB 18486—2001）等。

（4）行业排放标准

根据行业排放废水的特点和治理技术发展水平，国家对部分行业制定了国家行业排放标准，如《钢铁工业水污染排放标准》（GB 13456—2012）、《铁矿采选工业污染物排放标准》（GB 28661—2012）、《铁合金工业污染物排放标准》（GB 28666—2012）、《纺织染整工业水污染物排放标准》（GB 4287—92）、《烧碱、聚氯乙烯工业水污染物排放标准》（GB 15581—95）、《造纸工业水污染物排放标准》（GWPB 2—1999）、《船舶工业污染物排放标准》（GB 4286—84）、《海洋石油开发工业含油污水排放标准》（GB 4914—85）、《肉类加工工业水污染物排放标准》（GB 13457—92）等。

（5）地方排放标准

省、直辖市等根据经济发展水平和辖地水体污染控制需要，可依据国家法规制定地方污水排放标准，污染物控制指标数量只能增加不能减少，排放标准不能低于国家标准，如《辽宁省污水综合排放标准》（DB21/1627—2008）、《北京市城镇污水处理厂水污染物排放标准》（DB11 890—2012）等。

3.4.1.3 再生水回用标准

《再生水水质标准》（SL 368—2006）是为实现城镇污水、废水资源化，合理利用水资源，减轻污染，节约用水，保障水资源的可持续利用而制定的。再生水是指对污水处理厂出水、工业排水、生活污水等非传统水源进行回收，经处理后达到一定水质标准，并在一定范围内重复利用的水资源。

再生水水质标准分为基本标准和选择性标准。选择性标准根据再生水回用的用途，分为五大类，即地下水回补用水选择性标准、工业用水选择性标准、农业用水选择性标准、城市用水选择性标准、景观环境用水选择性标准。

专栏一《水污染防治行动计划》（水十条）

2015 年 4 月 2 日，国务院发布关于印发水污染防治行动计划的通知。主要指标为，到 2020 年，长江、黄河、珠江、松花江、淮河、海河、辽河七大重点流域水质优良（达到或优于Ⅲ类）比例总体达到 70% 以上，地级及以上城市建成区黑臭水体均控制在 10% 以内，地级及以上城市集中式饮用水水源水质达到或优于Ⅲ类比例总体高于 93%，全国地下水质量极差的比例控制在 15% 左右，近岸海域水质优良（Ⅰ、Ⅱ类）比例达到 70% 左右。京津冀区域丧失使用功能（劣于Ⅴ类）的水体断面比例下降 15 个百分点左右，长三角、珠三角区域力争消除丧失使用功能的水体。

到 2030 年，全国七大重点流域水质优良比例总体达到 75% 以上，城市建成区黑臭水体总体得到消除，城市集中式饮用水水源水质达到或优于Ⅲ类比例总体为 95% 左右。

具体分析，水十条可分为四大部分：1～3 条为第一部分，提出了控制排放、促进转型、节约资源等任务，体现治水的系统思路；4～6 条为第二部分，提出了科技创新、市场驱动、严格执法等任务，发挥科技引领和市场决定性作用，强化严格执法；7～8 条为第三部分，提出了强化管理和保障水环境安全等任务；9～10 条为第四部分，提出了落实责任和全民参与等任务，明确了政府、企业、公众各方面的责任。为了便于贯彻落实，每项工作都明确了牵头单位和参与部门。

3.4.2　水处理模式

按照水处理的工作程序以及处理程度，水污染控制可概括为"三级控制"模式。

一级控制，即污染源头控制。源头控制主要是针对上游段，对废水等进行综合控制，以避免污染的发生，从而消减污染物的排放。控源重点是工业污染源和农村面源，进入城市污水管网的工业废水应满足规定的接管标准。

二级控制，即污水集中/分散处理。二级控制主要是针对中游段。对于人类活动高度密集的城市区域，除了必要的分散控源外，还需要有组织、有计划、有步骤地重点建设污水处理厂，进行大规模集中式污水处理。城市污水截留管网的规划及配套建设也应该重视，尽量实现雨污分流。对于比较分散的农村、偏远地区、中小城镇以及一些经济技术落后的地区，可采取分散式处理。

三级控制，即尾水最终处理。尾水最终处理主要是针对下游段。一般而言，城市污水处理对常规污染物去除具有优势，但对于氮和磷及其他微量难降解的有毒化学品的去除效果不佳。三级深度处理可以进一步解决城市尾水的处理问题，但三级处理的费用昂贵。根据目前国内外的研究和实践证明，以水生植物或土壤为基础的生态工程处理尾水较为理想，可作为一般城市污水集中处理的重要选择。

水污染控制的"三级控制"模式，是一个从污染发生源头到污染最终消除的水污染控制链。在控制过程中，要实现清污分流，实现节源减排，禁止污水流入清水流域，确保水环境的安全。

3.4.2.1 水体污染的源头控制

源头控制的实质是污染预防，预防要比通过"末端治理"解决水污染问题更加经济有效。对于那些并非单一、可确定的污染源，如农村面源、城市径流及大气沉降等，"末端治理"法并不适用，因此，加强水污染的预防尤为重要。下面，介绍一些污染源的控制方法。

（1）生活污水污染

随着人们生活水平的提高，城镇生活污水排放量日益增加，甚至取代工业废水成为污染的主要来源。

① 合理规划。生活污水具有源头分散、发生不均匀的特点，很难从源头上对生活污水进行逐个治理。因此，可以从规划入手，实现居民入小区，对分散的人口进行适度集中，这样既符合社会经济的发展需要，也有利于污水的集中治理与控制。

② 公众教育。现代的输水系统使公众逐渐对废物产生"一冲就忘"的态度，所以应该加强"绿色生活"的教育，提高公众环保意识，节约用水，作为减少家庭水污染物排放、降低城市污水处理负担的重要内容。

（2）工业水污染

工业废水排放量大，成分复杂。因此，工业水污染的预防是水污染源头控制的重要任务。

① 优化结构、合理布局。在产业规划和工业发展中，从可持续发展的原则出发制定产业政策，优化产业结构，明确产业导向，限制发展能耗物耗高、水污染重的工业，降低单位工业产品的污染物排放负荷。工业布局应充分考虑对环境的影响，通过规划引导工业企业向工业区相对集中，为工业水污染的集中控制创造条件。

② 清洁生产。清洁生产是采用能够避免或最大限度减少污染物产生的工艺流程、方法、材料和能源，将污染物尽可能地消灭在生产过程之中，使污染物排放减小到最少。在工业企业内部推行清洁生产的技术和管理，不仅可从根本上消除水污染，取得显著的环境效益和社会效益，而且往往还具有良好的经济效益。

③ 就地处理。城市污水处理厂一般仅能去除常规有机污染，而工业废水成分复杂，含有大量难降解有毒有害物质，对污水处理厂的正常运行构成威胁。因此，必须加强对工业污染源的就地处理或工业小区废水联合预处理，达到污水处理厂的接管标准。工业废水中的许多污染物往往可以通过处理、回收，获得一定的经济效益。

④ 管理措施。进一步完善工业废水的排放标准和相关控制法规，依法处理工业企业的环境违法行为。建立积极的刺激和激励机制，如通过产品收费、税收、排污交易、公众参与等方法来控制污染，通过提高环境资源投入的价格，促使工业企业提高资源的利用效率。

（3）面源污染

① 农村面源。农村面源种类繁多，布局分散，难以采取与城市区域"同构"的集中控制措施以消除污染。农村面源控制的首要任务就是控源，具体措施包括以下几方面。

a. 发展节水农业：农业是全球最大的用水部门，农业节水不仅可减少对水资源的占用，而且"节水即节污"，从而降低农田排水，减少对水环境的污染。

b. 减少土壤侵蚀：富含有机质的土壤持水性能好，不易发生水土流失，因此，减少土壤侵蚀的关键是改善土壤肥力，具体措施包括调整化肥品种结构、科学合理施肥、增加堆肥、粪便等有机肥的施用，实行作物轮作，减少土壤肥力的消耗等。对于中等坡度土地，应重视开展土地的等高耕作制度，等高耕作较直行耕作可减少土壤流失 50% 以上。高侵蚀区（如大于 25° 的坡地）水土流失的唯一解决办法是实行退耕还林（森林）、还草（草地）、还湿（湿地）。

c. 合理利用农药：推广害虫的综合管理制度，最大限度地减少农药施用量，该模式包括各种物理技术、栽培技术和生物技术。例如，使用无草、无病抗虫品种，实行作物的间种和轮作，利用昆虫抑制害虫，选用低毒、高效、低残留的多效抗虫害新农药，合理施用农药等。

d. 截流农业污水：恢复多水塘、生态沟、天然湿地和前置库等，以缓存农村污染径流，实现农村径流的再利用，并在径流到达当地水道之前对其进行拦截、沉淀、去除悬浮固体和有机物质。

e. 畜禽粪便处理：现代畜禽饲养常常会产生大量的高浓缩废物，因此需对畜禽养殖业进行合理布局，有序发展，同时加强畜禽粪尿的综合处理及利用，鼓励科学的有机肥还田。

f. 乡镇企业废水及村镇生活污水处理：对乡镇企业的建设应统筹规划，合理布局，积极推行清洁生产，对高能耗、高污染、低效益的乡镇企业实施严格管制。在乡镇企业集中的地区以及居民住宅集中的地区，逐步建设一些简易的污水处理设施。

② 城市径流。在城市地区，暴雨径流携带的大量污染物质是加剧水体污染的一个重要原因。减少和延缓暴雨径流的措施具体如下。

a. 收集利用雨水：通过设立雨水收集桶、收集池等装置，将雨水收集用于城市的道路浇洒或绿化，既有利于减轻城市供水系统的压力，也有利于植物的生长。此外，在平坦的屋顶上建造屋顶花园，不仅能减少暴雨径流，还可在冬季减少楼房的热损失，在夏季保持建筑物凉爽。

b. 减少硬质地面：用多孔表面（如砾石、方砖或其他多孔构筑）取代水泥和沥青地面，有利于雨水的自然下渗，减少径流量。多孔铺筑地面能去除暴雨水中大量的污染物。多孔表面没有传统铺筑地面耐久，因此更适合于交通流量少的道路、停车场和人行道。

c. 增加绿化用地：一般说来，城市中绿地越多，径流就越少。目前，国外很多城市通过暴雨滞洪地或湿地的建设，以延缓城市径流并去除污染，这些系统可去除约 75% 的悬浮物及某些有机物质和重金属。这些地区往往建设成为城市公园，还可为某些野生动植物提供生境。

3.4.2.2 水污染的集中/分散处理

污水集中式处理，是建立集中式管网收集体系和大型污水处理厂，在此基础上再进行深度处理，然后回用于城市生活的各个方面，包括市政、绿化、消防、景观等。集中式污水处理已经从以前处理局部的、特殊的污水，发展到系统的、规模化的处理污水模式。它把生活污水、经预处理的工业废水和城市融雪、降水等混合废水通过城市排水管网收集，集中输往污水厂，采用适宜的措施进行处理，达标后再排入自然水系。集中处理最主要的特征是：统一收集、统一输送、统一处理。

分散式污水处理是相对于污水的集中处理而言的，主要是指将污水进行原位处理，以达到排放或者回用的标准。对于居住比较分散的中小城市（镇）、广大农村及偏远地区，由于受到地理条件和经济因素制约，不易于进行生活污水的集中处理，此时应因地制宜地选择和发展生活污水分散式和就地处理技术。污水的分散处理技术已经成为国内外生活污水处理的一种新理念。

3.4.2.3 尾水的生态处理

随着经济的快速发展，城市生活污水以及工业废水的产生量越来越大，而且处理过程很难一步到位，即使是污水处理厂的出水，其中仍含有不少有毒有害污染物，因此利用生态环境对尾水的再处理很有必要。

尾水的生态处理就是利用土壤—植物—微生物复合系统的物理、化学等特性对可降解污染物进行净化，实现尾水的无害化和资源化的有机结合。

（1）土地处理系统

污水土地处理系统是一种污水处理的生态工程技术，其原理是通过农田、林地、苇地等土壤—植物系统的生物、化学、物理等固定与降解作用，实现污水净化并对污水及氮、磷等资源加以利用。在土地处理系统中，污染物通过多种方式去除，包括土壤的过滤截留、物理和化学的吸附、化学分解和沉淀、植物和微生物的摄取、微生物氧化降解等。根据处理目标和处理对象，将污水土地处理系统分为慢速渗滤、快速渗滤、地表漫流、湿地处理和地下渗滤五种主要工艺类型。土地处理系统造价低，工程造价及运行费用仅为传统工艺的10%～50%，并且处理效果好。

（2）稳定塘

稳定塘是一种天然的或经过一定人工修整的有机废水处理池塘。按照优势微生物种属和相应的生化反应，可分为好氧塘、兼性塘、曝气塘和厌氧塘四种类型。其中，兼性塘是氧化塘中最常用的塘型，常用于处理城市一级或二级处理出水。由于氧化塘在夏季的有机负荷比冬季所允许的负荷高得多，因而特别适用于处理在夏季进行生产的季节性食品工业废水。

一般来说，尾水的生态处理效果好、效率高，一般优于传统二级处理，有的指标甚至超过三级的处理水平，因而有时候也用作污水二级处理。与一般的处理工艺相比，稳定塘需要的停留时间更长，占地面积更大。

3.4.3 水污染控制技术

废水的处理就是利用物理、化学、生物的方法对废水进行处理，使废水进行净化，减少污染，以达到排放、利用、回用的标准。废水处理技术按照其作用的原理可以分为物理处理法、化学处理法、物理化学处理法和生物处理法四大类。

3.4.3.1　物理处理法

物理处理法是通过物理作用分离水中不溶解的呈悬浮状态的污染物（包括油膜和油珠）的废水处理方法，常用的有筛滤截留法、重力分离法、气浮法以及离心分离法等。

（1）筛滤截留法

利用带孔眼的装置或由某种介质组成的滤层截留废水中悬浮固体的方法，这种方法使用的设备有以下几种。

① 格栅：由一排平行的金属栅条做成的金属框架，斜置在废水流过的渠道上，用以截阻大块的固体物；

② 筛网：用以截阻、去除水中的纤维、纸浆等较细小的悬浮物。筛网一般用薄铁皮钻孔制成，或用金属丝编成，孔眼直径为 0.5～1.0mm。筛网有转鼓式、圆盘式和帘带式等。

③ 布滤设备：以帆布、尼龙布或毛毡为过滤介质，用以截阻、去除水中的细小悬浮物，也用于污泥脱水。常用的布滤设备为真空转筒滤机。

④ 砂滤设备：以石英砂为滤料，用以过滤截留微细的悬浮物，一般作为保证后续处理单元稳定运行的装置。

（2）重力分离（即沉淀）法

重力分离法是利用水中悬浮的污染物和水的密度差的原理，通过重力作用使悬浮物质沉淀或上浮，从而净化废水的一种废水处理方法。常见的处理设备有沉砂池、沉淀池和隔油池。

在污水的处理与再利用过程中，沉淀或上浮一般常被作为其他处理的预处理。在生物处理设备前设初次沉淀池，去除大部分的悬浮物，以减轻后继处理设备的负荷，保证生物处理设备净化功能的正常发挥。而且，在生物处理设备后设二次沉淀池，用以分离生物污泥，使处理水得到澄清，保证出水水质。

（3）气浮法

气浮法是一种有效的固液和液液分离方法，常用于那些颗粒密度接近或小于水的细小颗粒分离。气浮法处理技术是在水中形成微小气泡形式，使微小气泡与悬浮颗粒黏附，形成水—气—颗粒三相混合体系，颗粒黏附上气泡后，形成表观密度小于水的漂浮絮体，絮体上浮至水面，形成浮渣层被刮除，实现固液分离。为了提高处理效果，有时需要向废水中投加混凝剂。

（4）离心分离法

离心分离法是利用装有废水的容器高速旋转形成的离心力，悬浮颗粒因和废水受到的离心力大小不同而被分离的方法。按离心力产生的方式，可分为水旋分离器和离心机两种类型。在分离过程中，悬浮颗粒质量按由小到大分布，受到离心力的作用被分离后，按由外到内分布，通过不同的液体排出口，使悬浮颗粒从废水中分离出来。

3.4.3.2　化学处理方法

化学处理法是通过化学反应和传质作用来分离、去除水中呈溶解、胶体状态的污染物或将其转化为无害物质的废水处理法。常用的化学处理方法有混凝法、化学沉淀法、中和法、氧化还原法（包括电解）等。

（1）混凝法

混凝处理法是通过向废水中投加混凝剂，使水中的胶体和颗粒失去稳定性，发生凝聚和絮凝而分离出来，以净化废水的方法。混凝法主要是处理废水中微小的悬浮物和胶体。常用的混凝剂有 $Al_2(SO_4)_3$、碱式氯化铝、铁盐［主要指 $Fe_2(SO_4)_3$、$FeSO_4$、$FeCl_3$］等。混凝法可以降低废水的色度和浊度，大幅度提高有机污染物的去除效率，同时还能取得较好的除磷效果，改善污泥的脱水性能。

（2）化学沉淀法

化学沉淀法是向废水中投加某些化学物质，使它和废水中欲去除的污染物发生直接的化学反应，生成难溶于水的沉淀物而使污染物分离除去的方法。化学沉淀法经常用于处理含有 Hg、Pb、Cu、Zn、Cr^{6+}、S、CN^-、F、As 等有毒化合物的废水。向废水中投加氢氧化物、硫化物、碳酸盐等生成金属盐沉淀，向废水中投加钡盐生成铬酸盐沉淀处理含六价铬的工业废水，向废水中投加石灰生成氟化钙沉淀等。

（3）中和法

中和处理法是利用化学酸碱中和消除水中过量的酸和碱。中和法主要用于处理酸性废水和碱性废水。对于酸性废水，可与碱性废水中和，"以废治废"，如电镀厂的酸性废水和印染厂的碱性废水相互混合，达到中和的目的；在酸性废水中还可以投加药剂，如石灰、苛性钠和碳酸钠等，酸性废水也可以通过碱性滤料过滤得到中和。碱性废水处理常用酸性废水中和，或者采用投酸中和（如 H_2SO_4、HCl 等）或与烟道气（含 SO_2、CO_2）中和。

（4）氧化还原法

氧化还原法是通过化学药剂与废水中的污染物进行氧化还原反应或利用电解时的阳极反应，将废水中的有毒有害污染物转化为无毒或者低毒物质的方法，可分为药剂氧化法和药剂还原法两大类。在废水处理中常采的氧化剂有：空气、O_2、O_3、Cl_2、漂白粉、$NaClO$、$FeCl_3$ 等。例如，氧化氰化物在 pH 值大于 8.5 的条件下用氯气进行氧化，可被氧化成无毒物质。常用的还原剂有 $FeSO_4$、$FeCl_2$、铁屑、锌粉、SO_2 等。药剂还原法主要用于处理含铬、含汞废水，通过还原可将 Cr^{6+} 转化为 Cr^{3+}，大大降低铬的毒性。

3.4.3.3 物理化学处理方法

物理化学处理方法即运用物理和化学的综合作用使废水得到净化的方法。它是由物理方法和化学方法组成的废水处理系统，或是包括物理过程和化学过程的单项处理方法，如浮选、吹脱、结晶、吸附、萃取、电解、电渗析、离子交换、反渗透等。常用于工业废水处理的物理化学法有离子交换法、萃取法、膜分离法和吸附法等。

（1）离子交换法

离子交换法是借助于离子交换剂中的可交换离子同废水中的离子进行交换而去除废水中有害离子的方法。离子交换剂有无机和有机质两类，前者如天然物质海绿砂或合成沸石，后者如磺化煤或树脂。随着离子交换树脂的生产和实用技术的发展，近年来在处理和回收工业废水中有毒物质方面效果良好，且操作方便。在使用树脂处理污水时必须考虑树脂的性质及选择性，即树脂对不同离子的交换能力是不同的。离子交换法可用来处理各种金属表面加工产生的废水，如含 Au、Ni、Cd、Cu 的废水等。此外，从核反应器、医院和实验室废水中回收和去除放射性物质，也可采用离子交换法。

（2）萃取法

萃取法是一种向废水中加入不溶于水或难溶于水的溶剂（萃取剂），使溶解于废水中的污染物经过萃取剂和废水两液相间界面转入萃取剂中去，然后利用萃取剂和水的密度差，将污染物分离出来，以净化废水的方法。利用溶剂与溶质的沸点差，将溶质蒸馏回收，再生后的溶剂继续循环利用。萃取处理法一般用于处理浓度较高的含酚或含苯胺、苯、醋酸等工业废水。

（3）膜分离法

膜分离法是利用一种特殊的半透膜使溶液中的某些组分隔开，某些溶质和溶剂渗透而达到分离的目的。水处理中膜分离法通常可以分为电渗析、反渗透、超滤、微滤等。

电渗析法是指在外加直流电场的作用下，利用阴离子交换膜和阳离子交换膜的选择透过性，使溶液中的部分离子透过离子交换膜而迁移到另一部分溶液中，达到浓缩、纯化、分离的目的。电渗析法最先用于海水淡化制取饮用水和工业用水，海水浓缩制取食盐，以及与其他单元技术组合制取高纯水。目前，电渗析法在废水处理实践中应用最普遍的有：处理碱法造纸废液，从浓液中回收碱；处理电镀废水和废液等。

反渗透法是利用一种特殊的半透膜，在一定压力下促使水分子反向渗透，而溶解在水中的污染物被膜截留，污水被浓缩，而透过膜的水即为处理过的水。目前，该方法主要用于高纯度水的制备；化工工艺的浓缩、分离、提纯及配水制备；锅炉补给水除盐软水；海水、苦咸水淡化；造纸、电镀、印染、食品等行业用水及废水处理；城市污水深度处理。

超滤法也是利用特殊半渗透膜的一种膜分离技术，以压力为推动力，使水溶液中的大分子物质与水分离，将溶液净化、分离或者浓缩。该方法常用于分离有机溶解物，如蛋白质、淀粉、树胶、油漆等。

微滤称微孔过滤，它属于精密过滤，截留溶液中的砂砾、淤泥、黏土等颗粒以及贾第虫、隐孢子虫、藻类和一些细菌等，而大量溶剂、小分子及大量大分子溶质都能透过膜的分离过程。

3.4.3.4　生物处理法

生物处理法是利用微生物的代谢作用，使水中溶解态或胶体态的有机物被降解并转化为无害物质，以去除废水中有机污染物的一种方法。根据参与反应的微生物的种类以及耗氧情况，生物处理法分为好氧生物处理法和厌氧生物处理法两大类。

（1）好氧生物处理法

好氧生物处理法是利用好氧微生物在有氧条件下将废水中复杂的有机物分解的方法。根据好氧微生物存在的处理系统所呈现的不同状态，好氧生物处理法可以分为活性污泥法、生物膜法、氧化塘法等。

① 活性污泥法：是处理城市污水最广泛使用的方法。该法是在人工充氧条件下，对污水和各种微生物群体进行连续混合培养，形成活性污泥。利用活性污泥的生物凝聚、吸附和

氧化作用，以分解去除污水中的有机污染物。然后使污泥与水分离，大部分污泥再回流到曝气池，多余部分则排出活性污泥系统。它能从污水中去除溶解性的和胶体状态的可生化有机物以及能被活性污泥吸附的悬浮固体和其他一些物质，同时也能去除一部分磷素和氮素。

② 生物膜法：是微生物附着在作为介质的滤料表面，生长成为一层由微生物构成的膜。污水流过滤料表面，溶解性有机污染物被生物膜吸附，进而被微生物氧化分解，转化为 H_2O、CO_2、NH_3 和微生物细胞质，使污水得以净化。生物膜法通常无需曝气，微生物所需氧气直接来自大气。生物膜法常采用的构筑物有生物滤池、生物转盘、生物接触氧化池和生物流化床等。

③ 氧化塘法：属于生物处理法中的自然生物处理范畴。氧化塘是利用藻类和细菌的共生系统来处理污水的一种方法。污水中存在着大量的好氧菌和耐污的藻类，污水中的有机物被细菌利用，分解成简单的含有氮、磷的物质，这些物质又为藻类的生长提供必要的营养物质，藻类白天利用阳光进行的光合作用，释放氧气，供细菌消耗和生长，这种相互共存的关系成为藻菌共生系统。氧化塘就是利用这一系统使污水得到净化。氧化塘便于因地制宜，基建投资少，运行维护方便，能耗较低，但占地面积过多，处理效果受气候影响较大。

（2）厌氧生物处理法

厌氧生物处理法是利用兼性厌氧菌和专性厌氧菌将污水中大分子有机物降解为低分子化合物，进而转化为 CH_4、CO_2 的有机污水处理方法。该方法中有机物转化分为三部分：一部分被氧化分解为简单无机物，一部分转化为甲烷，剩下少量有机物则被转化、合成为新的细胞物质。与好氧生物处理法相比，用于合成细胞物质的有机物较少，因而厌氧生物处理法的污泥增长率要小得多。

厌氧生物处理法具有处理过程消耗的能量少、有机物的去除率高、沉淀的污泥少且易脱水、可杀死病原菌、不需投加氮、磷等营养物质等优点，近年来日益受到人们的关注。它不但可用于处理高浓度和中浓度的有机污水，还可以用于低浓度有机污水的处理。常见的处理工艺中的构筑物有厌氧接触池、厌氧生物滤池、厌氧流化床、厌氧膨胀床、上流式厌氧污泥床反应器和生物转盘等。

3.4.3.5　污水处理的分级

污水处理一般来说包含三级处理：一级处理主要是通过机械处理，二级处理是生物处理，三级处理是污水的深度处理。

一级处理指去除漂浮物及悬浮状态的污染物质，调节 pH 值，减轻污水的腐化程度和后处理工艺负荷的处理方法。一般作为污水处理的预处理手段。只有一级处理出水水质符合要求，才能保证二级生物处理运行平稳，进而确保二级出水水质达标。常见的一级处理设备有沉砂池、气浮池、隔油池等。

二级处理，以去除不可沉悬浮物和溶解性可生物降解有机物为主要目的，工艺构成多种多样，可分成活性污泥法、AB 法、A/O 法、A^2/O 法、SBR 法、氧化沟法、稳定塘法、土地处理法等多种处理方法。大多数城市污水处理厂都采用活性污泥法。

三级处理即深度处理，是指废水经二级处理后，主要去除营养性污染物及其他溶解物质或者残留的细小悬浮物、难生物降解的有机物、盐分等。它将经过二级处理的水进行脱氮、脱磷处理，用活性炭吸附法或反渗透法等去除水中的剩余污染物，并用臭氧或氯消毒杀灭细菌和病毒，然后将处理水送入中水道，作为冲洗厕所、喷洒街道、浇灌绿化带、工业用水、防火等水源。常用方法有过滤、膜处理、生物处理等方法。

 习题与思考题

1. 什么是水循环？水循环的类型有哪些？
2. 水中有哪些污染物？简要说明其危害。
3. 我国江河湖库以及海洋污染的特点有哪些？
4. 我国地下水污染的特点有哪些？
5. 简述水处理的"三级控制"模式。
6. 在污水处理过程中常用的控制技术有哪些？

◆ **参考文献** ◆

[1] 张自杰. 环境工程手册—水污染防治卷[M]. 北京：高等教育出版社，1996.
[2] 张自杰，林荣忱. 排水工程下册. 第 4 版[M]. 北京：中国建筑工业出版社，2000.
[3] 北京市市政工程设计研究总院. 给排水设计手册(第五册)：城镇排水. 第 2 版[M]. 北京：中国建筑工业出版社，2004.
[4] 高廷耀，顾国维，周琪. 水污染控制工程. 第 3 版[M]. 北京：高等教育出版社，2007.
[5] 韩剑宏. 水工艺处理技术与设计[M]. 北京：化学工业出版社，2007.
[6] 左其亭，王中根著. 现代水文学[M]. 郑州：黄河水利出版社，2006.
[7] 陈志莉，张统. 医院污水处理技术及工程实例[M]. 北京：化学工业出版社，2003.

第 4 章 ｜ 大气环境

本章要点

1. 大气及大气圈的组成和结构；
2. 大气污染的分类和危害；
3. 大气污染的环境标准和防治技术。

大气环境是指生物赖以生存的空气的物理、化学和生物学特性。空气的物理特性主要包括温度、湿度、风速、气压和降水量，这一切均由太阳辐射这一原动力引起。化学特性则主要取决于空气的化学组成。

地球上绝大部分生物都不能脱离大气而生存，成年人平均每天所需的粮食和水分别为 1kg 和 2kg，对空气的需求量则每天约 13.6kg（10m³）。

人类生活和工农业生产排出的 NH_3、SO_2、CO、氮氧化物与氟化物等有害气体可改变原有空气的组成，并引起污染，造成全球气候变化，破坏生态平衡。大气环境和人类生存密切相关，大气环境的每一个因素几乎都可影响到人类。

4.1 大气的组成与大气圈的结构

4.1.1 大气的组成

在自然科学中，大气和空气两词并没有实质性的差别，因此也没有完全把这两个词分开使用。在环境科学中，这两个词常分别使用，是为了便于说明一些环境问题。习惯上空气是指室内或者特指某个地方（如车间、厂区等）供生物生存的气体。这类场所气体的污染就用空气污染，并有相应的质量标准和评价方法。大气一词常用在大气物理、气象和自然地理的研究中，以区域或全球性的气流作为研究对象。在这种范围的空气污染常称作大气污染，也有相应的质量标准和评价方法。

大气由气体和微粒组成，包括干洁空气、水蒸气、尘埃等。气体成分包括 N_2、O_2、CO_2 等常定气体成分，也有水汽、CO、SO_2 和 O_3 等变化很大的不定气体成分。微粒包括悬浮尘埃、烟粒、盐粒、水滴、冰晶、花粉、孢子、细菌等固体和液体的气溶胶粒子。大气的具体成分如表 4-1 所示。

表 4-1　干燥空气的气体成分

气　　　体	体积分数/(mg/kg)	气　　　体	体积分数/(mg/kg)
氮	780　700	氪	1
氧	209　400	一氧化氮	0.5
氩	9　300	氢	0.5
CO_2	315	氙	0.08
氖	18	二氧化氮	0.02
氦	5.2	臭氧	0.01～0.04
甲烷	1.0～1.2	其他	1.421

　　大气中组分含量变化的不定组成气体主要有两个来源：一是自然过程所带来的，如火山爆发、海啸、森林火灾、地震等，由此产生的污染物有尘埃、S、HS、SO_x、NO_x、盐类、恶臭气体等，当这些组分进入大气中之后，会造成局部和暂时性的污染；二是由人类活动过程带来的，随着经济的发展、人口的增长和城市的扩张，大量工业生产排出的废气，汽车尾气等气体，使大气中增加了许多不确定组分，如煤烟、尘、SO_x、NO_x 等。空气中的不定组分主要来自于人类活动，即人类活动是造成大气污染的主要原因。

4.1.2　大气圈的结构

　　大气厚度约 1000km，化学成分和物理性质在垂直方向上存在显著差异，可根据大气在各个高度上不同的特性分为若干层次。按分子组成可分为均质层和非均质层，按压力特性可分为气压层和外气压层（逸散层），按热状况可分为对流层、平流层、中间层、热成层和逸散层（见图 4-1）。

　　（1）对流层

　　对流层是大气圈最低的一层，位于地面上，上界会随季节的变化而变化。对流层的平均厚度在赤道附近最高，约 17～18km，中纬度地区约 10～12km，两极附近最低，约 8～9km。通常情况下，对流层厚度是冬季较薄，夏季较厚。对流层占大气质量的 3/4，几乎全部的水汽都集中在这一层，云、雾、雨等主要天气现象都发生在这一层。对流层与人类的关系最为密切。对流层有以下几个特点。

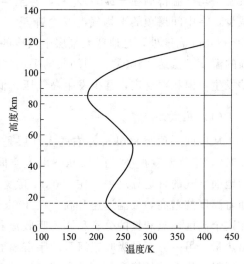

图 4-1　大气的垂直分布

　　① 气温随高度的增加而降低：平均每增高 100m，气温降低 0.65℃。对流层的能量主要来源于地面辐射，近地空气受热多，远地空气受热少，于是高度越高，气温就越低。

　　② 对流运动显著：对流层上部冷下部热有利于空气的对流运动，该层因对流运动显著而得名。低纬度地区受热多，对流强烈，对流层高度可达 17～18km；高纬度地区受热少，对流层高度仅 8～9km。

　　③ 天气现象复杂多变：近地面的水汽和固体杂质通过对流运动向上空输送，在上升过

程中随着气温的降低而容易成云致雨。空气在作水平运动时，遇到山地阻挡而被抬升，或是两种物理性质不同的气流相遇，暖空气沿锋面爬升，也能促使气流上升形成降水。

（2）平流层

从对流层顶到约55km的大气层为平流层，又称温层。平流层下部气温几乎不随高度而变化，称为同温层；平流层上部气温随高度增高而上升，称为逆温层。平流层是地球大气层里上热下冷的一层。在中纬度地区，同温层位于离地表10～50km的高度，而在极地，此层则始于离地表8km左右。

平流层集中着大气中大部分臭氧，并在20～25km高度上达到最大值，形成臭氧层。臭氧层能够吸收大量的太阳紫外辐射，从而保护地球上的生命免受紫外线伤害。臭氧在紫外线的作用下分解为原子氧和分子氧。当他们重新结合生成臭氧时，会释放大量的能量，因此这里升温很快，在约50km高空形成一个暖区。平流层中气流以水平运动为主，而且运动平稳，空气比下层稀薄，水汽和尘埃含量很小，几乎没有云、雨等现象发生。

（3）中间层

中间层位于平流层顶之上，层顶高度约为80～85km。这一层的特点是气温随高度增高而降低，空气的对流运动强烈，垂直混合明显。该层内因臭氧含量低，同时，能被氮、氧等直接吸收的太阳短波辐射大部分已被上层大气所吸收，因此温度垂直递减率很大，对流运动强烈。中间层顶附近的温度约为190K；空气分子吸收太阳紫外辐射后可发生电离，习惯上称为电离层的D层，有时在高纬度、夏季、黄昏时会出现夜光云。

与对流层一样，中间层气温随高度按比例递减。在中间层底部，高浓度的臭氧吸引紫外线使平均气温徘徊在-2.5℃左右，甚至会高达0℃左右。但随着高度增加臭氧浓度会随之减少，在中间层顶的平均气温又会降至-92.5℃的低温。因此，通常在中间层顶附近，即80～85km高度处，是地球大气层中最冷的地方，年均温度为-83℃，夏季北极地区中间层顶的温度可低达-100℃。中间层的平均气温递减率却比对流层的小，虽有少部分的对流运动发生，但相对稳定，甚少发生高气压、低气压的现象。

（4）热成层

从中间层顶至800km左右的大气层是热成层，亦称热层或暖层，质量仅占大气总量的0.5%，空气密度很小。在120km以上空间小到声波难以传播的程度，在270km高度上约为地面空气的百亿分之一，在300km高度上只有地面密度的千亿分之一，再向上就更稀薄。随着高度的增高，气温迅速升高。在300km高度上，气温可达1000℃以上。一方面是由于在这个高度，氧和氮的分子和原子吸收波长短于0.2μm的太阳紫外辐射后发生离解，释放出热量；另一方面是吸收银河系的宇宙辐射和进入地球磁场的太阳风粒子的能量。电离层具有反射无线电波的能力，人类利用它传播无线电讯号。

（5）逸散层

位于热层（800km）以上的大气层，称为逸散层。空气在太阳紫外线和宇宙射线的作用下，大部分分子发生电离，致使质子和氦核的含量大大超过中性氢原子的含量。逸散层空气极为稀薄，密度几乎与太空密度相同，故又常称为外大气层。由于空气受地心引力极小，气体及微粒可从这层飞出地球引力场进入太空。逸散层是地球大气的最外层，上界在哪里尚无一致的看法。实际上，地球大气与星际空间并没有截然的界限。逸散层的温度随高度增加而略有增加。

4.2　大气污染及其危害

4.2.1　大气污染

大气污染是指大气中一些物质含量达到有害程度，以至破坏人类和生态系统的正常生存和发展，对人体、生态和材料造成危害的现象。大气污染物约有 100 多种，分为自然因素（如森林火灾、火山爆发等）和人为因素（如工业废气、生活燃煤、汽车尾气等）两种，并且以后者为主要因素，尤其是工业生产和交通运输。

近年来，我国陆续制定出台了一系列与大气污染问题有关的政策和措施，取得了一定重大成效。《2012 年中国环境状况公报》显示，按照《环境空气质量标准》（GB 3095—1996），通过对 325 个地级及以上城市和 113 个环境保护重点地方的 SO_2、NO_2 和可吸入颗粒物三项污染物进行评价，结果表明 2012 年全国环境空气质量总体保持稳定，部分污染较为严重的地方空气质量状况有所改善，城市环境空气质量达标（达到或优于二级标准）比例达 91.4%，与 2011 年相比有较大提升。据该公报，地级以上城市中，4 个城市 SO_2 年均浓度超标，43 个城市 NO_2 年均浓度超标，186 个城市可吸入颗粒物年均浓度超标；在环保重点城市中，2 个城市 SO_2 年均浓度超标，31 个城市 NO_2 年均浓度超标，83 个城市可吸入颗粒物年均浓度超标。

据中国环境监测总站的监测数据，2013 年上半年全国 74 个城市平均达标天数比例为 54.8%，超标天数比例为 45.2%，其中严重污染占 2.8%。京津冀区域大气污染形势严峻，区域内 13 个城市空气质量总体较差，平均达标天数比例仅为 31.0%，重度污染以上天数占 26.2%。

> **专栏—APEC 蓝**
>
> 在 2014 年北京 APEC 会议期间，北京地区的空气质量维持在良好水平，从灰沉沉的雾霾天一下子转变为万里晴空。久违的蓝天因为 APEC 会议而存在，因此大家习惯称其"APEC"蓝。
>
> "APEC 蓝"的出现，很大程度上得益于政府部门之间、区域之间的联动举措。为了保障 APEC 期间的空气质量，北京和周边地区采取限产、休假和限行等应急举措，通过各种途径最大限度减少污染物的排放。
>
> "APEC 蓝"说明严控能使空气质量达到一个比较好的状态，也说明污染确实是高排放造成的。由此可见，采取措施是能够有效缓解雾霾的。但"APEC 蓝"社会成本非常高昂，像 APEC 会议期间那样直接关停、取缔污染严重的企业、工厂，限制车辆通行，必将导致经济效益大幅下降，产生一系列的问题。采取这样的措施并非是长效可持续的。

4.2.2　大气污染物的种类

大气污染物，按属性一般分为物理性（如噪声、电离辐射、电磁辐射等）、化学性和生物性三类。其中，化学性污染物种类最多、污染范围最广。按存在状态，大气污染物可概括为两大类：颗粒污染物和气态污染物。

（1）颗粒污染物

在大气污染中，颗粒污染物指沉降速度可以忽略的固体粒子、液体粒子或它们在气体介质中的悬浮体系。从大气污染控制的角度，按照其来源和物理性质，可分为粉尘、烟、飞灰、黑烟和雾。

专栏—雾霾

雾是由极小的水滴或冰晶微粒组成的乳白色悬浮体，一般形成于近地面层水汽条件较好（空气相对湿度90%以上）、大气层结稳定、风力较小的气象条件下。霾是极细微的干尘粒均匀地飘浮在空中，水平能见度小于10km的空气普遍混浊现象，空气相对湿度低于80%。当空气相对湿度介于80%～90%时，可出现雾—霾共存的情况。

近50年来中国雾霾天气总体呈增加趋势，且持续性霾过程增加显著。从空间分布看，霾日数呈现东部增加西部减少的趋势。此外，大城市比小城镇的增加趋势更为明显，呈现雾霾天气持续时间长、范围广、影响大、污染重等特点。近年来，我国雾霾天气增多的成因是人类社会经济活动产生的人为影响因素和气候变化带来的气候因素影响相结合的结果。

雾霾天气给气候、环境、健康、经济等方面造成显著的负面影响，加剧区域大气层加热效应、增加极端气候事件，阻碍交通；导致死亡率提高、慢性病加剧、呼吸系统及心脏系统疾病恶化，改变肺功能及结构，影响生殖能力，改变人体的免疫结构等。

粉尘是指在一段时间内悬浮于气体介质中的小固体颗粒，但在重力作用下会发生沉降。它通常是在固体物质的破碎、研磨、分级、输送等机械过程，或土壤、岩石的风化等自然过程中形成的。其尺寸范围一般为 $1\sim200\mu m$。属于粉尘类的大气污染物的种类很多，如黏土粉尘、石英粉尘、煤粉、水泥粉尘、各种金属粉尘等。

烟一般指由冶金过程形成的固体颗粒的气溶胶。它是熔融物质挥发后生成的气态物质的冷凝物，在生成过程中总是伴有氧化反应。烟颗粒的尺寸很小，一般为 $0.01\sim1\mu m$。产生烟是一种较为普遍的现象，如有色金属冶炼过程中产生的氧化铅烟、氧化锌烟等。

飞灰指随燃料燃烧产生的烟气排出的分散较细的灰分。

黑烟一般指由燃料燃烧产生的能见气溶胶，不包括水蒸气。黑烟的粒度范围为 $0.05\sim1\mu m$。

雾是气体中液滴悬浮体的总称。在气象中指造成能见度小于1km的小水滴悬浮体。在工程中，雾一般泛指小液体粒子悬浮体，它可能是由于液体蒸汽的凝结、液体的雾化及化学反应等过程形成的，如水雾、酸雾、碱雾、油雾等。

（2）气态污染物

气态污染物是以分子状态存在的污染物。气态污染物的种类很多，总体上可按表4-2所示分类。

表 4-2　气态污染物的分类

污染物	一次污染物	二次污染物
含硫化学物	SO_2、H_2S	SO_3、H_2SO_4、MSO_4
含氮化合物	NO、NH_3	NO_3、HNO_3、MNO_3
含碳化合物	CO、CO_2、C_1-C_{10} 化合物	醛、酮、过氧乙酰硝酸酯、O_3
卤素化合物	HF、HCl	无

注：MSO_4、MNO_3 分别为硫酸盐和硝酸盐。

硫氧化物主要指 SO_2，它主要来自化石燃料的燃烧过程，以及硫化物矿石的焙烧、冶炼等过程。火力发电厂、有色金属冶炼厂、硫酸厂、炼油厂以及所有烧煤或油的工业炉窑等都排放 SO_2 烟气。

NO_x 有 N_2O、NO、NO_2、N_2O_3、N_2O_4 和 N_2O_5，用 NO_x 表示，其中污染大气的主要是 NO 和 NO_2。

含碳化合物包括碳氧化物和有机化合物。碳氧化物中的 CO 和 CO_2 是大气污染物中产生量最大的一类污染物，主要来自燃料燃烧和机动车尾气；有机化合物种类很多，包括从甲烷到长链聚合物的烃类。

硫酸烟雾是大气中的 SO_2 等硫氧化物，在水雾、含有重金属的悬浮颗粒物或 NO_x 存在时，发生一系列化学或光化学反应而产生的硫酸雾或硫酸盐气溶胶。硫酸烟雾引起的刺激作用和生理反应等危害，要比 SO_2 气体大得多。

光化学烟雾是在阳光照射下，大气中的 NO_x、碳氢化合物和氧化剂之间发生一系列光化学反应产生的蓝色烟雾（有时带些紫色和黄褐色），主要成分有臭氧、过氧乙酰硝酸酯、酮类和醛类等。光化学烟雾的刺激性和危害要比一次污染物强烈得多。

专栏—印度博帕尔毒气泄漏事件（有机污染事件）

印度博帕尔灾难是历史上最严重的工业化学惨剧。1984 年 12 月 3 日凌晨，印度中央邦博帕尔市的美国联合碳化物公司的联合碳化物（印度）有限公司一处农药厂发生氰化物泄漏，造成 2.5 万人直接致死，55 万人间接致死，20 多万人永久残废。当地居民的患癌率及儿童夭折率，至今仍然远高于其他印度城市。

博帕尔农药厂生产西维因、滴灭威等农药，原料是异氰酸甲酯（MIC）。这是一种剧毒气体，只要有极少量短时间停留在空气中，就会使人感到眼睛疼痛，浓度稍大就会使人窒息。第二次世界大战期间，德国法西斯正是用这种毒气杀害大批关在集中营的犹太人。

专栏—马斯河谷烟雾事件

1930 年 12 月 1～5 日发生在比利时马斯河谷工业区，是 20 世纪最早记录下的大气污染惨案。当时，整个比利时大雾笼罩，气候反常。由于特殊的地理位置，马斯河谷上空出现了很强的逆温层，雾层尤其浓厚。

在这种逆温层和大雾的作用下，马斯河谷工业区内 13 个工厂排放的大量烟雾弥漫在河谷上空无法扩散，有害气体在大气层中越积越厚，积存量接近危害健康的极限。第三天开始，在 SO_2 和其他几种有害气体以及粉尘污染的综合作用下，河谷工业区有上千人发生呼吸道疾病，一个星期内就有 63 人死亡，是同期正常死亡人数的十多倍。死者大多是年老和慢性心脏病与肺病的患者。许多家畜也未能幸免于难，纷纷死去。

4.2.3 大气污染源分类

大气污染源是指向大气排放对环境产生有害影响物质的生产过程、设备、物体或场所。它具有两层含义,一方面是指"污染物的发生源",另一方面是指"污染物来源"。

大气污染源按污染物产生的类型可分为自然污染源和人为污染源两大类。自然污染源由自然原因(如火山爆发,森林火灾等)形成,人为污染源由人类从事生产和生活活动而形成。在人为污染源中,又可分为固定源(如烟囱)和移动源(如汽车)两种。由于人为污染源更为普遍,所以更为人们所关注。大气主要污染源有以下三方面。

(1) 工业企业

工业企业是大气污染的主要来源,也是大气环境防治工作的重点之一。随着工业的迅速发展,大气污染物的种类和数量日益增多。由于性质、规模、工艺过程、原料和产品种类等不同,工业企业对大气污染的程度也不同。

(2) 生活炉灶与采暖锅炉

在居住区里,随着人口的集中,大量的民用生活炉灶和采暖锅炉需要耗用大量的煤炭,特别在采暖季节,污染地区常常是烟雾弥漫。

(3) 交通运输

城市行驶的汽车日益增多,火车、轮船、飞机等客货运输频繁,已成为城市地区的主要大气污染源之一。其中,出现重大变化的是汽车排出的尾气。汽车污染大气的特点是,排出的污染物距人们的呼吸带很近,能直接被人吸入。汽车尾气主要含有 CO、NO_x、烃类(碳氢化合物)、铅化合物等。

为了研究大气污染的问题,将大气污染源按预测模式的模拟形式分为点源、面源、线源、体源四种类别。

① 点源:通过某种装置集中排放的固定点状源,如烟囱、排气筒等。

② 面源:在一定区域范围内,以低矮集中的方式自地面或近地面的高度排放污染物的源,如工艺过程中的无组织排放、储存堆、渣场、农田等排放源。

③ 线源:污染物呈线状排放或者由移动源构成线状排放的源,如城市道路的机动车排放源等。

④ 体源:由源本身或附近建筑物的空气动力学作用使污染物呈一定体积向大气排放的源,如焦炉炉体、屋顶天窗等。

4.2.4 大气污染的危害

据世界卫生组织和联合国环境署的一份报告,"空气污染已成为全世界城市居民生活中一个无法逃避的现实"。工业文明和城市发展,为人类创造出巨大的财富,同时也把数十亿吨计的废气和废物排入大气之中,人类赖以生存的大气圈成了垃圾库和毒气库。

大气污染物,主要包括颗粒物、SO_2、CO、NO_x、O_3 以及碳氢化合物中的苯并 [a] 芘和一些重金属。这些污染物不仅对人的健康造成很大的危害,而且影响气候,腐蚀建筑物和物品,降低产品质量,此外还影响动植物生长和发育。

（1）颗粒物的危害

总悬浮颗粒物是大气质量评价中一个通用重要指标，指空气动力学当量直径≤$100\mu m$ 的颗粒物；粒径≤$10\mu m$ 的颗粒物通称为可吸入颗粒物，简写成 PM_{10}，这一粒径范围的颗粒物可通过呼吸道进入人体；粒径≤$2.5\mu m$ 的可吸入颗粒物常称细颗粒物，简写为 $PM_{2.5}$，通常占 PM_{10} 的 50%～70%。

固体颗粒物比较容易吸附重金属（如铅、汞等），还有可能吸附多环芳烃等致癌物以及对生育有影响的物质。大气中粒径小于 $2\mu m$（有时用小于 $2.5\mu m$，即 $PM_{2.5}$）的颗粒物（气溶胶），主要来源有天然源和人为源两种，而后者危害更大，其中很多是二次颗粒物，如由 SO_2 氧化生成的硫酸盐颗粒、NO_x 转化而成的硝酸盐颗粒等。

粒径大于 $10\mu m$ 的颗粒物，一般被鼻腔、咽喉部的纤毛所堵截，被挡在呼吸系统外面，不会进入人体内部，最后成为鼻涕、痰被甩掉，但可以导致上呼吸道的病症；同时，PM_{10} 影响日照时间和地面的能见度，改变局部地区的小气候条件。

目前，$PM_{2.5}$ 已成为国内外最为关注的大气污染物之一，其危害主要表现在以下两个方面。

① 对人体健康的危害。$PM_{2.5}$，粒径仅相当于人类头发的 1/20，可直接进入支气管和肺部深处，干扰肺部的气体交换，引发哮喘、支气管炎和心血管病等方面的疾病。另外，这些颗粒携带的有害重金属通过支气管和肺泡溶解在血液中，对人体健康的伤害更大，引发癌症。$PM_{2.5}$ 还可成为病毒和细菌的载体，引起呼吸道传染病，对青少年（10～18 岁）的肺功能发育有明显慢性影响，表现为第 1 秒钟最大呼气量（FEV1）的降低。

② 对大气环境的影响。光学理论表明，当物体直径和可见光波长相近的时候，物体对光的散射消光能力最强。可见光波长为 0.4～$0.7\mu m$，而 $PM_{2.5}$ 的主要组成的部分粒径恰恰在这个尺度附近。粗颗粒的消光系数约为 $0.6m^2/g$，而 $PM_{2.5}$ 的消光系数则为 1.25～$10.0m^2/g$，是粗颗粒消光系数的 2～16 倍。由此可知，$PM_{2.5}$ 是能见度降低、灰霾天产生的主要原因，严重威胁地面汽车驾驶和飞机的起降，是造成交通事故和空难事故的主要元凶之一。

专栏—京津冀大气污染防治行动

2013 年 9 月 17 日，环保部等 6 部门联合印发《京津冀及周边地区落实大气污染防治行动计划实施细则》。京津冀及周边地区（北京市、天津市、河北省、山西省、内蒙古自治区、山东省）是我国大气污染最严重的区域。《细则》主要目标是：经过五年努力，京津冀及周边地区空气质量明显好转，重污染天气较大幅度减少。力争再用五年或更长时间，逐步消除重污染天气，空气质量全面改善。具体指标：到 2017 年，北京市、天津市、河北省 $PM_{2.5}$ 浓度较 2012 年下降 25% 左右，山西省、山东省下降 20%，内蒙古自治区下降 10%。其中，北京市细颗粒物年均浓度控制在 $60mg/m^3$ 左右。

（2）硫氧化物的危害

硫氧化物是硫和氧的化合物的总称。通常，硫有四种氧化物，即二氧化硫（SO_2）、三氧化硫（SO_3，硫酸酐）、三氧化二硫（S_2O_3）、一氧化硫（SO）；此外，还有两种过氧化物：七氧化二硫（S_2O_7）和四氧化硫（SO_4）。在大气中比较重要的是 SO_2 和 SO_3，其混合物可用 SO_x 表示。硫氧化物是全球硫循环中的重要化学物质。

硫氧化物是无色、有刺激性臭味的气体，是大气的主要污染物之一，不仅危害人体健康和植物生长，而且还腐蚀设备、建筑物和名胜古迹。

① 对人体的危害。硫氧化物在大气中的存在形式以 SO_2 为主，SO_2 气体是一种无色的酸性气体，有刺激性气味。SO_2 进入呼吸道后，因其易溶于水，故大部分被阻滞在上呼吸道，在湿润的黏膜上生成具有腐蚀性的亚硫酸、硫酸和硫酸盐，使刺激作用增强。上呼吸道的平滑肌因有末梢神经感受器，遇到刺激就会产生窄缩反应，使气管和支气管的管腔缩小，气道阻力增加。上呼吸道对 SO_2 的这种阻留作用，在一定程度上可减轻 SO_2 对肺部的刺激，但进入血液的 SO_2 仍可通过血液循环抵达肺部产生刺激作用。SO_2 可被吸收进入血液，对全身产生毒副作用，能破坏酶的活力，影响碳水化合物及蛋白质的代谢，对肝脏也有一定的损害。

长期生活在大气污染的环境中，由于 SO_2 和飘尘的联合作用，可促使肺泡纤维增生。如果增生范围波及广泛，就会形成纤维性病变甚至形成肺气肿。SO_2 还可以加强致癌物苯并[a]芘的致癌作用。

② 对社会和自然界的危害。在低浓度 SO_2 的影响下，植物的生长机能受到影响，造成产量下降，品质变坏；在高浓度 SO_2 的影响下，植物会出现急性危害，叶片表面产生坏死斑，或直接使植物叶片枯萎脱落。SO_2 对金属，特别是对钢结构物产生腐蚀作用，给经济带来很大损失。据估计，工业发达国家每年因金属腐蚀导致的直接经济损失占国民经济总产值的 $2\% \sim 4\%$。

SO_2 在大气中会被氧化溶于水蒸气中后生成亚硫酸和硫酸随雨水一起降下，形成酸雨，酸雨会腐蚀建筑物、名胜古迹、金属材料，并且会对生态环境造成很大的破坏。

专栏—日本四日市事件

四日市位于日本东部海湾。1955 年后，昔日晴朗的天空变得污浊不堪。1961 年，呼吸系统疾病开始在这一带发生，并迅速蔓延。1964 年曾经 3 天烟雾不散，哮喘病患者中不少人因此死去。1967 年一些患者因不堪忍受痛苦而自杀。该市的患者，1970 年达 500 多人，1972 年达 871 人（死亡 11 人），日本全国患者多达 6376 人。

1955 年后，这里利用战前盐滨地区旧海军燃料厂遗址建成第一座炼油厂，之后相继兴建了十多家石油化工厂，形成的重要临海工业区昵称为"石油联合企业之城"，产值占日本石油工业的 1/4。于是，四日市笼罩在乌烟瘴气、臭水横流、噪音震耳的环境之中，大气中 SO_2 浓度超标 5～6 倍。

（3）NO_x 的危害

造成大气污染的氮氧化物（NO_x）主要是一氧化氮（NO）和二氧化氮（NO_2），其中 NO_2 的毒性比 NO 高 4～5 倍。

造成 NO_x 产生的原因可分为两个方面：自然发生源和人为发生源。自然发生源除了雷电和臭氧的作用外，还有微生物细菌的作用。自然界形成的 NO_x 因自然选择可达到生态平衡，对大气没有太大污染。人为发生源主要是由于燃料燃烧及化学工业生产所导致的，火力发电厂、炼铁厂、化工厂等有燃料燃烧的固定发生源和汽车等移动发生源以及工业流程中排放的 NO_x 占到人为排放总量的 90% 以上。全球每年排入大气的 NO_x 总量达 5000 万吨，而且还在持续增长。治理 NO_x 已成为国际环保领域的主要方向，也是我国"十二五"期间需要降低排放量的主要污染物之一。

① 对人体和动物的危害。NO 毒性不太大，但进入大气后可被缓慢地氧化成 NO_2，当大气中有臭氧等强氧化剂存在或在催化剂的作用下，氧化速度会加快。NO 对血红蛋白的亲和力非常强，是氧的数十万倍。NO 一旦进入血液中，就从氧化血红蛋白中将氧驱赶出来，与血红蛋白牢固地结合在一起。长时间暴露在 $1\sim1.5mg/L$ NO 环境中，容易引起支气管炎和肺气肿等病变。

NO_2 对呼吸器官有强烈的刺激，会引起急性哮喘病。NO_2 能侵入呼吸道深部细支气管及肺泡，并溶于肺泡表面的水分中，形成亚硝酸和硝酸，对肺部器官产生强烈的刺激和腐蚀作用。当 NO_2 参与大气的光化学反应，形成光化学烟雾后，其毒性更强。

② 对自然界的危害。NO_x 排在大气中会导致光化学烟雾、酸雨的形成，造成一系列交通事故，引起人体疾病等，还会破坏臭氧层，是造成臭氧空洞的原因之一。

专栏—洛杉矶烟雾事件

美国洛杉矶光化学烟雾事件是世界有名的公害事件之一。在 1952 年 12 月的一次光化学烟雾事件中，洛杉矶市 65 岁以上老人死亡 400 多人。1955 年 9 月，由于大气污染和高温，短短 2 天内，65 岁以上老人又死亡 400 余人，许多人出现眼睛痛、头痛、呼吸困难等症状。直到 20 世纪 70 年代，洛杉矶市还被称为"美国的烟雾城"。

洛杉矶在 20 世纪 40 年代就拥有 250 万辆汽车，每天消耗 1100t 汽油，排出 1000 多吨碳氢化合物，300 多吨氮氧化合物，700 多吨一氧化碳。另外，还有炼油厂、供油站等其他石油燃烧排放，这些化合物被排放到阳光明媚的洛杉矶上空，不啻制造了一个毒烟雾工厂。

这次事件是美国环境管理的转折点，催生了著名的《清洁空气法》，起到环境管理的先头示范作用。经过近 40 年的治理，尽管洛杉矶的人口增长 3 倍、机动车增长 4 倍多，但该地区发布健康警告的天数却从 1977 年的 184 天下降到 2004 年的 4 天。

（4）含碳化合物的危害

大气中含碳化合物主要包括一氧化碳（CO）、二氧化碳（CO_2）、挥发性有机化合物（VOC）、过氧乙酰基硝酸酯（PAN）等。

CO 是一种窒息性气体，对血液和神经系统毒性很强。CO 进入大气后，由于大气的扩散稀释作用和氧化作用，一般不会造成危害。但在城市采暖季节或在交通繁忙的十字路口，当气象条件不利于排气扩散稀释时，CO 浓度有可能达到危害人体健康的水平。CO 对人的危害主要通过呼吸系统进入人体血液内，与血液中的血红蛋白、肌肉中的肌红蛋白、含二价铁的呼吸酶结合，形成可逆性的结合物。这不仅会降低血球携带氧的能力，而且还抑制、延缓氧血红蛋白的解析和释放，导致机体组织因缺氧而坏死，严重时会危及人的生命。

CO_2 为无毒气体，是植物光合作用的原料之一。由于大量化石燃料的燃烧，地球上 CO_2 浓度增加，使氧气含量相对减小，对人产生不良影响。CO_2 是"温室效应"气体之一，

"温室效应"已导致病虫害增加、海平面上升、气候反常、海洋风暴增多、土地干旱，沙漠化面积增大等恶果。

VOC 一般是指 C_1—C_{10} 化合物，不完全等同于严格意义上的碳氢化合物，因为它除含有碳和氢原子外，还常含有氧、氮和硫原子。VOC 是光化学氧化剂臭氧和过氧乙酰硝酸酯（PAN）的前体物，也是温室效应的贡献者之一。VOC 主要来自机动车和燃料燃烧排气，以及石油炼制和有机化工生产等。甲烷被认为是一种非活性烃，人们常以非甲烷总烃类（NMHC）的形式报道环境中烃的浓度。多环芳烃类（PAHs）中的苯并 [a] 芘，是一种强致癌物质。

碳氢化合物是产生光化学烟雾的重要成分，在紫外线的照射下与 NO_x 发生化学反应，形成光化学烟雾。另外，像苯及其同系物等芳香烃本身就是有毒物质。

PAN 具有强烈刺激眼睛的作用，使人眼睛红肿、流泪，呼吸系统症状表现为喉疼、喘息、咳嗽、呼吸困难，还会引起头痛、胸闷、疲劳感、皮肤潮红、心功能障碍和肺功能衰竭等一系列症状。PAN 还会使植物叶子背面呈银灰色或古铜色，影响植物生长，降低植物对病虫害的抵抗力。

大气中还有臭氧和氟氯烃等气态化合物。低浓度的臭氧可消毒，但超标的臭氧则是无形杀手。它强烈刺激人的呼吸道，造成咽喉肿痛、胸闷咳嗽、引发支气管炎和肺气肿；造成人的神经中毒，头晕头痛、视力下降、记忆力衰退；对人体皮肤中的维生素 E 起到破坏作用，致使人的皮肤起皱、出现黑斑；破坏人体的免疫机能，诱发淋巴细胞染色体病变，加速衰老，致使孕妇生畸形儿；是光化学烟雾形成的主要因素之一。

氟利昂是臭氧层破坏的元凶，从而使人类的保护伞臭氧层出现空洞，紫外线能透过大气层对人体造成伤害。

专栏—海湾战争的科威特油井燃烧

1990 年，海湾战争所造成的大气污染在世界历史上是最严重的。

海湾战争造成科威特 200 口油井燃烧，黑烟遮天蔽日，持续时间罕见，致使海湾及其周边地区环境污染十分严重。期间，科威特下午两点上街开车都要打亮前灯，居民出门得靠手电寻路，人们饱受着 SO_2 及碳氢化合物的污染。

有报道称，油井燃烧产生的烟尘使北半球一半地区的气候受到破坏，对大气环流产生强迫扰动，导致大气范围异常波动。据相关计算，其作用促成了那几年我国江淮流域 5～7 月份持续多雨，造成洪涝灾害。

4.3 大气污染的主要类型

4.3.1 煤烟型污染

煤烟型污染指由煤炭燃烧排放出烟尘、SO_2 等一次污染物及其二次污染物所构成的污染。我国的大气污染以煤烟型污染为主，主要污染物是烟尘和 SO_2，此外还有 NO_x 和 CO 等。

（1）煤的分类

煤是古代生物（以植物为主）在低层内部在隔绝氧的条件下经过长时间碳化衍变而成。炭化年代越长，煤质越好。根据碳化程度，常将煤分成泥煤、褐煤、烟煤、无烟煤和焦煤。

① 泥煤：是最年轻的煤，由植物刚衍变而成，仍保留着植物遗体的痕迹。泥煤含碳量和含硫量较低，含氧量和挥发分较高。泥煤可燃性好、易着火、不结焦，可作为锅炉燃料和化工原料。

② 褐煤：是炭化时间比泥煤长的煤，基本完成了植物遗体的炭化过程。褐煤含碳量比泥煤高，挥发分较高，氧和氢含量较少，可作为燃料使用。

③ 烟煤：是炭化程度更高的煤，含碳量高，挥发分比褐煤低，比无烟煤高。烟煤因炭化年龄的区别、生成条件及产地的差异，其黏结性和含硫量有很大的差异。根据黏结性、挥发分含量等物理性质不同，烟煤又分为长焰煤、气煤、结焦煤、瘦煤等。长焰煤和气煤由于挥发分含量高，适于制煤气及陶瓷、锻打窑燃烧，结焦煤适合炼焦。

④ 无烟煤：是炭化年龄最老的煤，含碳量高，灰分和挥发分较少，热值大（约294308kJ/kg），燃烧后污染少，常作为燃料使用，但可燃性差，不易着火。

⑤ 焦煤：属中等变质烟煤，加热时能产生稳定性很好的胶体。焦煤是优质的炼焦原料，用焦煤单独炼焦时，所得焦炭块度大、裂纹少；机械强度和耐磨强度都很高，但由于膨胀压力大，用大型炼焦炉生产时，易造成推焦困难。中国的焦煤主要产地有河北的开滦、峰峰，江苏的大屯，安徽的两淮，山西的轩岗和黑龙江的双鸭山等煤矿。

煤的化学组成很复杂，但归纳起来可分为有机质和无机质两大类，且以有机质为主。有机质主要由碳、氢、氧、氮和硫五种元素组成。其中，碳、氢、氧占有机质的 95% 以上，此外还有极少量的磷和其他元素。

（2）煤的燃烧及污染物的形成

① 烟的形成。在煤燃烧过程中，由于氧化、升华、蒸发和冷凝等热过程所形成的细粒子，统称为烟，粒径在 $1\mu m$ 以下。烟是由气相、固相和液相混合组成的气溶胶。气相成分为 N_2、CO_2、CO、O_2、NO_x、SO_2 等，液相主体为水，固相成分为燃烧产生的烟尘，还包括未燃尽的含碳化合物——黑烟。在黑烟的成分中，碳约占 96.2%，氢约占 0.8%，剩下的是氧。根据燃烧状况和烟气净化程度，排烟中的各成分也不同，如湿式除尘脱硫后的排烟含水分较多，因此烟气呈白色水雾状；炉窑以燃烧烟煤为主，净化效果不佳时会出现黑烟，呈黑色；干式除尘器除尘效果不好时，烟气中含大量烟尘，烟气呈褐色。

② 硫氧化物的形成。煤中硫以有机硫、硫酸盐、硫化物的形式存在。在燃烧过程中的第一、二阶段，煤的挥发分逸出，有机硫分解，并发生氧化反应生成 SO_2。随着温度的升高，硫化物和硫单质燃烧，与氧反应生成硫氧化物释放出来。在燃烧过程中，煤和煤渣的熔融可有效地抑制硫酸盐的分解，减少硫化物的释放。

③ 氮氧化物的形成。氮的化合物在燃烧过程中与氧发生反应生成氮氧化物，主要有 N_2O、NO、NO_2、NO_3、N_2O_3、N_2O_4、N_2O_5 等，常用 NO_x 表示。由于燃烧时间和条件不同，生成的各种氧化物的含量也不一样。燃烧产生的 NO_x 主要分为三类：第一类是热力型 NO_x，在高温燃烧时空气中的氮气和氧气反应生成的 NO_x；第二类是燃料型 NO_x，是燃料中有机氮经过化学反应生成的 NO_x；第三类是火焰边缘形成的快速型 NO_x，其生成量很少，一般可忽略。

④ 颗粒物的形成。煤进入炉膛后先经过加温，在燃烧第二、三阶段中逸出挥发分后，出现大量孔穴。随着燃烧时间和温度的增加，燃烧由表向里进行，出现破裂，变成大小不等的颗粒。在热力和炉内风力的作用下，燃烧中形成的微小颗粒称为飞灰，排出烟囱后称为烟尘，进入大气后形成大气污染物——总悬浮颗粒（TSP）。在煤炭燃烧的第四阶段，炉膛中煤出现软化熔融现象，则飞灰产生量开始减少。

4.3.2　交通型污染

交通型污染是各种交通工具在行驶过程中排出的尾气造成的大气污染。污染物大部分来自燃料的不完全燃烧所排出的尾气。主要污染物有烟尘、NO_x、CO、SO_2、碳氢化合物、苯并［a］芘、铅化合物、石油和石油制品以及有害有毒运输品。随着汽车工业的发展，现代城市光化学烟雾的成因几乎无一例外是汽车尾气。

汽车尾气的有害成分和危害主要表现在以下几个方面。

汽车排放的尾气，除空气中的氮和氧以及燃烧产物 CO_2、水蒸气为无害成分外，其余均为有害成分。尾气中的一部分毒性物质，主要是由于燃料不完全燃烧或燃气温度较低产生的，尤其是在次序起动、喷油器喷雾不良、超负荷工作运行产生的。燃油不能很好地与氧化合燃烧，必定生成大量的 CO、HC 和煤烟。另一部分有毒物质，是由于燃烧室内的高温、高压而形成的氮氧化合物（NO_x）。

CO 是一种无色无味有毒的气体，它不易与其他物质发生反应而成为大气成分中比较稳定的组成部分，能停留 2～3 年。它引起的公害称为汽车尾气第一排气公害。

CH 化合物中，特别是烯在大气上空，在太阳光紫外线作用下，会与氧化氮起光化反应生成臭氧、醛等烟雾状物质，刺激人们的喉、眼、鼻等黏膜。它不仅危害人们与动物，而且使生态环境遭到破坏，严重影响农作物的生长，使农业减产，同时还具有致癌作用。它成为汽车尾气排放的第二公害。

NO_x 是产生酸雨和引起气候变化、产生烟雾的主要原因，是成为汽车尾气的排放公害。

尾气中的颗粒物，一般是由直径 $0.1～40\mu m$ 的多孔性炭粒构成。它能黏附 SO_2 及苯并［a］芘有毒物质，有臭味，对人们呼吸道极为有害。

据统计，"十一五"期间我国机动车保有量由 11815.7 万辆增加到 19006.2 万辆，年均增长率为 10%。2011 年，我国汽车产销量保持高速增长，全年汽车产销量分别达到 1841.9 万辆和 1850.5 万辆，同比分别增长 0.8% 和 2.5%，连续三年成为世界汽车产销量第一大国。截至 2011 年年底，全国机动车保有量达到 20754.6 万辆。2011 年，全国机动车四项主要污染物的排放总量为 4607.9 万吨，比 2010 年增加 3.5%。其中，CO 排放量为 3467.1 万吨，增长 3.1%；碳氢化合物排放量为 441.3 万吨，增长 2.7%；NO_x 排放量为 637.5 万吨，增长 6.4%；颗粒物排放量为 62.1 万吨，增长 3.8%。汽车是机动车污染物排放总量的主要贡献者，排放的 CO 和 HC 超过 70%，NO_x 和 PM 超过 90%。由此可见，随着汽车保有量的增加，汽车排放污染物对环境的影响必将日趋严重，会给城市和区域空气质量带来巨大压力。

4.3.3　酸沉降

酸沉降是指大气中的酸性物质以降水的形式或者在气流作用下迁移到地面的过程。酸沉降包括"湿沉降"和"干沉降"。湿沉降通常指 pH 值低于 5.6 的降水，包括雨、雪、雾、冰雹等各种降水形式，最常见的是酸雨。干沉降指大气中的酸性物质在气流的作用下直接迁移到地面的过程。目前，人们对酸雨的研究较多，常把酸沉降与酸雨的概念等同起来。

（1）来源与形成

降水的酸度是由降水中酸性和碱性化学物质间的平衡决定的。大气中可能形成酸的物质主要包括硫化合物、氮化合物以及氯化物等。这些物质有可能在降水过程中进入降水，使其呈酸性。通常认为，主要的酸基质是 SO_2 和 NO_x。国外酸雨中硫酸与硝酸之比为 2：1，我国酸雨以硫酸为主，硝酸量不足 10%。

① 天然排放源。硫化合物与氮化合物的天然排放源可分为非生物源和生物源。非生物源排放，包括海浪溅沫、地热排放气体与颗粒物、火山喷发等。海浪溅沫的微滴以气溶胶形式悬浮在大气中，海洋中的硫的气态化合物，如 H_2S、SO_2、$(CH_3)S$ 在大气中氧化，形成硫酸。火山活动也是主要的天然硫排放源，内陆火山爆发喷发到大气中的硫约为 3000 千吨/年；生物源排放主要来自有机物腐败、细菌分解有机物的过程，以排放 H_2S、DMS、COS 为主，它们可以被氧化为 SO_2、NO_x 而进入大气。全球天然源硫排放估计为 5000 千吨/年，全球天然源氮的排放量因闪电造成的 NO_x 很难测定而难以估计准确。

② 人为排放源。大气中硫和氮的化合物大部分是由人为活动产生的，化石燃料造成的 SO_2 与 NO_x 排放是产生酸雨的根本原因。这已从欧洲、北美历年排放 SO_2 和 NO_x 的递增量与出现酸雨的频率及降水酸度上升趋势得到证明。由于燃烧化石燃料及施放农田化肥，全球每年约有 0.7 亿～0.8 亿吨氮进入自然界，同时向大气排放约 1 亿吨硫。这些污染物主要来自占全球面积不到 5% 的工业化地区——欧洲、北美东部、日本及中国部分区域。这些区域人为排硫量超过天然排放量的 5～12 倍。近一个多世纪以来，全球 SO_2 排放一直在上升，近年来上升趋势有所减缓，主要是因为减少了对化石燃料的依赖，更广泛地采用了低硫燃料以及安装污染控制装置。

③ 酸雨的形成。硫化合物和氮化合物进入大气后，会经历扩散、转化、输运以及被雨水吸收、冲刷、清除等过程。气态的 NO_x、SO_2 在大气中可以被催化氧化或光化学氧化成不易挥发的硝酸和硫酸，并溶于云滴或雨滴而成为降水成分。

（2）酸雨的危害

酸沉降以不同方式危害水生生态系统、陆生生态系统、材料和人体健康。

① 对水生生态系统的影响。酸雨危害水生生态系统，一方面是通过湖水 pH 值降低导致鱼类死亡，另一方面是酸雨浸渍土壤，侵蚀矿物，使铝元素和重金属元素沿着基岩裂缝流入附近水体，影响水生生物生长或使其死亡。水中铝含量达到 0.2mm/L 时，就会致鱼类死亡。同时，对浮游植物和其他水生植物起营养作用的磷酸盐，由于附着在铝上，难于被生物吸收，其营养价值就会降低，并使赖以生存的水生生物的初级生产力降低。一些研究揭示，酸性水域的鱼体内汞浓度很高，若这些含有高水平汞的水生生物进入人体，势必会对人类健康带来潜在的有害影响。

瑞典有 9 万个湖泊，其中 2 万个已遭到某种程度的酸雨损害（占 20%），4000 个生态系统被破坏。挪威南部 5000 个湖泊中有 1750 个已经鱼虾绝迹。加拿大安大略省已有 2000～4000 个湖泊变成酸性，鳟鱼和鲈鱼已不能生存。美国对纽约东北部的阿几隆达克山区所进行调查发现，该地区 214 个湖泊中，pH 值在 5 以下的已达半数之多，82 个湖泊已无鱼类生存。

② 对陆生生态系统的影响。酸雨对森林的危害可分为四个阶段。第一阶段，酸雨增加硫和氮，使树木生长呈现受益倾向。第二阶段，长年酸雨使土壤中和能力下降，以及 K、Ca、Mg、Al 等元素淋溶，使土壤贫瘠。第三阶段，土壤中的铝和重金属被活化，对树木生长生成毒害，当根部的 Ca/Al 比率小于 0.15 时，溶出的铝具有毒性，抑制树木生长。而且，酸性条件有利于病虫害的扩散，危害树木，这时生态系统已失去恢复力。第四阶段，如树木遇到持续干旱等诱发因素，土壤酸化程度加剧，会引起根系严重枯萎，致使树木死亡。

人们普遍将大面积的森林死亡归因于酸雨的危害。在德国，横贯巴伐利亚州山区的 12000hm² 森林有 1/4 坏死，波兰已观察到针叶林大面积枯萎达 24 万公顷，捷克的受害森林占森林总面积的 1/5。

③ 对各种材料的影响。酸雨会加速许多用于建筑结构、桥梁、水坝、工业装备、供水管网、地下贮罐、水轮发电机以及动力和通讯电缆等材料的腐蚀。酸雨能严重损害古迹。我国故宫的汉白玉雕刻、雅典巴特农神殿和罗马的图拉真凯旋柱，都正在受到酸性沉积物的侵蚀。

④ 对人体健康的影响。酸雨对人体健康产生间接的影响。酸雨使地面水变成酸性，地下水中金属量会增高，饮用这种水或食用酸性河水中的鱼类会对人体健康产生危害。据报道，很多国家由于酸雨的影响，地下水中铝、铜、锌、镉的浓度已上升到正常值的 10～100 倍。

专栏—酸雨危害事件

20 世纪 70 年代开始，美国东北部及加拿大东南部地区的湖泊水质开始酸化，pH 值一度降到 1.4，污染程度较弱的湖泊仍有 3.5。大面积湖泊停止呼吸，可谓一潭死水。

此地区的工业高度发达，年均 SO₂ 排放量 2500 多万吨，导致约 3.6 万平方千米的酸雨区，大约 55%（9400km²）的湖泊被污染而酸化变质。另据纽约州的阿迪龙达克山区数据记载，1930 年那里只有 4% 的湖泊无鱼，1975 年有 50% 的湖泊无鱼，其中 200 个已成死湖。

加拿大受酸雨影响的水域达 5.2 万平方千米，5000 多个湖泊明显酸化。1979 年多伦多平均 pH 值为 3.5，安大略省萨德伯里周围 1500 多个湖泊池塘中也总是漂浮死鱼，湖滨树木已然枯萎。

因为酸雨，到 1983 年德国（原联邦德国地区）原有的 740 万公顷森林有 34% 染上枯死病，每年树木死亡率占新生率的 21%。原来生机勃勃的繁荣景象一去不复返，换来的只是"黑森林"般的衰败。

4.4 大气污染防治

4.4.1 大气环境标准

大气污染对自然和社会造成了巨大的影响。为此，我国通过制定一系列国家标准、行业标准和地方标准来限制现代企业的污染物排放量，控制人为的环境破坏。

(1)《环境空气质量标准》

根据《中华人民共和国环境保护法》和《中华人民共和国大气污染防治法》，为改善环境空气质量，防止生态破坏，创造清洁适宜的环境，保护人体健康，1996 年制定《环境空气质量标准》，1996 年 10 月 1 日起实施，同时代替 GB3095－82。由于污染问题发生变化，人民的生活水平提高，对环境的要求也相对更严格，2012 年 2 月 29 日国务院常务会议同意发布新修订的《环境空气质量标准（GB 3905—2012）》，部署加强大气污染综合防治重点工作。

《环境空气质量标准（GB 3905—2012）》将 $PM_{2.5}$ 的年和 24 小时平均浓度限值分别定为 $35\mu g/m^3$ 和 $75\mu g/m^3$。本次修订的主要内容包括：调整了环境空气功能区分类，将三类区并入二类区；增设了颗粒物（粒径不大于 $2.5\mu m$）浓度限值和臭氧 8 小时平均浓度限值；调整了颗粒物（粒径不大于 $10\mu m$）、二氧化氮、铅和苯并［a］芘等的浓度限值；调整了数据统计的有效性规定。

(2)《大气污染物综合排放标准》

《大气污染物综合排放标准》（GB 16297—1996）是国家环保局 1996 年 4 月 12 日批准，1997 年 1 月 1 日开始实施。该标准规定了 33 种大气污染物的排放限值，同时规定了执行标准时的各种要求。在我国现有的国家大气污染物排放标准体系中，按照综合性排放标准与行业性排放标准不交叉执行的原则，适用于现有污染源大气污染物排放管理，以及建设项目的环境影响评价、设计、环境保护设施竣工验收及其投产后的大气污染物排放管理。

(3) 其他标准

大气污染物除了综合的排放标准外，针对一些行业还制订了独立的大气污染排放标准，例如《炼钢工业大气污染物排放标准》（GB 28664—2012）、《轧钢工业大气污染物排放标准》（GB 28665—2012）、《火电厂大气污染物排放标准》（GB 13223—2011）等。

专栏一《大气污染防治行动计划》（大气十条）

2013 年 9 月 10 日，国务院发布关于印发大气污染防治行动计划的通知。主要指标为，到 2017 年，全国地级及以上城市可吸入颗粒物浓度比 2012 年下降 10% 以上，优良天数逐年提高；京津冀、长三角、珠三角等区域细颗粒物浓度分别下降 25%、20%、15% 左右，其中北京市细颗粒物年均浓度控制在 $60\mu g/m^3$ 左右。

大气十条以空气改善为核心，加大整治力度及整治范围，明确地规定了具体的实施目标。严控"两高"行业产能总量控制，推进产业结构优化，压缩过剩产业，把大气污染防治作为转变经济发展方式的重要突破口，从经济结构根源上控制污染问题；行动计划提出，加快调整能源结构，增加清洁能源供应，从能源结构、产业结构等方面多管齐下；行动计划中还明确指出要控制煤炭消费总量；此次行动计划中明确规定了治污考核和惩罚规定，建立区域协作机制，分解目标任务，由国务院制定考核办法并进行考核；"大气十条"还提出建立政府统领、企业施治、市场驱动、公众参与的新机制，要求发挥市场调节机制的作用，完善环境经济政策、价格税收体系；此外行动计划中更是强调动员全民参与环保。

4.4.2 大气污染治理技术

近几十年，世界各国针对各种大气污染物开发出相应的治理技术。

4.4.2.1 颗粒物治理技术

颗粒物治理技术即除尘技术，处理设备是除尘器，最常使用的几种除尘技术如下。

（1）静电除尘技术

静电除尘器的工作原理：含粉尘的气体，在接有高压直流电源的阴极线（又称电晕极）和接地的阳极板之间形成的高压电场通过时，由于阴极发生电晕放电，气体被电离，带负电的气体离子在电场力的作用下向阳极板运动，在运动中与粉尘颗粒相碰，使尘粒荷带负电，尘粒在电场力的作用下亦向阳极运动，到达阳极后放出所带的电子，尘粒则沉积于阳极板上，净化的气体排出防尘器外。

与其他除尘设备相比，静电除尘器耗能少，效率高，适用于去除 $0.01 \sim 50 \mu m$ 的粉尘，而且可用于烟气温度高、压力大的场合。处理的烟气量越大，静电除尘器的投资和运行费用越经济。

（2）布袋除尘技术

袋式除尘器是一种干式滤尘装置。它适用于捕集细小、干燥、非纤维性粉尘。滤袋采用纺织的滤布或非纺织的毡制成，利用纤维织物的过滤作用对含尘气体进行过滤。含尘气体进入袋式除尘器后，颗粒大、相对密度大的粉尘由于重力作用沉降下来，落入灰斗，含有较细小粉尘的气体在通过滤料时，粉尘被阻留，使气体得到净化。

布袋除尘器，除尘效率高，一般在 99％ 以上，出口气体尘含量每立方米在数十毫克之内，对亚微米粒径的细尘有较高的分级效率；处理风量范围广，造价低于电除尘器；结构简单，维护操作方便；对粉尘的特性不敏感，不受粉尘及电阻的影响。采用玻璃纤维、聚四氟乙烯、P84 等耐高温滤料时，可在 200℃ 以上的高温条件下运行。

（3）电袋复合式除尘技术

电袋复合除尘器，即在一个箱体内，前端安装一个短电场，后端安装滤袋场，烟尘从左端引入，先经过电场区，尘粒在电场区荷电并有 80％ ～90％ 粉尘被收集下来。经过电场的烟气部分通过电场区后进入袋区，经滤袋外表面进入滤袋内腔，粉尘被阻留在滤袋外表面，洁净气体从内腔排气烟道，从烟道排出。

电袋复合式除尘器结合电除尘器及纯布袋除尘器两者的优点，是新一代的除尘技术，正在不断推广。

4.4.2.2 硫氧化物治理技术

工程中硫氧化物的治理称为脱硫技术，脱硫方式主要分为湿法脱硫、半干法脱硫、干法脱硫。具体工艺有很多，下面简单介绍几种。

（1）石灰石/石膏法

石灰石/石膏法脱硫技术是湿法脱硫中的一种，是目前世界上应用范围最广、工艺技术最成熟的脱硫工艺技术，是国际上通行的大机组火电厂烟气脱硫的基本工艺。

脱硫吸收剂采用价廉易得的石灰石或石灰。石灰石经破碎磨成细粉状与水混合搅拌成吸收浆液，当采用石灰为吸收剂时，石灰粉经消化处理后加水制成吸收剂浆液。在吸收塔内，吸收浆液与烟气接触混合，SO_2 与浆液中的碳酸钙以及鼓入的空气进行化学反应被脱除，最终反应产物为石膏。脱硫后的烟气经除雾器除去带出的细小液滴，经换热器加热升温后排入烟囱，脱硫石膏浆经脱水后回收。吸收浆液可循环利用，脱硫吸收剂的利用率很高。近几年来，这一脱硫工艺也在工业锅炉和垃圾发电站上得到应用。

脱硫工艺大约有近百种，但真正实现工业应用的仅 10 多种。在已投运或正在计划建设的脱硫系统中，湿法烟气脱硫技术占 80% 左右。在湿法烟气脱硫技术中，石灰石/石灰—石膏湿法烟气脱流技术是最主要的技术。该法的技术优缺点如下。

优点：系统运行稳定，变负荷运行特性优良；可靠性高，脱硫效率高，可达 95% 以上；原料来源广泛、易取得、价格优惠，吸收剂利用率高（可大于 90%）；容量可大可小，应用范围广；废物排放量少，并且可实现无废物排放。

缺点：初期投资费用太高、运行费用高、占地面积大，系统管理操作复杂、磨损腐蚀现象较为严重，副产物——石膏很难处理（由于销路问题只能堆放），废水较难处理。

（2）干法喷钙脱硫技术

干法喷钙脱硫技术是在传统的炉内喷钙工艺的基础上发展起来的石灰石喷射脱硫工艺。传统的炉内喷钙工艺脱硫效率很低，仅为 20%～30%。干法喷钙脱硫技术工艺在除尘器前加装活化反应器，喷水增湿，使未反应的石灰转化成氢氧化钙，加快硫分转化成硫酸盐的速度，使脱硫效率显著提高。

4.4.2.3 氮氧化物治理技术

氮氧化物治理技术在工程中称脱硝，目前也已广泛应用于火电厂、炼钢厂等大型燃煤企业。脱硝技术一般分为化学法脱硝和生物法脱硝。常见的工艺有以下几种。

（1）选择性催化还原脱硝技术

选择性催化还原法（Selective Catalytic Reduction，SCR）是指在催化剂的作用下，利用还原剂（如 NH_3、液氨、尿素）有选择性地与 NO_x 反应并生成氮气和水。该工艺运行稳定可靠，脱硝效率高，是应用最广泛的脱硝技术，世界大部分火电厂都用此工艺脱硝。

（2）选择性非催化还原脱硝技术

选择性非催化还原法（Selective Non—Catalytic Reduction，SNCR）技术是一种不用催化剂，在 850～1100℃还原 NO_x 的方法，还原剂常用氨或尿素。

（3）生物法脱硝

生物法脱硝是利用微生物将 NO_x 转变为氮气、NO_3^-、NO_2^- 以及微生物的细胞质。作为一种新型的脱硝方式，此法实际应用很少。

4.4.2.4 CO_2 治理技术

CO_2 虽然不是污染气体，但大量排放到空气中会引起温室效应，因此部分企业开始安装 CO_2 捕集装置（如华能北京热电厂），控制 CO_2 的排放量。

 **习题与思考题**

1. 简述大气对人类生活的重要性。

2. 什么是大气污染？请结合现实生活中的污染情况谈谈你对大气污染的认识。

3. 大气污染中主要污染物有哪些，主要来源和主要处理措施是什么？

4. 大气污染物有哪几种分类？其危害是什么？

5. 大气污染的主要类型有哪些？

参考文献

[1] 姜安玺. 空气污染控制[M]. 北京：化学工业出版社，2003.

[2] 马广大. 大气污染控制技术手册[M]. 北京：化学工业出版社，2010.

[3] 马广大. 大气污染控制工程[M]. 北京：中国环境科学出版社，2004.

[4] 王纯，张殿印. 除尘设备手册[M]. 北京：化学工业出版社，2009.

[5] 竹涛，徐东耀，于妍. 大气颗粒物控制[M]. 北京：化学工业出版社，2013.

[6] 朱振全. 大气[M]. 北京：气象出版社，2002.

[7] 刘景良. 大气污染控制工程[M]. 北京：中国轻工业出版社，2002.

[8] 陈超. 大气颗粒物污染危害及控制技术[J]. 科技创新与应用，2012：148.

[9] 张秀清. 空气中颗粒物的危害及其防治[J]. 山西气象，2007(3)：27.

[10] 徐荣佳. 空气颗粒物污染对健康的危害和预防[J]. 解放军预防医学杂志，2005，23(4)：305-307.

[11] 孟夏，陈仁杰，阚海东. 我国交通来源大气污染现状及其健康危害[J]. 中华预防医学杂志，2011，45(11)：1043-1045.

第 5 章 | 土壤环境

本章要点

1. 土壤的组成和基本性质；
2. 土壤污染的自净、分类和危害；
3. 土壤污染的防治与修复对策。

5.1 土壤的组成和基本性质

5.1.1 土壤的形成

土壤是由岩石风化而成的矿物质、动植物和微生物残体腐解产生的有机质、土壤生物（固相物质）以及水分（液相物质）、空气（气相物质）、氧化的腐殖质等组成。土壤作为自然界中的独立自然体，并不是地球一形成时就有的，它有自己的发生、发展历史。土壤的最初来源是在地球形成以后，地壳表面坚硬的岩石在漫长的地质年代中，经过极其复杂的风化过程和成土过程而形成的。岩石或矿物要变成土壤，需经历两个过程。首先，由岩石、矿物风化分解，产生土壤母质。然后，土壤母质经成土过程形成土壤。这两个过程不是截然分开的，在自然界中这两个过程是互相联系、互相影响、同时进行的。

（1）岩石风化和成土母质

裸露在地球表面的岩石，由单一或多种矿物所组成。在外部环境和内在因素的相互作用下，坚硬的大块岩石逐渐变成疏松细小的颗粒或粉末，这个变化过程叫做岩石的风化过程。

自然界中引起岩石风化的原因很多，由其风化原因可分为物理风化、化学风化和生物风化三大类。

① 物理风化。物理风化指岩石只是破碎（崩解）成细小的颗粒，并不改变原来的化学组成。物理风化的影响因素很多，其中最主要的是温度的影响。热胀冷缩使岩石的表面与内部受热不一样，里外膨胀的程度不一样，岩石中各种矿物质的膨胀程度也不一样，甚至一块结晶的三个轴向膨胀程度也不一样，这样长期胀缩的结果就使大块的结晶岩产生裂缝，变成碎块，甚至粉碎。

② 化学风化。在物理风化作用进行的同时，岩石中所含的各种矿物与大气中的水、二

氧化碳、氧气等发生化学作用，使岩石的粒屑分解，变得更细小，并且改变岩石的化学成分，这种作用叫做化学风化。

在化学风化的过程中，水是最活跃的因素。水能使岩石中许多矿物质溶解，并与岩石中的矿物质发生化学变化，成为含水矿物质，使矿物质的体积增大。岩石成为易于崩碎的疏松状态，更加促进岩石的风化作用，特别是溶解有 CO_2 的水分会增加溶质的溶解度，进一步加速矿物质的分解，使原来的矿物质成分发生变化，产生次生的黏粒矿物。经化学风化后，一部分矿物质养分溶解释放出来，成为作物可吸收的养料，同时产生的黏粒可提高吸收保肥性能，从而改善水分、空气、养料等肥力因素的供应状况。

③ 生物风化。地球上出现生物之后，生物便参与岩石的风化过程，因生物作用而使岩石崩裂分解的过程叫做生物风化。

生物风化使岩石的风化内容更为复杂。植物分泌酸，加速岩石的化学风化。例如，一些藻类和地衣直接生长在岩石的表面上，分泌的有机酸类可分解岩石，并从中吸取养料。在它们的作用下，岩石中的矿物质分解，不断淋失，造成岩石凹陷不平，有时还可出现细土堆积。

地壳表面的岩石经过长期风化作用后，便形成了疏松、粗细不同的风化产物。这些风化产物有的被残留在原地，称为残积物（Residual Deposit）。残积物经外力搬运和沉积，可以形成其他类型的堆积物。残积物和堆积物在岩石圈的上层构成一个薄薄的外壳，叫作风化壳。在生物的作用和影响下，风化壳的上层可发育成土壤。由于风化壳的上层是形成土壤的重要物质或母体物质，所以称为成土风化壳或成土母质。也就是说，岩石的风化过程就是成土母质形成过程，岩石的风化结果便形成了成土母质。

（2）土壤的形成

土壤的形成是在母质的基础上产生和发展土壤肥力的过程，也就是在母质上使植物生长发育所需的养分、水分、空气、热量不断完备和协调的过程。这过程实质是植物营养物质的地质大循环和生物小循环矛盾统一的过程。

物质的地质大循环是指地面岩石的风化、风化产物的淋溶与搬运、堆积，进而产生成岩作用，这是地球表面恒定的周而复始的大循环；而生物小循环是植物营养元素在生物体与土壤之间的循环：植物从土壤中吸收养分，形成植物体，后者供动物生长，而动植物残体回到土壤中，在微生物的作用下转化为植物需要的养分，促进土壤肥力的形成和发展。地质大循环涉及的空间大，需要的时间长，植物养料元素不积累；而生物小循环涉及的空间小，需要的时间短，可促进植物养料元素的积累，使土壤中有限的养分元素发挥作用。

地质大循环和生物小循环的共同作用是土壤发生的基础，无地质大循环，生物小循环就不能进行；无生物小循环，仅地质大循环，土壤就难以形成。在土壤形成过程中，两种循环过程相互渗透和不可分割地同时同地进行着，它们之间通过土壤相互连接在一起。

5.1.2 土壤的组成

土壤是一个相当复杂的物质体系，是由固体、液体和气体组成的疏松多孔的整体。土壤的固、液、气三相物质不是机械地混合在一起，而是互相联系、互相制约、互相影响的矛盾统一体。固相包括矿物质、有机质和生物等，液相指各种形态的水分，气相指存在于孔隙中的空气。每个组分都有自身的理化性质，相互之间存在相对稳定的比例及动态变化。

（1）土壤矿物质

土壤矿物质是指土壤中大大小小的土粒，是岩石矿物经风化过程而形成的疏松物质，是土壤最基本的组成部分。矿物质所含的磷、钾、钙、镁、铁、硫等元素都是土壤中植物营养所必需的，同时它们又是构成土壤的骨架，起着支撑作物生长的作用。

土壤矿物分成两类：一类是原生矿物，它们是各种岩石（主要是岩浆岩）受到程度不同的物理风化而未经化学风化的碎屑物，其化学组成和结晶结构都没有改变；另一类是次生矿物，大多数是由原生矿物经化学风化后形成的新矿物，其化学组成和晶体结构都有所改变。

原生矿物主要有石英、长石类、云母类、辉石、角闪石、黑云母等。土壤中最主要的原生矿物有四类：硅酸盐类矿物、氧化物类矿物、硫化物类矿物和磷酸盐类矿物。其中，硅酸盐类矿物占岩浆岩质量的 80% 以上。

次生矿物的种类很多，不同土壤所含的次生矿物的种类和数量也不尽相同。根据其性质与结构可分为三类：简单盐类、三氧化物类和次生铝硅酸盐类。

（2）土壤有机质

土壤有机质是土壤中含碳有机物的总称，一般占土壤固相总质量的 10% 以下。有机质是土壤的重要组成部分，是土壤形成的主要标志，对土壤性质有很大影响。

土壤有机质主要来源于动植物和微生物残体。可以分为两大类：一类是组成有机体的各种有机物，称为非腐殖物质，如蛋白质、糖、树脂、有机酸等；另一类是称为腐殖质的特殊有机物，如腐殖酸、富里酸和腐黑物等。

（3）土壤中的生物

土壤生物包括微生物和动物两类。土壤微生物包括细菌、真菌、放线菌和藻类等生物，土壤动物包括环节动物、节肢动物、软体动物、线形动物和原生动物等无脊椎动物。土壤微生物是土壤中最活跃的部分，它们的主要功能包括：分解土壤有机质，参与碳、氮、硫、磷等元素的生物循环；使植物需要的营养元素从有机质中释放出来，重新供植物利用；参与腐殖质合成与分解；促进土壤的发育和形成，改善土壤的营养状况。

（4）土壤中的水分

土壤水分是土壤的重要组成部分，其来源是大气降水、凝结水、地下水和人工灌溉水，其中主要来自大气降水和灌溉。水是把基本营养从土壤输送到植物根部及最远叶子中去的基础介质。水进入土壤以后，土壤颗粒表面的吸附力和孔隙的毛细管力可将一部分水保持住。不同土壤保持水分的能力不同。砂土土质疏松，孔隙大，水分就容易渗漏流失；黏土土质细密，孔隙小，水分就不容易渗漏流失。气候条件对土壤水分含量影响也很大。

（5）土壤中的空气

土壤空气主要来源于大气，其次是来源于土壤中存在的动植物与微生物生命活动产生的气体，还有部分来源于土壤中的化学过程，因此土壤空气与近地表的大气在组成上既相似，也存在一定的差异。

土壤空气的组成特点主要有以下几个方面：二氧化碳高于大气，氧气含量低于大气，水汽含量高于大气，有时含有少量还原性气体；组成不稳定，存在形态与大气不同。

5.1.3 土壤的分类

我国的土壤分类有两个系统，分别为中国土壤分类系统和中国土壤系统分类。现行的土壤分类系统是在学习和借鉴前苏联土壤分类系统基础上，结合我国土壤具体特点建立起来的，属于地理发生学土壤分类体系。中国土壤系统分类是由中国科学院南京土壤所主持拟定的，主要依据诊断层和诊断特性，是系统化、定量化的土壤分类。

中国土壤系统分类是以土壤本身性质为分类标准的定量化分类系统，属于诊断分类体系。它采用土纲、亚纲、土类、亚类、土族和土系六级分类制，其中前四级为高级分类单元，主要供中小比例尺土壤调查制图确定制图单元用；后二级是低级分类单元，主要供大比例尺土壤调查制图单元用。

中国土壤系统分类也是一个检索性分类，根据土壤诊断层和诊断特性，按一定检索顺序逐类检索定名，先检索土纲，然后依次检索亚纲、土类、亚类；土族是亚类范围内反映土壤利用管理有关的土壤理化性质发生明显分异的续分单元，主要根据土壤剖面控制层段的土壤颗粒大小级别、矿物类型、温度状况、酸碱性等性质进行划分。土系是最低级的分类单元，由自然界中形态特征相似的单个土体组成的聚合土体所构成，用该土系所在地的标准地名命名。中国土壤系统分类共包括 14 个土纲、39 个亚纲、141 个土类和 595 个亚类。14 个土纲检索情况见表 5-1。

表 5-1 中国土壤系统分类 14 个土纲检索简表

诊断层或/和诊断特性	土纲
1. 有下列之一的有机土壤物质｛土壤有机碳含量≥180g/kg 或≥120g/kg(黏粒含量 g/kg)｝：覆于火山物质之上/或填充其间，且石质或准石质接触面直接位于火山物质之下；或土表至 50cm 范围内，其总厚度≥40cm(含火山物质)；或其厚度≥2/3 的土层至准石质接触面总厚度，且矿质土层总厚度≤10cm；或经常被水饱和，且上界在土表至 40cm 范围内，其厚度≥40cm(高腐或半腐物质，或苔藓纤维＜3/4)或≥60cm(苔藓纤维≥3/4)	有机土
2. 其他土壤中有水耕层和水耕氧化还原层；或肥熟表层和磷质耕作淀积层；或灌淤表层；或堆垫表层	人为土
3. 其他土层在土表下 60cm 范围内有灰化淀积层	灰土
4. 其他土层在土表下 60cm 或更浅的石质接触面范围内 60% 或更厚的土层具有火山灰特性	火山灰土
5. 其他土壤中有上界或在土表至 150cm 范围内的铁铝层	铁铝土
6. 其他土壤中土表至 50cm 范围内黏粒≥30%，且无石质或准石质接触面土壤干燥时有宽度＞0.5cm 的裂隙，和土表至 100cm 范围内有变性特征	变性土
7.其他土壤有干旱表层和上界在土表至 100cm 范围内的下列任一诊断层：盐积层、超盐积层、盐磐、石膏层、超石膏层、钙积层、超钙积层、钙磐、黏化层或雏形层	干旱土
8. 其他土壤中土表至 30cm 范围内有盐积层，或土表至 75cm 范围内有碱积层	盐成土
9. 其他土壤中土层至 50cm 范围内有一土层厚度≥10cm 有潜育特征	潜育土
10. 其他土壤中有暗沃表层和均腐殖质特性，且矿质土层下 180cm 或至更浅的石质或准石质接触面范围内盐基饱和度≥50%	均腐土
11. 其他土壤中有上界在土表至 125cm 范围内的活性富铁层	富铁土
12. 其他土壤中有上界在土表至 125cm 范围内的黏化层或黏磐	淋溶土
13. 其他土壤中有雏形层；或矿质土表 100cm 范围内有如下任一诊断层：漂白层、钙积层、超钙积层、钙磐、石膏层、超石膏层；或矿质土表下 20～50cm 范围内有一土层(≥10cm 厚)的 n 值＜0.7；或黏粒含量＜80g/kg，并有有机表层；或暗沃表层；或暗瘠表层；或有永冻层和矿质土表至 50cm 范围内有滞水土壤水分状况	雏形土
14. 其他土壤	新成土

5.1.4　土壤的结构和环境特性

（1）土粒

土壤颗粒（土粒）是构成土壤固相骨架的基本颗粒，大小和形状各异，具有吸、供、保、调的能力。

土壤矿粒包括一系列大小形状各不相同的矿物物质。矿物在经历风化作用时，根据其抵抗风化的能力不同，残留下来的颗粒大小也不同。抗风化能力强的矿物，残留的粒度较粗大，抗风化能力弱的矿物，残留的粒度较细小。所以，矿物颗粒的大小可体现矿物成分的差异。

石英抗风化的能力很强，常以粗粒存在，而云母、角闪石等抗风化能力弱，故多以较细土粒存在。矿物的粒级不同，化学成分有较大差异。在较细的土粒中，钙、镁、磷、钾等元素含量增加。一般来说，土粒越细，所含养分越多，土粒越粗，所含的养分则越少。

土粒一般可分为石块和石砾、砂砾、粉粒和黏粒。

① 石块和石砾。石块和石砾多为岩石碎块，直径大于 1mm，常见于山区土壤和河漫滩土壤中。土壤中含石块和石砾多时，其孔隙过大，水和养分易流失。

② 砂砾。砂砾主要为原生矿物，大多为石英、长石、云母、角闪石等，粒径为 0.05～1mm，常见于冲积平原土壤中。土壤含砂砾多时，孔隙大，通气和透水性强，热容量小，保水保肥能力弱，营养元素含量少，容易受到污染的危害。

③ 粉粒。粉粒也称作面砂，是原生矿物与次生矿物的混合体。原生矿物有云母、长石、角闪石等，其中白云母较多；次生矿物有次生石英、高岭石、含水氧化铁、铝，其中次生石英较多。粉粒的粒径为 0.002～0.05mm，在黄土中含量较多。物理及化学性状介于砂粒与黏粒之间，胶结性差，分散性强，比砂砾的比表面积大，有微弱的毛细管力，有一定的保水保肥能力。

④ 黏粒。黏粒主要为次生矿物，粒径小于 0.001mm。含黏粒多的土壤，营养元素含量丰富，团聚能力较强，个体小，比表面积大，有良好的保水保肥能力，但通气和透水性较差。

（2）土壤结构

土壤结构是土粒（单粒和复粒）的排列、组合形式。土壤结构体或称结构单位，是土粒相互排列和团聚成为一定形状和大小的土块或土团。

土壤结构体不仅能对空气和水分进行调节，还可以对温度、营养元素和其他化学物质的状态产生间接影响。良好的土壤结构体具有良好的孔隙性，即孔隙的数量（总孔隙度）多且大、小孔隙的分配和分布适当，有利于土壤水、肥、气、热状况调节和植物根系活动。

土壤结构体通常可以分成四种类型：块状结构体、片状结构体、棱柱状结构体以及团粒结构体。

① 土壤团粒的形成。土壤团粒是由许多单粒形成复粒，再经多次团聚而形成的。即，先是单粒凝聚起来，再经逐级的黏合、胶结作用而形成微团聚体（微团粒），再由微团粒形成团粒。

土粒的黏聚需要胶体的凝聚作用，水膜的黏结作用，胶结剂的连接作用。成型的动力，包括干湿交替作用，冻融交替作用，生物作用和土地耕作的影响。

② 土壤结构体的基本指标。土壤结构体的基本指标有三个：土粒密度、土壤密度和孔隙度。土粒密度指以实体考虑而不计孔隙时，土壤单位体积的质量，单位为 g/cm^3。土壤密度指单位体积的土壤质量，单位为 g/cm^3。土壤孔隙度指所有孔隙体积占整个土壤体积的比例，以百分数或小数表示。

（3）土壤的表面性质

① 土壤的胶体性质。胶体指直径为 $1\sim100nm$ 的微粒（分散相），分散在另一种物质（分散媒）中而形成的分散体系。胶体分散表面常常吸附有离子。土壤胶体是土壤形成过程中的产物，分散媒主要是水，因此，土壤胶体一般都为水溶胶。从分散相物质或胶粒成分看，土壤胶体有无机胶体和有机胶体以及有机—无机复合胶体。

土壤无机胶体实际上是土壤黏粒电磁辐射的致癌和治癌作用，包括分散相为土壤矿物和各种水合氧化物的胶体。土壤有机胶体来源于动植物和微生物的残体及其分解和合成产物，分散相主要是腐殖质。有机—无机复合胶体是由无机胶体和有机胶体通过离子间和分子间的作用力紧密结合成的，土壤中以此类胶体居多。

土壤胶体具有巨大的比表面和表面能，且带有电荷，土壤中的电荷主要集中在胶体部分。

② 土壤的离子吸附与交换。土壤胶体以其巨大的比表面积和带电性，使土壤具有吸附性。土壤颗粒表面既能通过静电吸附的离子与溶液中的离子进行交换反应，也能通过共价键与溶液中的离子发生配位吸附。土壤的离子吸附与交换是土壤最重要的化学性质之一，是土壤具有供应、保蓄养分元素，对污染元素、污染物具有一定自净能力和环境容量的本质原因，具有非常重要的环境意义。

离子从溶液转到颗粒上的过程，称为离子的吸附过程。吸附在颗粒上的离子转移到溶液中的过程，称为离子的解吸过程。离子交换作用包括阳离子交换吸附作用和阴离子交换吸附作用。

土壤胶体的阳离子交换吸附是指土壤胶体吸附的阳离子与土壤溶液中的阳离子进行交换，阳离子交换过程是一种可逆过程，离子与离子之间进行等价交换并遵循质量作用定律。土壤胶体的阴离子交换吸附是指带正电荷的胶体所吸附的阴离子与溶液中阴离子的交换作用。阴离子的交换吸附比较复杂，它可与胶体微粒（如酸性条件下带正电荷的含水氧化铁、铝）或溶液中阳离子（Ca^{2+}，Al^{3+}，Fe^{3+}）形成难溶性沉淀而被强烈地吸附。

（4）土壤的酸碱度

① 土壤的酸度。土壤的酸度是土壤的重要理化性质之一，可分为活性酸度和潜性酸度两类。

土壤活性酸系指与土壤固相处于平衡状态的土壤溶液中的氢离子引起的酸度，是氢离子浓度的直接反映，通常用 pH 表示；土壤潜性酸指吸附在土壤胶体表面的交换性致酸离子（H^+ 和 Al^{3+}）引起的酸度，交换性氢和铝离子只有转移到溶液中，通过离子交换作用产生氢离子时才会显示酸性，故称潜性酸。

土壤潜性酸是活性酸的主要来源，它们始终处于动态平衡之中，属于一个体系。

② 土壤的碱度。土壤溶液中 OH^- 浓度超过 H^+ 浓度时表现为碱性反应，土壤的 pH 愈大，碱性愈强。土壤的碱性主要来自土壤 Na_2CO_3、$NaHCO_3$、$CaCO_3$ 以及胶体颗粒上交换

性 Na^+，它们的水解产物呈碱性。

土壤碱性除常用 pH 表示以外，总碱度和碱化度是另外两个反映碱性强弱的指标。碳酸盐碱度和重碳酸盐碱度的总和称为总碱度。碱化度是指土壤胶体吸附的交换性钠离子占阳离子交换量的百分率。

③ 土壤的缓冲作用。土壤缓冲性是指土壤在一定范围内具有抵抗、调节土壤溶液 H^+ 或 OH^- 浓度改变的一种能力，是土壤的重要性质之一。它可以保持土壤反应的相对稳定，为植物生长和土壤生物的活动创造比较稳定的生活环境。

土壤溶液中含有碳酸、硅酸、磷酸、腐殖酸和其他有机酸等弱酸及其盐类，构成一个良好的缓冲体系，对酸碱具有缓冲作用。土壤胶体吸附有各种阳离子，其中盐基离子和氢离子能分别对酸和碱起缓冲作用。土壤缓冲能力的大小顺序为：腐殖质土＞黏土＞砂土。

（5）土壤的氧化还原性

氧化还原反应是土壤中无机物和有机物发生迁移转化，并对土壤生态系统产生重要影响的化学过程。氧化还原反应是由电子在物质之间的传递引起的，表现为元素价态的变化。

土壤中参与氧化还原反应的元素有 C、H、N、O、S、Fe、Mn、As、Cr 以及其他一些变价元素，较为重要的是 O、Fe、Mn、S 和某些有机化合物，并以氧和有机还原性物质较为活泼，Fe、Mn 和 S 等的转化则主要受氧和有机质的影响。土壤中的主要氧化剂有氧气、NO_3^- 和高价金属离子（如 Fe^{3+}，Mn^{4+}，V^{5+}，Ti^{6+}）等，主要还原剂为有机质和低价金属离子。

土壤中的氧化还原反应主要在干湿交替的条件下进行，其次是有机物质的氧化和生物机体的活动。土壤氧化还原能力的大小可用氧化还原电位（En）来衡量，其值以氧化态物质与还原态物质的相对浓度比为依据。

土壤氧化还原反应影响土壤形成过程中物质的转化、迁移和土壤剖面的发育，控制土壤元素的形态和有效性，制约土壤环境中某些污染物的形态、转化和归趋，是土壤溶液的重要化学性质之一。

5.1.5　土壤退化

土壤退化是指在各种自然因素特别是人为因素影响下，导致土壤的农业生产能力或土地利用和环境调控潜力下降（包括暂时性的和永久性的），即土壤质量及其可持续性下降，甚至完全丧失其物理、化学和生物学特征的过程，包括过去的、现在的和将来的退化过程。土壤退化是土地退化中最集中的表现，是最基础也是最重要的，是具有生态环境连锁效应的退化现象。土壤退化的标志，对农业而言是土壤肥力和生产力的下降，对环境而言是土壤质量的下降。

（1）土壤退化的现状

① 全球的土壤退化。不合理的人为活动所引起的土壤退化问题，严重威胁到农业发展的可持续性。联合国环境规划署年鉴（2012）指出，在过去 25 年里，由于不可持续的土地利用方式，全球 24％的土地健康状况和生产力有所下降。由于一些传统型和密集型的农业生产方式，土壤退化速度是土壤自然形成速度的大约 100 倍。联合国期刊《自然资源论坛》（2014）上发表的一份报告显示，全世界 3.1 亿公顷农业灌溉土地中，约有 6200 万公顷为盐

渍化土地，与 20 年前的 4500 万公顷相比，相当于每天新增 2000hm² 以上的盐渍化土地。就分布地区来看，热带亚热带地区的亚洲、非洲土壤退化尤为突出。

② 我国的土壤退化。我国土壤退化现状的特点之一是土壤退化的面积广，强度大，类型多。

就全国而言，东西南北中都有不同类型和不等程度的土壤退化现象。华北地区主要是盐碱化，西北地区主要是沙漠化，黄土高原和长江上、中游地区主要是水土流失，青藏高原主要是冷冻和土壤贫瘠化，西南地区主要发生石质化，东部地区主要表现为肥力退化。土壤退化已影响到我国 60% 以上的耕地。

据 2012 年中国环境状况公报，全国现有水土流失面积 294.91 万平方千米，占普查范围总面积的 31.12%。其中，水力侵蚀面积 129.32 万平方千米，风力侵蚀面积 165.59 万平方千米。国家环保总局近日发布的《2005 年中国环境状况公报》显示，我国天然草原面积共有 3.93 亿公顷，约占国土总面积的 41.7%，2005 年中国 90% 的可利用天然草场不同程度退化，全国草原生态环境"局部改善、总体恶化"的趋势未得到有效遏制。内蒙古西部的乌兰察布草原、科尔沁草原和鄂尔多斯草原已基本沦为沙地。

我国土壤退化现状的另一个特点是土壤退化发展快，影响深远。据统计资料，1996 年我国水土流失面积已达 183 万平方千米，占国土总面积的 19%。仅南方红黄壤地区土壤侵蚀面积就达 6153 万平方千米，占该区土地总面积的 1/4。同时，对长江流域 13 个重点流失县水土流失面积调查结果表明，在过去的 30 年中，土壤侵蚀面积以平均每年 1.2%～2.5% 的速率增加，水土流失形势不容乐观。在 20 世纪 80 年代的 10 年间，仅耕地占用就达 230 多万公顷，其中，国家和地方建设占地为 20% 左右，农民建房占 5%～7%。20 世纪 50 年代到 1995 年，全国人均耕地由 0.187 公顷下降到 0.087 公顷。1949 年到 20 世纪 90 年代中期，水土流失面积由 150 万公顷发展到 200 万公顷。据 2014《全国土壤污染状况调查公报》显示，全国土壤环境状况总体不容乐观，部分地区土壤污染较严重，耕地土壤环境质量堪忧。全国土壤的点位超标率为 16.1%，其中轻微、轻度、中度和重度污染点位比例分别为 11.2%、2.3%、1.5% 和 1.1%。表层土壤中无机污染物含量增加比较显著，其中镉含量在全国范围内普遍增加，在西南地区和沿海地区增幅超过 50%，在华北、东北和西部地区增加 10%～40%。

(2) 土壤退化的主要类型

土壤退化的主要类型有土壤侵蚀、荒漠化、土壤盐碱化和土壤潜育化等。

① 土壤侵蚀。土壤侵蚀是指土壤在水力、风力、冻融、重力等外力作用下，被破坏、剥蚀、搬运和沉积的过程。土壤侵蚀导致土层变薄、土壤退化、土地破碎，破坏生态平衡，并引起泥沙沉积，淹没农田，淤塞河湖水库等不利影响，对农牧业生产、水利、电力和航运事业产生危害。土壤水蚀还会输出大量养分元素，污染水体。

土壤侵蚀退化是对人类赖以生存的土壤、土地和水资源的严重威胁，主要类型有水力侵蚀、风力侵蚀、重力侵蚀和冻融侵蚀等。

水力侵蚀又称流水侵蚀，指降水和径流引起的土壤侵蚀。自然地貌类型、地表状况、土壤特征对侵蚀过程都有显著的影响。土壤水蚀通常可以分为面蚀、潜蚀、沟蚀和冲蚀。

风力侵蚀指风力作用引起的土壤侵蚀。风力侵蚀发生范围较广，容易发生在比较干旱、植被稀疏的条件下，当风力大于土壤的抗蚀能力时，土粒就会悬浮在气流中消失。除了植被良好的地方和水田外，都有可能发生。

重力侵蚀指斜坡陡壁上的风化碎屑或不稳定的土石岩块在重力作用下发生失稳移动的现象。重力侵蚀在地表表现为滑坡、崩塌和山剥皮等，多发生在深沟大谷的高陡边坡上。一般可分为泄流、崩塌滑坡和泥石流等类型。

冻融侵蚀是指土壤及其母质孔隙中或岩石裂缝中的水分在冻结时体积膨胀，使裂隙随之加大、增多所导致整块土体或岩石发生碎裂，并顺坡向下方产生位移的现象，主要分布于冻土地带。由于温度和地表物质的差异，冻融侵蚀引起冻土反复融化与冻结，从而导致土体或岩体的破坏、扰动、变形甚至移动。冻融作用表现形式主要为冰冻风化和融冻泥流。冻融侵蚀与水力侵蚀和重力侵蚀复合起来对坡面、沟道的侵蚀影响非常大。

② 荒漠化。荒漠化指由于气候变化和人类不合理的经济活动使干旱、半干旱和具有干旱灾害的半湿润地区发生的土地退化。荒漠化是一个复杂的土地退化过程，既包含土壤退化，也包括土壤生态与环境的退化。

据国家林业局统计报道（2011 年），根据 UNEP（联合国环境规划署）数据资料，过去 50 年间非洲 36 个国家面临旱地土地退化，也就是荒漠化。全球旱地占全球总面积的 40%，约 51 亿公顷，据估算，世界 30% 灌溉农地、47% 的雨养农地和 73% 的牧场发生荒漠化。

日益严重的荒漠化，成为制约我国中西部地区，特别是西北地区经济和社会协调发展的重要因素。我国已经成为荒漠化危害最为严重的国家之一，全国 1/4 以上的国土发生荒漠化。第四次全国荒漠化和沙化监测工作结果显示，截至 2009 年年底，全国沙化土地面积为 173.11 万平方千米，占国土总面积的 18.03%。每年因荒漠化造成的直接经济损失达 540 亿元。荒漠化不仅使区域或者国家丧失大片的土地，直接威胁人类的生存基础，还产生严重的环境影响，其中最为明显的是形成沙尘，严重影响大气环境质量。

③ 土壤盐碱化。土壤盐碱化又称土壤盐渍化或土壤盐化，指盐分不断向土壤表层聚积形成盐渍土地的自然地质过程。土壤盐碱化主要发生在干旱、半干旱和半湿润地区。次生盐碱化主要是由于人类不合理的漫灌，使地下水位上升，地下水顺着毛细管可以上升到地表，随着水分的蒸发，从而造成土壤中盐分积累的现象。土壤盐碱化问题是全球农业生产和土壤资源可持续利用中存在的严重问题之一，尤其是灌溉地区的土壤次生盐渍化和碱化引起的土壤退化更为严重。

土壤盐碱化的形成条件是：一是气候干旱和地下水位高（高于临界水位）。地下水含有一定的盐分，由于毛细作用上升到地表的水蒸发掉，便留下盐分。二是地势低洼，没有排水出路，洼地水分蒸发后，即留下盐分。

土壤盐碱化不仅危害作物赖以生存的土壤条件，而且祸及作物的生长，造成作物缺苗或死亡，从而阻碍农业生产的发展。土壤盐碱化是当地发展农业经济的重要限制因素。

5.2　土壤污染与自净

5.2.1　土壤污染及其特点

土壤是人类赖以生存的最重要的自然资源之一。由于人口的急剧增长和工业的迅速发展，土壤污染问题在不断恶化。我国的耕地不仅受到镉、砷、铬、铅等重金属的污染，还受到化肥、农药和工业"三废"的污染。

土壤的本质特性有两方面：一方面具有肥力，即具有供应和协调植物生长所需要的营养条件和环境条件的能力；另一方面具有同化和代谢外界输入物质的能力。人类通过生产活动从自然界取得的资源和能源，经过采掘、加工、调配和消费，一部分以废物的形式排入自然界，直接或间接地影响土壤。当排入土壤的废物量超过土壤的自净能力，就会破坏土壤系统原来的平衡，引起土壤系统成分、结构和功能的变化，进而对土壤动植物产生直接或潜在的危害。土壤污染的明显标志是土壤生产力下降。

土壤污染具有以下特点：隐蔽性和滞后性，累积性和不可逆转性，且难以恢复。土壤是一个以固相为主的不均质三相体系，土壤污染不像大气污染和水污染那样容易被人们发现。各种有害物质与土壤相结合，有的为土壤生物所分解或吸收，从而改变其本来面目而被隐藏在土体里，或自土体排出，且不被发现。土壤还可以经食物链将有害物输送给人类和牲畜，并且土壤本身可能还继续保持生产能力，这使土壤污染具有隐蔽性而不易被人类察觉，往往要通过对土壤样品进行分析化验和农作物的残留检测，甚至通过研究对人畜健康状况的影响后才能确定。

土壤对污染物进行吸附、固定，其中也包括植物吸收，从而使污染物聚集于土壤中。污染物在土壤中并不像在大气和水体中那样容易扩散和稀释，而会在土壤中不断累积而超标。土壤污染具有不可逆转性，重金属对土壤的污染基本上是一个不可逆过程，许多有机化学物质的污染需要较长时间才能被降解。

土壤污染很难治理，积累在土壤中的难降解污染物很难靠稀释作用和净化作用来消除。土壤污染一旦发生，就无法通过切断污染源来恢复，有时需要靠换土、淋洗等方法才能解决问题，其他治理技术往往见效较慢。因此，治理土壤污染通常成本较高，治理周期较长。

专栏一　我国土壤现状

2014 年我国环境保护部和国土资源部共同公布了我国土壤污染状况调查公报。2005 年 4 月至 2013 年 12 月，我国开展首次全国土壤污染状况调查。调查范围是除香港、澳门特别行政区和台湾省以外的陆地国土，面积约 630 万平方千米。本次调查根据"七五"时期全国土壤环境背景值调查的点位坐标，开展对比调查。

调查结果显示，全国土壤环境状况总体不容乐观，耕地土壤环境质量堪忧。全国土壤点位超标率为 16.1%，其中轻微、轻度、中度和重度污染点位比例分别为 11.2%、2.3%、1.5% 和 1.1%。

公报指出，从污染分布情况看，南方土壤污染重于北方，表层土壤镉含量增加明显；长江三角洲、珠江三角洲、东北老工业基地等部分区域土壤污染问题较为突出，西南、中南地区土壤重金属超标范围较大；镉、汞、砷、铅 4 种无机污染物含量分布呈现从西北到东南、从东北到西南方向逐渐升高的态势。从土地利用类型看，耕地、林地、草地的点位超标率分别为 19.4%、10.0%、10.4%。从污染类型看，以无机型为主，有机型次之，复合型污染相对密度较小，无机污染物超标点位数占全部超标点位的 82.8%。以镉为例，镉含量在全国范围内普遍增加，在西南地区和沿海地区增幅超过 50%，在华北、东北和西部地区增加 10%～40%。

5.2.2　土壤的自净

土壤自净是指进入土壤的污染物，在土壤矿物质、有机质和微生物的作用下，经过一系列的物理、化学及生物化学反应过程，降低其浓度或改变其形态，从而消除污染物毒性的现象。

土壤的自净作用对维持土壤生态平衡起着重要的作用。当少量有机污染物进入土壤后，通过土壤的自净作用可降低其活性变为无毒物质；进入土壤的重金属通过吸附、沉淀、配合、氧化还原等化学作用可变为不溶性化合物，使某些重金属暂时退出生物循环，脱离食物链。

土壤自净作用主要有物理净化作用、物理化学净化作用和生物化学净化作用。

（1）物理自净作用

土壤经过机械阻留、稀释、迁移、挥发、扩散、固体表面物理吸附等方式使污染物降低或固定的过程，称为物理自净作用。

土壤是多孔介质，进入土壤的污染物可以通过渗滤作用排出土体。某些有机污染物亦可通过挥发扩散方式进入大气。水迁移则与土壤颗粒组成、吸附容量密切相关。但是，物理净化作用只是污染物的迁移，只能使土壤污染的浓度降低，而不能使污染物从整个自然界消失。

（2）化学和物理自净作用

土壤中污染物经过吸附、配合、沉淀、氧化还原作用使其浓度降低的过程，称为化学和物理化学自净。土壤黏粒、有机质具有巨大的表面积和表面能，有较强的吸附能力，是产生化学和物理化学自净的主要载体，酸碱反应和氧化还原反应在土壤自净过程中起着主要作用，许多重金属在碱性土壤中容易沉淀，同样在还原条件下大部分重金属离子能与 S^{2-} 形成难溶性硫化物沉淀，从而降低污染物的毒性。严格地说，土壤黏粒对重金属离子的吸附、配位和沉淀过程等，只是改变金属离子的形态，降低它们的生物有效性，但污染物并没有被真正消除，只是缓冲重金属离子的生物毒性。污染物在土壤中"积累"起来，最终仍有可能被生物吸收，危及生物圈。

（3）生物化学净化作用

有机污染物在微生物及其酶的作用下，通过生物降解被分解为简单小分子而消散的过程，称为生物化学净化作用。从净化机理看，生物化学自净是真正的净化。不同分子结构的化学物质，在土壤中的降解历程不同，主要有水解、氧化还原、脱卤、脱烃、异构化、芳环羟基化等过程。有机污染物在生物转化的过程中，有些中间产物的毒性可能比母体更大。

总之，土壤的自净作用是各种化学过程的共同作用、互相影响的结果，但土壤的自净能力是有限的。

5.2.3　土壤污染及其来源

（1）土壤污染物

土壤污染物，是指进入土壤中改变土壤成分、降低农作物质量或产量，对人体产生危害的物质。根据污染物性质，土壤污染物可以分为有机污染物、重金属、放射性物质、化学肥料以及病原微生物。

① 有机污染物。污染土壤的有机物种类很多，主要包括杀虫剂、除草剂、石油类和化工类污染物。在土壤中，杀虫剂毒性巨大，并会长期残留，如六六六、DDT、艾氏剂、狄氏剂、对硫磷、马拉硫磷、氨基甲酸酯等。在杀虫剂、杀菌剂和除草剂三者中，除草剂的占有率排在首位，代表物质为苯氧强酸类物质。石油类污染物主要来自炼油企业、采油区和油田废油，主要污染物为难降解芳烃物质。石油可以使土壤的含氧量和透气性下降，进而使土壤中微生物无法生存。化工类污染物会影响植物和土壤微生物的生存，主要包括苯并芘和芬类等。

② 重金属污染物。重金属污染物是土壤污染物中最难治理的污染物之一，主要有 Hg、Cd、Pb、Cu、Zn、Ni、Cr、Co、Se 和 As 等。重金属主要通过农田污水灌溉、重金属冶炼厂废气的沉降和含重金属的农药化肥等途径进入土壤。实际中，重金属不能为土壤微生物所分解，反而可被生物所富集。因此，土壤一旦被重金属污染，则难被彻底消除，会对土壤环境形成长期威胁。

③ 放射性物质。放射性物质是指具有较强辐射的放射性元素，如铯、锶、铀等，还包括一些放射性较强的同位素，如碘。放射性物质主要来源于核工业、核爆炸、核设施泄漏等。放射性物质不能被微生物分解，会残留在土壤中造成潜在威胁。

④ 化学肥料。在现代农业中化学肥料发挥着巨大作用，但同时也对农田造成严重伤害。化学肥料的过度使用，使得土壤有机质含量下降而导致土壤板结，破坏土壤结构，使土壤肥力下降，影响农业的可持续发展。

⑤ 病原微生物。土壤中的病原微生物，主要来源于人畜的粪便以及用于灌溉的污水。人与污染的土壤接触时可传染各种细菌及病毒，若食用被土壤污染的蔬菜、瓜果等即会影响人体健康。这些被污染的土壤经过雨水冲刷，又可能污染水体。

（2）土壤污染的来源

土壤是一个开放体系，时时刻刻与其他环境要素间进行物质和能量的交换。造成土壤污染的物质来源极为广泛，主要是工业"三废"以及化肥农药，偶尔还有放射性微粒等。

① 工业污染源。工业污染源主要包括工业废水、废气和废渣，污染物浓度一般都较高，一旦进入农田造成土壤污染，在短期内即可引起对作物的危害。直接由工业"三废"引起的土壤污染仅局限于工业区周围数千米、数十千米范围内。工业"三废"引起的大面积土壤污染往往是间接的，如以废渣等作为肥料施入农田，或以污水灌溉等经长期作用使污染物在土壤中积累或排放的大气污染物经过干、湿沉降的方式进入土壤，在土壤中累积造成污染。

② 农业污染源。农业污染源包括农药、化肥、除草剂等污染。这些物质的使用范围在不断扩大，数量和品种在不断增加。喷洒农药时，有相当一部分直接落于土壤表面，一部分则通过作物落叶、降雨而进入土壤。农药的施用是土壤污染物的一个重要来源。此外，农业地膜和农业废弃物的不合理利用也造成农膜污染和病原微生物污染等问题。

③ 生物污染源。生物污染源主要是指含有致病菌、病原微生物和寄生虫等物质，如生活污水、畜禽废弃物及屠宰废水、植物残茬、医院废水、垃圾以及不洁的河（湖）水等。这些物质如果没有经过处理而直接施入土壤，都可能造成病原的传播，影响人畜的生命健康。

专栏—切尔诺贝利核泄漏事件对土壤的污染

切尔诺贝利核电站事故于 1986 年 4 月 26 日发生在乌克兰苏维埃共和国境内的普里皮亚季市，该电站第 4 发电机组爆炸，核反应堆全部炸毁，大量放射性物质泄漏，成为核电时代以来最大的事故。切尔诺贝利核事故使周围 5 万多平方千米土地受到污染，320 万人遭受核辐射的侵危害，距离核电站 30 千米以内的地区被划为隔离区，常称"死亡区"。事故后前 3 个月内有 31 人死亡，之后 15 年内有 6 万～8 万人死亡，方圆 30 千米地区的 11.5 万多民众被迫疏散。

核泄漏造成俄罗斯、乌克兰、白俄罗斯 12.5 万平方千米的土地放射性铯水平超过 $37kBq/m^2$，$30000km^2$ 放射性锶水平高于 $10kBq/m^2$，其中 $5.2km^2$ 为农业用地。此外，紧靠事故地点西边和南边的一大片松树林受到严重影响，因受照剂量超过 100Gy，这片森林全部死亡，该处森林由绿色变为红色，故又称"红色森林"。

核泄漏使周围大片土地受到放射性污染，严重破坏了当地的生态和居住环境，特别是长半衰期的放射性核素，难以从土壤中去除，其对环境和健康的影响可持续上百年之久。目前，虽然发生泄漏事故的反应堆核原料已经处于封存状态，但它的放射危险性将持续 10 万年。

5.3　土壤污染的危害

5.3.1　土壤污染的发生类型

根据土壤环境主要污染物的来源和土壤环境污染的途径，可把土壤污染的发生类型分成水质污染型、大气污染型、固体废物污染型、农业污染型以及综合污染型。

（1）水质污染型

水质污染型是指工矿企业废水、城市生活污水、农村生活污水和养殖废水等未经处理就直接排放到水体里，使水体遭到污染，这些水体再灌溉到农田里，造成土壤污染的过程。污水灌溉中的土壤污染物一般集中于土壤表层，但随着污灌时间的延长，污染物也会由土体表层向下部主体扩散和迁移，以致达到地下水深度而对地下水造成污染。

（2）大气污染型

大气污染型主要指大气中的污染物通过干湿沉降的方式进入土壤，导致土壤污染的类型。其特点是以大气污染源为中心呈环状或带状分布，长轴沿主风向伸展，污染的面积、程度和扩散的距离取决于污染物质的种类、性质、排放量、排放形式及风力大小等。主要污染物包括 SO_2、NO_x 以及含重金属、放射性物质和有毒有机物的颗粒物等。由大气污染造成的土壤污染污染物质主要集中在土壤表层。

（3）农业污染型

农业污染型是指由于农业生产的需要，不断地施用化肥和农药、堆肥等引起的土壤污染的类型。污染物主要来自施入土壤的化学农药和化肥，其污染程度与化肥、农药的数量、种类、施用方式及耕作方式等有关。残留在土壤中的农药和氮、磷等化合物在地面径流、地下水迁移或土壤风蚀时，会向其他环境转移，扩大污染范围，属于面源污染。

（4）固体废物污染型

固体废物污染型主要是指工矿企业排出的尾矿、废渣、污泥和城市垃圾在地表堆放或处置过程中通过扩散、降水淋滤等直接或间接地影响土壤，造成土壤受污染的类型。污染特征属于点源性质，主要造成土壤环境的重金属污染以及油类、病原菌和某些有毒有害有机物的污染。

（5）综合污染型

上述土壤污染类型是相互联系的，它们在一定的条件下可以相互转化。土壤污染往往是多源性的，对于同一区域受污染的土壤，污染源可能同时来自受污染的地面、水体和大气，或同时遭受固体废物和化肥农药的污染。

5.3.2　污染物在土壤中的迁移转化

污染物进入土壤后，与各种土壤成分发生物理反应、化学反应和生化作用，主要包括扩散迁移、吸附解吸、沉淀溶解、络合解络、同化矿化和降解转化等。影响土壤中污染物迁移转化的因素，主要有污染物性质、土壤理化性质、生物性状以及与土壤相关的自然因素。

5.3.2.1　重金属在土壤中的迁移转化

重金属在土壤中的迁移转化是指在自然环境空间位置的移动和存在形态的变化，以及由此引起的富集与分散过程。重金属在土壤中的迁移转化主要有三个过程，物理迁移和转化、物理化学迁移和转化以及生物迁移和转化。

（1）物理迁移和转化

重金属在土壤中是相对较难迁移的污染物。重金属在土壤中进行物理迁移和转化的主要形式有：重金属被吸附于无机悬浮物和有机悬浮物上，或包含于矿物颗粒或有机胶体内，随水分流动而被迁移转化；因重金属密度较大而发生沉淀，或闭蓄于其他无机沉淀物和有机沉淀物中；随土壤空气而运动，如单质汞可转化为汞蒸气而扩散。

（2）物理化学迁移和转化

重金属在土壤中通过氧化与还原、沉淀与溶解、吸附与解吸、络合与解络等一系列物理化学作用迁移和转化。这些过程决定重金属存在的形态、积累的状况和污染的程度，是重金属在土壤中最重要的运动形式。

土壤中的重金属能以吸附或络合螯合形式和土壤胶体结合而发生迁移转化。从吸附作用来看，有机胶体的吸附能力最大，可达 $(150\sim700)\mathrm{cmol}(+)/\mathrm{kg}$。有机胶体对金属离子吸附的顺序是：$Pb>Cu>Cd>Zn>Ca>Hg$。重金属和有机体也可以形成螯合物。一般认为，当金属离子浓度较高时，以吸附作用为主，而在低浓度时，以络合螯合为主。

土壤的 pH 值、氧化还原电位（Eh）和其他物质会影响重金属在土壤中的迁移转化。一般在土壤溶液 pH<6 时，迁移能力强的主要是在土壤中以阳离子形式存在的重金属；在 pH>6 时，由于重金属阳离子可生成氢氧化物沉淀，所以迁移能力强的主要是以阴离子形式存在的重金属。碱金属阳离子和卤素阴离子的迁移能力，在广泛的 pH 范围内都是很高的。随着氧化还原电位的降低，有些重金属（如 Cd、Zn、Cu 等）随水迁移的能力和对作物可能造成的危害减小，有的（如 As 等）则相反。

（3）生物迁移和转化

土壤中的生物迁移转化主要是指植物通过根系从土壤中吸收某些化学形态的重金属，并在植物体内累积。这可以看成是生物体对土壤重金属污染物的净化，也可看作是重金属通过土壤对生物的污染。如果受污染的植物残体再进入土壤，会使土壤表层进一步富集重金属。除植物的吸收外，土壤微生物的吸收以及土壤动物啃食重金属含量较高的表土，也是重金属发生迁移转化的一种途径。

5.3.2.2　化学农药在土壤中的迁移转化

化学农药最常用的使用方法是直接向土壤或植物表面喷洒，这是造成土壤污染的主要原因之一。化学农药污染土壤主要通过以下几种途径：①农药由叶茎流下或直接由喷雾飘移进入土壤；②为治理地下害虫直接施入土壤；③随尘埃和降水进入土壤；④含农药的动植物残体进入土壤。农药在土壤中的迁移转化包括以下几个方面。

（1）土壤对化学农药的吸附作用

土壤是由无机胶体、有机胶体、无机—有机复合胶体所组成的胶体体系，具有较强的吸附性能。进入土壤的化学农药可以通过物理吸附、化学吸附、氢键结合和配位键结合等形式吸附在土壤颗粒表面，从而降低农药的有效性。

土壤胶体的种类和数量、胶体的阳离子组成、化学农药的成分和性质等都直接影响到土壤对农药的吸附能力。吸附能力大小依次为：有机胶体＞蛭石＞蒙脱石＞伊利石＞绿泥石＞高岭石。pH 值也是影响农药吸附的重要因素，因为在不同酸碱度条件下农药可解离成有机阳离子或有机阴离子。

土壤对农药的吸附作用，从某种意义上可说是土壤对农药的净化和解毒作用，但这种净化作用是不稳定的，也是有限度的。农药既可以被土壤吸附，也可以释放到土壤中去，它们之间是动态平衡的。因此，土壤对农药的吸附作用只是在一定条件下起净化解毒的作用，没有使其完全降解。

专栏—化工废渣污染

1992 年 10 月和 1993 年 5 月，沈阳冶炼厂两次向鸡西市梨树区非法转移含有三氧化二砷（俗称砒霜）等 10 多种有毒物质 332 吨，倾倒在距穆棱河约 200m 的梨树公路旁、梨树白酒厂等四处，对穆棱河下游约 20km^2 范围内的土地、植物、地表水、地下水造成污染。其中，以土壤及植物受到的污染和破坏最为严重，残留在堆放地和附近的铜、镉等重金属污染超标 75 倍，砷超标 103 倍，废渣倾倒现场寸草不生，20cm 直径树木枯死 26 棵，地面植物受到较严重污染面积约 7hm^2，污染深度 10～140cm。地表水受到砷的严重污染，最高超标 2800 倍，汞超标 8 倍，铅超标 7 倍，银超标 108 倍。在汛期，供应鸡西市区 50 万人口的 5 号水源，三氧化二砷超标 57 倍。地下水不同程度受到砷和硫酸银的污染。

在自然状况下，土壤净化到原来水平需几百年、上千年的时间，植被恢复需 30～50 年，水土流失恢复需 50～90 年，地表水恢复需 30～50 年，地下水恢复需 31 年。

（2）化学农药在土壤中的挥发、扩散与迁移

存在于土壤中的农药可以通过扩散、移动、挥发等途径排出土体而进入水体或大气环境，造成水体或大气农药污染。土壤中的农药在被土壤固相吸附的同时，还通过气体挥发和水的淋溶在土体中扩散迁移，因而导致大气、水和生物的污染。

① 挥发。挥发性农药可以通过分子扩散从土壤表面逸出，进入大气。农药本身的蒸汽压、扩散系数、水溶性，土壤的吸附作用、温度、湿度，农药的喷撒方式以及气候条件等都会影响农药的挥发。

② 扩散。农药在土壤中的扩散有两种形式。一种是由于农药分子的不规则运动而使农药迁移的过程；另一种则是由于外力作用发生的结果，如农药在流动水或在重力作用下下渗，并在土壤中逐层分布。后一种形式是土壤中农药扩散的主要模式。

③ 迁移。农药以水为介质进行迁移，主要方式有两种：一种是直接溶于水，二种是被吸附于土壤固体细粒表面上随水分移动而进行机械迁移。农药的水溶性、土壤的吸附性能等影响农药的迁移。一般而言，农药在吸附性能小的砂性土壤中容易移动，而在黏粒含量高或有机含量多的土壤中则不易移动，大多积累于土壤表层 30cm 土层内。有人指出，农药对地下水的污染是不大的，主要是由于土壤侵蚀，通过地表径流流入地面水体造成地表水体的污染。

（3）土壤对化学农药的降解作用

农药在土壤中的降解作用，包括光化学降解、化学降解和微生物降解。

① 光化学降解。指土壤表面受太阳辐射能和紫外线等能流而引起农药的分解作用。光化学降解是化学农药非生物降解的重要途径之一。由于农药分子吸收光能，使分子具有过剩的能量而呈现激发状态。这种过剩的能量可产生光化学反应，使农药分子发生光分解、光氧化、水光解或光异构化反应，其中光分解反应是最重要的一种。紫外线产生的能量足以使农药分子结构中碳碳键和碳氢键发生断裂，引起农药分子结构的转化，这可能是农药转化或消失的一个重要途径。

② 化学降解。化学降解主要是指土壤中的农药通过氧化还原、水解等反应降解，其中水解反应是许多农药降解的一个重要途径。由于土壤吸附对水解反应的馏化作用，有些农药在土壤中的水解比在水中的水解更快。

③ 微生物降解。土壤中微生物对农药、有机农药的降解起着重要的作用，是一些农药在土壤中的迁移转化的主要方式，如 DDT、对硫磷、艾氏剂等。农药微生物降解的主要途径包括氧化、还原、水解、脱卤缩合、脱羧、异构化等。

5.3.3 土壤污染的危害

土壤是一切陆地生物赖以生存的物质基础之一。土壤一旦受到污染，不仅质量变差，造成农作物减产和土壤生物多样性降低，更严重的是污染物会通过食物链影响牲畜和人类的生命健康。

（1）土壤污染影响土壤的结构和生态功能

污染物进入土壤后会显著改变土壤的酸碱度，尤其是一些酸性沉降物在重力作用下进入土壤。重庆、上海、贵阳、桂林、北京和苏州等地的酸雨污染现象已非常严重，有时 pH 甚至在 4.0 以下。此外，不合理使用农药和化肥也会改变土壤酸碱性，引起土壤板结，使农作物减产。

施入农田的农药，大部分会残留于土壤中。农药的使用虽然可抑制病虫害，但也对农作物及土壤微动物、土壤微生物、昆虫、鸟类甚至鱼类产生潜在的危害，由此使生物多样性降低，生态系统功能下降。

（2）影响农作物的品质和质量

农作物基本生长在土壤上，土壤被污染，直接表现在农作物产品品质和质量的下降上。当土壤被污染后，污染物会通过植物的吸收进入植物体内，并可长期累积富集，当污染物含量累积到一定量时，就会对农作物的品质和质量产生影响。

我国一些地方生产的粮食、水果和蔬菜，Cd、Cr、As、Pb 等重金属、农药和硝酸盐的量接近临界值甚至超标。土壤污染除影响食物的卫生品质外，也明显影响到农作物的其他品质。有些地区的污灌使蔬菜的味道变差，易烂，甚至出现难闻的异味。

（3）造成严重的经济损失

土壤污染造成的经济损失，尚缺乏系统的调查资料。有学者指出，美国因农药使用造成土壤污染而引起的经济损失达到 81.23 亿美元，而我国有可能更高。据有关资料统计，我国每年受农药和"三废"污染的粮食达 $8.28 \times 10^{10} kg$ 以上，年经济损失（以粮食折算）达 230 亿～260 亿元。据不完全统计，我国因重金属污染而引起的粮食减产每年超过 $1.0 \times 10^7 t$，被重金属污染的粮食每年超过 $1.2 \times 10^7 t$，两者合计的经济损失至少为 200 亿元。

（4）人类和动物的健康

土壤污染对人类和动物的危害主要指土壤受纳的有机废弃物或含毒废弃物过多，影响或超过土壤的自净能力，从而在卫生学上和流行病学上产生有害影响。粮食、蔬菜和畜牧作物都直接或间接来自土壤，它们是人畜食物的主要来源，污染物在作物体内积累，并通过食物链富集到人体和动物体内，危害人畜健康。土壤对人畜健康的影响很复杂，一般是间接的长期慢性影响。

专栏—镉大米

2013 年 5 月 16 日，广州市食品药品监管局发布《2013 年第一季度广州市餐饮环节监督抽检情况通报》，总体合格率为 92.92%，其中米及米制品的合格率最低，仅为 55.56%（共抽检 18 批次，其中 10 批次合格）。不合格的 8 批次原因都是镉含量超标。这 8 个批次的大米中，有 5 个批次来自湖南，2 个批次来自广东东莞，无商标大米 1 批。这几年，南方镉大米的问题一直困扰着百姓生活。造成此次"镉大米"的元凶，并非部分生产者或商家片面逐利的黑心行为，严重的土壤污染才是导致大米镉超标的主因。

粮食重金属超标可能有三个原因：一是土壤中镉等重金属本底值高。我国西南和中南地区是我国有色金属矿产资源十分丰富的地区，镉等重金属元素的本底含量高。二是我国有色金属传统的开采地区，迄今已有上百年开采历史，长期的开采、冶炼和含重金属的工业废水、废渣排放造成土壤污染，导致粮食重金属超标。三是由于气候变化、环境污染导致酸雨增加，土壤酸化，土壤中的镉等重金属活性也随之增强，更易被水稻等作物吸收。另外，有的地区种植的一些水稻品种，由于生物体的自然适应性，本身具有较高的镉富集特性。粮食污染与我们的日常生活息息相关，必须引起足够的重视。

5.4 土壤污染的防治与修复

随着人类对土壤的利用强度越来越大，土壤污染问题日益严重，土壤污染防治与修复已经是土壤学和环境科学领域中的重要研究方向。土壤污染防治是防止土壤遭受污染和对已污染土壤进行改良、治理的活动。

5.4.1 化肥污染的防治

防止化肥污染，不要长期过量使用同一种肥料，掌握施肥时间、次数和用量，采用分层施肥、深施肥等方法减少化肥散失，提高肥料利用率；化肥与有机肥配合使用，增强土壤保肥能力和化肥利用率，减少水分和养分流失，使土质疏松，防止土壤板结；进行测土配方施肥，合理增加磷肥、钾肥和微肥的比重，通过土壤中磷、钾及各种微量元素的作用，降低农作物中硝酸盐的含量，提高农作物品；制定防止化肥污染的法律法规和无公害农产品施肥技术规范，使农产品生产过程中肥料的使用有章可循、有法可依，有效控制化肥对土壤、水源和农产品的污染。

5.4.2 农药污染的防治

（1）合理使用农药

解决农药残留问题，必须从根源上杜绝农药残留污染。加强技术指导，严格按照《农药合理使用准则》，科学合理使用农药，不仅可有效控制病虫草害，而且可减少农药的使用，减少浪费，最重要的是可避免农药残留超标。

（2）推广应用无公害农药

大力研制高效、低毒、低残留的农药新品种，积极推广应用生物防治措施，大力发展生物高效农药。与常规农药相比，生物农药不仅杀虫范围广、效率高，而且使用安全，对人畜无毒害，对环境无污染，对作物无残留，不杀伤益虫，使害虫不产生抗药性，并且有助于作物品质的提高，促进作物早熟高产。同时，应研究残留农药的微生物降解菌剂，使农药残留降至限制值以下。

（3）改变耕作制度

通过土壤耕作改变土壤环境条件，可消除某些污染物的危害，如旱田改水田。DDT 与六六六在旱田中的降解速度慢，积累明显，在水田中 DDT 的降解速度加快，利用这一性质实行水旱轮作，是减轻或消除农药污染的有效措施。

（4）加强农药残留监测

加强对农药的监督监测，将农药监测纳入日常的例行监测中，发挥环境管理的监督作用。开展全面、系统的农药残留监测工作，不仅能够及时掌握农产品中农药残留的状况和规律，查找农药残留形成的原因，而且能为政府部门提供及时有效的数据，为政府职能部门制定相应的规章制度和法律法规提供依据。

（5）加强法制管理

加强《农药管理条例》《农药合理使用准则》《食品中农药残留限量》等有关法律法规的贯彻执行，加强对违反有关法律法规行为的处罚，是防止农药残留超标的有力保障。

5.4.3 重金属污染的防治

（1）重金属污染源控制

控制与消除土壤污染源是防止污染的根本措施。在工业生产中大力推广清洁生产、循环经济，以减少或消除工业"三废"排放。在农业生产中，加强对污灌区的例行监测及管理，防止因不当污灌引起土壤污染；合理施用化肥与农药，避免引起土壤污染和土壤理化性质恶化，降低土壤自净能力。

（2）施加改良剂

施加改良剂的主要目的是使重金属固定在土壤中，如施加石灰、磷酸盐、硅酸钙等，可与重金属生成难溶化合物，降低重金属在土壤和植物中的迁移能力。此方法只起临时性的抑制作用，时间过长会引起污染物的积累，条件变化时重金属又会转成可溶性，因而只在污染较轻地区使用。

（3）控制土壤氧化还原状况

加强水浆管理，控制土壤氧化还原条件，可有效地减少重金属的危害。例如，淹水可明显抑制水稻对镉的吸收，落干则促进水稻对镉的吸收。但砷相反，随着土壤氧化还原电位的降低，其毒性增加。

（4）客土翻土

根除土壤重金属的根本办法是彻底挖除污染土层、换上新土的排土法与客土法。如果是地区性的污染，采用客土法是不现实的。耕翻土层，即采用深耕，将上下土层翻动混合，使表层土壤重金属含量减低。这种方法动土量较少，但在严重污染的地区也不宜采用。

（5）农业生态工程措施

在污染土壤上繁殖非食用的经济作物或种属，从而减少污染物进入食物链的途径。或利用某些特定的动植物与微生物较快地吸收或降解土壤中的污染物质，从而达到净化土壤的目的。

（6）工程治理

利用物理（机械）、物理化学原理治理污染土壤，主要有隔离法、清洗法、热处理、电化法等。这是一种最为彻底、稳定、治本的措施，但投资大，适于小面积的重度污染区。

习题与思考题

1. 土壤自净的定义是什么？土壤自净的主要类型有哪些？
2. 土壤污染的定义是什么？造成土壤污染的主要物质有哪些？

3. 简述重金属在土壤中的生物迁移和转化过程以及防治措施。

4. 农药在土壤中的降解途径有哪些？

5. 土壤退化的含义是什么？土壤退化的类型有哪些？

6. 简述土壤污染的防治对策。

◆ 参考文献 ◆

[1] 关连珠. 普通土壤学[M]. 北京：中国农业大学出版社，2007.

[2] 黄昌勇. 土壤学[M]. 北京：中国农业出版社，2000.

[3] 陈怀满，朱永官，董元华等. 环境土壤学[M]. 北京：化学工业出版社，2005.

[4] 周文嘉，金志南. 土壤[M]. 太原：山西人民出版社，1983.

[5] 姜岩. 土壤[M]. 长春：吉林人民出版社，1983.

[6] 吕贻忠，李保国. 土壤学[M]. 北京：中国农业出版社，2006.

[7] 张辉. 土壤环境学[M]. 北京：化学工业出版社，2006.

[8] 孙向阳. 土壤学[M]. 北京：中国林业出版社，2005.

[9] 赵烨. 土壤环境科学与工程[M]. 北京：北京师范大学出版社，2012.

[10] 牟树森，青长乐. 环境土壤学[M]. 北京：中国农业出版社，1993.

[11] 王红旗，刘新会，李国学，等. 土壤环境学[M]. 北京：化学工业出版社，2007.

[12] 何康林. 环境科学导论[M]. 郑州：郑州大学出版社，2005.

[13] 贾建丽，于妍，王晨. 环境土壤学[M]. 北京：化学工业出版社，2012.

[14] 国家环境保护局.《土壤环境质量标准》（GB 15618—1995）[S]. 北京：中国标准出版社，1995.

[15] 中华人民共和国国家质量监督检验检疫总局. 农药使用环境安全技术导则（GB/T 8321.7—2002）[S]. 北京：国家标准出版社，2010.

[16] 农业部，国家卫生计生委. 食品中农药最大残留限量（GB 2763—2014）[S]. 北京：中国质检出版社，2014.

第 6 章　固体废物与环境

本章要点

1. 固体废弃物的来源和危害；
2. 固体废弃物的处置原则和技术；
3. 危险废物越境迁移及其控制政策。

6.1　固体废物的概述

固体废物，是指在生产、生活和其他活动中产生的丧失原有利用价值或者虽未丧失利用价值但被抛弃或者放弃的固态、半固态和置于容器中的气态的物品、物质以及法律、行政法规规定纳入固体废物管理的物品、物质。

应当强调指出的是，固体废物的"废"具有时间和空间的相对性。在一生产过程或一方面可能是暂时无使用价值的，但并非在其他生产过程或其他方面无使用价值。

固体废物来源广泛，种类繁多，组分复杂，分类方法亦有多种。为了便于管理，通常按其来源分类，在《中华人民共和国固体废物污染环境防治法》中将固体废物分为城市生活垃圾、工业固体废物和危险废物三大类。考虑到我国是农业大国，而且我国农业废弃物的数量已超过工业废物，对环境的污染越来越严重，有必要把它单独列出。因此，将固体废物分为城镇生活垃圾、工业固体废物、农业固体废物和危险废物等四大类，它们的来源及其主要物质组成见表 6-1。

表 6-1　固体废物的分类、来源、主要组成

分类	来源	主 要 组 成
城镇生活垃圾	居民生活	食品、纸屑、衣物、庭院修剪物、金属、玻璃、塑料、陶瓷、炉渣、碎砖瓦、废弃物、粪便、杂品、废旧电器等
	商业/机关	废纸、食物、管道、碎砌体、沥青及其他建筑材料、废汽车、废器具，含易爆、易燃、腐蚀性、放射性的废物，以及类似居民生活厨房类的各类废物等
	市政维护与管理	碎瓦片、树叶、污泥、脏土等
工业固体废物	冶金工业	高炉渣、钢渣、铜/铅/镉/汞渣、赤泥、废矿石、烟尘、各种废旧建筑材料等
	矿业	废矿石、煤矸石、粉煤灰、烟道灰、炉渣等
	石油/化学工业	废油、浮渣、含油污泥、炉渣、碱渣、塑料、橡胶、陶瓷、纤维、沥青、油毡、石棉、涂料、废催化剂和农药等

分类	来源	主 要 组 成
工业固体废物	轻工业	食品糟渣、废纸、金属、皮革、塑料、橡胶、布头、线、纤维、染料、刨花、锯末、碎木、化学药剂、金属填料、塑料填料等
	机械/电子工业	金属废屑、炉渣、模具、润滑剂、酸洗剂、导线、玻璃、木材、橡胶、塑料、化学药剂、研磨料、陶瓷、绝缘材料以及废旧汽车、家用电器等
	建筑行业	钢筋、水泥、黏土、陶瓷、石膏、砂石、砖瓦、纤维板等
	电力行业	煤渣、粉煤灰、烟道灰等
农业固体废物	种植业	稻草、麦秆、玉米秆、落叶、根茎、烂菜、废农膜、农用塑料、农药等
	养殖业	畜禽粪便、死禽死畜、死鱼死虾、脱落的羽毛等
	农副产品加工业	畜禽内容物、鱼虾内容物、菜叶、菜梗、稻壳、玉米芯、瓜皮、贝壳等
危险废物	核工业/化学工业/医疗单位/科研单位等	放射性废渣、粉尘、污泥、医疗废物、化学药剂、制药废渣、废弃农药、炸药、废油等

6.2 固体废物的来源及危害

6.2.1 固体废物的危害

固体废物的排放量十分惊人，对环境的危害非常严重，其污染往往是多方面、多环境要素的。

（1）侵占土地

固体废物不加以利用时，大部分不得不堆存起来，侵占大量土地，这是国内外普遍存在的一个问题。

随着经济的发展，堆放的垃圾量逐年增加，全世界每年产生的固体废物量高达 70 亿吨。在 20 世纪 60 年代末，日本仅煤矸石的积累堆存量就达 6.4 亿吨，占地 0.273km²，约为日本耕地的万分之五，这对国土狭小的日本来说是很大的负担。据《中国环境状况公报》显示，2013 年，我国工业固体废物产生量为 32.8 亿吨。据估算，每亿吨固体废物平均占地 895hm²。随着我国工农业生产的发展和城乡人民生活水平的提高，城市垃圾占地的矛盾日益突出。全国已有 2/3 的城市陷入垃圾包围之中。固体废物堆放侵占大量土地，造成极大的经济损失，并且严重地破坏地貌、植被和自然景观。

（2）污染土壤

废物任意堆放或没有适当防渗措施的填埋会严重污染处置地的土壤。固体废物中的有害组分容易经过风化、雨雪淋溶、地表径流侵蚀，产生有毒液体渗入土壤，杀害土壤中的微生物，破坏微生物与周围环境构成的生态系统；使土壤盐碱化，破坏植物、农作物赖以生存的基础，以至于田地废毁而无法耕种。未经严格处理的生活垃圾直接还田时，垃圾中大量玻璃、金属、碎砖瓦、碎塑料薄膜等杂质，会破坏土壤的团粒结构和理化性质，致使土壤保水保肥能力降低，若被农作物吸收，通过"食物链"进入人体，还将危及人类。很多国家都经历过固体废物堆放造成土地、草原受污染，致使居民被迫搬迁的沉痛教训。20 世纪 80 年代，我国内蒙古包头市某尾矿堆积如山，造成下游大片土地被污染，一个乡的居民被迫搬迁。

（3）污染水体

固体废物可以通过直接倾倒进入江河湖海，随地面径流进入江河湖海；粉尘和粉尘状固体废物随风飘入地表水；有毒物质在降水的淋溶、渗透作用下进入土壤，污染地下水。

美国在地下水中检出 175 种有机化学品，这些物质都来自于地面或地下填埋设施的渗漏。

（4）污染大气

在大量垃圾堆放的场区，一些有机组分在适宜的温度和湿度下被微生物分解，释放出有害气体，造成堆放区恶臭冲天，老鼠成灾，蚊蝇孳生；固体废物本身或在处理（如焚烧）时会散发毒气和臭味，如煤矸石的自燃曾在各地煤矿多次发生，散发出大量的 SO_2、CO_2、NH_3 等气体，造成严重的大气污染。由固体废物进入大气的放射尘，一旦侵入人体，还会由于形成内辐射而引起各种疾病。

如果固体废物在废物在运输、处理、利用和处置过程中未进行封闭处理，有害气体和粉尘会直接污染大气；在适宜的温度条件下，由废物自身蒸发，升华或化学反应产生 CH_4、H_2S、NH_3 等有害气体污染大气，甚至会产生爆炸等危害事件。

6.2.2　典型固体废物危害

固体废物有共同的危害特性，但因其类型不同，危害特点也有所差异。

（1）生活垃圾及其危害

城市生活垃圾又称城市固体废物，主要来源于居民生活、商业、市政维护与管理过程中产生的固体废物。城市生活垃圾的特点是成分复杂、有机物含量高，主要成分有厨余、纸屑、玻璃、塑料、砖瓦、粪便、废旧电器、沥青及其他建筑材料、树叶、污泥等。生活垃圾的产生量及组成与人口、经济发展水平、收入和消费水平、燃料结构、地理位置和消费习惯等因素有关。

生活垃圾的危害主要表现在以下几个方面。

①生活垃圾随意弃置，散发恶臭，破坏城市景观，危害人类身体健康。垃圾含有蛋白质、脂类和糖类化合物，在常温情况下微生物分解有机物产生 NH_3、H_2S 及有害的碳氢化合物气体，具有明显的恶臭和毒性，直接危害人体。并且，在视觉上给人类带来不好的感受；②垃圾堆是蚊、蝇、鼠、虫孳生的场所；③生活垃圾污染土壤、水体和空气。垃圾渗滤液渗入土壤，重金属和有机污染物对土壤产生污染，并且可以通过土壤污染地下水。在农村地区，居民直接将生活垃圾倒入河边，污染地表水体；④垃圾堆存在爆炸隐患。随着城市垃圾中有机质含量的提高和由露天分散堆放变为集中堆存和简单覆盖，容易造成厌氧环境，使垃圾产生沼气的危害日益突出，事故不断。

> **专栏—垃圾填埋场事故（气体爆炸）**
>
> 中国是世界上垃圾包袱最重的国家，多数城镇陷入垃圾重围之中，形成"垃圾包围人群"之态势，大中城镇呈现无处可埋之紧迫感。

垃圾填埋除了占地、水污染、大气污染的危害之外，还有一个直接的隐患，就是容易引起气体爆炸事故。1994年2月，重庆一座垃圾场发生沼气爆炸事故，强大的气浪掀起的垃圾，将9名工人埋没，当场死亡4人；同年8月，湖南岳阳一座约2万立方米的垃圾堆突然爆炸，上万吨的垃圾被抛向空中，摧毁了垃圾场附近的一座水泵和两道污水堤；1995年9月、10月、12月，北京昌平县（现昌平区）接连三次发生垃圾场沼气爆炸事故，重伤2人；深圳坪山垃圾填埋场，甚至经常发生沼气爆炸，其中2004年10月18日晚上伴随着巨大爆炸声垃圾场变成了火海，以致出动40多人、20多辆消防车都没能将大火扑灭。2013年12月5日，上海市一垃圾焚烧厂发生爆炸事故，引发坍塌面积约250平方米，造成3人死亡，4人受伤。

（2）医疗垃圾及其危害

医疗垃圾是医疗废物的俗称，指医疗机构在相关医疗活动中产生的具有直接或间接感染性、毒性以及其他危害性的废物，如用过的棉球、纱布、胶布、废水、一次性医疗器具、术后废弃品、过期药品等。医疗垃圾具有空间污染、急性传染和潜伏性污染等特征，危害也是多方面的。

一是医疗垃圾常常携带肉眼难以察觉的致病细菌、病毒，危害性是普通生活垃圾的几十、几百甚至上千倍；二是废物中的有机物不仅滋生蚊蝇，造成疾病传播，并且在腐败分解时释放出 NH_3、H_2S 等恶臭气体以及其他有害气体，污染大气，危害人体健康。同时，会造成医院内交叉感染和空气污染；三是医疗垃圾携带病原体、重金属和有机污染物，经雨水和生物水解产生渗滤液，对地表水和地下水造成严重污染。

（3）矿业固体废物及其危害

矿业固体废物主要包括废石、煤矸石、尾矿等。废石是指各种金属、非金属矿山开采过程中从主矿上剥离下来的尾岩。煤矸石是煤炭生产和加工过程中产生的固体废物。尾矿是在选矿过程中提取精矿后剩下的矿渣。

矿业固体废物的危害主要包括以下几个方面：矿山废石和尾渣的堆放，占用大量土地，破坏地貌和植被。一座中型尾矿坝一般占地数百亩或更多；废石风化形成的碎屑和尾矿，或被水冲刷进入水域，或溶解后渗入地下水，或被大风刮入大气和土壤，对水体和大气造成污染。在这些废物中，有的含有 As、Cd 等剧毒元素，有的含有放射性元素；尾矿流失，尾矿坝基坍塌及陷落，引发严重的滑坡、泥石流等地质灾害，危及人身和财产安全；金属流失，资源浪费，经济损失。通过矿石堆、废石堆、精矿粉堆及尾矿坝等流失大量的金属，造成污染。

专栏—尾矿库事故

尾矿是固废的主要组成部分之一，尾矿处理一般是堆积于尾矿库，国内外尾矿库历史上曾发生过多起重特大事故。

1972年2月26日，美国布法罗尼河矿尾矿坝溃坝，造成125人死亡，4000人无家可归；1985年7月中旬，意大利东北部的普瑞皮尔尾矿库溃坝，造成250人死亡。1962年9月25日，云锡公司火古都尾矿库溃坝，造成171人死亡、92人受伤，受灾人口13970人；1994年7月13日，湖北大冶有色金属公司龙角山尾矿库溃坝，造成30人死亡；2000年10月18日，广西南丹宏图选厂尾矿库垮塌，造成28人死亡、56人受伤。

　　据不完全统计，2001～2009 年我国共发生 66 起尾矿库事故。尾矿库作为具有高势能的人造泥石流危险源，一旦发生事故，将给当地环境造成严重污染，给下游人民生命财产安全造成巨大损失。然而，在我国由于企业关闭破产、改制以及经济等原因，尾矿库安全隐患治理问题一直没有得到有效解决，一大批危库、险库、病库时刻面临着溃坝的风险。

（4）危险废物及其危害

　　危险废物是指被列入国家危险废物名录或者根据国家规定的危险废物鉴别标准和鉴别方法认定的具有危险特性的废物。危险废物主要来自核工业、化学工业、医疗单位和科研单位等。

　　危险废物的产生来源广泛而复杂，遍及各个生产行业和日常生活中。按照危险废物的产生的行业，可将其来源分成工业危险废物、农业危险废物、生活危险废物和其他危险废物。

　　工业危险废物来自工业领域的生产环节、制造过程，涉及的行业主要有冶金、矿业、能源、石油和化工等。农业危险废物主要是防治病虫害过程中喷洒的剩余农药。生活危险废物主要产生于人类日常生活，如废旧家电、废旧通讯工具、废荧光灯管、废含镉镍和含汞电池、废油漆及其包装、废溶剂等。

　　危险废物不是从公共安全角度所说的危险废品，而是因为废物本身具有或含有有毒有害的成分，能对人体健康和环境产生严重危害，同时这些废物还具有燃烧、爆炸、腐蚀等其他危险特性。危险废物的危险特性是指毒害性、腐蚀性、易燃性、反应性和传染性等特殊的危害性质。

专栏—美国的腊芙运河地区剧毒化学废物污染事件

　　美国的腊芙运河位于纽约尼加拉瓜瀑布附近，是一条废弃的运河。1942 年，美国一家电化学公司买下这条大约 1000m 长的废弃运河，当作垃圾库来倾倒工业废弃物，在 11 年里向河道倾倒各种废弃物达 800 万吨，其中致癌废弃物达 4.3 万吨。1953 年，这条被各种有毒废弃物填满的运河被填埋覆盖后转赠给当地的教育机构。此后，纽约市政府在这片土地上陆续开发房地产，盖起大量的住宅和一所学校。

　　厄运从此降临到居住在这些建筑物中的人们身上。从 1977 年开始，当地居民不断出现各种怪病，孕妇流产、儿童夭折、婴儿畸形、癫痫，直肠出血等病症也频频发生。1987 年，地面开始渗出一种黑色液体，其中含有氯仿、三氯酚、二溴甲烷等多种有毒物质。这件事激起了当地居民的愤慨，卡特总统宣布封闭当地住宅，关闭学校，并将居民撤离。事出之后，当地居民纷纷起诉，但因当时尚无相应的法律规定，该公司又在多年前将运河转让出去，诉讼失败。直到 20 世纪 80 年代，环境对策补偿责任法在美国通过后，这一事件才得到盖棺定论，以前的电化学公司和纽约政府被认定为加害方，赔偿受害居民经济损失和健康损失费达 30 亿美元。

6.3　固体废物的防治政策

6.3.1　"三化"原则

　　自 1996 年 4 月 1 日起，我国实施《中华人民共和国固体废物污染环境防治法》（以下简称固体法）。固体法确立了固体废物污染防治的"三化"原则，即"减量化、资源化和无害化"，从"无害化"走向"资源化"，"资源化"以"无害化"为前提，"无害化"和"减量化"以资源化为条件，同时确立了对固体废物进行全过程管理的原则。根据这些原则，我国确立了固体废物管理体系的基本框架。

（1）减量化

减量化一般指减少固体废物的产生量或危害性。这里包括两层意思，一是数量的减少，另一种是固体废物对环境的危害性质下降。也就是说，通过适宜的手段最大限度地合理开发和利用资源与能源，减少固体废物数量或体积，降低危险废物的有害成分、减轻或清除其危险特性等，从"源头"直接减少或减轻固体废物对环境和人体健康的危害。因此，减量化是防治固体废物污染环境的优先措施，可通过以下四个途径实现。

① 选用合适的生产原料。原料品位低、质量差，是造成固体废物大量产生的主要原因之一。选用合适的生产原料是从源头上减少废弃物的有效措施，采用清洁能源、利用二次资源也是固体废物减量化的重要手段。

② 采用无废或低废工艺。工艺落后是固体废物产生量大的重要原因。应当结合技术改造，从工艺入手，采用无废或少废技术，从发生源头消除或减少废物的产生。采用资源利用率高、污染物产生量少的工艺和设备，替代资源利用率低、污染物产生量多的工艺和设备。

③ 提高产品质量和使用寿命。任何产品都有使用寿命，寿命长短取决于产品的质量。质量越高的产品，使用寿命越长，废弃量越少，也可通过提高物品重复利用次数减少固体废物数量。

④ 废物综合利用。有些固体废物含有很大一部分未起变化的原料或副产物，可以回收利用。对生产过程中产生的废物、废水和余热等进行综合利用或者循环使用。

（2）资源化

资源化是指将废物直接作为原料进行利用或者对废物进行再生利用。自然界并不存在绝对的废物，所谓废物只是失去原有使用价值而被弃置的物质，并不是永远没有使用价值。现在不能利用的，也许将来可以利用。这一生产过程的废物，可能是另一生产过程的原料，所以固体废物有"放错地方的原料"之称。

目前，发达国家出于资源危机和治理环境的考虑，已把固体废物资源化纳入资源和能源开发利用之中，逐步建立起一个新兴的工业体系——资源再生工程。日本、西欧各国的固体废物资源化率已达 60% 左右，我国固体废物资源化率仍很低。

我国是一个发展中国家，面对经济建设的巨大需求与资源、能源供应严重不足的严峻局面，推行固体废物资源化，不但可以节约投资，降低能耗和生产成本，还可减少自然资源开采，维持生态系统良性循环。

（3）无害化

固体废物一旦产生，首先应采取资源化措施，发挥其经济效益，这是上策。但是，由于科学技术水平或其他条件的限制，总会有些固体废物无法或不可能利用。对于这样的固体废物，尤其是其中的有害废物，必须进行无害化处理，避免造成环境问题和公害。

无害化是指经过适当的处理或处置，使固体废物或其中的有害成分无法危害环境，或转化为对环境无害的物质，这个处置过程即为固体废物的无害化。常用的方法有填埋法、焚烧法、堆肥法、热解法、化学法等。

6.3.2　固体废物处理技术

固体废物处理是指通过物理、化学和生物等方法，使固体废物形式转换、资源化利用以及最终处置的一种过程。固体废物处理技术包括预处理、焚烧、热解、固化、好氧堆肥和厌氧发酵产沼等。通过对固体废物的处理，达到无害化、减量化和资源化的目的。

（1）固体废物的预处理

固体废物的预处理包括分选、破碎、压实、脱水等工序。适当的预处理，有利于固体废物的收集运输，并且不易滋生鼠蝇和引发火灾。因此，预处理是重要且具有普遍意义的工序。

① 分选。分选是指用人工或机械的方法把固体废物分门别类地分开，回收利用有用物资，分离出不利于后续处理工艺物料的处理方法。分选是实现固体废物资源化、减量化的重要手段，通过分选可以提高回收物质的纯度和价值，有利于后续加工处理。分选有多种方法，常用的方法有筛分、重选、磁选、浮选等，一般根据固体废物的特性（如颗粒大小、磁性、漂浮性等）来选择。特殊情况下，人工分选作为辅助手段也是不可缺少的。

② 破碎。破碎是利用压实、剪切、冲击等外力作用，减小固体废物的颗粒尺寸，使之质地均匀，孔隙率降低、容重增大的过程。通常用作运输、贮存、资源化和最终处置的预处理。固体废物经破碎后直接进行填埋处置时，压实密度高而均匀，可加快填埋处置场的早期稳定化。破碎方法很多，常见的主要有冲击破碎、剪切破碎、挤压破碎、摩擦破碎等。针对一些特殊的较难破碎的废物，还会采用低温破碎和湿式破碎等。

③ 压实。压实是利用外界压力作用于固体废物，达到增大容重，减小表观体积的目的，以降低运输成本、延长填埋场寿命的预处理技术。压实适用于减少体积处理的固体废物，如易拉罐、塑料瓶、松散废物、纸箱及纤维制品等。对于那些可能使压实设备损坏或可能引起操作问题的废物（如焦油、污泥等），一般不宜作压实处理。

④ 脱水。固体废物脱水主要用于污水处理厂排出的污泥，以及某些企业所排出的泥浆状废物的处理。这些污泥的含水率一般为 $96\% \sim 99.8\%$，脱水可以大大缩小污泥的体积，有利于包装和运输。常用的脱水机械有真空过滤机、滚带压滤机、框板脱水机、离心脱水机和造粒脱水机等。

（2）焚烧

焚烧是目前最常用的固体废物高温处理技术。焚烧是对固体废物高温分解和深度氧化的处理过程，是对可燃性固体废物进行破坏的一种无害化处理方法，也是有机物的深度氧化过程。焚烧适用于处置有机废物，但也可以利用焚烧对无机废物进行高温熔融固化处理，使重金属等有害成分固定在熔融固化体内。固体废物的焚烧处置技术主要有以下四个优点。

一是可以彻底分解、销毁有害有机物，从而最大限度地使所处理的废物达到无害化的程度；二是有机物的最终分解产物是二氧化碳和水，净化后可以直接排入大气。因此，高温焚烧可最大限度地减少固体废物的残留量，从而极大地减少占地面积，有效地保护土地资源。这一优势对于那些人口密度大、土地资源宝贵的地区尤为重要；三是焚烧采用全封闭式工厂化处理模式，可以最大限度地控制固体废物在运输、贮存和加料过程中可能造成的污染物质泄漏；四是焚烧过程中产生的热量可以回收利用，从而使无法进行物质再生回收的固体废物实现能量再生。

除了以上优点外，焚烧技术也存在许多不足之处。焚烧技术的复杂性导致对人员素质和技术管理有较高的要求；焚烧处理对设备和污染控制的要求很高，处理成本要大大高于其他处理技术；焚烧处理对废物的性质有一定的限制。由于固体废物的复杂性和成分的不稳定性，以及焚烧产物的复杂性，造成污染物控制具有较大的难度。焚烧炉烟气中含有 SO_2、NO_x 和 H_2S 等酸性气体以及重金属、二噁英等污染物。

焚烧炉主要有机械式炉排炉、流化床焚烧炉、回转式焚烧炉、静态热解焚烧炉。国内正在建设和已经运行的焚烧炉型主要为炉排炉和流化床炉。

（3）热解

在无氧或缺氧的条件下对固体废物中的有机物进行加热，使其发生不可逆的化学变化，主要是高分子的化合物分解为低分子化合物的处理技术，称为热分解技术，简称热解。

不同于仅有热能回收的焚烧处理，热解技术可产生便于储存运输的燃气、燃油等。适于热解技术应用的固体废物主要包括废塑料、废橡胶、废油和油泥、有机污泥等。城市生活垃圾、农林废弃物的热解技术也在研究发展之中。用热解法处置有机固体废物是较新的方法，随着社会能源危机的加剧，该法应该是更有前途的处理方法。

热解技术的主要优点是：无机物可以直接回收，有机物所含热量被有效回收利用；尾气经多级净化处理，废气经一般处理，均能达到排放标准；残渣可进行填埋处置，填埋处置占地面积只有传统填埋占地的 20%～30%，且传统填埋的预处理也可以省去。

（4）固化

固化是通过向废物中添加固化基材，使有害成分固定或包容在惰性固化基材中的一种无害化处理技术。固化技术通常较多应用于危险废物处置前的预处理。理想的固化产物应具有良好的抗渗透性和良好的机械特性、抗浸出性、抗干湿、抗冻融等特性。这样，固化产物可直接在安全填埋场处置，也可用作建筑基础材料或道路的路基材料。按固化剂的不同，固化方法可分为水泥固化、塑型材料固化、熔融固化和自胶结固化等。

① 水泥固化。水泥固化是基于水泥的水合和水硬胶凝作用对废物进行固化处理的一种方法，该法将废物和普通水泥混合，形成具有一定强度的固化体，从而达到降低危险成分浸出的目的。水泥固化法对含高毒重金属废物的处理特别有效，固化工艺和设备比较简单，设备和运行费用低，水泥原料和添加剂便宜易得，对含水量较高的废物可以直接固化。固化产品经过沥青涂覆能有效地降低污染的浸出，固化体的强度、耐热性、耐久性好，有的产品可作路基或建筑物基础材料。水泥固化体的浸出率较高，固化体增容大也是水泥固化的主要缺点。

② 塑性材料固化。塑性材料固化法属于有机性固化处理技术，根据使用材料的性能可以把该技术划分为热固性塑料包容和热塑性包容两种方法。热固性塑料是指在加热时会从液体变成固体并硬化的材料。该法的主要优点是大部分引入较低密度的物质，所需要的添加剂数量也较小。热固性塑料包容由于需要对所有有害废物颗粒进行包封，在适当选择包容物质的条件下，可以达到十分理想的包容效果。此方法的缺点是操作过程复杂，热固性材料自身价格高昂；由于操作中有机物的挥发，容易引起燃烧起火，所以通常不能在现场大规模

应用。

③ 熔融固化。熔融固化技术主要是将有害废物和细小的玻璃质混合，经混合造粒成型后，在高温下熔融一段时间，待有害废物的物理和化学状态改变后，降温使其固化，形成玻璃固化体，借助玻璃体的致密结晶结构，确保重金属的稳定。熔融固化的优点是可以得到高质量的建筑材料，缺点在于熔融固化需要将大量物料加温到熔点以上，需要的能源和费用都是相当高的。

④ 自胶结固化。自胶结固化是利用废物自身的胶结特性来达到固化目的的方法。该法是将含有大量硫酸钙和亚硫酸钙的废物在控制的温度下煅烧，然后与特制的添加剂和填料混合成稀浆，经过凝结硬化过程即可形成自胶结固化体。自胶结固化法的主要优点是工艺简单，不需加入大量添加剂，固化体具有抗渗透性高、抗生物降解和污染物浸出率低的特点。缺点在于此种方法只限于含有大量硫酸钙的废物，应用面较为狭窄。此外还要求熟练的操作和比较复杂的设备，煅烧泥渣也需要消耗一定的热量。

（5）好氧堆肥

堆肥是利用自然界微生物的分解能力，有机废物无害化、资源化处理的处理技术。堆肥化是指在一定的人为控制下，使有机废物发生生物稳定作用的过程，其实质是生物化学过程。

好氧堆肥是在有氧条件下利用好氧菌对废物进行吸收、氧化、分解的过程。即微生物通过自身的生命活动，把一部分被吸收的有机物氧化成简单的无机物，同时释放出可供微生物生长活动所需的能量，而另一部分有机物则被合成新的细胞质，使微生物不断生长繁殖，产生更多生物体的过程。好氧堆肥可实现废物的减量化、资源化、无害化处理，最终产物主要是二氧化碳、水、热量和腐殖质。

（6）厌氧发酵

厌氧发酵是废物在厌氧条件下通过微生物的代谢活动而被稳定化，同时伴有 CH_4 和 CO_2 产生。即，通过厌氧微生物的生物转化作用，将大部分可降解有机质分解，转化为能源产品 CH_4（或称沼气）的过程，所以也称沼气发酵或甲烷发酵技术。

为了使沼气发酵持续进行，必须提供和保持各种微生物生长所需的条件。产甲烷细菌是完全厌氧的，少量的氧也会严重影响其生长繁殖。因此，沼气发酵需要在一个完全隔绝氧的密闭消化池内进行。

6.3.3 固体废物处置技术

固体废物处置是为了使固体废物最大限度地与生物圈隔离，解决固体废物的最终归宿问题而采取的措施，对于防止固体废物污染起着十分关键的作用。固体废物处置的目的是确保固体废物中的有毒有害物质，无论是现在还是将来都不致对人类及环境造成不可接受的危害。

固体废物处置方法分为陆地处置（或地质处置）和海洋处置两大类。

（1）陆地处置

陆地处置分为土地耕作、永久贮存、土地填埋、深井灌注和深地层处置，其中以土地填埋为主。

① 土地耕作处置。土地耕作处置是利用表层土壤的离子交换、吸附、微生物降解以及渗滤水浸出、降解产物的挥发等综合作用机制处置固体废物的一种方法。该技术具有工艺简单、费用适宜、设备易于维护、环境影响小、改善土壤结构、增长肥效等优点，主要用于处置含盐量低、不含毒物、可生物降解的有机固体废物。

② 深井灌注处置。深井灌注是指把液状废物注入地下、与地下水层和矿脉层隔开的可渗性岩层内。一般废物和有害废物都可采用深井灌注方法处置，但主要还是用来处置那些实践证明难于破坏、难于转化、不能采用其他方法处理处置或者采用其他方法费用昂贵的废物。深井灌注处置前，需使废物液化，形成真溶液或乳浊液。深井灌注处置系统的规划、设计、建造与操作主要分废物的预处理、场地选择、钻探与施工，以及环境监测等几个阶段。

③ 土地填埋处置。利用坑洼地填埋固体废物是一种既可处置废物又可覆土造地的保护环境的措施，它是从传统的堆放和填地处置发展起来的一项最终处置技术。填埋处置已成为一种处置固体废弃物的主要方法，以选择废矿坑、废黏土坑、废采石场等地为宜。这种方法投资少，简单易行，适于处置多种类型的废物，填埋后的土地可重新用作停车处、游乐场、高尔夫球场等。

土地填埋处置的主要问题是渗滤液的收集处理以及气体的收集利用问题。另一个问题是，由于相关法律的颁布和污染控制标准的制定，对土地填埋的要求更加严格，致使处置费用不断增加。

④ 卫生填埋。卫生填埋是指对城市垃圾和废物在卫生填埋场进行的填埋处置。为防止对环境造成污染，根据排放的环境条件采取适当而必要的防护措施，以达到被处置废物与环境生态系统最大限度的隔绝。卫生填埋适于处置一般固体废物。用卫生填埋来处置城市垃圾，不仅操作简单，施工方便，费用低廉，还可回收甲烷气体。所以，卫生土地填埋法已在国内外得到广泛采用。

安全填埋是一种改进的卫生填埋方法，主要用于处置危险废物，是危险废物的主要处置方法，但对防止填埋场地产生二次污染的要求更为严格。

（2）海洋处置

海洋处置是利用海洋对固体废物进行处置的一种方法，主要分为海洋倾倒和远洋焚烧两种方法。

① 海洋倾倒。海洋倾倒是利用海洋的巨大环境容量，将废物直接投入海洋的处置方法。海洋处置需根据有关法规，选择适宜的处置区域，结合区域的特点、水质标准、废物种类与倾倒方式，进行可行性分析、方案设计和科学管理，以防止海洋受到污染。

② 远洋焚烧。远洋焚烧是利用焚烧船将固体废物运至远洋处置区进行船上焚烧的处置方法。海上焚烧的优点是空气净化工艺较陆地焚烧简单，焚烧残渣可直接投海，处理费用较低。焚烧产生的废气通过净化装置与冷凝器后，冷凝液排入海中，气体排入大气，残渣倾入海洋。这种技术适于处置易燃性废物，如含氯有机废物等。

海洋的水量尽管是巨大的，但也并非是无限的。毫无节制地向海洋倾投废弃物，有毒有害物质将大范围地影响生态环境，造成严重污染。有毒有害成分进入海水，再通过食物链和营养级进入人体，从而危及人类的健康。目前，海洋处置已被国际公约所禁止。

6.3.4　固体废物资源化技术

固体废物"资源化"，是指从固体废物中回收有用的物质和能源，促进物质循环，创造经济价值的技术和方法。它包括物质回收、物质转换和能量转换。我国固体废物"资源化"起步较晚，在 20 世纪 90 年代才将八大类固体废物"资源化"列为国家的重大技术经济政策。

我国的资源和能源愈发紧张，充分利用固体废物开展"资源化"，对于转变经济增长方式，提高企业经济效益，推动循环经济发展，贯彻科学发展观具有重要的现实意义。

6.3.4.1　矿业固体废物资源化技术

我国是矿产资源大国和矿业大国，在矿产资源开采和选矿过程中产生大量的固体废物。截至 2007 年，全国积存的矿业固体废物有 5×10^9 t，且每年以 3×10^8 t 的速度增加，不仅侵占大量的土地，而且污染水环境、土壤和空气质量。

矿业固体废物包括矿山开采和矿石冶炼过程中所产生的废弃物。矿山开采所产生的固体废物又分为两大类：一类是尾矿，即在选矿加工过程中排放的固体废物，其储存场地称之为尾矿库；另一类是剥离废石，即在开采矿石过程中剥离出的岩土物料。

（1）尾矿资源化

尾矿是采矿企业因开采条件限制，或矿石品位较低所放弃的或排出的"残留物"，但同时又是潜在的二次资源，当技术、经济条件允许时，可再次进行开发。对其进行有效的开发利用，可以节约资源、保护环境、提高矿山经济效益，有利于资源合理配置和矿区环境的可持续发展。

尾矿资源化的主要途径包括以下几点。

① 从尾矿中回收有价金属和矿物。将尾矿破碎、筛分、研磨、分级，再经重选、浮选或生物浸提等工艺流程，分级选出有价金属；在有价金属成分含量很低的情况下，可作水泥或其他建材原料。例如，从锡尾矿中回收 Sn、Cu 及一些其他伴生元素，从铅锌尾矿中回收 Pb、Zn、W、Ag 等元素，从铜尾矿中回收萤石精矿、硫铁精矿等。

② 尾矿可以作为井下充填材料。尾矿坝是指采用当地土、石或混凝土等建筑材料及尾矿，借助山谷地形条件堆筑起来，形成一定容积，用以堆存尾矿和储水的坝体。尾矿坝区可以建造生态公园、体育娱乐场地等。

③ 尾矿可以用于制陶器和水泥。江西德兴铜矿利用尾矿制成紫砂美术陶瓷和砂锅、酒具等日用陶瓷，以及 525 号水泥和 325 号熟料水泥。

（2）煤矸石资源化

煤矸石是采煤和选煤过程中排出的固体废物，是一种在成煤过程中与煤伴生的含碳量较低、比煤坚硬的黑色岩石，煤矸石的产生量约占原煤量的 15％。按 2007 年全国煤炭产量 2.523×10^9 t 计算，当年产生的煤矸石约为 3.78×10^8 t，我国历年积存的煤矸石约为 4.5×10^9 t，占地约 6.7×10^4 hm^2，而且仍在增加，已成为我国积存量及占用土地面积最大的工业废物。

煤矸石中所含的元素种类较多，SiO_2 和 Al_2O_3 含量最高，还有一些 Fe_2O_3、CaO、MgO、SO_3 等。迄今为止，煤矸石资源化的主要途径包括以下几点。

① 利用煤矸石生产建筑材料。生产的建筑材料主要包括水泥、砖瓦及轻骨料，该利用方向技术成熟，利用量较大。

② 填充采煤塌陷区。利用煤矸石对塌陷区进行填充复垦，既能处理煤矸石，减少煤矸石占地，又能恢复塌陷区土地利用价值，这是综合治理和恢复矿区生态环境的有效途径。

③ 发电。发电是煤矸石综合利用的重要途径，也是实现社会、环境、经济效益相统一的最有效的途径。在煤炭企业上规模的非煤产业项目中，煤矸石发电项目占有绝对比重。目前，全国煤矸石电厂装机容量已达500万千瓦以上，每年发电消耗矸石量约5000多万吨，占矸石综合利用量的60%以上。

④ 生产化工原料。包括生产结晶 $AlCl_3$（作为净水剂）、水玻璃、$(NH_4)_2SO_4$ 化学肥料。

6.3.4.2 冶金及电力工业废渣资源化技术

冶金工业废渣主要包括高炉渣、钢渣、铁合金渣、赤泥等固体废物，电力工业废渣主要包括粉煤灰及燃煤炉渣等。

（1）高炉渣资源化

高炉渣是指冶炼生铁时从高炉中排放出来的废物。根据 CaO/SiO_2 的比值，将高炉渣划分为碱性、酸性、中性矿渣。高炉渣的化学成分，主要包括 SiO_2、Al_2O_3、CaO、MgO、Fe_2O_3。

高炉资源化的主要途径包括以下几点。

① 用作建筑材料。高炉渣属于硅酸盐材料的范畴，适合于加工制作水泥、碎石、混凝土、骨料等建筑材料。

② 显热回收。炉渣的显热回收方式大致分为两类：一类是利用循环空气回收炉渣显热，然后通过余热锅炉以蒸汽形式回收显热；另一类是将高温炉渣注入容器内，在容器周围用水循环冷却，以蒸汽形式回收炉渣显热。

③ 提取有价组分。通过冶金工艺可以从复合矿高炉冶金渣中提取 Ti、Al、Fe、SiO_2 等有价成分。

（2）钢渣资源化

钢渣是炼钢过程中排出的废渣，主要由铁水和废钢中的元素氧化后生成的氧化物、金属炉料带入的杂质、造渣剂和氧化剂、被侵蚀的炉衬及补炉材料等组成。钢渣的产生量一般占粗钢产量的15%~20%。

钢渣资源化的主要途径包括以下几点。

① 用作冶金原料。钢渣含有10%~30%的 Fe，40%~60%的 CaO，2%的 Mn，将钢渣回收用作冶金原料，既可以利用渣中钢粒、Fe_2O_3、CaO、MgO、MnO、稀有元素等有益成分，提高钢铁生产的质量和产量，又能降低生产成本。

② 用作建筑材料。由于钢渣的后期强度较高，配加部分水泥熟料，利用熟料早期强度高的优势，制成的钢渣水泥具有强度好、耐磨、抗渗等优点；钢渣碎石具有相对密度大、强度高、耐磨等特点，可以用作筑路材料。钢渣含 FeO、CaO、SiO_2 等化合物，可作为生产砖、砌块等建材。

③ 其他方面的应用。钢渣有一定的碱性和较大的比表面积，具有化学沉淀和吸附作用，可用作吸附剂处理废水。钢渣含 Ca、Mg、Si、P 等元素可用来生产磷肥、硅肥，还可以用作土壤改良剂。

（3）粉煤灰资源化

粉煤灰是煤粉经高温燃烧后形成的一种类似火山灰质的混合材料，是燃煤电厂等企业排出的固体废物。

近年来，我国的能源工业稳步发展，发电能力年增长率为 7.3%。燃煤电厂每年排放的粉煤灰量逐年增加，1995 年为 $1.25 \times 10^8 t$，2000 年为 $1.5 \times 10^8 t$，2009 年达到 $3.75 \times 10^8 t$，2011 年达到 $4.98 \times 10^8 t$，2013 年中国粉煤灰产量达到 $5.32 \times 10^8 t$，给我国的国民经济建设及生态环境造成巨大的压力。另一方面，我国又是一个人均占有资源储量有限的国家，粉煤灰的综合利用、变废为宝、变害为利已成为我国经济建设中一项重要的技术经济政策，是解决我国电力生产环境污染与资源缺乏之间矛盾的重要手段，也是电力生产所面临的任务之一。经过开发，粉煤灰在建工、建材、水利等领域得到广泛的应用。

粉煤灰资源化的主要途径包括以下几点。

① 制作水泥和混凝土。粉煤灰是一种理想的混凝土掺和料。在常温有水存在的情况下，粉煤灰中的不定型 SiO_2 和 Al_2O_3 能与碱金属和碱土金属发生"凝硬反应"，因此粉煤灰是一种优良的水泥和混凝土掺和料。

② 制作建筑材料。用粉煤灰制砖，工艺简单，速度快，用灰量大。可以利用粉煤灰制成各种大型砌块和板材，还可用于烧结制品、铺筑道路、构筑坝体、工程回填等方面。另外，粉煤灰还可用于制作轻质骨料。

③ 用作农业肥料和土壤改良剂。粉煤灰具有良好的物理化学性质，能广泛应用于改造重黏土、生土、酸性土和盐碱土。粉煤灰含有大量 Si、Ca、Mg、P 等农作物所必需的营养元素，故可作农业肥料用。

④ 用于回收煤炭资源、回收金属物质、分选空心微珠。利用浮选法在含煤炭粉煤灰的灰浆水中加入浮选药剂，然后采用气浮技术，使煤粒黏附于气泡上，再上浮与灰渣分离达到回收煤炭的目的；粉煤灰含有 Al_2O_3、Fe_2O_3 和大量稀有金属，可以从中回收有用金属；空心微珠具有质量小、高强度、耐高温和绝缘性好的特点，可以用作塑料的理想填料，广泛用于轻质耐火材料和高效保温材料，用于石油化学工业及军工领域。

⑤ 用作环保材料。利用粉煤灰可制造分子筛、絮凝剂和吸附材料等环保材料；粉煤灰还可用于处理含氟废水、电镀废水与含重金属离子废水和含油废水；粉煤灰中含有的 Al_2O_3、CaO 等活性组分能与氟生产配合物或生产对氟有絮凝作用的胶体离子；粉煤灰中还含有沸石、莫来石、炭粒和硅胶等，具有无机离子交换特性和吸附脱色作用。

6.3.4.3　农业固体废物资源化技术

我国是农业大国，在农作物收获或加工过程中产生大量的固体废物。据统计，我国每年农作物秸秆约为 $7 \times 10^8 t$，这些物质多作为农家燃料、畜禽饲料，资源化水平相对较低。由于资源化技术不够成熟，每年农作物收割季节，农民大量焚烧秸秆，造成严重的空气污染，影响航空安全，危害人们身体健康。

农业固体废物，主要成分为糖类、纤维素、木质素、淀粉、蛋白质，属于典型的有机质。

（1）秸秆资源化技术

农作物秸秆是世界上数量最多的一种农业生产副产品。据联合国环境规划署报道，世界上种植的农作物，每年可提供秸秆约 20×10^8 t，其中利用比例不足 20%。由于作物秸秆资源的利用，既涉及广大农村的千家万户，也涉及整个农业生态系统中土壤肥力、水土保持、环境安全以及再生资源有效利用等可持续发展问题，近年来已引起世界各国的普遍关注，并越来越成为可持续农业的重要方面。

秸秆资源化的主要途径包括以下几点。

① 秸秆还田。秸秆含有丰富的有机质和 N、P、K、Ca、Mg、S 等有效肥力元素，因此秸秆还田一直是农民处理秸秆的一个良好方法。同时，秸秆还田有恢复和创造土壤团粒结构、固定和保存氮素养料以及促进土壤中难溶性养料溶解等作用。

② 秸秆饲料化。秸秆饲料利用技术，目前主要是以秸秆养畜、过腹还田的方式进行。未经处理的秸秆不仅消化率低，粗蛋白含量低，而且适口性差，采食量也不高，饲养牲畜的效果不好。微生物处理、青贮法、氨化法、热喷发等秸秆处理方法，可以提高饲料中蛋白质的含量，易于牲畜消化，促进牲畜生长，提高饲料的利用率。

③ 秸秆能源化。秸秆能源利用技术包括直接燃烧、热解气化、厌氧发酵制取沼气、生产生物质压块燃料等技术。

④ 秸秆的其他应用。秸秆可用于生产乙醇、可降解餐具、羧甲基纤维素钠，还可利用其特殊的结构构造生产吸附脱色、保温材料、吸声材料等。这些都是综合利用农业秸秆，提高其附加值的有效方法。

（2）畜禽粪便资源化技术

畜禽粪便虽然是一类污染物，但由于其本身固有的特点，使它同时也成为宝贵的资源。畜禽粪便除含有丰富的有机物质外，还含有作物所需的大量元素，如氮、磷、钾等，因此畜禽粪便是一种肥料资源。畜禽粪便中的粗蛋白含量几乎比畜禽采食饲料中的粗蛋白含量高 50%，还含有 $8\% \sim 10\%$ 的氨基酸和粗脂肪，因此畜禽粪便也是一种饲料资源。除此以外，畜禽粪便中还含有大量的有机碳，将畜禽粪便同秸秆等农业废弃物一起进行厌氧发酵可产生沼气，因此畜禽粪便又是一种燃料资源。畜禽粪便资源化的主要途径包括以下几点。

① 肥料化利用。畜禽粪便的肥料化再利用模式主要有直接施用、栽培食用菌利用和堆腐后施用三种情况。目前，加入的辅料主要为含碳量较高的稻草或者秸秆及无机肥料、石膏等。畜禽粪便的堆腐后施用是目前最为常用的肥料化方法，是在人为控制条件下进行的。

② 饲料化利用。畜禽粪便中含有未消化的粗蛋白、粗纤维、粗脂肪和矿物质等，经过适当处理杀死病原菌后，能提高蛋白质的消化率和代谢能，改善适口性，可作为饲料来利用。目前，畜禽粪便的饲料化主要利用模式有直接喂养、干燥法和热喷法等。用鸡粪混合垫草直接饲喂奶牛的方式已被许多西方国家所采用，在饲料中混入上述粪草饲喂奶牛，其结果与饲喂豆饼饲料的效果相同，此方法简便易行，效果也较好，但要做好卫

生防疫工作，避免疫病的发生和传播。

③ 能源化利用。能源化利用主要有直接燃烧、乙醇化利用、沼气化利用、发电利用和热解技术利用等。沼气化利用在我国应用较为广泛，即利用受控制的厌氧细菌的分解作用，将粪便中的有机物转化成简单的有机酸，然后再将简单的有机酸转化为甲烷和二氧化碳。

6.3.4.4　城市生活垃圾资源化技术

随着经济发展和人民生活水平的提高，城市垃圾的产生量越来越大，构成也发生很大变化，可回收利用的资源越来越多，使从废物利用中获利成为可能。

（1）再生资源的回收利用

城市垃圾是丰富的再生资源的源泉，所含成分（按重量）分别为废纸 40%、金属 $3\%\sim5\%$、厨余 $25\%\sim50\%$、塑料 $1\%\sim2\%$、织物 $4\%\sim6\%$、玻璃 4%，以及其他物质。垃圾大约 80% 为潜在的原料资源，可以重新在经济循环中发挥作用。

从城市垃圾中回收各种材料资源，既可处理废物，避免环境污染，又可开发资源，降低成本，此方式已越来越引起人们的重视。目前，在城市中大力开展生活垃圾分类收集与袋装化，并创造和开发机械化的高效率处理方法，为再生资源的回收利用创造了良好条件。

（2）热能回收

城市垃圾中的有机成分比例逐渐上升，不少国家的城市垃圾中有机成分占 60% 以上，其中废纸、塑料、旧衣物等热值较大。利用焚烧法处理垃圾不仅可以处理废物，同时可以利用焚烧过程中产生相当量的热能。

（3）堆肥处理

生活垃圾含有大量的有机物，尤其是餐厨垃圾。无论从环境保护，还是从资源循环利用的角度出发，堆肥技术都是处理餐厨类有机废物的最佳方式之一。

6.3.5　危险废物越境迁移的控制政策

（1）危险废物的越境迁移

据估计，全球每年新增垃圾达 100×10^8 t，其中危险废物 5×10^8 t。危险废物具有毒性、腐蚀性、传染性、易燃性、反应性及放射性等特点，不论是单独存在，还是与其他废物发生接触，都会对人体或环境造成严重威胁，治理代价也十分昂贵，同时还受到处置地民众的反对。

进入 20 世纪 80 年代后期，国际上出现了危险废物的越境转移问题。目前危险废物越境转移的特点如下。

① 转移方向上的单一性。危险废物越境转移大都从发达国家向非洲和拉丁美洲等不发达国家转移。

② 表面上的自愿公平性，实质上的欺骗性。特别是以进口废物做原料为幌子的废物贸易，具有表面上的合法与公平交易的特征，但在实际交易中却隐瞒废物的真实情况，不标明废物中的主要有害成分或更改废物名称，强调废物的可利用性或易利用性，

弱化或忽视其危害性;以进口或馈赠设备配带原料为名,将大量的废物、垃圾转移至他国。

③ 向境外转移的危险废物危险性高。由于接受国往往是不发达地区,没有管理和处置危险废物的技术能力,因此转移的结果是放大灾难,引起发展中国家的强烈抗议。废物不仅危及进口国当代人的健康与生存环境,而且由于一些废物处置方式的隐患和废物本身分解的长期性,污染显现的滞后性还将对进口国后代甚至后几代的人带来祸害。

④ 发展趋势的严重性。尽管国际社会已经对该问题给予高度重视,但转移势头并没有如人们期待的那样减少,而有加剧趋势,只不过方式、手段越来越隐蔽。

(2) 危险废物越境转移的控制政策

危险废物的越境转移关系到全球环境的行为,必须通过国际间的协商合作才能完成。

① 加强宣传工作,提高世界各国的环境意识。危险废物的越境转移包括两个步骤:发达国家危险废物的输出,发展中国家危险废物的输入。由此可以看出,加强环保宣传工作要从两方面着手,尤其是发展中国家。发展中国家环保意识不强,有时只顾眼前利益,不顾长远的危害影响,必须加大宣传工作,使之重视起危险废物的越境转移。

② 加强国际间的交流与合作。加强交流与合作,使各国建立有效的废物管理系统,推行清洁生产工艺、废物处置和综合利用技术及高水平的管理方法,尤其是发达国家要给予发展中国家必要的帮助与支持,使其不要走先污染后治理的老路。

③ 建立健全法律制度。法律不健全是造成危险废物管理混乱的一个主要原因,要以法律作为严格管理的依据,以实际行动支持控制危险废物。

我国除了加入《巴塞尔公约》外,还颁布了《坚决防止境外污染物转移的通知》及《废物进口环境保护管理暂行规定》等条例,坚决防止危险废物转移。

④ 建立并完善统一的国际公约及公约的维护机构。《巴塞尔公约》是一个比较完善的控制危险废物越境转移的国际公约,100 多个国家与国际组织确认签字国在本国处理危险废物的承诺,禁止将危险废物转移到法规和行政管理不完善、技术能力落后的的国家。《巴塞尔公约》及其维护机构是控制危险废物越境转移的国际性保障。

专栏—危险废物转移案例

巴基斯坦古杰瓦拉等工业区有许多金属冶炼厂,原料主要来自西方国家出口的废金属。这些废金属实际上是各种混合废物,有效成分很低,金属含量最低仅为 17%,其余为塑料、橡胶、油墨、涂料及其他原料。燃烧这些废料时,会产生几十种有害气体,对周围地区环境造成严重污染。附近居民身体健康受到严重影响,呼吸道疾病、肠胃疾病和结核病发病率明显上升,死胎数量增加,工厂工人受害更甚。由于原料进口价格便宜,利润丰厚,巴基斯坦又缺乏健全的环保法律,因而不断造成环境污染。

更有甚者利用伪造商标,伪造成分表,把有毒原料当作化肥农药等商品出口到发展中国家。1993 年 9 月 25 日,一艘装有 1285t "其他燃料油" 的货轮从韩国釜山港运抵中国南京港上元门码头,被我国海关依法封查。这批废物堆放在距长江 20m,距当地水厂仅 500m 的地方,对长江水质及居民身心健康形成严重威胁。国家环保局派员调查处理此事,限期将这批有害废物全部退运出境,并采取一系列防范措施,防止发生污染事故。

习题与思考题

1. 固体废物的定义是什么？

2. 固体废物的危害有哪些？

3. "三化"原则指什么？具体含义？

4. 固体废物的主要处理、处置技术有哪些？

5. 什么是危险废物越境迁移以及其控制政策？

6. 了解巴塞尔公约的基本原则和基本内容。

◆ **参考文献** ◆

[1] 赵由才，牛冬杰，柴晓利，等. 固体废物处理与资源化[M]. 北京：化学工业出版社，2006.

[2] 韩宝平. 固体废物处理与利用[M]. 武汉：华中科技大学出版社，2010.

[3] 彭长琪. 固体废物处理与处置技术[M]. 武汉：武汉工业大学出版社，2009.

[4] 杨慧芬，张强. 固体废物资源化[M]. 北京：化学工业出版社，2004.

[5] 王琪. 固体废物及其处理处置技术[J]. 环境保护，2010，41-44.

[6] 李基强，于晓静. 热解法在固体废物处理上的应用简介[J]. 山东化工，2004，33（4）：40-43.

[7] 万斯，陈伟，吴兆清，等. 固体废物的固化/稳定化研究现状[J]. 湖南有色金属，2011，27(1)：48-51.

第 7 章 | 物理环境

物理性污染是指由物理因素引起的环境污染，如噪声、振动、放射性辐射、电磁辐射、光污染、热污染等。物理性污染程度是由声、光、热等在环境中的量决定的。与化学污染相比，物理污染具有如下特点。

① 物理污染是能量污染，随着距离增加，污染衰减很快，因此污染具有局部性，区域性和全球性污染较少见。

② 物理性污染在环境中不会有残余的物质存在，一旦污染源消除以后，物理性污染也随即消失。

7.1 噪声污染

7.1.1 噪声的概述

声音在人们的日常活动中起着十分重要的作用，可以帮助人们借助听觉熟悉周围环境、向人们提供各种信息、让人们交流思想。但是，有些声音会使人感到烦躁不安，影响人的工作和健康，这些声音称为噪声。噪声可能是由自然现象产生的，也可能是由人们活动形成的。噪声可以是杂乱无序的宽带声音，也可以是节奏和谐的乐音。当声音超过人们生活和社会活动所允许的程度时就成为噪声污染。

7.1.1.1 噪声的分类及来源

噪声的种类很多，按照声源主要分为交通噪声、工业噪声、建筑施工噪声和社会生活类噪声几大类。

（1）交通噪声

交通噪声是城市噪声的主要组成部分，主要来自汽车、火车、飞机、轮船等交通工具的启停及行驶过程，具有流动性大、污染面广、难于控制等特点，这部分噪声约占城市噪声源的 25％～75％。

（2）工业噪声

工业噪声约占城市噪声的 7％～39％，其中包括空气动力性噪声、机械性噪声和电磁性噪声等。

工业噪声主要来自工厂的机器和高速设备，如金属加工机床、锻压、铆焊设备、燃烧加热炉、风动工具、冶炼设备、纺织机械、球磨机、发动机、电动机等。与交通噪声不一样，工业噪声的影响一般是局限性的，地点固定，涉及范围较小，但总的强度大。

（3）建筑施工噪声

建筑施工噪声主要来自于打桩机、搅拌机、推土机、运料车等设备。通常，此类噪声源 5m 内声强可达 90dB（A）以上。

（4）社会生活噪声

社会生活噪声主要来自于集会、娱乐、商业、学校操场（高音喇叭）等，包括电声性噪声、声乐性噪声和人类语言性噪声等。此类噪声主要是由电能转换而来，约占城市噪声的 13％～52％，其特点是分布范围广泛，受害人群主要为噪声源周围居民。

7.1.1.2　噪声的特性

噪声对周围环境造成不良影响，就形成噪声污染，其特点包括以下几点。

① 噪声判断具有主观性，对噪声的感受因各人的感觉、习惯等而不同，因此噪声有时是一个主观的感受，任何声音都可能成为噪声。

② 噪声具有瞬时性，无残余污染物，不会积累，噪声源停止运行后，污染即消失。

③ 噪声只会造成局部性污染，一般不会造成区域性和全球性污染。

④ 噪声具有隐蔽性。一般不直接致命或治病，危害是慢性而间接的。

7.1.1.3　噪声的危害

噪声的危害主要体现在两个方面，一方面是对人体的危害，另一方面是对设备和建筑物的损坏。

（1）噪声对人体的危害

噪声对人的影响可分为两种：听觉影响和心理-社会影响。听觉影响包括听力损失和语言交流干扰，心理-社会方面的影响包括睡眠干扰、工作效率影响等。

① 听力损失。听力损失是噪声对人体危害的最直接表现，人耳暴露在噪声环境前后的听觉灵敏度的变化被称为听力损失。听力损失可能是暂时性的，也可能是永久性的。暂时性听力损失包括暂时性阈值偏移（TTS），永久性听力损失包括听觉创伤和永久性阈值偏移（PTS）。

因噪声导致的永久性听力丧失，开始和发展过程是缓慢的、不知不觉的，暴露的个人可能注意不到。

② 语言交流干扰。在嘈杂的环境中，噪声会干扰人们交流的能力。很多噪声即使没有达到引起听力损伤的程度，也会干扰语言交流。这种干扰或屏蔽效应是说话者与听者间距离及说话频率等因素有关。

③ 睡眠干扰。在嘈杂的环境中，噪声使人心烦意乱、无法入睡而得不到良好的休息。长期干扰睡眠会造成失眠、健忘、记忆力减退，甚至出现神经衰弱等症状。

④ 工作效率影响。当工作需要用到听觉信号、语言或非语言时，任何强度的噪声，当其足以妨碍或干扰人们对这些信号的认知时，该噪声将影响工作效率。

不规律的噪声爆发比稳定的噪声更具破坏性。1000～2000Hz 以上的高频噪声对工作效率的影响比低频噪声更严重。与简单工作相比较，复杂工作更可能受到噪声的不良影响。

⑤ 视力影响。噪声不仅影响听力，还影响视力。长时间处于噪声环境中的人很容易产生视疲劳、眼痛、眼花和视物流泪等眼损伤现象。同时，噪声还会使色觉、视野发生异常。

⑥ 儿童和胎儿的发育影响。噪声会使孕妇产生紧张反应，引起子宫血管收缩，以致影响供给胎儿发育所必需的养料和氧气。噪声还影响胎儿的体重。此外，因儿童发育尚未成熟，组织器官十分娇嫩和脆弱，无论是胎儿还是婴儿，噪声均可损伤其听觉器官，使听力减退或丧失。噪声会影响少年儿童的智力发展。

(2) 噪声对设备和建筑物的损坏

除上述影响外，噪声还可能损坏物质结构。140dB（A）以上的噪声可使墙震裂、瓦震落、门窗破坏，甚至使烟囱及古老的建筑物发生倒塌，使钢产生"声疲劳"而损坏。强烈的噪声使自动化、高精度的仪表失灵，当火箭发出的低频噪声引起空气振动时，会使导弹和飞船产生大幅度偏离，导致发射失败。在特高强度的噪声［160dB（A）以上］影响下，不仅建筑物受损，发声体本身也可能因声疲劳而损坏，并使一些自动控制和遥控仪表设备失效。

7.1.1.4 噪声控制技术

噪声污染由声源、传声途径和受主 3 个基本环节组成。因此，噪声污染控制必须把这三个环节作为一个系统进行研究。

(1) 噪声源控制

控制声源是降低噪声的最根本和最有效的方法。声源控制，即从声源上降噪，就是通过研制和选择低噪声的设备，采取改进机器设备的结构，改变操作工艺方法，提高加工精度或装配精度等措施，使发声体变为不发声体或降低发声体辐射的声功率，将噪声控制在所允许范围内的方法。

(2) 噪声传播途径控制

虽然从声源处控制最为有效，但由于技术和实施条件的限制，这种降噪措施难以实现。因此，最常用的是在传播途径上进行控制，主要为空气声传播和固体声传播的控制。

① 空气声传播的控制。

a. 采用隔声装置将噪声源与接受者分离开。该方法可降低噪声 20～50dB（A）。

b. 在噪声传播通道上的墙壁、隔声罩内表面等处铺设吸声材料，使一部分声能被吸声材料吸收并转化成热能，可降低噪声 3～10dB（A）。

c. 在声源与接受者之间安装消声器，使声能在通过消声器时被损耗，达到降噪的目的。使用消声器通常可使噪声降低 15～30dB（A）。

② 固体声传播的控制。

a. 在机器表面或壳体上涂抹阻尼材料，或采用高阻尼材料来抑制振动，该方法可降低噪声 5～10dB（A）。

b. 采用减振器、橡胶垫等将振源与机器隔离开，减弱外界激励力对机器的影响，降低噪声辐射。此类方法的降噪量为 5～25dB（A）。

（3）噪声接受点控制

在高噪声环境中工作的人员，必须采取个人保护措施，主要是利用隔声原理来阻挡噪声传入人耳，如采用护耳器、控制室等个人防护措施。这类措施适宜应用在噪声级较强，受影响的人员较少的场合。个人防护是一种经济而又有效的措施。

7.1.2 环境噪声标准

环境噪声不但干扰人们工作、学习和休息，使正常的工作生活环境受到影响，而且还危害人们的身心健康。噪声对人的影响既与噪声的物理特性有关，也与噪声暴露时间和个体差异有关。因此，在考虑到对听力的保护，对人体健康的影响，以及噪声对人们的困扰，又考虑到经济、技术条件的可能性，规定了噪声排放的允许限值。

（1）声环境噪声标准

环境噪声标准制定的依据是环境基准噪声，各国大多参考 ISO 推荐的基数（如睡眠为 30dB）作为基准，根据不同时间、不同地区和室内噪声受室外噪声影响的修正值，以及本国具体情况来制定。我国《声环境质量标准》（GB 3096—2008）环境噪声限值见表 7-1。

表 7-1 环境噪声限值（dB）

类别		昼间	夜间	备 注
0 类		50	40	康复疗养区等特别需要安静的区域
1 类		55	45	居民住宅、医疗卫生、文化教育、科研设计、行政办公等需要保持安静的区域
2 类		60	50	以商业金融、集市贸易为主要功能，或居住、商业、工业混杂，需维护住宅安静的区域
3 类		65	55	以工业生产、仓储物流为主要功能，需防止工业噪声对周围环境产生严重影响的区域
4 类	4a 类	70	55	高速公路、一级公路、二级公路、城市快速路、城市主干路、城市次干路、城市轨道交通(地面段)、内河航道两侧区域
	4b 类	70	60	铁路干线两侧区域

（2）工业企业厂界环境噪声标准

为控制工业企业辐射的噪声对厂区外环境的污染，规定厂界噪声的限值，我国制定了《工业企业厂界噪声标准》（GB 12348—2008）。该标准适用于工厂及有可能造成噪声污染的企事业单位的边界，各类厂界噪声标准限值见表 7-2。

表 7-2　厂界噪声标准限值（dB）

功能区类别	时段		备注
	昼间	夜间	
0	50	40	疗养区、高级别墅区、高级宾馆区等特别需要安静的区域
1	55	45	以居住、文教机关为主的区域
2	60	50	以居住、商业、工业混杂区以及商业中心区
3	65	55	工业区
4	70	55	交通干线道路两侧区域

注：对于夜间突发噪声，标准中规定对频繁突发噪声其峰值不准超过标准值 10dB，对偶然突发噪声其峰值不准超过标准值 15dB。

（3）工业企业噪声卫生标准

工业企业设计卫生标准是听力保护标准，规定的噪声标准是指人耳位置的稳态 A 声级或非稳态噪声的等效声级。该标准适用于工业生产车间或作业场所，针对新建和改建的企业有不同的噪声标准（表 7-3），另外还列出了职业性噪声暴露和听力保护标准（见表 7-4）。此标准可保证大于 90％的工人不致耳聋，绝大多数工人不引起血管和神经系统疾病。

表 7-3　新建改建企业噪声标准

每个工作日接触噪声时间/h	8	4	2	1	1/2	1/4
改建企业允许噪声 A 声级/dB	90	96	96	99	102	105
新建企业允许噪声 A 声级/dB	85	88	91	94	97	100

注：A 声级最高不得超过 115dB。

表 7-4　职业性噪声暴露和听力保护标准

连续噪声暴露时间/h	8	4	2	1	1/2	1/4	1/8	最高限
允许噪声 A 声级/dB	85～90	88～93	91～96	94～99	97～102	100～105	103～108	115

专栏—噪声对生物的危害

1981 年美国举行现代派露天音乐会，音乐会期间，300 多听众突然失去知觉，昏迷不醒。大夫称，当时是由于震耳欲聋的现代派音乐极度刺激所引起的恶果。

有人曾做过实验，把一只豚鼠放在 173dB 的强声环境中，几分钟之后就死了。解剖后的豚鼠肺和内脏都有出血现象。1959 年，美国有 10 人"自愿"做噪声试验。当实验飞机从自愿者头上 10～12m 的高度飞过后，有 6 人当场死亡，4 人数小时后死亡。验尸证明，10 人都死于噪声引起的脑出血。

1997 年 7 月 27 日上午，一架 B3875 型飞机超低空飞行至我国辽宁省新民市大民屯镇大南岗村和西章士台村进行病虫害飞防作业。由于飞机 3 次超低空飞临鸡舍上空，噪声使鸡群受到惊吓，累计死亡 1021 只。未死亡的肉食鸡由于受到惊吓而生长缓慢，出栏均重减少近 1kg。

7.2　热污染

热污染是指人类生产和生活中排放出的废热造成的环境热化，损坏环境质量，进而又影响人类生产、生活的一种增温效应，这种增温效应达到损害环境质量的程度，便成为热污染。随着社会生产力的发展，能源消耗迅速增加，在能源转化和消费过程中不仅产生直接危害人类的污染物，而且还产生了对人体无直接危害的 CO_2、水蒸气和热废水等。

7.2.1　热环境

环境热学是环境物理学的一个分支，是研究热环境及其对人体的影响以及人类活动对热环境的影响的学科。热环境又称环境热特性，是指提供给人类生产、生活及生命活动的生存空间的温度环境，主要是指自然环境、城市环境和建筑环境的热特性。太阳能量辐射创造人类生存空间的大的热环境，而各种能源提供的能量则对人类生存的小的热环境作进一步调整，使之更适宜于人类的生存。除太阳辐射的直接影响外，热环境还受许多因素如相对湿度和风速等的影响，是一个反映温度、湿度和风速等条件的综合性指标。如表 7-5 所示，热环境可以分为自然热环境和人工热环境。

表 7-5　热环境的分类

名称	热源	特　征
自然热环境	太阳能	热特性取决于环境接收太阳辐射的情况，并与环境中大气同地表的热交换有关，也受气象条件的影响
人工热环境	房屋、火炉、机械、化学等设施	人类为了防御、缓和外界环境剧烈的热特性变化，创造的更适于生存的热环境。人类的各种生产、生活和生命活动都是在人类创造的人工环境中进行的

地球是人类生产、生活和生命活动的主要空间，其热量来源主要有两大类。一类是天然热源，另一类是人为热源。天然热源即太阳，它以电磁波方式不断向地球辐射能量。环境的热特性不仅与太阳辐射能量的多少有关，同时也取决于环境中大气与地表的热交换状况。人为热源即人类在生产、生活和生命过程中产生的热量。

（1）天然热源

太阳表面的温度约为 6000K。太阳辐射通量（或称太阳常数）是指地球大气圈外层空间垂直于太阳光线束的单位时间接收的太阳辐射能量，大约为 $8.15J/(cm^2 \cdot min)$。其中，35% 被云层反射回宇宙空间，18% 被大气层吸收，47% 照射到地球表面。

影响地球接受太阳辐射的因素主要有两方面，一是地壳以外的大气层，二是地表形态。太阳辐射中到达地表的主要是短波辐射，其中距地表 20～50km 的臭氧层主要吸收对地球生命系统构成极大危害的紫外线，而较少量的长波辐射被大气下层中的水蒸气和 CO_2 所吸收。大气中的其他气体分子、尘埃和云，则对大气辐射起反射和散射作用，大的微粒主要起反射作用，小的微粒对短波辐射的散射作用较强。地表形态决定了吸收和反射太阳辐射能量之间的比例关系，不同的地表类型差异较大。地表在吸收部分太阳辐射的同时，又对太阳辐射起反射作用，且吸热后温度升高的地表也同样以长波的形式向外辐射能量。

（2）人为热源

自然环境的温度变化较大，而满足人体舒适要求的温度范围又相对较窄。为了维系人类生存较为适宜的温度范围，创造良好的热环境，除太阳辐射能外，人类还需各种能源产生的能量。可以说人类的各种生产、生活和生命活动都是在人类创造的热环境中进行的。热环境中的人为热量来源主要包括以下几种。

① 大功率的电机装置在运转过程中，以副作用的形式向环境释放的热能，如电动机、发电机和电器等。

② 放热的化学反应过程，如化工厂的化学反应炉和核反应堆中的化学反应。

③ 密集人群释放的辐射能量。1 个成年人对外辐射的能量相当于 1 个 146W 的发热器所散发的能量。

7.2.2 热污染的来源

（1）水体热污染的来源

当人类排向自然水域的温热水使受纳水域的温升超过一定限度时，就会破坏该水域的自然生态平衡，导致水质变化，威胁水生生物的生存，进而影响人类对该水域的正常利用，这种现象即为水体的热污染。

工业冷却水是水体热污染的主要热源，其中以电力行业为主，其次为冶金、化工、石油、造纸和机械行业。这些行业排出的主要废水含有大量废热，排入地表水体后会导致水温急剧升高，从而影响环境和生态平衡。我国发电行业的冷却水用量占总冷却水用量的 80% 左右。

核电站也是水体热污染的主要热量来源之一，一般轻水堆核电站的热能利用率为 31%~33%，而剩余的约 2/3 的能量都以热（冷却水）的形式排放到周围环境中。

（2）大气热污染的来源

能源是社会发展和人类进步的命脉。随着能源消耗的加剧，越来越多的副产物 CO_2、水蒸气和颗粒物被排放到大气中。水蒸气吸收从地面辐射的紫外线，颗粒物吸收从太阳辐射来的能量，加之人类活动向大气中释放的能量，使大气温度不断升高，即为大气热污染。

大气热污染主要来源于城市大量燃料燃烧过程所产生的废热，以及高温产品、炉渣和化学反应产生的废热等。具体分为以下三个方面。

① 工业生产是大气热污染的主要来源，如锅炉、窑炉排放出的高温烟气，火力发电厂、核电站和钢铁厂等的冷却系统释放的热量。

② 生活炉灶、采暖锅炉与空调废热也是大气热污染的主要来源，如民用生活炉灶和采暖锅炉等排放的热量。

③ 火车、轮船、飞机等交通工具排放的废能。

7.2.3 热污染的危害

7.2.3.1 热污染对大气的危害

随着对能耗的不断增加，排入大气的热量日益增多，特别是大量消耗煤炭、石油等矿物能源产生大量的 CO_2 和 SO_2 气体排入大气，对大气造成有害影响。

（1）热岛效应

在人口稠密、工业集中的城市地区，由于人类活动排放的大量热量与其他自然条件共同作用致使城区气温普遍高于周围郊区，称为城市热岛效应。城市热岛效应的不利影响主要表现在以下四个方面。

① 使城区冬季缩短，霜雪减少，有时甚至出现城外降雪城内雨的现象，加剧城区夏季高温天气，降低劳动者的工作效率，且易造成中暑甚至死亡。

② 给城市带来暴雨、飓风、云雾等异常的天气现象，即"雨岛效应""雾岛效应"。夏季经常发生市郊降雨，远离市区干燥的现象。

③ 加剧城市能耗和水耗。为了降低室温和提高空气流通速度，人们普遍使用空调、电扇等电器装置，从而加大耗电量。

④ 形成城市风。由于城市热岛效应，市区空气受热不断上升，周围郊区的冷空气向市区汇流补充，城乡间空气的对流运动，被称为"城市风"，在夜间尤为明显。在城市热岛中心上升的空气在一定高度向四周郊区冷却扩散下沉以补偿郊区低空的空缺，这样就形成一种局部环流，称为城市热岛环流。结果，就使扩散到郊区的废气、烟尘等污染物质重新聚集到市区上空，难于向下风向扩散稀释，加剧城市大气污染。

此外，城市热岛效应还会导致火灾多发，局部地区水灾，为细菌病毒等的滋生提供温床，甚至威胁到一些生物的生存并破坏整个城市的生态平衡。

（2）温室效应

温室效应是大气层的一种物理特性。太阳短波辐射可以透过大气射入地面，而地面增暖后释放的长波辐射又被大气中的 CO_2 等物质所吸收，从而产生大气变暖的效应。大气中的 CO_2 就像一层厚厚的玻璃，使地球变成了一个大暖房。大气中的 CO_2 浓度增加，阻止地球热量的散失，使地球发生可感觉到的气温升高，这就是有名的"温室效应"。

温室效应使地表升温、海水膨胀和两极冰雪消融，海平面由此而上涨，有可能淹没大量的沿海城市；台风、暴风、海啸、酷热、旱涝等灾害会频频发生。CO_2 的增加对目前增强温室效应的贡献约为 70%，CH_4 约 24%，N_2O 约为 6%。

7.2.3.2　热污染对水体的危害

（1）威胁水生生物生存

火力发电厂、核电站和钢铁厂冷却系统排出的热水，以及石油、化工、造纸等工厂排出的废水均含有大量废热。这些废热排入地面水体之后，使水温升高，导致水中溶解氧减少，水体处于缺氧状态，从而使鱼等水中生物受到威胁。水温升高又使鱼和水生物新陈代谢加快，需要更多的氧。这样，鱼和水生物在热效力作用下，会因发育受阻而很快死亡。所以，在有钢铁厂、电厂排水的河流中极少有鱼。

（2）加剧水体富营养化

热污染可使河湖港汊水体严重缺氧，引起厌氧菌大量繁殖，有机物腐败严重，水体发黑发臭。水温超过 30℃时，硅藻会大量死亡，而绿藻、蓝藻迅速生长繁殖并占绝对优势。此外，还会促进底泥中营养物质的释放，导致水体的离子总量，特别是 N、P 含量增高，加剧水体富营养化。

（3）引发流行性疾病

河水温度上升给一些致病微生物造成一个人工温床，使它们得以滋生、泛滥，使疾病流行，危害人类健康。1965 年澳大利亚曾流行过一种脑膜炎，后经科学家证实，其祸根是一种变形原虫，根源是发电厂排出的热水使河水温度增高，导致这种变形原虫在温水中大量滋生，造成水源污染。

（4）增强温室效应

水温升高会加快水体的蒸发速度，使大气中的水蒸气和 CO_2 含量增加，从而增强温室效应，引起地表和大气下层温度上升，影响大气循环，甚至导致气候异常。

7.2.3.3　热污染对人体的危害

热污染对人体健康构成严重危害，降低人体的正常免疫功能。高温不仅会使体弱者中暑，还会使人心跳加快，引起情绪烦躁，精神萎靡，食欲不振，思维反应迟钝，工作效率低。高温气候会助长多种病原体、病毒的繁殖和扩散，易引起疾病，特别是肠道疾病和皮肤病。

7.2.4　热污染的控制

7.2.4.1　节能技术与设备

（1）热泵

热泵是将热由低温位传输到高温位的一种装置，具有高效、节能、环保的特点。它利用机械能、热能等外部能量，通过传热工质把低温热源中无法被利用的潜在热量和生活生产中排放的废热，通过热泵机组集中后再传递给要加热的物质。

热泵的热量主要来源于空气、水、地热和太阳能等。其中，以各种废气、废水为热源的余热回收型热泵一方面可以节能，另一方面可以直接减少人为热的排放，从而减轻环境热污染。采用热泵与直接用电加热相比，可节电80%以上；对于100℃以下的热量，采用热泵比锅炉供热可节约燃料50%。

（2）热管

热管是利用密闭管内工质的蒸发和冷凝进行传热的装置，由美国 Los Alamos 国家实验室的 G. M. Grover 于 1963 年发明的。常见的热管由管壳、吸液芯（毛细多空材料构成）和工质（传递热量的液体）三部分组成。热管的一端是蒸发端，另一端是冷凝端。当一端受热时，毛细管中的液体迅速蒸发，蒸气在微小的压力差下流向另外一端，并释放出热量，重新凝结成液体，液体再沿多孔材料靠毛细作用流回蒸发段。如此循环不止，各种分散的热量便可集中起来。

与热泵相比，热管不需要从外部输入能量，具有极高的导热性和良好的等温性，而且热传输量大，可远距离传热。目前，热管已广泛用于余热回收，在工业锅炉、空气预热器和利用废热加热生活废水方面均得到应用。此外，在太阳能集热器、地热温室等方面都取得了较好的效益。

（3）隔热材料

设备及管道不断向周围环境散发热量，有时可以达到相当大的数量，因此通过隔热材料进行保温，不仅节约能源，还在一定程度上减少热污染。此外，在高温作业环境中使用隔热材料，还能显著降低对人体的伤害。

隔热材料按其内部组织和构造的差异，可以分为以下三类：

① 多空纤维质隔热材料，由无机纤维制成的单一纤维毡或纤维布或者几种纤维复合而成的毡布，具有导热系数低，耐热性能好的特点。

② 多空质颗粒类隔热材料，如膨胀蛭石、膨胀珍珠岩等。

③ 发泡类隔热材料，包括有机类（聚氯酯泡沫、聚乙烯泡沫等）、无机类（泡沫玻璃、泡沫水泥等）和有机无机混合类（由空心玻璃微球或陶瓷微球与树脂复合热压而成的闭孔泡沫材料）三种。

近年来研究出许多新型的隔热材料，一般用于特定的环境中，如用于高温的空心微珠和碳素纤维等。

（4）空冷技术

工业过程中遇到的冷却问题，大多采用水冷方式解决，而排放的冷却水正是造成水体热污染的主要污染源。采用空冷技术不仅可以节约水资源，而且有助于控制水体热污染。但是空冷技术耗电量大，会提高燃料的消耗，因此在能源丰富而水资源缺乏的地区比较适用。

7.2.4.2　CO_2 固定与捕集技术

（1）CO_2 固定技术

CO_2 在特殊催化体系下，可与其他化学原料发生许多化学反应，从而可固定为高分子材料。该技术的关键是利用适当的催化体系使惰性 CO_2 活化，从而作为碳或碳氧资源加以利用。目前，CO_2 的活化方式主要有生物活化、配位活化、光化学辐射活化、电化学还原活化、热解活化及化学还原活化。

（2）CO_2 捕集技术

CO_2 的捕集和储存（Carbon Capture and Storage，CCS）是利用吸附、吸收、低温及膜系统等现已较为成熟的工艺技术将废气中的 CO_2 捕集下来，并进行长期或永久性的储存。CO_2 捕集是 CO_2 的捕集和储存过程的第一步，CO_2 是指待处理气体通过分离设备产生比较纯净的 CO_2 的过程。目前，正在大力开发的碳捕集技术主要有 3 种，即燃烧后脱碳、燃烧前脱碳和富氧燃烧技术。

燃烧后捕集，指利用化学吸收剂的 CO_2 吸收性能，在化石燃料燃烧后的烟气中分离捕集 CO_2。

燃烧前捕集，指化石燃料在燃烧前分离捕集 CO_2，该技术被期望与整体煤气化联合循环电厂（IGCC）整合以实现高效、低碳的绿色能源转换。

富氧燃烧捕集，指化石燃料在接近纯氧的环境中燃烧，并辅以烟气循环，该技术得到的烟气主要成分为 CO_2 和 H_2O。

7.3　电磁辐射

电磁辐射是以电磁波的形式向空间环境中传播能量的现象或过程。人类工作和生活的环境充满了电磁辐射。电磁辐射污染是指人类使用产生电磁辐射的器具泄漏的电磁能量传播到室内外空间中，其量超出环境本底值，引起周围受辐射影响人群的不适感，并使人体健康和生态环境受到损害。

7.3.1 电磁污染的来源

电磁辐射污染主要来源于两个方面,一是天然电磁辐射污染源,一是人为电磁辐射污染源。

(1) 天然电磁辐射污染源

天然的电磁污染是自然现象引起的(表 7-6),最常见的是雷电。雷电除了可能对电气设备、飞机、建筑物等直接造成危害外,还会在广泛的区域产生从几千赫兹到几百兆赫兹的极宽频率范围内的严重电磁干扰。火山喷发、地震和太阳黑子活动引起的磁爆等都会产生电磁干扰。天然的电磁污染对短波通信的干扰极为严重。

表 7-6 天然电磁辐射污染源分类

分类	来源
大气与空气污染源	自然界的火花放电、雷电、台风、高寒地区飘雪、火山喷发……
太阳电磁场源	太阳黑子活动与黑体辐射……
宇宙电磁场源	银河系恒星的爆发、宇宙间电子移动……

(2) 人为电磁辐射污染源

人为电磁辐射污染源产生于人工制造的若干系统、电子设备与电气装置,主要来自广播、电视、雷达、通讯基站及电磁能在工业、科学、医疗和生活中的应用设备。人为电磁场源按频率不同又可分为工频场源与射频场源。工频场源(数十至数百赫兹)中,以大功率输电线路所产生的电磁污染为主,同时也包括若干种放电型场源。射频场源(0.1~30MHz)主要指由于无线电设备或射频设备工作过程中所产生的电磁感应与电磁辐射。射频电磁辐射频率范围宽,影响区域大,对近场区的工作人员能产生危害,是目前电磁辐射污染环境的重要因素。

7.3.2 电磁污染的特性

(1) 危害性

电磁辐射的危害性主要表现在对环境和人类两个方面,而后者最值得关注。电磁辐射危害对环境的影响主要是表现在电磁干扰危害、具有对危险物品和武器弹药易造成引爆引燃危险和电磁辐射对生态的危害。在日常生活用品中,许多电器如电视机、微波炉、电脑、荧光灯、电磁炉、手机等都会产生电磁辐射的影响。

(2) 潜伏性

电磁辐射污染属于能量流污染,这一污染很难被人感知,部分电磁辐射污染的危害性仍然未被人们所认识,因此,其危害性或者说电磁辐射污染的特点存在危害的潜伏性。

(3) 隐蔽性

日常生活中,很多家用电器等都会产生辐射,其中微波炉、手机以高频辐射为主,电视机、空调、电脑等以低频辐射为主。当微波炉使用一段时间后,由于使用频繁或其他原因,可能出现炉门松动现象,则产生较强微波能量泄漏,或由于使用不当,弄脏炉门接触表面,使之接触阻抗变大,极容易产生强大强度泄漏,一般可超标几倍乃至十几倍之多。因此,电磁辐射污染常常被人们所忽视，具有一定的隐蔽性。

7.3.3 电磁污染的危害

7.3.3.1 电磁辐射对装置、物质和设备的干扰

（1）射频辐射对通信、电视机的干扰

射频设备和广播发射机振荡回路的电磁泄漏，以及电源线、馈线和天线等向外辐射的电磁能可以干扰位于这个区域范围内的各种电子设备的正常工作。空间电波可使信号失误，图形失真，控制失灵，以至于无法正常工作。电视机受到射频辐射的干扰，图像出现活动波纹或斜线，图像不清楚，影响收看效果。

还应指出，电磁波不仅可以干扰和它同频或邻频的设备，而且还可以干扰比它频率高得多的设备，也可以干扰比它频率低得多的设备，必须对此严加限制。

（2）电磁辐射对易爆物质和装置的危害

电磁辐射可以使火药、炸药及雷管等具有较低的燃烧能点的物质发生意外爆炸。许多常规兵器采用电气引爆装置，如遇高电平的电磁感应和辐射，可能造成控制机构的误动，从而使控制失灵，发生意外的爆炸。如高频辐射强场能够使导弹制导系统控制失灵，电爆管的效应提前或滞后。

（3）电磁辐射对挥发性物质的危害

挥发性液体和气体，例如酒精、煤油、液化石油气等易燃物质，在高电平电磁感应和辐射作用下，可发生燃烧现象，特别是在静电危害方面尤为突出。

7.3.3.2 电磁辐射对人体健康的危害

影响电磁辐射对人体健康危害的因素与辐射源、周围环境及受体差异有关。以电磁辐射为例，主要是频率（波长）、电磁场强度、与辐射源的距离、波形、照射时间和累积频次影响了人类健康。电磁辐射尤其是微波对人体健康有不利影响，主要表现在以下几个方面。

（1）电磁辐射的致癌作用

大部分实验动物经微波作用后，可以使癌的发生率上升。调查表明，在 $2mGs$（$1Gs=10^{-4}T$）以上电磁场中，人群患白血病的概率为正常的 2.93 倍，肌肉肿瘤的概率为正常的 3.26 倍。一些微波生物学家的实验表明，电磁辐射会促使人体内的遗传基因微粒细胞染色体发生突变和有丝分裂异常，而使某些组织出现病理性增生过程，使正常细胞变为癌细胞。

（2）对视觉系统的影响

眼组织含有大量的水分，易吸收电磁辐射，而且眼的血流量少，故在电磁辐射作用下，眼球的温度易升高。温度升高是产生白内障的主要条件。长期低强度电磁辐射的作用，可促进视觉疲劳，眼感到不舒适和感到干燥等现象。强度在 $100mW/cm^2$ 的微波照射眼睛几分钟，就可使晶状体出现水肿，严重的则成为白内障。强度更高的微波，则会使视力完全消失。

（3）对生殖系统和遗传的影响

长期接触超短波发生器，男人可出现性机能下降、阳痿，女人出现月经周期紊乱，破坏排卵过程，影响生育能力。高强度的电磁辐射可以产生遗传效应，使睾丸染色体出现畸变和有丝分裂异常。妊娠妇女在早期或在妊娠前，如果接受了短波透热疗法，会使其子代出现先天性出生缺陷（畸形婴儿）。

（4）对血液系统和机体免疫功能的影响

在电磁辐射的作用下，周围血象可出现白细胞不稳定的情况，主要是下降倾向，红细胞的生成受到抑制，出现网状红细胞减少。电磁辐射的作用使身体抵抗力下降。动物实验和对人群受辐射作用的研究与调查表明，人体的白细胞吞噬细菌的百分率和吞噬的细菌数均下降。此外，受电磁辐射长期作用的人，其抗体形成受到明显抑制。

（5）引起心血管疾病

受电磁辐射作用的人常发生血流动力学失调，血管通透性和张力降低。由于植物神经调节功能受到影响，人们多数出现心动过缓症状，少数呈现心动过速。受害者出现血压波动，开始升高，后又回复至正常，最后出现血压偏低；迷走神经发生过敏反应，房室传导不良。此外，长期受电磁辐射作用的人，更早、更易使心血管系统疾病发生和发展。

（6）对中枢神经系统的危害

神经系统对电磁辐射的作用很敏感，受其低强度反复作用后，中枢神经机能发生改变，出现神经衰弱症候群，主要表现有头痛、头晕、无力、记忆力减退、睡眠障碍、易激动、白天打瞌睡、心悸、胸闷、多汗、脱发等，尤其是入睡困难、无力、多汗和记忆力减退更为突出。

（7）对胎儿的影响

世界卫生组织认为，计算机、电视机、移动电话等产生的电磁辐射对胎儿有不良影响。孕妇在怀孕期的前三个月尤其要避免接触电磁辐射。据最新调查显示，我国每年出生的2000万婴儿中，有35万为缺陷儿，其中25万为智力残缺，有专家认为，电磁辐射也是影响因素之一。

7.3.4　电磁污染的控制

7.3.4.1　电磁污染防护措施

根据电磁污染的特点，必须采取防重于治的策略。首先是要减少和控制污染源，使辐射量在规定的限值内，其次是要采取相应的防护措施，保障职业人员和公众的人身安全。具体体现在以下几方面。

（1）执行电磁辐射安全标准

目前我国有关电磁辐射的法规很不健全，应尽快制定各种法规、标准、监察管理条例，做到依法治理。在产生电磁辐射的作业场所，应定期进行监测，发现电磁场强度超过标准的要尽快采取措施。

（2）采取防护措施

为了减少电子设备的电磁泄漏，防止电磁辐射污染环境，危害人体健康，必须从城市规划、产品设计、电磁屏蔽和吸收等角度着手，采取标本兼治的方案防护和治理电磁污染。

（3）加强宣传教育，提高公众认识

鉴于当前电磁辐射对人体健康的危害日益严重，特别是这种看不见、摸不着、闻不到的危害不易为人们察觉，往往会被忽视。因此，广泛开展宣传教育，唤起人们防护意识已成为当务之急。

7.3.4.2　电磁污染防治技术

（1）广播、电视发射台的电磁辐射防护

广播、电视发射台的电磁辐射防护首先应该在项目建设前，以《电磁辐射防护规定》为标准，进行电磁辐射环境影响评价，实行预防性卫生监督，提出包括防护带要求等预防性防护措施。对于业已建成的发射台对周围区域造成较强场强，一般可考虑以下防护措施。

① 在条件许可的情况下，采取措施，减少对人群密集居住方位的辐射强度，如改变发射天线的结构和方向角。

② 在中波发射天线周围场强大约为 15V/m、短波场强为 6V/m 的范围设置一片绿化带。

③ 调整住房用途，将在中波发射天线周围场强大约为 10V/m、短波场源周围场强为 4V/m 的范围内的住房，改为非生活用房。

④ 利用建筑材料对电磁辐射的吸收或反射特性，在辐射频率较高的波段，使用不同的建筑材料，如用钢筋混凝土或金属材料覆盖建筑物，以衰减室内场强。

（2）微波设备的电磁辐射防护

为了防止和避免微波辐射对环境的"污染"而造成公害，影响人体健康，在微波辐射的安全防护方面，主要的措施有以下三方面。

① 减少辐射源的直接辐射或泄漏，合理地使用微波设备，减少不必要的伤害。

② 实行屏蔽和吸收。为了防止微波在工作地点的辐射，可采用反射型和吸收型两种屏蔽方法。

③ 微波作业人员的个体防护。必须进入微波辐射强度超过照射卫生标准的微波环境操作人员，可穿微波防护服、戴防护面具、戴防护眼镜。

（3）高频设备的电磁辐射防护

高频设备的电磁辐射防护的频率范围一般是指 0.1～300MHz，其防护技术有电磁屏蔽、接地技术及滤波等几种。由于感应电流和频率成正比，低频时感应电流很小，所产生的磁感线不足以抵消外来电磁场的磁感线，因此电磁屏蔽只适用于高频设备。

7.3.4.3　环境静电污染防治

频率为零时的电磁场即为静电场。静电场中没有辐射，然而高压静电放电也能引爆引燃易燃气体和易燃物品，对人体健康、电子仪器等产生重大危害。当静电积累到一定程度并引起放电，且能量超过物质的引燃点时，就会发生火灾。

防止和消除静电危害，控制和减少静电灾害的发生，主要从三个方面入手：一是尽量减少静电的产生；二是在静电产生不可避免的情况下，采取加速释放静电的措施，以减少静电的积累；三是当静电的产生、积累都无法避免时，要积极采取防止放电着火的措施。

专栏—电子雾

前苏联曾发生过一起震惊世界的电脑杀人案，国际象棋大师尼古拉·古德科夫与一台超级电脑对弈时，突然被电脑释放的强大电流击毙。后经一系列调查证实，杀害古德科夫的罪魁祸首是外来的电磁波——电磁波干扰了电脑中已经编好的程序，导致超级电脑动作失误而突然放出强电流。

据测试，电脑、电子游戏机以及各种电子电器设备在使用过程中，都会发出各种不同波长和频率的电磁波。这种电磁波充斥在空间，形成一种被称为"电子雾"的污染源，它看不见、摸不着、闻不到，因而很容易被忽视，但已确确实实构成对人类生存环境的新的威胁。

"电子雾"能扰乱周围敏感的电子控制系统，造成各种意外事故，这方面的案例不胜枚举。例如，日本曾有10多名工人死在机器人手下，就是由于外来电磁波使机器人内部已编好的程序发生紊乱，以致动作失灵，误伤工人。

7.4 光污染

早在20世纪初期，天文学家在天文观测过程中发现，由于城市室外照明光掩盖了天空中的星星所发出的微弱光线，使观测活动变得非常困难，于是逐渐提出了"光污染"或"光害"的概念。现在，夜间的路灯、楼宇照明灯、汽车灯、户外广告和大型公共场所的灯光，以及白天的大厦玻璃、大理石墙面对日光的反射等对人们的工作、生活都造成了不良影响。因此，光污染也越来越得到人们的重视，但是迄今为止，我国尚未发布控制光污染的明确规范。

光污染是现代社会中伴随着新技术的发展而出现的环境问题。当光辐射过量时，就会对人们的生活、工作环境以及人体健康产生不利影响，称之为光污染。

狭义的光污染指干扰光的有害影响。干扰光是指在逸散光中，由于光量和光方向，使人的活动、生物等受到有害影响，即产生有害影响的逸散光。逸散光指从照明器具发出的，使本不应是照射目的的物体被照射到的光。广义光污染指由人工光源导致的违背人的生理与心理需求或有损于生理与心理健康的现象，包括眩光污染、光泛滥、视屏蔽、射线污染、视单调、频闪等。广义光污染包括了狭义光污染的内容。

（1）光污染的来源

随着我国现代化城市建设的不断发展，特别是越来越多的城市大量兴建玻璃幕墙建筑和实施"灯亮工程""光彩工程"，使城市的光污染问题日益突出，主要表现在以下两个方面。

① 现代建筑物形成的光污染。随着现代化城市的日益发展与繁荣，一种新的都市光污染正在威胁着人的健康。城市建筑物采用大面积镜面式铝合金装饰的外墙、玻璃幕墙，使人仿佛置身于镜子的世界，方向难辨。在日照光线强烈的季节里，这些装饰材料的光反射系数

很强，完全超过了人体所能承受的极限，形成光污染。

②夜景照明形成的光污染。随着夜景照明的迅速发展，特别是大功率高强度气体放电电源的广泛使用，使夜景照明亮度过高，形成人工白昼，使人昼夜不分，严重影响人们的工作和休息。另外由于家庭装潢引起的室内污染也逐渐引起了人们的重视。

（2）光污染的分类

根据不同的分类原则，光污染可以分为不同的类型。国际上一般将光污染分为三类，即白亮污染、人工白昼和彩光污染，其中彩光污染又分为激光污染、红外线污染、紫外线污染。

白亮污染指建筑物外部用大块镜面或钢化玻璃、大理石装饰造成白花花、明亮亮的超出肉眼所能承受的亮度，强烈刺激眼球的光束。研究表明，长期置于白亮污染下工作和生活的人会引起心焦气躁、失眠多梦、情绪易怒、浑身乏力等类似神经衰弱的症状。

人工白昼污染指夜幕降临后由于一些特殊场所以商业利益为目的进行的过度照明，由于夜晚的强光反射将夜空照得如同白昼，给入夜的人们造成影响，还会伤害鸟类和昆虫，强光可能破坏昆虫在夜间的正常繁殖过程。

彩光污染指彩色活动灯、荧光灯及各种闪烁的彩色光源构成彩色污染，比如舞厅中的彩色照明灯，据测定，黑光灯所产生的紫外线强度大大高于太阳光中的紫外线，且对人体的有害影响持续时间长。人如果长期接受这种照射，可诱发流鼻血、脱牙、白内障，甚至导致白血病和其他癌变。彩色光源让人眼花缭乱，不仅对眼睛不利，而且干扰大脑中枢神经，使人感到头晕目眩，出现恶心呕吐、失眠等症状。

（3）光污染的特性

光污染是属于物理性污染，只要存在就显现，一旦停止即消失，不能及时对它采取防范措施。比如强烈的光照反射到正在行驶的车内，司机们很难确定它在何时出现，即使预知有，也不易及时采取措施，导致司机暂时性目盲或产生错觉，从而对路上的行人和司机本身的人身安全造成威胁。

随着强光反射角度的变化，侵害也跟着改变，并随距离的增加而迅速减弱，对于光污染的认定与测量存在着复杂性和不稳定性。

光的污染行为不可以通过分解、转化等方式清除或削弱，所以对于这种新型污染来说最好的应对方法应以预防为主，如在规划设计时就考虑可能会产生的光污染，将光污染消灭在源头，它的治理就会显得相对容易。

7.4.1 光污染的危害

光污染的危害主要体现在以下几个方面。

（1）对人体健康的影响

国际上一般将光污染分成 3 类，即白亮污染、人工白昼和彩光污染。不同的光对人体的影响有一定的差异。

人体受光污染危害首先是眼睛。瞬间的强光照射会使人们出现短暂的失明。普通光污染可对人眼的角膜和虹膜造成伤害，抑制视网膜感光细胞功能的发挥，引起视疲劳和视力下降。长时间在白色光亮污染环境下工作和生活的人，白内障的发病率高达45％。白亮污染还会使人头昏心烦，甚至发生失眠、食欲下降、情绪低落、身体乏力等类似神经衰弱的症状。

彩光污染源的黑光灯所产生的紫外线强度远高于太阳光中的紫外线，且对人体有害影响持续时间长。人如果长期受到这种照射，可诱发流鼻血、脱牙、白内障，甚至导致白血病和其他癌变。彩色光源，不仅对眼睛不利，而且干扰大脑中枢神经，使人感到头晕目眩，出现恶心呕吐、失眠等症状。

光污染不仅对人的生理有影响，对人心理也有影响。在缤纷多彩的环境里待的时间长一点，就会或多或少感觉到心理和情绪上的影响。

（2）对生态的破坏

光污染不仅影响人类，而且也会影响到动植物的生存，产生生态破坏。

很多动物受到过多的人工光线的照射时，会影响它们的生活习性和新陈代谢，引发一些怪异的行为。人工白昼会伤害鸟类和昆虫。研究发现，1只小型广告灯箱1年可以杀死35万只蝴蝶等蛾类昆虫，这会导致大量鸟类因失去食物而死亡，破坏正常的食物链和生态平衡。鸟类在迁徙期最易受到人工光的干扰。它们在夜间是以星星定向的，城市的照明光却常使它们迷失方向。强光可能破坏昆虫在夜间的正常繁殖过程。强烈的光照提高了周围的温度，对草坪和植被的生长不利。紧靠强光灯的树木存活时间短，产生的氧气也少。过度的照明还会导致农作物抽穗延迟、减收。

（3）对交通系统的影响

各种交通线路上的照明设备或附近体育场和商业照明设备发出的光线都会对车辆的驾驶者产生影响，降低交通的安全性。眩光会对正在行驶的汽车司机的视觉造成短暂的目盲或幻觉，导致工作效率低下，甚至引发交通事故等不良影响，特别是在湿滑或结冰的晚上驾车时，眩光反射对肉眼的刺激大大增加。

在烈日照射下，驾驶者和行人会遭到玻璃幕墙反射光的影响，视觉功能受到影响，增加交通的危险性。同时眼睛受到强烈刺激时极易引起视觉疲劳，导致驾驶员出错，发生意外交通事故。机动车夜间行驶照明用的车前灯还会产生眩光，影响对面行驶的车辆，容易发生交通事故。

（4）对天文观测的影响

天文观测依赖于夜间天空的亮度和被观测星体的亮度，夜空的亮度越低，就越有利于天体观察的进行。各种照明设备发出的光线经过空气和大气中悬浮尘埃的散射，使夜空亮度增加，对天体观察造成不利的影响。在我国2004年南京紫金山天文台由于光的过度照射导致观测数据难以精准而部分搬迁，2008年上海天文台也重新选址观测基地。

7.4.2 光污染的防治

（1）加强夜景照明生态设计

首先，夜景观建设必须适度，明确夜间灯光的主要功能是照明，而后才是美化作用。照明只需要一定的光线强度即可，过亮会干扰车辆和行人，甚至破坏生态环境。

美化夜景需要柔和、温馨的灯光，如果太刺激会令人不适。夜景照明应根据需要而设计，充分考虑环境因素。

（2）加强城市玻璃幕墙的建设管理

为防止玻璃幕墙的有害反射光，在城市人群密集的地段及交通干道两侧和居民区内应尽量少采用玻璃幕墙。在十字路口、丁字路口不宜采用玻璃幕墙，避免反射光直接进入驾驶员正视线方向。在低层人眼视线能触及的地方，玻璃幕墙不要面积太大，最好不出现亮点和小凹面。玻璃幕墙的颜色要与周围环境颜色相协调。

（3）加强对建筑物装修材料的管理

选择建筑物装修材料时，应服从环境保护的要求，尽量选择反射系数低的材料，减少玻璃、大理石、铝合金等反射系数高的材料使用。

（4）加强城市规划和管理

防治光污染关键在于加强城市规划管理，在发展城市夜景照明时务必考虑光污染问题，合理布置光源，做到未雨绸缪，防患于未然，使它起到美化环境的作用而不是造成光污染。在工业生产中，对光污染的防护措施包括在有红外线及紫外线产生的工作场所，应适当采取安全方法，如采用可移动屏障将操作区围住，以防止非操作者受到有害光源的直接照射。

（5）采取必要的个人防护

个人防护光污染的最有效措施是保护眼部和裸露皮肤勿受光辐射的影响。佩戴护目镜和防护面罩是有效的个人防护措施。

（6）加快立法，健全法规

加强管理着手制订我国防治光污染的标准和规范，同时建议在国家或地区性环境保护法规中增加防治光污染内容。在目前我国没有这方面的标准和规范的情况下，建议参照国际照明委员会和发达国家有关规定和标准来防治光的污染。

7.5 放射性污染

放射性是一种不稳定的原子核自发地发生衰变的现象，在放射的过程中同时释放出射线，即原子在裂变的过程中释放出射线的物质属性。具有这种性质的物质叫做放射性物质。放射性物质种类很多，U、Th 和 Ra 就是常见的放射性物质。放射性物质衰变时可从原子核中释放出对人体有危害的 α 射线、β 射线、γ 射线、X 射线等。

放射性污染主要是指因人类的生产、生活活动排放的放射性物质所产生的电离辐射超过放射环境标准时，产生放射性污染而危害人体健康的一种现象，主要指对人体健康带来危害的人工放射性污染。随着核能、核素在诸多领域中的应用，放射性废物的排放量在不断增加，已对环境和人类构成严重威胁。世界各国高度重视放射性废物的处理与处置，进行了大量研究工作。目前，放射性废物的处理与处置技术有了很大发展，并在不断得到完善。

7.5.1 放射性污染的来源

放射性污染源按其来源可分为天然辐射源和人工辐射源。

（1）天然辐射源

在人类历史过程中，生存环境射线照射持续不断地对人们产生影响，天然本底的辐射主要来源有：宇宙辐射，地球表面的放射性物质，空气中存在的放射性物质，地面水系中含有的放射性物质和人体内的放射性物质。研究天然本底辐射水平具有重要的实用价值和重要的科学意义。

（2）人工辐射源

对人类影响最大的是人工放射性污染源。人工放射性污染源主要来源于以下四个方面。

① 核工业。核工业包括原子能电站、原子能反应堆、核动力舰艇等，它们在运行过程中排放含各种核裂变产物的"三废"；特别是发生事故时，将会有大量放射性物质泄漏到环境中，造成严重污染事故。

② 核试验及航天事故。核试验及航天事故包括大气层核试验、地下核爆炸冒顶事故及外层空间核动力航天事故等。其核裂变产物包括 200 多种放射性核素，如 ^{89}Sr、^{90}Sr、^{131}I、^{137}Cs、^{14}C、^{239}Pu 等，还有核爆炸过程中产生的中子与大气、土壤、建筑材料中的核素发生核反应形成的中子活化产物，如 ^{3}H、^{14}C、^{32}P、^{42}K、^{55}Fe、^{59}Fe、^{56}Mn 等，以及剩余未起反应的核素如 ^{235}U、^{239}Po 等。

③ 工农业、医学、科研等部门排放的废物。工农业、医学、科研等部门使用放射性核素日益广泛，其排放的废物也是主要的人为源之一。例如：医学上使用 ^{60}Co、^{131}I 等放射性核素已达几十种，发光钟表工业应用放射性核素作长期的光激发源，科研部门利用放射性核素进行示踪试验等。

④ 放射性矿的开采和利用。在稀土金属和其他共生金属矿开采、提炼过程中，其"三废"中含有 U、Th、Rn 等放射性核素，将造成所在局部地区的污染。

7.5.2 放射性污染的特性

（1）长期危害性

放射性污染一旦产生和扩散到环境中，就不断对周围发出放射线，永不停止。放射性废物中的放射性活度只能随着时间推移而衰减。自然条件的阳光、温度无法改变放射性核同位素的放射性活度，人们也无法用任何化学或物理手段使放射性核同位素失去放射性。除了尚在研究的分离—嬗变技术外，没有有效的方法予以消除，只能利用自然衰败的方法使其消失。

（2）难处理性

放射性废物中的放射性物质不但会对人体产生内外照射的危害，同时放射性的热效应使废物温度升高。因此处理放射性废物必须采取复杂的屏蔽和封闭措施并应采取远距离操作及通风冷却措施。

（3）处理技术复杂性

某些放射性核素的毒性比非放射性核素大许多倍，因此放射性废物处理比非放射性废物处理要严格困难得多。废物中放射性核素含量非常小，同时也含有多种放射性污染物，一般都处在高度稀释状态，但其净化要求极高，因此要采取极其复杂的处理手段进行多次处理才能达到要求。

（4）对人类作用有累积性

放射性污染是通过发射 α、β、γ 或中子射线来伤害人，α、β、γ 中子等辐射都属于致电离辐射。经过长期深入研究，已经探明致电离辐射对于人（生物）危害的效果（剂量）具有明显的累积性。尽管人或生物体自身有一定对辐射伤害的修复功能，但极弱。极少的放射性核同位素污染发出的很少剂量的辐照剂量率如果长期存在于人身边或人体内，就可能长期累积对人体造成严重危害。

7.5.3　放射性污染的控制

射线的危害有近期效应和远期效应两大类。原子弹爆炸时的高强度和医疗中的大剂量射线辐射，导致白血病和各种癌症的产生，属于近期效应。而通常所指的环境的放射性污染，是指长期接受低剂量辐射，对机体造成慢性损伤的远期效应或潜在效应。如长期接受低剂量辐射，数年或数十年之后，可能出现白血病、白内障、恶性肿瘤、生长发育迟缓和生殖系统病变等情况，甚至可能把生理病变遗传给子孙后代。

7.5.3.1　放射性辐射的防护

辐射防护的目的在于完全防止非随机性效应，并限制随机性效应的发生率。放射性辐射的防护按照辐射类型可以分为外照射的防护和内照射的防护。

（1）外照射的防护

外照射的防护方法主要包括时间防护、距离防护和屏蔽防护。

① 时间防护。在具有特定辐射剂量的场所，工作人员所受到的辐射累积剂量与人在该场所停留的总时间成正比。所以工作人员应尽量做到操作快速、准确，或采取轮流操作方式，熟练掌握操作技能，缩短受照时间，是实现防护的有效办法。

② 距离防护。距离防护是指通过远离放射源，以达到防护目的的方法。点状放射性污染源的辐射剂量与污染源到受照者之间的距离的平方成反比，人距离辐射源越近接受的辐射剂量越大，因此工作人员应尽可能远离放射源进行操作。

③ 屏蔽防护。屏蔽防护是指在放射源和人体之间放置能够吸收或减弱射线强度的材料，以达到防护目的的方法。根据各种放射性射线在穿透物体时被吸收和减弱的原理，可采用各种屏蔽材料来吸收降低外照射剂量。对 α 射线，戴上手套，穿好鞋袜，不让放射性物质直接接触到皮肤即可；对 β 射线，用一定厚度（一般几毫米）的铝板、塑料板、有机玻璃和某些复合材料即可完全屏蔽；具有强穿透力的 γ 射线和 X 射线是屏蔽防护的主要对象，屏蔽时应采用具有足够厚度和容重的材料，如铝、铁、钢或混凝土构件等。对中子源衰变中产生的中子射线，一般采用含硼石蜡、水、聚乙烯、锂、铍和石墨等作为慢化及吸收中子的屏蔽材料。

（2）内照射的防护

工作场所或环境中的放射性物质一旦进入人体，它就会长期沉积在某些组织或器官中，既难以探测或准确监测，又难以排出体外，从而造成终生伤害。因此，必须严格防止内照射的发生。内照射的防护主要通过防止呼吸道吸收、防止胃肠道吸收和防止由伤口吸收。

方法有：制定各种必要的规章制度；工作场所通风换气；在放射性工作场所严禁吸烟、吃东西和饮水；在操作放射性物质时要戴上个人防护用具；加强放射性物质的管理；严密监视放射性物质的污染情况，发现情况，尽早采取去污措施，防止污染范围扩大；布局设计要合理，防止交叉污染等。

7.5.3.2　控制污染源

放射性污染的防治首先必须控制污染源，核企业厂址应选择在人口密度低、抗震强度高的地区，保证出事故时居民所受的伤害最小，更重要的是将核废料进行严格处理。

（1）放射性废液处理

处理放射性废液的方法有化学处理、离子交换、吸附法、膜分离法、生物处理、蒸发浓缩等。根据放射性比活度的高低、废水量的大小及水质和不同的处置方式，可选择上述一种方法或几种方法联合使用，达到理想的处理效果。

（2）放射性废气处理

放射性污染物在废气中存在的形态包括放射性气体、放射性气溶胶和放射性粉尘。对于挥发性放射性气体，可以用吸附或者稀释的方法进行治理；对于放射性气溶胶，通常可用除尘技术进行净化；对于放射性污染物，通常用高效过滤器过滤、吸附等方法处理，使空气净化后经高烟囱排放，如果放射性活度在允许限值范围，可直接由烟囱排放。

（3）放射性固体废物的处理和处置

放射性固体废物种类繁多，可分为湿固体和干固体两大类。湿固体包括蒸发残渣、沉淀泥浆和废树脂等；干固体包括污染劳保用品、用品、设备、废过滤器芯、活性炭等。为了减容和适于运输、贮存和最终处置，要对含放射性固体废物进行焚烧、压缩、固化或固定等的处理。

专栏—日本福岛核电站事故

受日本大地震影响，福岛第一核电站遭到极为严重损坏，大量放射性物质泄漏到外部。2011年4月12日，日本原子能安全保安院根据国际核事件分级表将福岛核事故定为最高级7级。

福岛第一核电站排水口附近海域的放射性碘浓度达到法定限值的3355倍，核电站周围20km范围内居民全部疏散，核电站附近海域将长时间禁止渔船作业。驻日美军横须贺与厚木两处军事基地都检测到核泄漏辐射。中国环境保护部（国家核安全局）有关负责人介绍，环保部门设在黑龙江省饶河县、抚远县、虎林县的三个监测点的气溶胶样品中检测到极微量的人工放射性核素碘-131。

从福岛第一核电站附近土壤和植物中首次检测出微量放射性锶-89和锶-90。结果显示，土壤中的放射性活度锶-89最高为每千克260贝克勒尔，锶-90最高为每千克32贝克勒尔。植物样本中锶-90的放射性活度最高为每千克5.9贝克勒尔。

7.6　振动

振动是自然界最普遍的现象之一。各种形式的物理现象，如声、光、热等都包含振动；人的生命活动也离不开振动，心脏的搏动、耳膜和声带的振动，都是人体不可缺少的功能；声音的产生、传播和接受都离不开振动。

振动污染是指振动超过一定的界限时，对人体的健康和设施产生损害，对人的生活和工作环境形成干扰，或使机器、设备和仪表不能正常工作。与噪声污染一样，振动污染带有强烈的主观性，是一种危害人体健康的感觉公害。

随着社会发展，接触振动作业的人数日益增多，振动污染导致的职业危害也越来越引起人们的重视。目前，从事声学、力学、机械制造等专业的科技人员大多都从事振动研究。

7.6.1　振动污染源

振动污染按其来源可分为自然振动和人为振动。自然振动如地震、海浪和风等；人为振动如运转的各种动力设备、建筑施工使用的一些设备、运行的交通工具、电声系统中的扬声器、人工爆破等。

自然振动带来的灾害难以避免，只能加强预报减小损失。人为振动源主要包括工厂振动源、道路交通振动源、工程振动源、低频空气振动源等。

（1）工厂振动源

在工业生产中的振动源主要有旋转机械、传动轴系、管道振动、往复机械等，如锻压、切削、铸造、破碎、风动、球磨以及动力等机械和各种输气、液、粉的管道。工厂振动主要由工厂中的大型冲压机器的运行产生的。

（2）道路交通振动源

道路交通振动源主要是铁路振源和公路振源。如铁路、地铁、汽车行驶中都会产生振动。对周围环境而言，铁路振动呈间歇性振动状态；而公路振源则受到车辆的种类、车速、公路地面结构、周围建筑物结构和离公路中心远近等因素的影响。

（3）工程振动源

工程施工现场的振动源主要是打夯机、打桩机、碾压设备、水泥搅拌机、爆破作业以及各种大型运输机车等。施工振动主要来自于工地上用电钻打眼、汽锤打桩、采矿爆破、爆破拆除、打夯实、深基坑或隧道开挖，以及一般的重型机械施工活动。

（4）低频空气振动源

低频空气振动是指人耳可听见的 100Hz 左右的低频振动，如玻璃窗、门产生的低频空气振动。这种振动多发生在工厂。

7.6.2　振动污染的特性

（1）主观性

振动污染带有强烈的主观性，是一种危害人体健康的感觉公害。振动本身不像大气污染物那样对人体产生很大的影响，适度的振动有时反而会使身体感到舒适、安稳。振动源这一特性不仅使振动污染问题复杂化，也有碍于防治政策的顺利实施。

（2）局部性

振动污染与噪声污染一样是局部性污染。振动传递时，随距离增大而衰减，仅在振动源邻近的地区产生影响。

（3）瞬时性

污染振动不像大气污染物那样随气象条件改变而改变，不污染场所，是瞬时性能量污染。如地震过程中，振动只是简单通过在地基内的物理变化传递，随传递距离增大而逐渐衰减消失。在环境中无残留污染物，不积累，振源停止，污染即消失。

7.6.3 振动污染的危害

（1）振动对生理的影响

振动对人类生理的影响主要体现在损伤人的机体，引起循环系统、消化系统、神经系统、呼吸系统、代谢系统、感官的各种急症，损伤脑、肺、消化系统、心、肝、肾、关节、脊髓等。

（2）振动对心理的影响

一般人们在感受到振动的情况下，心理上会产生烦躁、不愉快的感受。当人们看到电灯摇动或水面晃动，听到门、窗发出声响，也会判断出房屋在振动。人对振动的感受很复杂，往往是包括若干其他感受在内的综合性感受。

（3）振动对工作效率的影响

振动会引起人体心理和生理的不利变化，从而导致工作效率的降低。振动会产生视力减退，影响反应能力和语言交谈，妨碍肌肉运动和加大复杂工作错误率等不利影响。

（4）振动对机械设备的影响

振动使机械设备本身疲劳和磨损，缩短机械设备的使用寿命，甚至使机械设备中的构件发生刚度和强度破坏。对于机械加工机床，如振动过大，可使加工精度降低。飞机机翼的颤振、机轮的摆动和发动机的异常振动，都有可能造成飞行事故。

（5）振动建筑物的影响

从振源发出的振动，以波动形式通过地基传播到周围的建筑物的基础、楼板或其相邻结构，可以引起它们的振动，并产生辐射声波，引起所谓的结构噪声。由于固体声衰减缓慢，可以传播到很远的地方，所以常常导致构筑物破坏，如构筑物基础和墙壁的龟裂、墙皮的剥落、地基变形、下沉、门窗翘曲变形等，严重者可使构筑物坍塌，影响程度取决于振动的频率和强度。由于共振的放大作用，其放大倍数可达数倍到数十倍，带来更严重的振动破坏和危害。

7.6.4 振动污染的控制

振动传播与声传播一样，由振动源、传递介质和接受者三个要素组成。

环境中的振动源主要有：工厂振源（往复旋转机械、传动轴、电磁振动等），交通振源（汽车、机车、路轨、路面、飞机、气流等），建筑工地（打桩、搅拌、风镐、压路机等）以及大地脉动及地震等。传递介质主要有：地基地坪、建筑物、空气、水、道路、构件设备等。接受者除人群外，还包括建筑物及仪器设备等。因此振动污染控制的基本方法也就分为三个方面，振源控制、传递过程中振动控制及对接收者采取控制。

（1）振源控制

① 采用振动小的加工工艺。强力撞击在机械加工中经常见到，强力撞击会引起被加工零件、机械部件和基础振动。控制此类振动最有效的方法是改进加工工艺，即用不撞击方法代替撞击方法，如用压延替代冲压、用焊接替代铆接、用滚轧替代锤击等。

② 减少振源的扰动。振动的主要来源是振动源本身的不平衡力引起的对设备的激励。因此改进振动设备的设计和提高制造加工装配精度，使其振动最小，是最有效的控制方法。

（2）振动传递过程中的控制

① 加大振动源和受振对象之间的距离。振动在介质中传播，由于能量的扩散和介质对振动能量的吸收，一般是随着距离的增加振动逐渐减弱，所以加大振源与受振对象之间的距离是控制振动的有效措施之一。

② 隔振沟。振动的影响主要是通过振动传递来达到的，减少或隔离振动的传递是控制振动的有效方法之一。在振动机械基础的四周开有一定宽度和深度的沟槽——隔振沟，里面填充松软物质（如木屑等）或不填，用来隔离振动的传递，这也是以往常采用的隔振措施之一。

③ 采用隔振器材。在设备下安装隔振元件，隔振器是目前工程上应用最为广泛的控制振动的有效措施。安装这种隔振元件后，能真正起到减少振动与冲击力的传递的作用，只要隔振元件选用得当，隔振效果可在 85%～90% 以上，而且可以采用上面讲的大型基础。

（3）对防振对象采取的振动控制措施

对防振对象采取的措施主要是指对精密仪器、设备采取的措施，一般方法如下。

① 采用黏弹性高阻尼材料。对于一些具有薄壳机体的精密仪器，宜采用黏弹性高阻尼材料增加其阻尼，以增加能量耗散，降低其振幅。

② 保证精密仪器、设备的工作台的刚度。精密仪器、设备的工作台应采用钢筋混凝土制的水磨石工作台，以保证工作台本身具有足够的刚度和质量，不宜采用刚度小、易晃动的木质工作台。

习题与思考题

1. 什么是噪声？

2. 噪声的危害？试列举 1～2 个环境噪声的事例。

3. 什么是热污染？热污染的危害有哪些？

4. 简述电磁辐射对人体的危害。

5. 简述光污染的危害。

6. 简述放射性污染的防护措施。

7. 简述振动污染的危害及其控制措施。

◆ 参考文献 ◆

[1] 陈杰瑢. 物理性污染控制[M]. 北京：高等教育出版社，2007.

[2] 任连海，田媛，齐运全. 环境物理性污染控制工程[M]. 北京：化学工业出版社，2008.

[3] 李连山，杨建设. 环境物理性污染控制工程[M]. 武汉：华中科技大学出版社，2009.

[4] 杜翠凤，宋波，蒋仲安. 物理污染控制工程[M]. 北京：冶金工业出版社，2010.

[5] 奚旦立，孙裕生. 环境监测[M]. 北京：高等教育出版社，2010.

[6] 林海，李晔，徐晓军等. 矿业环境工程[M]. 长沙：中南大学出版社，2010.

第 8 章 人口与环境

1. 世界人口增长的特点和发展趋势；
2. 人口增长对土地、水、能源和环境的影响；
3. 人口分布变化对环境承载力的影响；
4. 我国人口增长的特点和控制政策。

人口是生活在特定社会、特定地域，具有一定数量和质量，并在自然环境和社会环境中同各种自然因素和社会因素组成复杂关系的人的总称。人口与环境，是人类社会发展过程中的一个永恒命题。人口与环境是既互相对立，又相互协调的矛盾统一体，贯穿于社会发展的每一个阶段，伴随社会发展的始终。

8.1 世界人口的增长

人口的自然增长，指一定时期内（通常为 1 年）出生人数减去死亡人数而引起的增长。死亡人数大于出生人数为负增长。一个地区人口的自然增长，是由出生率和死亡率共同决定的。人口自然增长率，是反映人口发展速度和制订人口计划的重要指标，也是计划生育统计中的一个重要指标，它表明人口自然增长的程度和趋势。

2015 年联合国发布的《世界人口 2015 版》指出，预计到 2050 年，世界总人口将达 97.3 亿，印度人口会超过 17 亿而跃居世界第一位；到 2100 年，世界人口将达 112.1 亿。世界人口未来 84 年还将增加 50％以上，而人均消费将增长几十倍，世界人口资源环境压力之大可想而知。

8.1.1 世界人口增长的特点

（1）世界人口增长速度快

最近几百年间，世界人口增长迅速，呈现指数增长形式，主要标志为人口倍增期越来越短，这种状况称为"人口爆炸"。目前，世界人口有 50％在 25 岁以下，这种年龄结构属于典型的增长型，这表明世界人口在相当长时期内仍会保持增长趋势。

（2）世界增长人口极不均衡

世界人口不断增长，但在不同地区人口增长极不平衡，呈现两极分化的态势。发达国家人口增长速度缓慢，或已停止增长，而在许多发展中国家人口增长速度仍然很快，特别是在最不发达国家。联合国人口基金会《2007 年世界人口状况报告》显示，2006 年世界总人口为 64.647 亿，人口增长率是 1.2%。其中，发达国家人口为 12.113 亿，增长率为 0.3%，发展中国家人口为 52.535 亿，增长率为 1.4%。在 2004 年全球净增的 7600 万人口中，95% 在发展中国家。进一步而言，发展中国家当前和未来的人口增长率也都明显高于发达国家（见表 8-1）。因此，所谓世界人口问题，可以说就是发展中国家的人口问题。这种情况进一步加大发展中国家和发达国家之间的贫富差距，而且还将进一步加剧世界性人口同资源、环境之间的矛盾。

表 8-1　世界人口增长情况

地区	世界人口（亿人）				增长率（%）		
	1998	2003	2025	2050	1998～2003	2003～2025	2025～2050
世界	59.01	63.01	78.51	89.18	6.8	24.6	13.6
非洲	7.49	8.51	12.95	18.03	13.6	51.8	39.6
亚洲	35.85	38.28	47.42	52.22	6.8	23.9	10.1
欧洲	7.29	7.26	6.96	6.32	−0.4	−4.1	−9.2
南美洲	5.03	5.43	6.87	7.68	8.0	26.5	11.8
北美洲	3.05	3.26	3.94	4.48	6.9	20.9	13.7
大洋洲	0.30	0.32	0.40	0.46	6.7	25.0	15.0

资料来源：1998 年和 2002 年世界人口，联合国经济社会司人口处（World Population 1998 and 2002，United Nations · Population Division · Department of Economic and Social Affairs）。

（3）年龄结构两极分化

人口年龄结构可以分为年轻型人口、成年型人口和老年型人口三种类型。目前，世界人口的年龄结构两极分化，经济发达地区的人口基本老化，发展中地区人口处于年轻型。发展中国家年轻型人口，如 2008 年尼日利亚 14 岁以下儿童占人口总数的 42.8%，印度 14 岁以下儿童占人口总数的 32.2%。发达国家儿童比例则明显降低，法国所占比例为 18.2%，英国为 17.7%。这表明，发达国家人口老龄化问题已经比较突出。无论是人口老龄化，还是人口比较年轻，人口问题都会给社会发展带来一些不利的影响。年龄构成为年轻型时，青少年人口的迅速增长，给上学、就业带来很大的压力；不仅如此，数量巨大的幼儿、少年一到成熟年龄即进入生育期，成为人口增长的一个现实的潜在因素。另外，人口老龄化势必带来一些经济后果，无论从生产角度，还是从消费角度来看，都会影响整个社会的经济生活，如社会负担系数（被抚养人口与劳动人口的比值）加大，社会福利费、社会保险费和老年医疗费用增加以及一系列社会问题。

（4）城市人口膨胀

随着人口激增和工业发展，人口不断向城市集中，使城市人口日益增加，大城市迅速扩展，造成城市人口膨胀。无论是在发达国家还是发展中国家，城市的人口增长速度都远远大于农村地区。表 8-2 为世界城市人口发展状况。

表 8-2　世界城市人口发展状况

表 8-2　世界城市人口发展状况

年份	城市数（超过 100 万人口）
1800	1
1850	3
1900	16
1950	115
1980	234
1995	380
2025	650

1950～1995 年，发达国家城市居民增长了 37%，欠发达国家增长了一倍以上，而在最不发达的国家，城市居民人数增加了两倍以上。2007 年监测数据表明，世界城市人口高度集中在少数几个国家。25 个国家的城市居民占世界城市人口的 3/4，城市人口数量从南非的 2900 万至中国的 5.61 亿不等。这 25 个国家中，大多数国家都高度城市化，但有 7 个国家的城市化水平在 27% 至刚刚超过 50% 之间，其中包括人口数多的国家，如孟加拉国、中国、印度、印度尼西亚、尼日利亚和巴基斯坦。拉丁美洲和加勒比地区 78% 的人口是城市人口，超过欧洲（72%），而城市化程度最低的两个区域是非洲（39%）和亚洲（41%）。预计到 2025 年，非洲和亚洲将快速城市化，超过 100 万人口的城市数会达到 650 个，占世界 70% 的人口会居住在城市，全球城市人口大为增加。

2014 年联合国更新《世界城镇化展望》，该报告指出，到 2050 年，城镇化的发展以及世界人口增长将使城市人口再增加 25 亿。目前世界最为城镇化的地区是北美、拉丁美洲和加勒比海地区以及欧洲，城镇人口比例分别为 82%、80% 和 73%。非洲和亚洲城镇化水平居末，世界农村人口的 90% 居住在亚洲和非洲，但报告指出，亚洲和非洲城镇化地区正在扩大，到 2050 年非洲和亚洲的城镇化人口将从目前的 40% 和 48% 上升到 56% 和 64%。世界城市人口增长最快的三个国家将分别是印度、中国和尼日利亚，将占据未来 30 年全球新增城镇人口的 37%。三个国家预计分别增加 4.04 亿、2.92 亿和 2.12 亿城镇人口。这些国家在满足不断增长的城市人口在住房、基础设施、交通、能源、就业以及教育和卫生等需求方面面临众多挑战。

就全世界而言，城市在日益增多，但城市化趋势在发达国家和发展中国家是不同的。发达国家城市化水平已趋于基本稳定，城市人口与农村人口比例相对平衡。发展中国家城市化水平正逐步提高，城市人口现在以几乎两倍于整个人口增长速度在激增，导致城市基础没施严重不足，产生许多城市问题。

8.1.2　世界人口增长的原因

有些人认为，由于科学技术的进步和生产力的发展，生活条件得到改善，医疗卫生水平提高，人均寿命延长，人口死亡率降低，从而导致人口增长率增高，这就是人口急剧增长的原因。然而，实践证明，人均寿命即使从 60 岁延长到 80 岁乃至 100 岁，都不会造成人口的持久急剧增长。真正影响人口增长的因素是子代的数目及其存活到育龄的数目，而这是由社会经济因素决定的。在当今世界中，增加的人口主要集中在发展中国家，特别是最不发达的国家。发展中国家人口增长较快的主要原因有以下方面。

（1）经济因素

工业化程度低，农业生产落后，需要大量的劳动力。在这种状况下，人口就非常重要，尤其是作为主要劳动力的男性。与经济落后相关的是婴幼儿死亡率高，每10个甚至5个婴儿中就有1个在周岁内夭折，而且5岁以下幼儿死亡率也很高，因此必须生育足够多的孩子才能保证孩子成年。

（2）文化因素

教育水平低，文盲率高，容易受到"重男轻女、多子多福"的旧观念的影响，不易接受避孕和节育的科学知识。文化落后的地区往往盛行早婚、早育、多育，从而缩短世代差距，呈现高出生率。

（3）社会因素

妇女地位低，在生育问题上没有决定权。有些宗教奉行多妻多育，反对人工流产和绝育手术，这也是许多发展中国家妇女生育率高的原因。

8.1.3 世界人口发展趋势

据联合国统计，世界人口从10亿增长到20亿用了一个多世纪，从20亿增长到30亿用了32年，而从1987年开始每12年就增长10亿。世界人口正以前所未有的速度增长。

全球人口在2011年10月31日达到70亿。根据联合国人口基金发表《2010世界人口状况报告》的预测，到2050年世界人口将超过90亿，人口过亿的国家将增至17个，印度将取代中国成为人口第一大国。

专栏—世界人口日

1987年7月11日，前南斯拉夫的1名婴儿降生，被联合国象征性地认定为地球上第50亿个人，并宣布地球人口突破50亿大关。联合国人口活动基金会（UNEPA）倡议将这一天定为"世界50亿人口日"。1990年，联合国决定将每年7月11日定为"世界人口日"，以唤起人们对人口问题的关注。

2011年7月11日是第22个世界人口日，我国国家人口计生委将人口日主题确定为"关注70亿人的世界"。2011年10月31日凌晨，成为象征性的全球第70亿名成员之一的婴儿在菲律宾降生。虽然人类的寿命延长、健康状况得到改善，世界各地的夫妇选择少生孩子，但仍然存在着严重的不平等。

目前世界人口增长速度为每年增加大约7800万人，相当于加拿大、澳大利亚、希腊和葡萄牙人口的总和。这些新增人口几乎（每100人中就有97人）都来自欠发达国家，其中有些国家已难以满足现有人口的生存需要，贫富差距日益扩大。受食品安全、水资源短缺和与气候有关疾病威胁的人口数量之巨可谓前所未有。同时，许多富裕和中等发达国家面临着低生育率、人口减少和老龄化问题。

8.2 人口增长对自然环境的压力

人口增长对自然环境的影响过程十分复杂，既有人口增长对自然环境的直接影响，也有通过多种途径对自然环境的间接影响。

8.2.1　人口增长对土地资源的压力

　　土地资源是人类赖以生存的基础，但日益增长的人口对粮食等农产品的需求不断增加，粮食产量的增加速度赶不上人口增长的速度，世界粮食供应日趋紧张，因此人口增长对土地资源的压力也越来越大。由于人口的增长，人均土地逐年下降。世界人均土地，1975 年为 $0.31hm^2$，2000 年只有 $0.1hm^2$。造成这种情况的主要原因有以下几个方面。

　　① 由于人口不断增长，城乡不断发展，工矿企业建设和交通路线开辟等原因，占用大量的耕地资源。

　　② 为了解决对粮食的需求压力，人们高强度地使用耕地，导致土壤表层被侵蚀，土壤肥力下降。同时，为了增加耕地面积，过度开发利用森林、草原、湖泊等，破坏生态平衡，最终可能导致土地沙化。

　　③ 为了提高单位面积粮食产量，需要施用大量的化肥和农药。化肥和农药的过量使用会造成土壤板结，水体富营养化、环境污染、抗药性害虫种类与数量增加等不良后果，反而可能使农林牧副渔业的总产量下降。

　　上述原因促使人口增长和土地资源减少之间的矛盾越来越尖锐，人口增长对土地资源的压力也越来越大。

8.2.2　人口增长对水资源的压力

　　淡水是陆地上一切生命的源泉。充足、可靠的淡水供应对健康、粮食生产和社会经济发展至关重要。地球上的淡水资源并不丰富。虽然地球超过 2/3 的地表被水覆盖，但是人类能够利用的淡水只有 1%，可直接取用的仅有 0.01%。淡水资源主要来自大气降水，大陆每年总降水量为 $1.1×10^{14}m^3$，而被人类利用的只有 $7000km^3$。即使加上通过修坝拦洪每年所控制的 $2000km^3$ 左右，人类有可能利用的淡水也不过 $9000km^3$。

　　由于人口分布极不均匀，降水的分配量无论从空间上还是时间上也都极不均匀，因此，世上许多地区淡水不足。人类对水资源的依赖程度越来越大，每年消耗的水资源总量远远超过其他任何资源的使用量，使本来就不丰富的淡水资源显得更加紧张。世界上许多国家正面临着水资源危机。我国属于严重缺水的国家，人均拥有水资源量仅为 $2201m^3$，不足世界平均水平的 1/3，而且用水效率低。另一方面，工业废水大量排放，水污染问题严重，也是我国水资源面临的一个重大问题。我国北方地区缺水，为了解决用水不足的问题，不少地方盲目超采地下水，使许多地区和城市地下水位逐年下降，造成海水入侵。

8.2.3　人口增长对能源的压力

　　能源是人类社会赖以生存和发展的重要物质基础。在过去 50 年里，全球能源需求的增长速度是人口增长速度的两倍，在 2050 年发展中国家因人口的增加和生活的改善，能源消耗将会更多。当前使用的能源多属于不可再生资源，储量是有限的，而世界能源消耗必然是增长的趋势，因此能源危机是世界性的，是不可回避的。

　　人口增长使能源供应紧张，并且缩短化石燃料的耗竭时间。由于生产和生活中燃烧煤炭、石油、天然气等，加之热带雨林被大面积砍伐，使大气中 CO_2 浓度从原先的 315mg/kg 上升至 352mg/kg，引起温室效应，使全球气候变暖，而且导致生物异常，毁坏大面积森林和湿地，引起海平面上升，甚至导致极地冰帽融化。异常气候会加速森林的破坏，而发展中国家的燃料 90% 来自森林。

当人均能耗居高不下时，即使人口低速增长也可能对总的能源需求有重大的影响。例如，预计到 2050 年美国新增人口 7500 万，其能源需求约增加到目前非洲和拉丁美洲能耗量的总和。世界石油人均产量 1979 年达到最高水平，此后下降了 23%。在未来 50 年中，能源需求增幅最大的地区将是经济最活跃的地区。

虽然中国能源丰富，总量大，但人均占有量很少。随着我国国民生产总值的增加和人民生活水平的提高，能源需求量会大幅度上升。在现代社会中，要满足衣食住行和其他需要，人均能源消耗量不会低于 1.6t 标准煤。虽然中国人均能耗从 1978 年 0.5t 标准煤上升到 2007 年 2t 标准煤，但仍远远低于发达国家。人口增长必然会加剧我国能源供给长期短缺的情况。

专栏—矿产资源短缺

我国处于工业化加速发展阶段，对矿产资源需求更高。矿产资源需求旺盛和资源短缺的局面不容乐观，特别是一些关系到国计民生的大宗矿产的供需矛盾，短期内不仅难以改善，而且有加剧的可能。例如，煤炭虽然资源充足，但在区域供应上仍较紧张；石油受资源短缺的限制，产量增长滞后于需求增长的矛盾越来越大，需要大量进口的趋势在短期内不会改变；富铁矿、铜矿、铬铁矿依然紧缺，铝、铅锌的资源虽然保证程度较好，但在国际上竞争力弱；硫矿和磷矿的保证程度高，但品位偏低、开采条件差、开发难度大；钾盐资源依然短缺，钾肥仍将依赖进口等。

到 2020 年我国经济发展将进入第三步战略目标的中期阶段，将步入中等收入国家之列。期间，能保证需求的矿种仅有 6 种，而绝对需求量大的石油、铁、铜、铝、硫、磷等重要矿产缺口将进一步扩大，矿产资源供需矛盾加剧。因此，结合我国国情，合理利用国内外两个市场、两种资源，走开源与节流并重的资源节约型的经济发展道路，从而保证我国 21 世纪经济发展对矿产资源量的需求。

8.2.4　人口增长对生物资源的压力

生物资源是指在目前的社会经济技术条件下人类可以利用与可能利用的生物。在生物不断进化的过程中，地球上形成了丰富的生物资源。生物物种的灭绝在过去大多是自然发生的，但近 400 年来，由于人类活动的影响日益加剧，导致大量人为的物种灭绝。人口迅猛增长，人类为满足粮食需求而扩大耕地面积，对自然生态系统及生存在其中的生物物种产生直接威胁；过度开发、毁林、农业生产等人类活动造成物种生境的破碎化，栖息地环境的岛屿化；人类经济发展，环境污染的加剧以及外来物种的入侵等都加快了物种灭绝的速度。

我国是物种繁多、生物资源丰富的国家，但在人口急剧增加的情况下，为解决吃饭问题和发展经济，毁林开荒、焚草种地、围湖造田，占用湿地，兴建水利工程、交通设施和开发区兴建等，破坏了生物栖息地，对生态环境造成严重的破坏。

以森林资源为例，人口增长使森林资源的供需矛盾尖锐化。为了满足人类需求的不断增加，保证人们的衣、食、住、行的要求，不断冲破自然规律，进行掠夺性开发，全球的森林已受到无可控制的退化和毁林的威胁。热带地区每年有 $750 \times 10^4 hm^2$ 原始森林和 $350 \times 10^4 hm^2$ 成熟林被砍光。亚洲的森林以每天 $5 \times 10^4 hm^2$、每年 $150 \times 10^4 hm^2$ 速度减少着。预计亚非拉不发达地区森林面积 21 世纪将减少 40%，木材蓄积量将减少 39%。砍伐森林的损失不仅是木材的减少，更有可能导致破坏生态平衡、水土流失、土地荒漠化、生物多样性减少等一系列问题。

专栏——一次性筷子与森林

2001 年初，美国人菲力普 . P. 潘文针对中国的林业生产问题写了一篇短文，题为《一次性筷子毁了森林》，而且加了一段意味深长的引言："许多年后，子孙们问，中国的森林都到哪儿去了，我们只能悲哀地说，我们把森林制成筷子了。"筷子在中国历史悠久，是中国人的主要吃饭用具，想不到 21 世纪竟然会引发环境问题。

20 世纪 80 年代中期，为防止疾病传播，中国人开始推广一次性筷子。本来，一次性筷子是日本发明的，日本人却从不利用本国林木生产一次性筷子，完全依靠从别国进口，并且统一回收用于造纸，可基本收回进口筷子的开支。据悉，回收 3 双一次性筷子，可造出一张明信片或一张 A4 复印纸。2005 年，日本全年消耗一次性筷子 257 亿双，人均 200 双，96% 从中国进口，只有 4% 在日本国内生产。据第八次全国森林资源清查成果我国森林覆盖率为 21.63%，远低于世界 31% 的平均水平，人均森林面积仅为世界的 $1/4$，但我国却是一次性筷子的生产和消费大国。据报道，中国 2013 年的一次性筷子年产量已经达到 800 亿双，造成 2000 万棵树木被砍伐，与三年前相比增长了 300 亿双，一方面浪费资源，另一方面对环境造成破坏。

8.2.5　人口增长对环境的压力

人口的急剧增长以及人民生活水平的提高，致使生活和工业生产的污染物质（CO_2、NO_x、SO_x）及废热增加，从而导致酸雨、光化学烟雾等区域大气环境问题的严重化以及温室效应、臭氧层破坏等全球性问题的出现。随着人口增长，必然产生更多的生活和工业废物，排入江、河、湖、海的污染物将进一步增加，邻近城市和人口稠密地区的水体将进一步恶化。同时，固体废物也要占据更多的土地，生活垃圾处理压力也会增大，对人类生活产生不利的影响。

世界人口的持续增长是不可避免的。要控制人口增长，就要做出更大的努力，控制出生率，特别要改变目前发展中国家高出生率的状况，打破人口增长—贫穷—环境退化的恶性循环。人口增长对资源可得性和资源质量的影响导致了贫困。适度的人口总量、优良的人口质量、合理的人口结构，是实现人口与社会协调发展的社会基础的核心。

8.3　人口分布变化与环境

8.3.1　城镇化对人口分布的影响

城镇化指为人类生产和生活方式由乡村型向城镇型转化的历史过程，表现为乡村人口向城镇人口转化以及城镇不断发展和完善的过程。这个过程直接表现为：农业人口转为非农业人口，农村人口比重不断减少；城镇数量不断增加，规模不断扩大，城镇人口不断上升。

城镇化使农村人口不断涌入城市。首先，工业和商业发展形成聚集经济、进而产生对农村劳动力的持续不断的需求；其次，城镇预期收入远比农村要高，生活条件和个人发展条件都比农村优越，因而吸引农村人口大量涌入城市。政策变化，户籍制度改革也是使城镇人口增加的一个重要因素。中共中央在关于"十二五"规划的建议中提出："要把符合落户条件的农业转移人口逐步转为城镇居民作为推进城镇化的重要任务。大城市要加强和改进人口管理，中小城市和小城镇要根据实际放宽外来人口落户条件，促进区域协调发展，积极稳妥推进城镇化进程。注重在制度上解决好农民工权益保护问题。合理确定城市开发边界，提高建成区人口密度，防止特大城市面积过度扩张。中国共产党第十八次全国代表大会强调"科学规划城市群规模和布局，增强中小城市和小城镇产业发展、公共服务、吸纳就业、人口集聚功能。加快改革户籍制度，有序推进农业转移人口市民化，努力实现城镇基本公共服务常住人口全覆盖"。

新一轮改革中，如何遏制地方在城镇化建设中对于土地的过度依赖，如何有序地将农村富余人口转移到城镇中来，都是我国在城镇化改革中面临的问题。不仅如此，伴随着农村人口的涌入，城市公共基础设施和公共服务需要提速，教育、医疗、卫生、养老等都需要巨大的投入，多数地方政府在财力上无法承担，要解决这一难题需要完整的政策和制度设计。由于我国政策的变化和户籍制度的改革，必然会使大量农村人口转为非农业人口，使人口更多地转移到城市。

8.3.2　土地开发对人口分布的影响

土地开发，广义上指因人类生产建设和生活不断发展的需要，采用一定的现代科学技术的经济手段，扩大对土地的有效利用范围或提高对土地的利用深度所进行的活动，包括对尚未利用的土地进行开垦和利用，以扩大土地利用范围，也包括对已利用的土地进行整治，以提高土地利用率和集约经营程度。

土地开发包括将土地开发成农用地和建设用地，一般分为土地一级开发和土地二级开发。

① 土地一级开发，是指政府实施或者授权其他单位实施，按照土地利用总体规划、城市总体规划及控制性详细规划和年度土地一级开发计划，对确定的存量国有土地、拟征用和农转用土地，统一组织进行征地、农转用、拆迁和市政道路等基础设施建设的行为，包含土地整理、复垦和成片开发。

② 土地二级开发，是指土地使用者将达到规定可以转让的土地通过流通领域进行交易的过程，包括土地使用权的转让、租赁、抵押等。

对人口分布影响较大的是土地一级开发。首先，由于建设用地的整体规划，会对人口迁移产生导向作用，从而引导人口分布，使其向规划重点地区聚集。其次，国家将一定时期内的土地使用权提供给单位和个人，这种土地使用制度改革使人口迁居活跃起来。一方面，地价成为制约各种用地分布的重要因素，在地价机制的作用下，各种功能的用地，根据其支付能力，重新调整在城市里的区位，住宅被从中心区挤到外围，这也是城市人口郊区化分布的原因；另一方面，土地有偿使用为新的住宅开发区的城市基础设施资金筹措提供了良性循环条件，而基础设施的改善又十分有利于住宅开发新区的人口迁移。

土地开发使大量农民耕地转为建设用地，农用耕地不断减少。据统计，截至 2003 年年底，我国耕地资源总量为 130039.2 千公顷，意味着 2003 年我国农村人口人均耕地仅有近 2.54 亩。因此，越来越多的农民选择外出打工谋生。一方面，使得农村人口涌入城市，另一方面，使得农村人口减少，从而影响人口分布。根据国家统计局数据，2011 年末城镇常住人口数量为 69079 万人，乡村人口 65656 万人，城镇人口数量首次超过农村人口，城镇常住人口占总人口比重为 51.27％。以北京为例，2014 年 3 月发布的北京人口普查公告显示：全市常住人口 2114.8 万人，比上年末增加 45.5 万人。其中，常住外来人口 802.7 万人，占常住人口的比重为 38％；在常住人口中，城镇人口 1825.1 万人，占常住人口的比重为 86.3％。

8.4　人口增长与环境承载力

8.4.1　环境承载力

环境承载力又称环境承受力或环境忍耐力。环境承载力是指在一定时期内，在维持相对稳定的前提下，环境资源所能容纳的人口规模和经济规模的大小。一般地说，环境承载力是指环境能持续供养的人口数量。人类赖以生存和发展的环境是一个大系统，它在为人类活动提供空间和载体的同时，又为人类活动提供资源并容纳废弃物。但是，由于环境系统的组成物质在数量上有一定的比例关系、在空间上具有一定的分布规律，所以它对人类活动的支持能力有一定的限度，这也就是环境承载力的概念。

当今存在的种种环境问题，大多是人类活动与环境承载力之间出现冲突的表现。当人类社会经济活动对环境的影响超过环境所能支持的极限，即外界的"刺激"超过环境系统维护其动态平衡与抗干扰的能力时，也就是人类社会行为对环境的作用力超过环境承载力，环境质量就会下降甚至出现环境问题。人们用环境承载力作为衡量人类社会经济与环境协调程度的标尺。

地球的面积和空间是有限的，资源是有限的，显然，它的承载力也是有限的。因此，人类的活动必须保持在地球承载力的极限之内。

8.4.2　人口增长对环境承载力的影响

人口增长过快必然导致人口规模的增加，从而造成在同等消费水平下的总消费需求的扩大，进而增大对资源环境的消耗和压力。当今存在的种种环境问题，大多是人类活动与环境承载力之间出现冲突的表现。当人类社会经济活动对环境的影响超过环境所能支持的极限，就会出现的一系列环境问题。

环境人口容量是指一个国家或地区的环境人口容量，是在可预见到的时期内，利用本地资源及其他资源和智力、技术等条件，在保证符合社会文化准则的物质生活水平条件下，该国家或地区所能持续供养的人口数量。通常人口容量并不是生物学上的最高人口数，而是指一定生活水平下能供养的最高人口数，它随所定生活水平的标准而异。如果把生活水平定在很低的标准上，甚至仅能维持生存水平，人口容量就接近生物学上的最高人口数；如果生活水平定在较高目标上，人口容量在一定意义上说就是经济适度人口。在 20 世纪 70 年代国外生态学家曾对地球生态系统的人口容量进行了估算，最乐观的估计是地球可养活 1000 亿人，但多数认为只能养活 100 亿人左右。

世界人口在 2011 年已突破 70 亿，并且正在以前所未有的速度增长，到 2050 年将超过 90 亿。为了满足新增人口必需的生产和生活资料，需要开发更多的资源，相应的污染环境的排放量也在加大。环境污染日益严重，很多地方出现了生态恶化、酸雨、水污染、土壤流失、荒漠化、大气污染等问题。

8.5 我国的人口与控制

8.5.1 我国人口的现状和特点

（1）人口基数大

根据《2013 世界人口状况报告》，中国人口数目为 13.85 亿，居世界第一位。由于我国人口基数大，即使我国推行计划生育政策，有效控制人口增长率，每年新增的人口数仍然十分巨大。

（2）人口增长速度减慢

20 世纪 70 年代，由于我国实行了计划生育政策，人口过快增长的趋势得到有效抑制。自 1998 年以来，中国内地人口的自然增长率下降到 0.953%，1999 年进一步下降到 0.877%。根据第六次人口普查的调查结果，同第五次全国人口普查相比，10 年共增加约 7400 万人，年均增长率为 0.57%。根据联合国 2015 年的人口预测，中国人口数量在 2028 年达到峰值 14.16 亿，随后逐渐下降，2100 年人口将保持在 10.04 亿。2016 年 10 月出版的《中国统计年鉴 2016》公布了 2015 年全国 1% 人口普查结果：2015 年，中国育龄妇女的总和生育率仅为 1.05，与 2014 年单独二孩陆续开放后的总和生育率提升的预期有较大差异。

自 2016 年 1 月 1 日起，我国全面开放二孩政策，政策影响到的目标育龄妇女人群在 8000 万人左右，政策实施第 1 年带来的新增人口大致为 500 万，此后逐年递减，短期人口增量可能会在未来 5 年逐渐释放，共计 1500 万～2500 万。而根据日韩经验，全面放开二孩政策对育龄妇女总和生育率的提升作用有限。

（3）人口老龄化

2014 年中国 0～14 岁低龄人口占总人口比例为 16.5%，比 2010 年第六次人口普查降低 0.1 个百分点，低于世界平均 26% 的水平。60 岁及以上老年人口不断上升，从 2010 年 13.3% 提高到 2014 年的 15.5%。同时，劳动年龄人口从 2011 年开始连续三年出现净减少，从数据上看，2011 年 9.40 亿，2012 年 9.37 亿，2013 年 9.34 亿，2014 年 9.16 亿，占总人口的比重为 67.0%。按照国际对于老龄化社会的衡量标准，中国自 2000 年已经开始进入老龄化进程。2014 年，60 岁及以上人口比例已上升到 15.5%，65 岁以上人口比例已达到 10%。2016 年全面放开二孩政策在一定程度上增加了低年龄人口比重，但不会逆转我国的老龄化趋势。到 2030 年我国的 65 岁以上人口占总人口的比例为 17%，比 2014 年增加 7%。到 2050 年，每 100 个人中约有 30 个 60 岁及以上的老人，将比那时世界平均老龄化水平高出 10%。

（4）性别比例失调

国际上一般以 100 个女性对应男性的比值来检验一个国家或民族的性别比。根据第六次人口普查的调查结果，总人口性别比（以女性为 100，男性对女性的比例）由 2000 年的 106.74 下降 2010 年的 105.20。但是，我国出生婴儿性别比一直处于较高水平。据国家统计局数据，2008 年出生性别比为 120.56，2009 年出生性别比为 119.45，这是"十一五"以来出现的首次下降；据国家统计局报道，2014 年的出生性别比为 115.88，即每 100 名出生女婴对应 115.88 名出生男婴，实现了自 2009 年以来的连续第六次下降。尽管男女比例失调情况有所好转，但仍值得关注。

（5）人口流动加快、城市化速度加快

20 世纪 90 年代是中国国内人口流动最为活跃的时期，全国流动人口从 1993 年的 7000 万增加到 2000 年的 1.4 亿。根据 2010 年第六次全国人口普查数据，2010 年流动人口达到 2.6 亿人，比 2000 年 1.1 亿增长 81.03%。同 2000 年第五次全国人口普查相比，城镇人口增加 2.07 亿人，乡村人口减少 1.33 亿人，城镇人口比重上升 13.46 个百分点。这说明农村人口向城市流动的速度在不断加快，越来越多的农村居民转变为城镇居民，当然这与户籍制度的改革有很大的关系。户籍制度的改革，在很大程度上预示着中国未来人口城镇化的速度将进一步加快。

农村人口流向城镇有助于中国城乡社会、经济的发展，但同时也会产生一些不利的影响。如城镇人口过度集中，会对城镇的基础设施造成巨大的压力，使城镇住房紧张、交通拥挤，同时密集的人口会产生更多的垃圾，使卫生条件变差，影响城市环境。

（6）人口素质低

随着我国社会经济的迅速发展，物质文化水平的不断改善，我国的人口素质有了明显的提高。但从总体上说，我国的人口素质还是比较低的。

全国人口普查与人口抽样调查调查结果显示，中国有 13 亿多人口，而受过高等教育的人口比例为 5.42%，远远低于发达国家和发展中国家的平均水平。城镇和乡村文盲率分别为 4.91%、10.71%。2010 年中国人口的平均受教育年限为 9.1 年，基本符合国家义务教育年限基本要求。从历年来人口平均受教育年限和基尼系数的变动可以看出，中国公民的受教育水平偏低（见表 8-3）。

表 8-3　1964～2010 年我国人口平均受教育程度构成、受教育年限及基尼系数

教育指标		1964	1982	1987	1990	1995	2000	2005	2010
平均受教育年限（年）		2.92	5.33	5.81	6.43	6.86	7.85	8.02	9.1
教育基尼系数		0.61	0.44	0.39	0.34	0.31	0.25	0.26	0.27
受教育程度构成（%）	文盲半文盲	56.8	34.5	28.6	22.2	18.3	11.0	11.7	4
	小学	35.3	30.8	32.9	34.6	34.1	30.4	27.0	29
	初中	5.8	23.8	27.6	30.3	33.5	39.7	40.5	42
	高中	1.6	10.0	9.7	11.0	12.1	14.4	14.4	15
	大专及以上	0.5	0.9	1.2	1.9	2.8	4.6	6.5	10

资料来源：相应年份人口普查资料或抽样调查资料计算而得。

由上表可知，2010 年中国高中以上文化程度的人口占总人口的比重占 25%。同 2000 年第五次全国人口普查相比，每 10 万人中具有大学文化程度的由 3611 人上升为 8930 人，具有高中文化程度的由 11146 人上升为 14032 人，具有初中文化程度的由 33961 人上升为

38788 人，具有小学文化程度的由 35701 人下降为 26779 人。我国受过初中以上教育的人口数正在逐年增大。虽然 2010 年与 2000 年相比文盲人口减少达 3000 万人，文盲率下降 2.64 个百分点，但仍有 5466 万的文盲人口，因此还应不断提高我国的人口素质。

（7）人口分布不平衡

中国人口分布不均衡主要表现在以下三个方面。

① 地理分布不均。由于自然环境条件限制，中国目前仍有 1/10 的地区无人居住，中国人口高度集中在东南部地区，而西北部人口很稀少。2010 年第六次人口普查结果中的地区人口比例，东部地区占 37.8%，中部地区占 26.76%，西部地区占 27.04%，东北地区占 8.22%。区域分布差距逐年加剧，东部人口密度不断增加，然而资源环境的承载力趋近临界点，资源环境问题。东南部地区土地面积占国土面积的 48%，人口却占全国人口的 94%，人口密度很高；西北部地区土地面积占国土面积 52%，人口却只有 6%，人口密度相对较小。从海陆关系来看，我国人口分布具有从沿海向内地由稠密逐渐变为稀疏的特点。

总之，中国人口地理分布的上述特征与世界人口地理分布情况基本一致，即由沿海到内地，由平原向山地、高原，人口逐渐稀疏，这是由人类生存对环境的要求所决定的。同时，这种分布趋势也是与经济发展的布局相适应的。

② 农村人口比重较大。中国是一个农业大国。据第六次人口普查的结果显示，城镇人口为 665575306 人，占 49.68%，居住在乡村的人口为 674149546 人，占 50.32%。据统计，世界农村人口占世界总人口的 40%，美国、日本等发达国家的农业人口比例在 10% 左右，我国农村人口占全国总数的比例远大于发达国家。大量的农村人口给土地等自然资源造成巨大压力。

③ 城市人口增长过快。1980~2012 年间，中国城市化快速发展，人口的城乡分布变动较大。城镇人口快速增长甚至超过城市化水平。城市人口占全国总人口的比例由 1949 年的 10% 上升到 1980 年的 19.4%，1986 年的 22.13%，1990 年达到 26.23%，2002 年的 37.7%。到 2020 年，中国的城市化率将达到 58%~60%，人口将达到 8 亿~9 亿。据统计，1950 年中国共有城市 132 座，1986 年增加到 353 座，1990 年达到 461 座。20 世纪 80 年代以来，随着经济的繁荣，工业化进程的加快，农村人口向大城市集中，使城镇人口数量迅速增加。随着我国社会经济的不断发展以及户籍制度的改革，城镇人口还会进一步增加。

8.5.2 我国的人口控制

人口控制是我国长期以来非常重视的问题之一。控制人口对我国经济的快速发展和环境保护都具有重要意义，不但可减轻国家负担，改善人居居住水平和科学文化水平，还可有效保护现有自然资源，防止生态环境进一步恶化。我国人口控制包括控制人口数量和提高人口素质。积极有效的人口政策和各项计划生育管理措施，使中国在人口控制方面取得了举世瞩目的成绩。随着计划生育政策的执行，人口形势发生变化，针对人口形势的不同，制定符合国情的计划生育政策有利于促进人口持续发展。

（1）控制人口数量

我国 20 世纪 70 年代初期开始实行的计划生育政策，初衷就是为了控制人口过快增长。在 30 多年计划生育斗争中，中国人口增长迅速的势头终于得到有效遏制，既缓解了人口对资源环境的压力，又使经济、人民生活水平、人口素质得以提高。与此同时，人们今天的人口形势也发生了重大转变。生育率较低所带来的人口老龄化加速、劳动力短缺、男女性别失衡等问题，家庭养老及抵御风险能力随之降低。针对人口形势发生的变化，综合多方面考虑，我国推行了二胎政策。

2013 年 11 月，十八届三中全会通过的《中共中央关于全面深化改革若干重大问题的决定》对外发布，其中提到"坚持计划生育的基本国策，启动实施一方是独生子女的夫妇可生育两个孩子的政策"，这标志着"单独二孩"政策将正式实施。

2015 年 10 月，十八届五中全会会议决定："坚持计划生育的基本国策，完善人口发展战略，全面实施一对夫妇可生育两个孩子政策。积极开展应对人口老龄化行动。"

（2）提高人口素质

实行教育优先发展的战略，加大对教育的投入，尤其是农村教育的投入，保证农村基础教育的普及。第一，加大教育投资力度，鼓励发展教育事业，提高人口文化素质。第二，保障各类教育协调发展。注重发展高中教育，保障完整的基础教育。鼓励发展职业技术教育，致力于培养技术型人才，提高科学技术水平。同时，加大对社会成人教育的力度，提高人力资源的科学文化水平。第三，促进教育培训事业的发展。鼓励社会各阶层开办职业培训，引进社会资源来发展教育培训，提高整体人口的素质。第四，运用发达的互联网体系，建立覆盖全国范围内的远程教育体系，以更好地提高人口的素质。

专栏一我国人口增长情况

　　下图为我国近年从 2005 年到 2014 年人口出生率的变化情况。由下图可知近年来我国人口出生率总体呈现下降的趋势，并在 2010 年达到 11.9％的最低值。据《经济蓝皮书：2015年中国经济形势分析与预测》（社科院发布）显示，我国目前总生育率只有 1.4，已经非常接近国际上公认的 1.3 的"低生育陷阱"。由于低人口出生率和低生育率问题使老龄化加速推进、未来劳动力短缺、出生性别比长期失衡，这一系列人口问题已经构成我国未来社会经济发展的潜在制约因素。综合多方面的思考，我国于 2013 年 11 月，发布实施"单独二孩"，并于一年多后的 2015 年 10 月全面开放政策。由下图可知，2014 年人口出生率比 2013 年增加了 0.29％，可能与"二胎政策"的影响有很大的关系，会有利于我国人口出生率的增长。

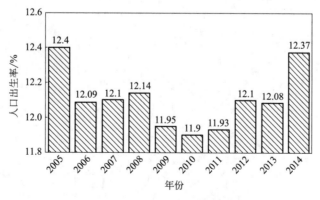

2005～2014 年我国人口出生率的变化情况（％）

资料来源，国家统计局数据中心

习题与思考题

1. 世界人口增长有什么特点？
2. 人口增长对自然资源的影响有哪些？
3. 目前我国的人口特点有哪些？
4. 简述我国人口控制的对策。
5. 如何理解国家对于计划生育政策的调整？

参考文献

[1] 郎铁柱，钟定胜．环境保护与可持续发展[M]．天津：天津大学出版社，2005．

[2] 王玉梅等．环境学基础[M]．北京：科学出版社，2010．

[3] 李洪枚．环境学[M]．北京：知识产权出版社，2011．

[4] 莫祥银．环境科学概论[M]．北京：化学工业出版，2009．

[5] 李慧明．环境与可持续发展[M]．天津：天津人民出版社，1998．

第9章 | 粮食生产与环境

1. 我国粮食安全的现状及其重要作用；
2. 化肥污染和农药污染的危害及其控制措施；
3. 中国粮食发展的思路和战略；
4. 农业"四补贴"政策的主要内容。

随着人口的不断增多，粮食问题成为人类目前面临的一个重大问题。联合国粮农组织在1974 年针对世界粮食危机，首次提出粮食安全的概念。

全球生态环境的恶化使气候变化更加无常，自然灾害发生的频率明显增加。自 2003 年以来，全球主要产粮国家，如澳大利亚、加拿大、乌克兰等国连续遭受自然灾害，粮食产量急剧下降。此外，持续的旱灾还波及欧盟、美国、阿根廷、印度、印尼、泰国、南部非洲等世界粮仓。加上各种原因造成的耕地面积不断减少，世界的粮食产量受到严重影响。虽然科技的发展与应用使粮食单产不断攀升，但增长速度明显放慢，已无法跟上粮食消耗速度的增加。

粮食是国家的根本，对于一个大国来说，粮食充足至关重要。粮食是国家的战略物资，是人民的生活必需品。真正的经济基础是粮食储备，没有粮食，就无从谈国家的稳定。基本温饱无法解决，其他的发展就只是空想，空中楼阁。

首先，是对国防的重要性。一旦发生战争，国外切断粮食进口来源，就只能靠自身供应。第二，是对国家稳定的影响。粮食是人民生存的必需品，一定的粮食储备对稳定人民心理具有重要作用。第三，是对国民经济的影响。粮食是粮农的重要经济来源，也是很多工业产品的原料。充足的粮食供应，对国民经济长期稳定发展意义重大。

9.1 粮食安全

9.1.1 粮食安全的概念

1974 年 1 月，联合国在罗马召开世界粮食大会，通过了《世界粮食安全国际协定》，第一次提出了粮食安全的概念。由此，粮食安全问题引起了国际社会的普遍关注。

国际社会关于粮食安全的概念，始于 20 世纪 70 年代初世界粮食危机爆发之后。1983 年 4 月，联合国粮农组织粮食安全委员会将粮食安全定义为："粮食安全的最终目标应该是，确保所有人在任何时候既能买得到又能买得起他们所需要的基本食品。"1996 年 11 月，世界粮食首脑会议对这一定义又加入了质量上的需求："只有当所有人在任何时候都能够在物质和经济上获得足够、安全和富有营养的粮食，来满足其积极和健康生活的膳食需求及食物喜好时，才实现了粮食安全。"

长期以来，世界粮食产量一直徘徊在每年 20 亿吨左右，而世界人口却以每年 1.3％的速度增长。目前，发达国家的人口保持在 12 亿左右，生产的粮食接近全球粮食产量的一半，而全球新增加的人口几乎都来自发展中国家，人口的非均衡增长造成粮食分配与消费的结构性失衡。在短期内粮食生产与供应不能相应增长的条件下，粮食需求与消费的不断增加必然导致粮食库存的大量消耗。近年来，世界粮食储备量已经多次低于国际社会公认的世界粮食库存消费比 18％的安全线。

尽管 1996 年的世界粮食首脑会议和 2000 年的联合国千年峰会，都提出在 2015 年之前将世界饥饿人口减半的目标，但 21 世纪以来全球饥饿人口数量有增无减。到 2014 年全球仍有 8.05 亿人口处于饥饿状态，粮食安全问题不容忽视。

粮食安全问题是多种因素长期积累下来的结果，抛开固有的传统因素，当今粮食安全问题面临着前所未有的新挑战。

第一，自然灾害频繁发生，严重威胁粮食生产。近年来，极端天气对粮食生产的影响越来越引起人们的关注。由于气候变暖引起的严重干旱、洪涝灾害、冰雪灾害都导致世界粮食减产。粮食生产受气候条件影响巨大，农作物生产因极端气候的频繁发生而有所减产。

第二，粮食市场受金融危机影响，不稳定因素增加。2008 年的世界金融危机影响世界粮食市场，增加了世界粮食市场的不稳定性，加深了全球粮食危机。

第三，世界生物能源工业的快速发展，加速粮食供求矛盾。在世界粮食供需不平衡的局面下，许多国家致力于以农作物为生产原料的生物燃料生产，据联合国粮农组织报告称，近年来生物燃料生产几乎"吃掉"近 1 亿吨谷物。

第四，受一些国家粮食安全的影响，全球粮食危机进一步加深。全球经济一体化，各国的发展联系日益紧密，一些国家的粮食安全状况必然会影响到其他国家的粮食安全状况，对世界粮食安全造成极大的影响，加深全球粮食危机，从而引发社会动荡和政治危机。由于全球粮食危机不断出现而无法购粮，第三世界贫困地区面临生存危机。据联合国粮农组织 2010 年报告，尽管近年来全球粮食产量已可满足世界人口的基本需要，但全球饥饿人口仍呈上升趋势，全球大约每 6 秒钟就有一个儿童因饥饿而离开人间。

9.1.2 中国的粮食安全现状

我国粮食综合生产能力保持基本稳定，供给能够得到较好地满足。近年来，我国着眼于经济社会发展全局，出台了一系列强农惠农政策，促进粮食恢复发展和农村经济全面发展。统计显示，从 2002 年的 1 亿元到 2012 年的 1653 亿元，农业"四补贴"10 年累计安排资金 7631 亿元。2013 年，农业"四补贴"资金更是达到 1700 亿元，标准进一步提高、范围进一步扩大。2013 年我国粮食总产量 60194 万吨，比上年增长 2.1％，实现新中国成立以来首次

"十连增"。

我国粮食自给率和粮食储备率比较高，安全性比较稳定。粮食自给率保持在 95％以上，基本能够满足人民生活需求。20 世纪 50 年代以来，我国的粮食储备率总体为 20％，尤其是 20 世纪 90 年代平均达到 34.8％，2008 年我国粮食储备率大概 30％。较高的粮食储备率，对于应对突发事件有着较强的物质保证。

从长期来看，我国的粮食安全还存隐患。第一，消费需求呈刚性增长，据预测到 2020 年年人均粮食消费量为 395 千克，需求总量 5725 亿千克；第二，耕地面积逐年减少。随着现代化进程加快，土地沙漠化、土壤退化、环境污染等问题出现，导致耕地持续减少；第三，虽然缺粮人口比率不高，但缺粮人口绝对值比较大。

专栏—农业"四补贴"政策

一、种粮农民直接补贴

种粮农民直接补贴是指国家为了保护种粮农民利益、调动种粮积极性、提高粮食产量和促进农民增收，给种粮农民的一项政策性补贴，简称粮食直补。具体补贴标准按照粮食播种面积、三年平均粮食产量、粮食商品量各占一定比例进行计算分配确定。

二、农资综合补贴

农资综合补贴是指国家对农民购买农业生产资料（包括化肥、柴油、农药、农膜等）实行的一种直接补贴制度。要求建立和完善农资综合补贴动态调整机制，根据化肥、柴油等农资价格表的，遵循"价补统筹、动态调整、只增补减"的原则，及时安排农资综合补贴资金，合理弥补种粮农民增加的农业生产资料成本，新增部分重点支持种粮大户。

三、农作物良种补贴

农作物良种补贴是指国家队农民选用优质农作物品种而给予的补贴，目的是支持农民积极使用优良作物种子，提高良种覆盖率。

四、农业机械购置补贴

农业机械购置补贴是指鼓励农民购买先进适用的农业机械，加快推进农业机械化进程，提高农业综合生产能力，促进农业增产增效、农民节本增收。

9.2　粮食安全的重要作用

粮食安全与能源安全、金融安全并称为当今世界三大经济安全。我国人口众多，超过 13 亿，正处在工业化、城镇化加速推进的过程，确保粮食安全不仅是实现国民经济可持续发展的基本条件，而且是促进社会稳定和谐的重要保障，也是确保国家安全的战略基础。

中国是粮食生产大国，也是粮食消费大国。中国的粮食生产和供求情况不仅关系到中国 13 亿人口的吃饭问题，而且会影响国际粮食的供求和价格状况。如果我们大量从国际上进口粮食，就会造成国际粮源的紧张，拉动粮食价格的上涨。从国家安全战略角度看，我国人口众多、农业受自然风险和市场风险影响较大，在国民经济发展全局中，粮食始终被视为特殊商品和战略物资，如果放松国内粮食生产，过度依赖国际市场，无异于将自己的饭碗放在他人手上，在战略上极易受制于人，在关系国家生存发展的国际竞争中处于被动。

实现粮食安全是一项长期、艰巨的任务。从全球粮食供求格局角度看，我国粮食产量和消费量大约占世界的1/4。目前，全球年粮食贸易总量将近2.5亿吨，相当于我国年粮食消费量四成多。由于国际市场粮食供求呈偏紧态势，大量进口粮食不仅会引发国际市场粮价大幅度上涨，而且国际市场也根本无法满足我国巨大的粮食需求。随着人口增长、城市化进程加快，以及人民生活水平的提高，导致粮食需求结构发生变化，我国的粮食需求总量将保持刚性增长趋势，未来粮食供给的压力会越来越大。实现粮食安全是一项长期、艰巨的任务，是我们的一项基本国策。

目前，世界各国主要通过开垦荒地和施用农药化肥两种途径来提高粮食产量。但是，这些措施都给人类生存环境带来了不可忽视的影响。

9.3　化肥污染防治

化肥对农业的贡献是众所周知的，现代农业的一个重要特征就是化肥的使用。据统计，现代化的农业产量中1/4以上的产量依靠化肥。据联合国粮农组织统计，在农业增产份额中化肥的贡献约占40％～60％。化肥在我国的粮食增产中的作用也是相同的。化肥的大规模使用对我国农业生产的快速增长起到了重要作用。随着农业生产的快速发展，我国化肥的使用量从1994年的3317.9万吨增长到2011年的6027万吨，18年内化肥施用量增长了81.7％。

正是由于化肥的增产作用，才使化肥用量呈现惊人的增长速度，使我国以不足于世界10％的耕地养活着世界22％的人口。目前我国处在快速发展阶段，正在向发达水平迈进，化肥在以后的发展过程中将继续发挥作用。

9.3.1　过度使用化肥的危害

虽然化肥在促进农业生产，保障粮食安全方面发挥了巨大作用，但随着化肥用量的不断增加，相应的环境问题也在不断出现。据统计，我国的化肥用量占世界用量的35％。过量的化肥使用，使N、P等营养流失加重。

（1）污染大气和水体

通过农田排放的以及通过农田渗漏进入地下水中的氮、磷，和施肥过程中排放到大气中的NH_3、N_2O、NO_x等，是造成水体和大气污染的重要原因之一。过剩的化肥及营养通过径流、吸附、侵蚀、淋溶等途径进入到水体造成水体的富营养化，使藻类大量繁殖，降低水中溶解氧的含量，导致水体变黑变绿，产生恶臭味，破坏水体的功能。化肥的过量使用导致地表水和地下水严重的硝酸盐污染，氮肥通过消化作用产生的硝酸盐还导致土壤酸化。

（2）破坏土壤结构

氮肥的使用还会改变土壤原有的结构和特性，造成土壤板结，有机质减少。

9.3.2　减少化肥污染的措施

针对化肥造成的污染，提高化肥利用率以及防止化肥流失，是化肥污染防控的关键。为此，在发展生态农业的基础上，调整种植作物结构，充分利用豆科植物固氮，尽量减少化肥的使用量，此外还应加强调整肥料结构、施肥技术、实行精确农业。并且，研发并推广科学的施肥方法、灌溉技术，以此来减少化肥的使用量。

（1）适度施用化肥

化肥的挥发、随径流的损失、渗漏淋失在一定程度上都与施肥量呈正相关，所以减少化肥流失的关键是源头控制，即减少化肥用量。施肥量的确定，应综合考虑作物种类、产量目标、土壤养分状况、其他养分输入情况、环境敏感程度。减少氮素流失必须首先降低氮素在土壤中的累积量，根本途径在于减少氮肥的施用。

农业生产中若存在除养分以外的限制因子（如缺水）的应少施肥；土壤养分含量较高的应少施或不施；施有机肥时要适当减少化肥施用量。环境敏感区要减少或禁止化肥使用，环境敏感区包括：在石灰坑和溶岩洞上发育有薄层土壤的石灰岩地区；靠近水源保护区的土地；强淋溶土壤；土壤侵蚀严重的地区；易发生地表径流的地区；地下水位较高的地区；水源保护区。

禁止在一级水源保护区使用化肥，其他类别水源保护区农田应尽量减少施肥，不得违背《饮用水源保护区污染防治管理规定》。

（2）合理选择化肥品种

根据土壤特点、作物种类、肥料特性合理选择氮肥品种。小麦、玉米等禾谷类作物施用铵态氮、硝态氮同样有效，但在多雨地区，为防止硝态氮淋失，仍以施用铵态氮肥为宜；稻田宜选用尿素、氯化铵，而不宜选用硫酸铵和硝态氮肥，因为硫酸根在水田中易还原为硫化氢，使稻根发黑甚至腐烂，硝酸根在水田易随水淋失及发生反硝化作用造成氮的损失；甘薯、马铃薯等碳水化合物含量高的作物适于施用铵态氮肥；棉、麻类作物宜选用氯化铵，因铵离子可增加纤维的韧性和拉力，但在忌氯作物上如甘薯、烟草、葡萄等不宜用氯化铵；烟草以硝态氮和铵态氮配合效果好，硝态氮可提高烟草的燃烧性，而铵态氮能促进烟叶内芳香族挥发油的形成，增加烟草的香味；硫酸铵宜施在缺硫的土壤上。若农田土壤渗漏风险较大，不宜使用硝态氮肥而适宜使用铵态氮肥；若土壤温暖湿润，则适宜使用缓效肥；若使用铵态氮肥，需加施硝化抑制剂，抑制铵态氮硝化为硝态氮；气温较高的地区或时期，不宜使用铵态氮肥，施用尿素时应加施脲酶抑制剂以延缓尿素的水解，减少氨挥发，或在稻田加施水面分子膜降低氨挥发速率；适当增加有机肥使用比例，提倡施用复合肥、缓释或控释肥料。

（3）提高化肥利用率

化肥的利用率提高也就相应地减少养分的损失，减轻施肥对环境的压力。尽管氮肥利用率受许多因素的影响，变幅很大，但是通过农艺措施和工艺措施，适度提高氮肥利用率还是可能的。

（4）选择适宜的耕作措施和灌溉方式

在坡度较大的地区，易发生侵蚀和径流，应采取保护耕作（免耕或少耕）以减少对土壤的扰动，还可利用秸秆还田减少土壤侵蚀和化肥随径流的流失；在以渗漏为化肥主要流失方式的平原地区，可采取耕作破坏土壤大孔隙，或控制排水保持土壤湿度，避免土粒干燥产生大孔隙。在旱作上提倡采用滴灌、喷灌等先进灌溉方式，尽量减少大水漫灌，因大水漫灌易形成一边过分灌溉一边又灌溉不足的情形，且用水量大浪费水资源，又易形成径流和渗漏。

（5）控制化肥流失的工程措施

在农田和受纳水体之间建立缓冲带，或在河滨、湖滨设置保护带以拦截过滤从农田流出的养分。有条件的地区利用靠近农田的水塘、沟渠接纳富营养的农田排水，实现循环利用，防止农田排水对外围水域的污染。

（6）化肥中的重金属和放射性污染控制

化肥中的重金属污染和放射性污染可在化肥的生产环节通过对化肥生产原料的检测监控来实现。关于磷肥放射污染问题遵照《磷肥放射性226Ra限量卫生标准》（GB 8921—88）之规定。

（7）减少化肥流失的行政法律措施

对于我国政府来说，解决化肥污染问题的关键既不在于缺乏了解相关知识，也不缺少控制污染的技术。问题的关键在于缺少政策框架和配套制度，同时缺乏相应的机构向农民宣传化肥污染的原因和防治方法，以及鼓励和推动农民采用有效的技术和管理经验，所以有必要建立和恢复农业技术推广服务机构，向农民或农业企业推荐有利于环境保护的化肥使用技术及方式，从源头上减少化肥流失。

通过鼓励农民从事清洁的生态农业生产方式，从经济上补偿因从事生态农业生产而造成的产量产值损失。加强农业生产区域的环境监测，及时掌握农田化肥流失后的环境风险。

在各级政府的农业发展规划中引入农业环境评价体系，实行区域化肥使用总量控制，尤其对于生态省、生态市或生态县，把化肥减量使用的指标完成情况作为政绩考核的内容。

逐步淘汰流失较大的化肥品种，发展缓释化肥。规定单位面积施肥量，对超量使用部分交纳罚金作为对环境不良影响的补偿。强制规定化肥产品包装，要表明推荐的使用方法和施用量等等。

9.4 农药污染防治

农业是国民经济的基础，而农药则是农业生产必不可少的资料，在防止农作物的病虫鼠害，保护农业的生产安全等方面发挥着重要作用。

自1957年天津农药厂开始生产我国第一种化学农药品种——对硫磷（1605）后的50多年来，我国化学农药产业迅速发展，现已形成280多个原药品种、3000多个制剂产品、115万吨的年产能力，成为世界第一大化学农药生产国。同时，化学农药也是一种有毒物质。大多数化学农药都属于国家《危险化学品安全管理条例》中第六类危化品——毒害品。据有关研究资料，在喷洒的化学农药中，真正对病虫害起到防治作用的农药量仅占喷施量的0.1%，其余99.9%的农药都挥发到大气或淋溶流失到土壤或残留于作物中，对人畜、环境、农产品等造成不良影响。

农药是重要的农业生产资料，也是一类有毒化学品，大量使用易对生态环境、食品安全和人体健康造成严重影响。农药广泛使用并残留于环境中，对土壤、水环境质量及作物均会产生潜在危害，影响农业生产和生态环境健康。

9.4.1　农药分类

农药广义上包括化学品农药和生物农药。化学农药又可分为有机农药和无机农药两大类。有机农药是一类通过人工合成的对有害生物具有杀伤能力和调节其生长发育的有机化合物，如有机氯、有机氮、植物源农药等。无机农药包括天然矿物在内，可直接用来杀伤有害生物，如硫磺、硫酸铜、磷化锌等。农药分类方式很多，可以根据来源、用途和剂型等进行划分。《农药使用环境安全技术导则》（HJ 556—2010）中根据农药用途进行分类，常用农药根据不同的用途一般可分为七种类型。

①　杀虫剂，是用来防治各种害虫的药剂，有的还可兼有杀螨作用，如敌敌畏、乐果、甲胺磷、杀虫脒、杀灭菊酯等。它们主要通过胃毒、触杀、熏蒸和内吸四种方式起到杀死害虫的作用。

②　杀螨剂，是专门防治螨类（即红蜘蛛）的药剂，如三氯杀螨砜、三氯杀螨醇和克螨特农药。杀螨剂有一定的选择性，对不同发育阶段的螨防治效果不一样，有的对卵和幼虫或幼螨的触杀作用较好，但对成螨的效果较差。

③　杀菌剂，是用来防治植物病害的药剂，如波尔多液、代森锌、多菌灵、粉锈宁、克瘟灵等农药，主要起抑制病菌生长，保护农作物不受侵害和渗进作物体内消灭入侵病菌的作用。大多数杀菌剂主要是起保护作用，预防病害的发生和传播。

④　杀线虫剂，适用于防治蔬菜、草莓、烟草、果树、林木上的各种线虫。杀线虫剂由原来的有兼治作用的杀虫、杀菌剂发展成为一类药剂。目前的杀线虫剂几乎全部是土壤处理剂，多数兼有杀菌、杀土壤害虫的作用，有的还有除草作用。其按化学结构分为四类：卤化烃类、二硫代氨基甲酸酯类、硫氰酯类和有机磷类。

⑤　除草剂，是专门用来防除农田杂草的药剂，如除草醚、杀草丹、氟乐灵、绿麦隆等农药。根据杀草作用，除草剂可分为触杀性除草剂和内吸性除草剂，前者只能用于防治由种子发芽的一年生杂草，后者可以杀死多年生杂草。有些除草剂在使用浓度过量时，草、苗都能被杀死或会对作物造成药害。

⑥　杀鼠剂，按作用方式分为胃毒剂和熏蒸剂，按来源分为无机杀鼠剂、有机杀鼠剂和天然植物杀鼠剂，按作用特点分为急性杀鼠剂（单剂量杀鼠剂）及慢性抗凝血剂（多剂量抗凝血剂）。

⑦　杀软体动物剂，是专用于防治有害软体动物的药剂。有害软体动物，主要是指危害农作物的蜗牛（俗称水牛儿、旱螺蛳）、蛞蝓（俗称鼻涕虫、蜒蚰）、田螺（俗称螺蛳）、钉螺（系血吸虫的中间寄主）等。杀软体动物剂，按物质类别分为无机和有机两类。无机杀软体动物剂的代表品种有硫酸铜和砷酸钙，现已停用。有机杀软体动物剂按化学结构分为下列几类：酚类，如五氯酚钠、杀螺胺、B-2；吗啉类，如蜗螺杀；有机锡类，如丁蜗锡、三苯基乙酸锡；蚕毒素类，如杀虫环、杀虫丁；其他，如四聚乙醛、灭梭威、硫酸烟酰苯胺。

⑧　植物生长调节剂，是专门用来调节植物生长、发育的药剂，如赤霉素、萘乙酸、矮壮素、乙烯剂等。这类农药具有与植物激素相类似的效应，可促进或抑制植物的生长、发育，以满足生长的需要。

9.4.2　农药导致的环境污染

农药在使用过程中还会间接影响到农田以外的环境。化学农药，一旦使用就很容易扩散到大气、水体和土壤中造成污染。进入到环境的农药在环境各要素间进一步分配、迁移、转化并通过食物链富集，最后对生物和人体造成伤害。

（1）农药对水体的污染

农药对水体的污染主要来自以下几个方面：水体直接施用农药，农药生产厂向水体排放生产废水，农药喷洒时随风飘落至水体，环境介质中的残留农药随降水、径流进入水体。另外，农药容器和用具的洗涤亦会造成水体污染。

进入水体的农药，因性质的差异，存在状态也不相同。例如，溶解度很小的有机氯农药，将主要吸附于水体中的悬浮颗粒物或泥粒上，溶解于水中农药质量分数较小，通常以 ng/kg 计。水溶解度较大的农药，如有机磷或氨基甲酸酯类农药，水体农药质量分数可能达到 $\mu g/kg$，甚至 mg/kg 级。不同的农药对水环境污染的程度也不相同。一般以田沟水与浅层地下水污染最重，但污染范围较小。河水污染程度次之，但因农药在水体中的扩散与农药随水流运动而迁移，其污染范围较大。自来水与深层地下水因经过净化处理或土壤吸附过滤，污染程度相对较小。

（2）农药对大气的污染

大气中农药污染的途径，主要来源于地面或飞机喷雾或喷粉施药，生产、加工企业废气直接排放，残留农药的挥发等。大气中的残留农药漂浮物或被大气中的飘尘所吸附，或以气体或气溶胶的状态悬浮在空气中。空气中残留的农药，随着大气的运动而扩散，使大气的污染范围扩大，如有机氯农药等。

农药对大气的污染主要是喷洒农药造成的。经喷洒形成的漂浮物，大部分附着在作物与土壤表面，还有一部分通过扩散分布于周围的大气环境中，这些漂浮物或被大气中的飘尘所吸附，或以气体或气溶胶的状态悬浮在空气中。农药对大气的污染程度与范围，主要取决于农药性质（蒸汽压）、施药量、施药方法以及施药地区的气象条件（气温、风力等）。通常，大气中的农药质量分数极微，一般在 $10\sim12ng/kg$ 以下，但在农药生产厂区或在温室内施药，其周围大气中的农药质量分数会高达正常值的数倍至数十倍，局部地区甚至更高。

（3）农药对土壤的污染

农药污染土壤的主要途径：一是农药直接撒入土壤中；二是施于田间的农药大部分落入土壤中，附着于植物体上的部分农药因风吹雨淋落入土壤中；三是播种浸种、拌种等施药方式的种子，通过种子携带方式进入土壤；四是采用喷洒方法（如飞机喷洒）使用农药，估计有50%以上的农药从叶片落入土壤；五是大量撒在或蒸发到空气中的农药，随雨水降落到土壤中。

① 农药对土壤的污染引起土壤的结构和功能的改变。过多的化学物质会改变土壤的结构和功能，引起土壤理化性状如 pH、氧化还原电位、阳离子交换量、土壤孔隙度的改变。同时，被农药长期污染的土壤会出现明显酸化，土壤养分（P_2O_5、全 N、全 K）也会随污染程度的加重而减少。

② 农药对土壤的污染能直接危害土壤中的生物，特别是生活在土壤中的有益动物。土

壤中有一些大型土生动物，如蚯蚓、鼠类、线虫纲、弹尾类、稗螨属、蜈蚣目、蜘蛛目、土蜂科等一些小型动物种群。一方面，对土壤中的污染农药有一定的吸收和富集作用，可以从土壤中带走部分农药；另一方面，土壤农药污染也会造成土壤生物的死亡。杀虫剂对蚯蚓具有较强的致死效应，低剂量药液即可导致蚯蚓数量的递减。

③ 农药污染对土壤中酶类活性产生影响。土壤中能降解残留农药的酶类来源于植物和微生物，游离在土壤中的酶系会在不利环境条件下被摧毁或钝化。

因农药的性质、施药地区土壤的性质以及农药用量和气象条件，农药在土壤中的残留和迁移行为有很大差别。农药对土壤的残留和污染主要集中在 $0 \sim 30cm$ 深度的土壤层中。土壤受农药的污染程度和范围，与种植作物种类、栽培技术和施用农药种类和数量有关。通常，栽培水平高或复种指数高的土壤，农药用量也大，土壤农药残留也就高。果园的施药量一般较高，土壤中农药残留污染的程度也最为严重。另外，性质稳定，在土壤中降解缓慢，残留期长的农药，其土壤污染要严重。

（4）农药对人体健康的危害

环境中的农药通常是通过皮肤、呼吸道、消化道等途径进入人体的，对人体健康产生危害。

① 急性中毒。随着科学技术的进步以及农业的快速发展，农药的种类越来越多，毒性程度也有差异，如对硫磷、内吸磷、马拉硫磷、乐果、敌百虫及敌敌畏等一些毒性较高的有机磷农药，在短时间内摄入一定量即可引起急性反应，出现恶心、呕吐、呼吸困难、肌肉痉挛、神志不清、瞳孔缩小等症状，如不及时抢救会引起死亡。

② 慢性中毒。长期接触或食用含有农药残留的食品，可使农药在体内不断蓄积，对人体健康构成潜在威胁，即慢性中毒。慢性中毒可影响神经系统，破坏肝脏功能，造成生理障碍，影响生殖系统，产生畸形怪胎，导致癌症。有机磷类农药、拟除虫菊脂类农药和有机氯农药为三类主要农药，其潜在危害如下。

有机磷类农药，作为神经毒物，会引起神经功能紊乱、震颤、精神错乱、语言失常等表现；拟除虫菊酯类农药，一般毒性较大，有蓄积性，中毒表现症状为神经系统症状和皮肤刺激症状；六六六、滴滴涕等有机氯农药，随食物途径进入人体后，主要蓄积于脂肪中，其次为肝、肾、脾、脑中。这些有毒物质会通过人乳传给胎儿引发下一代病变。

农药慢性危害虽不直接危及人体生命，但可降低人体免疫力，从而影响人体健康，致使其他疾病的患病率及死亡率上升。慢性中毒起病缓慢，持续期长，症状难以鉴别且大多没有特异的诊断指标，同急性中毒相比，涉及面广，影响的人数多，因此慢性农药中毒更值得重视。

③ 三致性。三致性是指致突变、致癌和致畸。国际癌症研究机构根据动物实验确证，18 种广泛使用的农药具有明显的致癌性，16 种显示潜在的致癌危险性。据估计，美国与农药有关的癌症患者数约占全国癌症患者总数的 10%。越战期间，美军在越南喷洒大量植物脱叶剂，致使不少接触过脱叶剂的越南平民和美军士兵患上癌症、遗传缺陷及其他疾病。

9.4.3　农药污染的防治对策

（1）提高农民素质，强化环保意识

目前，很多农民尚没有意识到农药对环境和人体健康的危害。因此，提高农民对这一问题的认识，使他们能够正确、科学、合理地使用农药是解决农药污染问题的基础。今后应加强教育，普及农药和农药使用知识，提高群众和管理人员的环保意识，充分意识到农药污染的严重性。调动广大农民参与到防治农药污染的行动中，做到对症、适时、适量用药，严格遵守施药安全间隔期，确保产品的农药残留符合标准，保障人体健康。

（2）综合防治病虫害，降低农药用量

① 培育抗病虫品种。培育和利用作物抗性品种是有害生物综合防治中最有效、最经济的方法。

② 利用陪植植物。利用陪植植物防治作物害虫是一种生态防治方法。"陪植植物治虫"是指用能够毒杀、驱除、引诱害虫或诱集、繁殖天敌的植物种在作物的四周、行间，以防治作物的害虫。

③ 栽培耕作措施。间混套作是一项非常有效的防病虫技术，即把形态特征不同和对生活因素的需求不同、生育期不同、根系分泌物不同的作物合理地搭配种植，不仅立体地利用空间养分和水分，而且增加农田生态系统生物多样性，增强抗性，减轻病虫草害。轮作是根据不同作物所需营养元素不同、根系入土深度不同而进行的轮换种植。

（3）合理使用农药，控制污染源

在农药使用中对症下药，找准关键时期用药，用合理的施药方法、施药浓度和施药量，达到既防治病虫害又减轻对环境的污染。

（4）开发新农药

① 开发高效（生物活性高、单位面积用药量地）、安全（对人畜、环境安全）经济、使用方便的新型农药。

② 推广使用生物农药，减少农药造成的污染。一是通过政策引导和资金支持，鼓励农资企业研制、生产高效、低毒、残留少的生物农药，限制生产高毒、高残留农药；二是向农民公布限用、禁用的农药；三是加大对限用、禁用农药的查处力度，将其清理出市场。

（5）加强农药的监测和管理

尽快研究和建立适合我国国情的土壤环境质量评价和监测标准，制定适合我国农药污染防治与治理的对策，加强重点区域土壤环境质量调查和监控，开展土壤与农药污染的风险评估。在此基础上，逐步建立农药污染与土壤环境安全预警系统加强立法，建立农药和农产品监管体系，颁布农药使用和残留标准。严格执法，运用法律武器对农药生产、销售、使用全过程进行有效管理。对违反规定，制造、销售假冒伪劣农药的，依照有关法律法规对当事人进行处罚。

（6）充分调动土壤本身的降解能力

通过各种措施，调节土壤结构、粘粒含量、有机质含量、土壤酸碱度、离子交换量、微生物种类数量等，增强土壤对农药的降解能力，将有利于土壤农药污染的防治。

（7）采用生物修复技术对土壤污染进行防治

① 微生物修复。微生物修复是污染土壤中人工接种能降解农药的微生物，利用微生物降解或去除残存于土壤中的农药，使其转化为无害物质或降解成二氧化碳和水的方法。

② 植物修复。植物修复技术逐渐成为生物修复中的一个研究热点，适用于大面积、低浓度污染，不仅可去除环境中重金属与放射性元素，还可去除环境中农药。

③ 菌根修复。菌根是土壤真菌菌丝与植物根系形成的共生体。据报道，VA 菌根（泡囊—丛枝菌根）外生菌丝重量约占根重的 $1\%\sim5\%$，一方面，这些外生菌丝可增加根与土壤的接触，增强植物的吸收能力，改善植物的生长，提高植株的抗逆能力和耐受能力。另一方面，菌根化植物能为真菌提供养分，维持真菌代谢活性。此外，菌根有着独特的酶途径，用以降解不能被细菌单独转化的有机物。因此，菌根化植物可作为很好的生物修复载体。

9.5　中国粮食生产的方向

党的十八大以来，中央提出解决好农业农村农民问题是全党工作重中之重，"三农"工作理论、政策不断完善和创新，出台了一系列更直接、更有力、更有效的政策措施，有效地促进了粮食生产的恢复和发展，为我国中长期粮食发展营造了十分有利的政策环境。但是，我国粮食生产长期受资源短缺约束、基础设施薄弱、物资装备水平偏低、科技贡献率不高等因素制约的问题尚未得到根本解决，必须立足国情，从系统解决现实存在的问题入手，确立我国粮食中长期发展思路和战略。

9.5.1　发展思路

以科学发展观为统领，始终坚持基本立足国内保障粮食供给的方针，围绕保持粮食供求基本平衡的宏观调控目标，采取行政、法律、市场等多种手段，调动中央各部门、地方、农民等各方面的积极性，聚集科技、人力、资金等多种资源，以综合生产能力建设为核心，合理布局，主攻单产，稳定面积，优化结构，促进增效，构建长效机制，为保障国家粮食安全，建设社会主义新农村，为国民经济又快又好发展奠定坚实基础。

（1）合理布局

以县域为基本单元，根据现实粮食生产水平和潜在生产能力，科学谋划粮食生产布局，合理划分功能区，通过明确各区域的发展定位、目标和措施，指导分区域综合生产能力建设，确保粮食发展总体目标的实现。

（2）主攻单产

加强农田基础设施和装备条件建设，加速中低产田改造，加大良种良法为主体的科技投入，加快主导品种主推技术的推广应用，确保粮食单产稳步提高。

（3）稳定面积

实行最严格的耕地保护制度，采取切实可行的措施，调动农民种粮和地方政府抓粮的积极性，将粮食播种面积稳定在合理水平。

（4）优化结构

优先抓好水稻、小麦两大品种生产，保障粮食安全的底线。积极发展玉米、大豆、薯类及杂粮生产，促进饲料和工业用粮的稳步增长。大力发展畜牧业、水产业等粮食替代产业，改善膳食结构，提高生活质量，缓解粮食生产压力。

（5）促进增效

正确处理好增粮与增收的关系，坚持优质化、区域化、规模化与产业化的粮食发展道路，积极推广应用节本增效和资源节约型技术，促进粮食转化增值，提高粮食生产的综合效益，建立健全财政补贴和价格保护机制，通过政策增效、规模增效、科技增效的有机结合，确保种粮农民的合理收益。

（6）构建长效机制

明确中央各相关部门和地方政府在保障国家粮食安全中的职责，形成协调一致的目标支撑体系。加强对粮食生产、销售、储备、贸易的监控、预警和调控，促进各环节的有效衔接。综合运用政策、价格、法律等多种手段，建立确保国家粮食安全的长效机制。

9.5.2　发展战略

为突破粮食生产约束瓶颈，挖掘粮食增产潜力，实现粮食生产中长期发展目标，必须着重实施好五大发展战略。

（1）能力提升战略

提升粮食综合生产能力是确保我国粮食安全的基础。通过立法划定基本粮田面积，明确粮田损毁恢复责任，大力改造中低产田，完善农田水利基础设施，逐步增加高产稳产粮田的比重。加强耕地质量建设，弥补耕地数量不足。增加物质投入，提高化肥、农药等投入品的利用效率，推广旱作节水技术，缓解用水矛盾。积极推进规模化、机械化、标准化生产，充分发挥农机装备在抗旱防涝、争抢农时、降低成本、减少损耗等方面的作用，提高劳动生产率和土地产出率。构建功能完备的生物灾害预警与区域防控的支持体系，提高农业灾害预警测报能力，逐步建立农业灾害财政直接救助和农业保险补偿有机结合的灾害救助体系。

（2）科技突破战略

依靠科技突破资源约束瓶颈，是促进粮食发展的关键。重点加快粮食科技创新体系建设，全面推进原始创新、集成创新、引进吸收消化再创新，着力提升农业科技成果的供给能力和技术转移能力。创新激励机制，加强人才培养，促进科技向产业聚集，技术向产品聚焦。大力增加粮食生产科技储备，培育优质超级品种。加快农技推广体系改革和建设，积极推行科技入户，推进高产、高效和标准化栽培技术的普及应用，提高粮食生产的综合效益，稳定增加种粮农户的经济收益。

（3）分区分级战略

实行分区目标管理，建立分级责任制度，是落实粮食发展战略目标的重要保障。依据粮食发展的总体目标，按照不同区域的自然与社会经济条件，科学划分功能区，明确功能定位，落实中央与地方分级管理责任，采取差别扶持政策，协调运用财政补贴和价格调节机制，共同促进粮食生产，确保粮食的潜在生产能力转化为现实生产力。

（4）替代引导战略

发展粮食替代产业，拓展食物来源，是保障粮食安全的重大选择。在稳步提高主要粮食作物生产能力的基础上，研发储备应急技术，着力挖掘非粮食物品种替代潜力，着力发展畜牧业、水产业、园艺产业。合理开发丘陵、山地、滩涂，充分利用海洋、草原、内陆水域等国土资源，扩大食物生产领域。倡导健康消费，广泛开展食物营养与人类健康方面的科普宣传，引导群众科学调整食物消费结构，从多方面缓解粮食供需矛盾。

（5）市场调节战略

科学利用国内外贸易空间，平抑粮食市场波动，是实现我国粮食安全目标的有效手段。合理调整粮食储备制度和能力布局，稳定粮食最低收购价制度，采取更为稳健的国内粮食存储流通措施，调节粮食市场供需。积极发挥期货市场规避价格风险和稳定生产者预期的作用。灵活运用国际贸易规则，适时利用国际市场进行品种调剂和总量调节。实施积极开放、稳健合理的粮食进出口贸易政策。重视资源替代，鼓励有条件的企业参与境外粮食开发，最大限度地补充国内粮食供给。

习题与思考题

1. 粮食安全的定义及其重要性是什么？
2. 简述我国粮食安全的现状。
3. 化肥污染的主要危害及防治方法有哪些？
4. 农药污染的主要危害及防治方法有哪些？
5. 我国实现粮食安全生产的途径是什么？

参考文献

[1]　亚洲环境会议《亚洲环境情况报告》编辑委员会编著．亚洲环境情况报告：第一卷[M]．周北海，张坤民译．北京：中国环境科学出版社，2005.

[2]　亚洲环境会议《亚洲环境情况报告》编辑委员会编著．亚洲环境情况报告：第二卷[M]．周北海，邵霞，张坤民，等译．北京：中国环境科学出版社，2014.

[3]　亚洲环境会议《亚洲环境情况报告》编辑委员会编著．亚洲环境情况报告：第三卷[M]．周北海，邵霞，郑颖，等译.北京：中国环境科学出版社，2015.

[4]　中华人民共和国环境保护部．化肥使用环境安全技术导则（HJ 555—2010）[S]．北京：中国环境科学出版社，2010.

[5]　中华人民共和国环境保护部．农药使用环境安全技术导则（HJ 556—2010）[S]．北京：中国环境科学出版社，2010.

[6]　黎华寿．生态保护概论[M]．北京：化学工业出版社，2009.

[7]　李元．农业环境学[M]．北京：中国农业出版社，2009.

[8]　朱琳，吕海平，彭蜀晋．化学农药的现代发展历程[J]．化学教育，2009，（2）：1-5.

[9]　曹崇华．化学农药对环境的污染与防治对策[J]．资源与环境科学，2012，23（11）：13-14.

[10]　张翠菊，王海琰，李星华．浅析农药环境污染与防治措施[J]．江苏环境科技，2008，21（1）：145-146.

[11]　朱雅兰．土壤农药污染植物修复研究进展[J]．安徽农业科学，2010，38（14）：7490-7492.

[12]　韦友欢，黄秋蝉，谢燕青．农药残留对人体健康的危害效应及毒理机制[J]．广西民族师范学院学报，2010，27（3）：9-12.

[13]　栾江，仇焕广，井月．我国化肥施用量持续增长的原因分解机趋势预测[J]．自然资源学报，2013，11（28）：1869-1877.

第 10 章　能源与环境

本章要点

1. 能源的分类以及世界能源结构和能源消耗利用存在的问题；
2. 我国能源消耗对环境的危害及解决措施；
3. 太阳能、风能、水能、地热能等可再生能源的利用；
4. 节能技术、方法和工程节能的分类。

　　两次石油危机使"能源"这一术语成了人们议论的热点。在全球经济高速发展的今天，能源安全已上升到国家安全的高度，许多国家都制定了以能源供应安全为核心的能源政策。

　　能源，亦称能量资源或能源资源，是指可产生能量（如热量、电能、光能和机械能等）或可做功的物质的统称，也指能够直接取得或者通过加工、转换而取得有用能的各种资源。能源是现代工业社会必要的基础条件，可以说人均能源消耗量是衡量现代化国家人民生活水平的主要标准。但也必须意识到，人类大量消耗能耗能源的结果就是，不仅付出了巨大的环境代价，还引起地球上化石能源供应量不足的问题。在当今世界，能源的发展，能源和环境已经成为全世界共同关心的问题。

10.1　能源利用与环境问题

10.1.1　能源及其分类

　　能源种类繁多，而且经过人类不断地研究与开发，更多新型能源已开始为人类所利用。根据不同的划分方式，能源可分为不同的类型，主要有以下几种分法。

　　（1）按来源分类

　　① 地球以外的能源。地球以外的能源主要是太阳能。太阳能除了直接辐射外，还为风能、水能、生物能和矿物能源等的生成提供基础。人类所需能量的绝大部分都直接或间接地来自太阳。正是各种植物通过光合作用把太阳能转变成化学能储存在植物体内。例如，煤炭、石油、天然气等化石燃料是由古代埋在地下的动植物经过漫长的地质年代形成的，实质上是由古代生物固定下来的太阳能。

② 地球本身蕴藏的能量。通常指与地球内部的热能有关的能源和与原子核反应有关的能源，如地热能、原子核能等。温泉和火山爆发喷出的岩浆就是地热的表现。地球可分为地壳、地幔和地核三层，本身就是一个大热库。地壳是地球表面的一层，厚度一般为几千米至70km 不等。地壳下面是地幔，大部分是熔融状的岩浆，厚度为 2900km。火山爆发一般是这部分岩浆喷出。地球内部为地核，地核中心温度为 2000℃。可见，地球上的地热资源储量也很大。

（2）按产生分类

按能源的产生可分为一次能源和二次能源。一次能源即天然能源，指在自然界现成存在的能源，如煤炭、石油、天然气、水能等。除此以外，太阳能、风能、地热能、海洋能、生物能以及核能等可再生能源也被包括在一次能源的范围内。其中，煤炭、石油和天然气三种能源是一次能源的核心，是全球能源的基础。二次能源指由一次能源加工转换而成的能源产品，如电力、煤气、蒸汽以及石油制品等。

（3）按能源性质分类

按能源性质分类，有燃料型能源（煤炭、石油、天然气、木材）和非燃料型能源（水能、风能、地热能、海洋能）。人类利用自己体力以外的能源是从用火开始的，最早的燃料是木材，以后用各种化石燃料，如煤炭、石油、天然气、泥炭等。现在，正研究利用太阳能、地热能、风能、潮汐能等非燃料型能源。

（4）按污染分类

根据能源消耗后是否造成环境污染，能源可分为污染型能源和清洁型能源。污染型能源包括煤炭、石油等，清洁型能源包括水力、电力、太阳能、风能以及核能等。

（5）按使用类型分类

按使用类型分类，能源可分为常规能源和新型能源。利用技术上成熟，使用比较普遍的能源叫做常规能源，包括一次能源中的可再生的水力资源和不可再生的煤炭、石油、天然气等资源。开始利用或正在着手开发的能源叫做新型能源。新型能源是相对于常规能源而言的，包括太阳能、风能、地热能、海洋能、生物能、氢能以及用于核能发电的核燃料等能源。

（6）按形态特征分类

世界能源委员会推荐的能源类型分为煤、石油、天然气、水能、电能、太阳能、生物质能、风能、核能、海洋能和地热能。其中，前三个类型统称化石燃料或化石能源。已被人类认识的上述能源，在一定条件下可以转换为人们所需的某种形式的能量。比如薪柴和煤炭，把它们加热到一定温度，它们和空气中的氧气化合并放出大量的热能。我们可以用热来取暖、做饭或制冷，也可以用热来产生蒸汽，用蒸汽推动汽轮机，使热能变成机械能；也可以用汽轮机带动发电机，使机械能变成电能；把电送到工厂、企业、机关、农牧林区和住户，它又可以转换成机械能、光能或热能。

（7）按商品和非商品性分类

凡进入能源市场作为商品销售的等均为商品能源，如煤、石油、天然气和电。国际上的统计数字均限于商品能源。非商品能源主要指薪柴和农作物残余（秸秆等）。

（8）按再生和非再生性分类

人们对一次能源又进一步加以分类。凡可以不断得到补充或能在较短周期内再产生的能源称为再生能源，反之称为非再生能源。风能、水能、海洋能、潮汐能、太阳能和生物质能等是可再生能源，煤、石油和天然气等是非再生能源。地热能基本上是非再生能源，但从地球内部巨大的蕴藏量来看，又具有再生的性质。

10.1.2 全球能源消耗利用及存在问题

目前，全世界能源都以化石燃料为主，而化石燃料在地球上的储存量是有限的，是不可再生能源，全球能源消费总量不断攀升。据《BP 世界能源统计年鉴》统计，世界各地能源消耗情况如图 10-1～图 10-4 所示。

由图 10-1～图 10-4 可以看出，世界上对能源的需求处于不断增加的状态，尤其是经济相对不发达的国家，在 2000 年后的十几年间，对能源的需求量处于快速增长的势头。各地对石油和天然气的需求量巨大，但常规能源（化石燃料）的储存量有限，最终必然满足不了人们的需求。

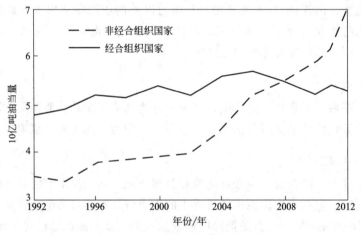

图 10-1　一次能源需求情况统计图

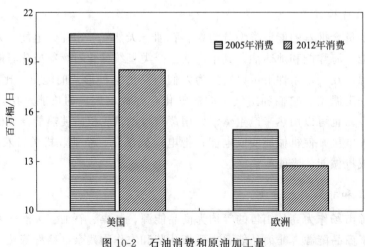

图 10-2　石油消费和原油加工量

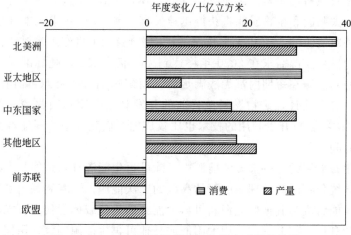

图 10-3　2012 年天然气消费和产量全球增长情况

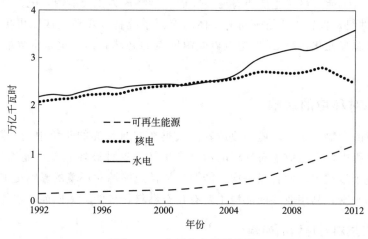

图 10-4　中国发电情况统计

10.1.3　世界能源结构

（1）能源结构

石油、煤炭和天然气等化石燃料是目前世界能源的主体。工业革命促进了煤炭工业的发展，在之后的 200 年中，煤炭一直是世界范围内的主要能源。第二次世界大战后，石油和天然气工业获得迅速发展。据《2000 世界能源统计评论》资料，1999 年世界一次能源消费构成的比例为石油 40.5％、天然气 24％、煤炭 25％、核能 8％、可再生能源 2.5％。由此可见，化石燃料约占世界一次能源构成的 89.5％。这种能源结构状况经历了一个长期的演变过程。随着科技、经济的发展，石油在一次能源结构中的比例开始不断增加，并于 20 世纪 60 年代超过煤炭。此后，石油、煤炭所占比例缓慢下降，天然气比例上升，新能源、可再生能源逐步发展，形成了当前以化石燃料为主和新能源、可再生能源并存的格局。

（2）能源结构的发展趋势

世界能源理事会和国际应用系统分析研究所的合作研究认为：在 21 世纪上半叶，石油、煤炭和天然气等化石燃料仍将是一次能源构成的主体，但在21世纪下半叶，随着石油和天然气资源的枯竭，太阳能和生物质能将获得迅速发展，到2100年太阳能和生物质能等可再生能源将占世界一次能源的50%以上。传统的矿物燃料在21世纪上半叶仍然是一次能源的主体，主要是因为世界能源需求在2020年将达到110亿～352亿吨标准煤，如此巨大的能源需求是任何一种新能源在短期内都无法满足的，而矿物燃料矿资源目前看依然较为丰裕，价格也比较低廉。有人估计，矿物燃料按目前的开发利用强度和回收率，仍可供应全世界200多年。同时，矿物燃料开发利用的技术也比较成熟，而建立适合新能源开发利用的新技术体系尚需较长时间。

在替代传统化石能源的可供选择的能源中，除可再生能源外，核能是人类未来能源的希望，氢能是替代传统化石能源的理想的清洁高效的二次能源。随着制氢、氢能储运及燃料电池技术的发展，氢能将成为其他新能源和可再生能源的最佳载体替代化石能源。氢能系统由氢的生产、储运和利用三部分组成。用太阳能或其他可再生能源制氢，用储氢材料储氢，用氢燃料电池发电，将构成近"零排放"的可持续利用的氢能系统，可广泛作为分布式电源。

未来，核能、氢能、可再生能源将逐步发展并最终成为主要能源，电力将成为主要的终端能源。在21世纪，世界以化石燃料为主体的能源系统将逐步转变成以可再生能源为主体的能源系统。能源多元化将是21世纪世界能源发展的必然趋向，也是世界能源发展历程中的必然阶段。

10.1.4 能源对环境的影响

人类是环境的产物，又是环境的改造者。人类在同自然界的斗争中，不断地改造自然。在改造自然的过程中，又造成了对环境的污染和破坏。这种破坏表现在能源的勘探、开采、生产以及消费整个过程中，而且以一次性能源中的常规能源对环境的影响更加明显。从当今世界的能源结构来看，利用较多的能源主要有化石燃料、核能、太阳能、水能、风能等。

10.1.4.1 化石燃料对环境的影响

化石燃料主要有煤、石油、天然气这三种，是世界上目前为止利用最普遍的能源，与人们的生活息息相关，但其在勘探、开采、加工、利用整个过程所带来的环境问题也是众人皆知的。

（1）煤炭对环境的影响

煤炭的开采需要占用大量的土地，因而对土地产生极大的破坏。我国煤炭开采主要有露天开采和矿井开采两种类型。

露天开采要剥离大量地表覆盖层，破坏地表和植被，改变地貌形态，影响生态平衡，加剧矿区的风化侵蚀和水土流失。另外，排土场、厂房、住宅等附属设施以及剥离物的排放堆积，占用大量土地，破坏自然景观和生态环境。据统计，全国露天煤矿挖损土地总面积已达1.2万公顷，排土场占压土地面积1.9万公顷。

矿井开采会破坏矿井上部岩体应力平衡，引起地面下沉、断裂和塌陷。据调查，我国井工煤矿每采万吨煤平均要塌陷土地0.2公顷，目前每年约塌陷0.667万公顷，累计塌陷面积已达40多万公顷。不仅如此，地面的下沉和塌陷还会影响和破坏地面上的建筑、道路、土地、河流以及地下水环境，造成严重的经济损失。

煤矿区排放大量矿井水、洗煤水、生活污水及医院污水等，也对环境造成很大的危害。矿井水含有大量煤粉、砂、泥等悬浮物以及少量 COD、硫化物和 BOD 等，洗煤水污染物主要是大量悬浮物和浮悬油、絮凝剂、磁性物等添加物等。

煤矿矿井的排风、瓦斯排放以及煤矸石山的自燃都会排放出大量烟尘和 SO_2、CO 等有害气体，污染大气环境。我国煤炭采矿行业中工业废气排放量每年达 $3.9543\times10^{11}\,m^3$，其中有害物排放量每年为 $7.313\times10^5\,t$，多为烟尘、SO_2、NO_x 和 CO。

在煤炭开采和洗选加工过程中，会排出大量煤矸石等固体废物。煤矸石自燃释放大量 CO、CO_2、SO_2 和 H_2S 等有毒有害气体。由于大量煤矸石随意露天堆放，煤矸石中的有毒有害物质会随着大气降水和风化作用进入土壤和水环境中。

煤的利用即燃烧过程对环境的污染是最严重的。燃煤排放大量的烟尘、SO_2、NO_x 等有害物质，已远远超过环境的自净能力，对人类赖以生存的空气和生态环境等造成严重的危害。

（2）石油对环境的影响

石油在开采、消费过程中产生大量有害环境的污染物质。石油开发是一项包含地下、地上等多种工艺技术的系统工程，主要包括物理勘探、钻井、测井、井下作业（试油、压裂、酸化、洗井、除砂等）、采油（气）、油气集输、储运等。在不同的生产阶段和不同的工艺过程中，会产生不同的污染源。每个过程所产生的污染源如表 10-1 所示。

表 10-1　石油开发过程的污染源

污染过程	具体污染
地质勘探	爆炸、噪声
钻井	振动、噪声、固体废物、废水、废气
测井	放射性废气、固体废物、放射废水、放射性废物
井下作业	固体废物、废液、噪声和振动、落地原油

石油产品在利用过程中的污染，尤其是汽车尾气方面尤为显著，汽车尾气排放将日益成为城市空气污染的重要问题。另一方面，石油对海洋的污染也相当大。越来越多的石油泄漏事件的发生，给环境带来的污染是巨大的，石油所含的苯和甲苯等有毒化合物进入食物链，从低等的藻类到高等的哺乳动物，无一幸免。成批海鸟被困在油污中，它们的羽毛一旦沾上油污，就可能中毒或死亡。海象和鲸等大型海洋动物，也面临同样厄运。此外，潜在的损害进一步扩展到事件发生地的生态系统中，存活下来的生物在受到冲击后的数年中，影响也将遗传至数种生物的后代。另外，还有污染环境，尤其是海滩，石油污染后将极难去除。

（3）天然气对环境的影响

天然气在开采、运输、使用的过程中都会对环境造成影响，每个过程所产生的污染情况如表 10-2 所示。

表 10-2　天然气对环境的影响

生成过程		对环境的影响
开采过程		占用土地和农田、排放废气、废水、废渣
运输过程	管道运输	土壤植被破坏、清管污物、泄漏烃类气体、废水、噪声
	液化天然气运输	可忽略
使用过程		废气

10.1.4.2 核能对环境的影响

核能已成为人们关注的能源，但核能带来的环境问题也不容小视。核污染对于我们已不陌生，甚至有些谈核色变。世界已发生多起核污染事件，如日本福岛核电站、前苏联切尔诺贝利核电站、捷克斯洛伐克（现斯洛伐克）Bohunice核电站、美国宾夕法尼亚州萨斯奎哈河三哩岛核电站等一系列核事故，至今令人记忆犹新。

核能的利用对环境造成的污染主要是放射性污染。核能利用上的任何疏忽和差错，后果并不亚于爆发一场小型核战争，有时甚至遗患无穷，给人类的生活乃至生存带来可怕的阴影。目前，核阴云主要来自核废料的严重污染，核废料会产生辐射，影响会持续数千年。

对环境造成污染的放射性核素大多来自核电站排放的废物，核电站可能产生的放射性废物主要是放射性废水、放射性废气和放射性固体废物。1座100万千瓦的核电站1年更换的泛燃料约25t，主要成分是未燃烧的铀、核反应生成物——钚等放射性核素。此外，还有铀矿资源的开发问题。铀矿资源的开发会产生废气、废水、废渣等污染，我国已经排出数以千万吨的铀尾矿。若对铀尾矿处理不好，将会占用农田、污染水体，甚至对自然和社会都造成严重影响。一旦发生核事故或核泄漏，对人类和环境造成的影响都是灾难性的。只有加强核安全和辐射安全的管理，处理好放射性核废料，合理科学地利用核能，才能保证核能安全的开发利用。

专栏—国际核事故等级

1990年，国际原子能机构（IAEA）起草并颁布了国际核事故分级标准（INES），旨在设定通用标准用于评估核事故的安全性影响程度。核事故分为7级，灾难影响最低的级别位于最下方，影响最大的级别位于最上方。

分级原则是采取指数增长。最低级别为1级，最高级别为7级。所有事故等级又被划分为2个不同阶段，最低3个等级称为核事件，最高4个等级称为核事故。但相比于地震级别，核事故等级评定缺少精密数据评定，往往是通过事故造成的影响和损失来评估等级。事故分级如下：

第7级：大量核污染泄漏到工厂以外，造成巨大健康和环境影响。仅有2起——1986年切尔诺贝利核事故和2011年日本将福岛第一核电站核事故。

第6级：一部分核污染泄漏到工厂外，需立即采取措施来挽救各种损失。仅1起——1957年前苏联Kyshtym核事故。当时70～80吨核废料发生爆炸并散播至800平方千米的土地上。

第5级：有限的核污染泄漏到工厂外，需采取一定措施来挽救损失。有4起——1979年美国三里岛核事故，其余3起分别发生在加拿大、英国和巴西。

第4级：非常有限但明显高于正常标准的核物质散发到工厂外，或者反应堆严重受损或者工厂内部人员遭受严重辐射。

第3级：很小的内部事件，外部放射剂量在允许范围之内，或者严重的内部核污染影响至少1个工作人员。如1989年西班牙Vandellos核事件，但最终反应堆被成功控制并停机。

第2级：对外部没有影响，但内部可能有核物质污染扩散，或直接过量辐射员工或者操作严重违反安全规则。

第1级：对外部无任何影响，仅为内部操作违反安全准则。如2010年11月16日在大亚湾核电站发生的事故。

10.1.4.3　水力发电对环境的影响

水力发电站是利用水的势能推动发电机工作而获得电能，在生产过程中对水质、大气的污染都比较小。水电站对环境的影响主要在于水库建设给自然界带来的影响，因为水库建设会破坏原有的生态结构，打破生态平衡，因此对自然界的影响不容忽视，主要表现在以下四个方面。

（1）自然方面

水库可能引起地表的活动，甚至诱发地震。此外，还会引起流域水文的改变，如下游水位降低或来自上游的泥沙减少等。水库建成后，由于蒸发量大，气候凉爽且较稳定，使降雨量减少。

（2）生物方面

对陆生动物而言，水库建成后可能会造成大量的野生动植物被淹没、死亡，甚至灭绝。对水生动物而言，由于上游生态环境的改变，使鱼类受到影响，导致灭绝或种群数量减少。同时，由于上游水域面积的扩大，使某些生物（如钉螺）的栖息地点增加，为一些地区性疾病（如血吸虫病）的蔓延创造条件。

（3）物理化学性质方面

流入和流出水库的水在颜色和气味等物理化学性质方面发生改变，而且水库中各层水的密度、温度、甚至溶解氧等有所不同。深层水的温度低，而且沉积库底的有机物不能充分氧化而处于厌氧分解，水体的 CO_2 含量明显增加。

（4）社会经济方面

修建水库能防洪、发电，也可以改善水的供应和管理，增加农田灌溉，但同时也带来许多不利之处，如受淹地区城市搬迁、农村移民安置会对社会结构、地区经济发展等产生影响。如果规划不周，社会生产和人民生活安排不当，还会引起一系列的社会问题。另外，自然景观和文物古迹的淹没与破坏，更是文化和经济上的一大损失。

专栏—三峡工程对环境的影响

三峡工程对环境的影响主要表现在以下几个方面。

（1）对局地气候的影响——库区局地气候无明显变化，冬季气温略有升高，夏季气温略有降低，温差变小。瞬时最大风速增加。相对湿度有所增加。

（2）对水质的影响——流速变缓，污染物扩散能力减弱，特别是岸边，增加了局部污染的可能性。

（3）对下泄水温的影响——2～4月平均降温约1.3℃，其他各月基本不变。

（4）对水库泥沙淤积及坝下游河道冲刷的影响——水库泥沙淤积的影响主要反映在坝区和变动回水区。

（5）对环境地质的影响——有两个构造地震带通过库区，水库有诱发地震的可能。水库蓄水后，当地微震明显增加，共有各类崩塌、滑坡体4719处，其中627处受水库蓄水影响。

（6）对生物的影响——涉及120科358属550种，包括中华鲟、中华鲟、江豚、白鹤等极度濒危的动物处境都非常危险。

除了以上对自然环境的影响外，还有对社会人文方面的影响，如移民影响、文物古迹的破坏、人群健康的影响、工程施工对环境的破坏等。

除了以上几种能源外，还有其他能源的开发和利用的过程也会给环境带来一定的影响，如风力发电站的建设会影响野生动植物的栖息；氢能制备也需要消耗大量的能源，从而间接带来环境问题等。

10.2 可再生能源的利用

可再生能源指的是随着人类大规模开发和长期利用，能在自然界中不断再生、持续利用的资源，主要包括太阳能、生物质能、风能、水能、地热能和海洋能等。大多数可再生能源都是直接或间接来自于太阳辐射，而太阳能可谓取之不尽，用之不竭，且不产生温室气体，无污染，是环境友好型的清洁能源。

（1）太阳能

太阳能来自于太阳辐射，是地球生命的能量来源，安全卫生，对环境无污染，不损害生态环境，因此太阳能属于环境友好型能源。

地球截取的太阳辐射能通量为 1.7×10^{14} kW，比核能、地热和引力能储量总和还要大5000多倍。其中，约30%被反射回宇宙空间；47%转变为热，以长波辐射形式再次返回空间；约23%是水蒸发、凝结的动力，风和波浪的动能；植物通过光合作用吸收的能量不到0.5%。地球每年接受的太阳能总量为 1×10^{18} kW·h，这相当于 5×10^{14} 桶原油，是探明原油储量的近千倍，是世界年耗总能量的一万余倍。

目前我国对太阳能的利用主要有太阳能集热器、太阳能热水器、太阳灶、太阳能制冷、太阳能光电转化等形式。一台截光面积 $2m^2$ 的太阳灶，每年可节约 1t 左右的生物质燃料。一般家用太阳灶的功率为 500~1500W，聚光面积为 1~3m²。《全球新能源发展报告2014》中指出，2013 年全球光伏市场的新增装机容量达到 38.7GW，累计装机容量达到140.6GW，其中排名前五的国家中，中国占 31.2%，日本占 17.4%，美国占 10%，德国占8.5%，意大利占 4.2%。

（2）生物质能

生物质能是指源于动植物，积累到一定量的有机类资源，是绿色植物通过叶绿素将太阳能转化为化学能储存在生物质内部的能量，主要包括薪柴、秸秆、稻草、稻壳、畜禽粪便及其他农业生产的废弃物等。生物质含有 C、H、O 及少量的 N、S 等元素，因此燃烧后会产生 CO_2、SO_x、NO_x 等污染气体，但排放量远低于化石能源。

地球每年经光合作用产生的物质有 1730 亿吨，其中蕴含的能量相当于全世界能源消耗的 10~20 倍，但目前的利用率不到 3%。人类对生物质能的利用，直接用作燃料的有农作物的秸秆、薪柴等，间接作为燃料的有农林废弃物、动物粪便、垃圾及藻类等，它们通过微生物作用生成沼气，或采用热解法制造液体和气体燃料，也可制造生物炭。2010 年年底，全国农村户用沼气池总数达 4000 万户，占适宜农户的 30％左右，年产沼气 155 亿立方米；各类集约化畜禽养殖场和养殖小区沼气工程 39510 处，新建规模化养殖场和小区沼气工程 4000 处，年增 3.36 亿立方米沼气。中国已经开发出多种固定床和流化床气化炉，以秸秆、木屑、稻壳、树枝为原料生产燃气。

（3）风能

风能是大气沿地球表面流动而产生的动能资源。风能是由太阳辐射的一小部分能量转变成的动力能。风力是自然现象引起的，不给环境带来污染物质，因此风能也是一种清洁能源，不会造成环境污染。

风能的利用主要包括风力发电、风力提水、风力助航等。风力提水是从古至今应用都比较广，是利用风能来灌溉，为农业的生活、灌溉、畜牧节约能源。风力助航可以节约燃油和提高航速。风力发电是利用风能来发电。

2012 年欧盟风电装机总容量达到 105.6 吉瓦，发展海上风电的主要有 9 个国家：英国（2679MW）、丹麦（922MW）、比利时（380MW）、德国（280MW）、荷兰（228MW）、瑞典（163MW）、芬兰（26MW）、爱尔兰（25MW）、葡萄牙（2MW）。截至 2012 年年底，欧盟海上风电装机容量已达 4.7GW。截至 2013 年年底，我国共有 1352 个风电场并网发电，累计吊装风电机组 58601 台。2013 年年底，风电并网装机容量 7.716×10^7 kW，占全国电源总装机容量的 6.2％，全年风电上网电量达 1.357×10^{11} kW 时，占全国上网电量的 2.5％。

（4）水能

水能是指自然水体的动能、势能和压力能等所具有的能量资源。水能利用的主要方式是水力发电，水电是可再生的清洁能源。在常规能源（煤、石油、天然气、核能和水电）中，火力发电（煤、石油、天然气）排放大量温室气体，而核能发电在全球几乎没有多大进展，水力发电最值得利用。

截止到 2014 年年底，全球水电装机容量约 1×10^9 kW，经济发达国家水能资源已基本开发完毕，水电建设主要集中在发展中国家。我国的水能资源近年来开发也非常积极，截至 2014 年年底，我国水电装机容量突破 3×10^8 kW，占全球的 27％。我国小水电资源丰富，小水电已经发展成为我国最大、发展最快的新能源利用领域。我国水电开发目标是：到 2020 年年底，全国水电装机容量达 3.0×10^8 kW，其中大、中型水电为 2.25×10^8 kW、小水电为 0.75×10^8 kW，占可开发水力资源的 80％左右。

中国是世界上电力消费最多的国家（见表 10-3），中国 2013 年年消费 5 322 300 000 MWh（百万瓦小时），人均消费 447W，高于世界平均水平 313 瓦/人。中国也是再生能源发电最多的国家，其中以水力发电独占鳌头。2013 年统计中国水力发电消费为 206.3 Mtoe（百万吨油当量），占世界总量的 24％。按照 1 吨油当量＝1.5 吨煤计算，相当于消费 3 亿吨煤。

表 10-3　2013 年水力发电消费前 10 位国家

排　序	国　家	消费量/Mtoe	比 2012 年增加	占总量的％
1	中国	206.3	4.84	24.1
2	加拿大	88.6	3.3	10.4
3	巴西	87.2	−7.0	10.2

续表

排序	国家	消费量/Mtoe	比 2012 年增加	占总量的 %
4	美国	61.5	−2.3	7.2
5	俄罗斯	41.0	10.2	4.8
6	印度	29.8	14.3	3.5
7	挪威	29.2	−9.5	3.4
8	委内瑞拉	19.0	2.8	2.2
9	日本	18.6	1.8	2.2
10	法国	2.9	18.6	1.8
世界总计		855.8	2.9	100.0

注：Mtoe 即百万吨油当量。1toe＝1.5t 煤。

世界上最大的电站是水力发电站，其次是核电站。中国水力发电在电力供应中最为突出，居世界领先地位。全球前 15 个水电站，其中中国占 7 个，发电量最大的是三峡大坝，年发电 985 亿千瓦时，具体见表 10-4。

表 10-4　世界最大的水力发电站

排名	大坝名称	国家	河流	装机容量/MW	年产量/TWh	建成年代	总库面积/km²
1	三峡大坝	中国	长江	22500	98.5	2003～2012	632
2	伊泰普大坝	巴西、乌拉圭	巴拉那河	14000	98.3	1984～1991，2003	1350
3	溪洛渡大坝	中国	金沙江	13860		2014	
4	古里大坝	委内瑞拉	卡罗尼河	8850	53.41	1978～1986	4250
5	图库鲁伊大坝	巴西	托坎廷斯河	8370	41.43	1984	3014
6	向家坝	中国	金沙江	7750	183.8	2014	
7	大古力	美国	哥伦比河	6809	20	1942～1985	324
8	龙潭大坝	中国	红水河	6426	18.7	2007～2009	
9	克拉斯诺亚尔斯克	俄罗斯	叶尼塞河	6000	20.4	1972	2000
10	罗伯特～布拉萨	加拿大	拉格朗德河	5616	26.5	1979～1981	2835
11	糯扎渡大坝	中国	澜沧江	5850		2014	
12	丘吉尔瀑布	加拿大	丘吉尔河	5428	35	1971～1974	6988
13	镜屏	中国	雅砻江	4800		2014	
14	布拉兹克	俄罗斯	安加拉河	4500	22.6	1967	5470
15	拉西瓦大坝	中国	黄河	4200	10.2	2010	

注：单位说明：1MW＝0.1 万千瓦；1 亿千瓦＝0.1 TW。

（5）地热能

地热能是地球内部蕴藏的热能，它源于地球的熔融岩浆和放射性物质的衰变。地热资源的利用对环境会产生一定的污染，主要表现在大气污染、水的利用和污染、二氧化碳的排放、周边土壤与地下水受污染等方面。

开发潜力较大的地热能一般在偏远山区，可输送性较低。输送高温热水的极限距离约 100km，输送天然蒸气的极限距离大约 1km，故一般是使地热能就地转变成电能。其次，直接向生产工艺流程供热，如蒸煮纸浆、蒸发海水制盐、海水淡化、各类原材料和产品烘干食品和食糖精制、石油精炼、生产重水、制冷和空调等。第三是向生活设施供热，如地热采暖以及地热温室栽培等。第四是农业用热，如土壤加温以及利用某些热水的肥效等。第五是提取某些地热流体或热卤水中的矿物原料。第六，是医疗保健，这是人类最古老也一直沿用至今的医疗方法。地热浴对治疗风湿病和皮肤病有特效。

地热能的利用可分为地热发电和直接利用两大类。对于不同温度的地热流体可能利用的范围如下：200～400℃，直接发电及综合利用；150～200℃，用于双循环发电、制冷、工业干燥、工业热加工；100～150℃，用于双循环发电、供暖、制冷、工业干燥、脱水加工、盐类回收；50～100℃，用于供暖、温室、家用热水、工业干燥；20～50℃，用于沐浴、水产养殖、饲养牲畜、土壤加温、脱水加工。

（6）海洋能

海洋能是海洋中海水所具有的能量，通常包括波浪能、潮汐能、温差能、海流能和盐度差能。这些能源在利用过程中基本不会对环境造成污染，因此也属于清洁能源。海洋能利用形式主要有潮汐发电、海流发电、波浪发电、海洋温差发电、盐差发电等。目前，我国潮汐发电装机总容量已有 1 万多千瓦。我国的潮汐发电量，仅次于法国、加拿大，居世界第三位。英国已建成 750kW 规模的商业波浪发电站并网发电，我国在广东汕尾建设了 100kW 振荡水柱式波浪发电站。

10.3　节能与环境保护

10.3.1　节能技术的基础知识

节能就是能源消耗的节约，即从能源生产开始，一直到消费结束为止，在能源的开采、运输、加工、转换、使用等各个环节上减少损失和浪费，提高利用效率。

狭义地讲，节能是指节约煤炭、石油、电力、天然气等能源。从节约化石能源的角度来讲，节能和降低碳排放是息息相关的。广义地讲，节能是指除狭义节能内容之外的节能方法，如节约原材料消耗，提高产品质量、劳动生产率、减少人力消耗、提高能源利用效率等。

《节约能源法》1997 年 11 月 1 日第八届全国人民代表大会常务委员会第二十八次会议通过，由中华人民共和国第十届全国人民代表大会常务委员会第三十次会议于 2007 年 10 月 28 日修订通过，自 2008 年 4 月 1 日起施行。

节约能源法指出：节能是国家发展经济的一项长远战略方针，并重申了能源节约与能源开发并举，把能源节约放在首位的能源政策。节约能源法规定，固定资产投资工程项目的可行性研究报告，应当包含合理用能的专题论证，达不到合理用能标准和节能设计规范要求的项目，审批机关不得批准建设；项目建成后达不到合理用能标准和节能设计规范的，不予验收。把固定资产投资工程项目的经济效益与环境保护，合理用能统一起来，将使国家的经济建设、环境保护和能源利用协调发展。

节能对我国国民经济，对环境保护都有重大的意义。节能是实现我国经济持续高速发展的保证，是调整国民经济结构、提高经济效益的重要途径，将缓解我国的运输压力，有利于我国的环境保护。

10.3.2　节能的方法与措施

节能采取的主要措施包括以下几个。

（1）政府部门采取的措施

首先控制增量，调整和优化结构；强化污染防治，全面实施重点工程；创新模式，加快发展循环经济；夯实基础，强化节能减排管理；健全法制，加大监督检查执法力度；完善政策，形成激励和约束机制；加强宣传，提高全民节约意识；政府带头，发挥节能表率作用。

（2）企业采取的措施

依靠科技，加快技术开发和推广；节水管理措施，节电管理措施，节煤管理措施，节油管理措施，计划预统计。

（3）个人采取的措施

节约照明用电，使用高效节能灯；使用低碳照明用电；节约用水、电、煤、油等；循环使用资源；出行尽量使用节能交通工具。

10.3.3 工程节能技术分类

节能技术已经广泛应用于我们生产生活中，常见的节能技术有以下几种类型。

（1）汽车节能技术

汽车节能技术已经大量应用于世界各国，收到很大的节能效果和环境效益，主要有混合动力汽车技术、高效汽油机、柴油机技术；高效载重汽车及发动机技术；轿车、轻型汽车柴油化技术；整车轻量化技术。

（2）家电节能

节能家电是人们生活中每天都能接触的技术产品，如高效节能灯、节能空调、节能冰箱等，如节能空调是依靠蒸发吸收空气中的热量达到降温目的。根据自然物理现象"水蒸发效率"这一原理：当热空气经过实际换热面积 100 倍有水蒸发的湿帘时，其大量的热将被空气吸收，从而实现空气降温的过程，它与传统空调相比最大的特点是不用压缩机，所以节能、环保。

（3）供配电系统节能

供配电系统节能主要是通过以下两个方面实现。

① 变压器的节能设计。选用节能型变压器、变压器降耗改造、变压器的经济运行。

② 供配电系统节能。减少配电线路损耗和提高配电系统的功率因素两个方面实现节能的。

（4）能源的梯级利用

能源的梯级利用包括按质用能和逐级多次利用两个方面。

① 按质用能。按质用能是尽可能不使高质能源去做低质能源可完成的工作。在一定需用高温热源来加热时，要尽可能减少传热温差；在只有高温热源但只需要低温加热的场合下，则应先用高温热源发电，再利用发电装置的低温余热加热，如热电联产。

② 逐级多次利用。逐级多次利用是高质能源的能量不一定在一个设备或过程中全部用完，因为在使用高质能源的过程中，能源温度是逐渐下降的（即能质下降），而每种设备在消耗能源时，总有一个经济合理的使用温度范围。这样，当高质能源在一个装置中降至经济适用范围以外时，即可转至另一个能够经济适用这种较低能质的装置中去使用，使能源利用

率达到最高水平。

（5）建筑节能

建筑能耗有狭义和广义之分。狭义的建筑能耗是指建筑物在使用过程中所消耗的能量，包括供热、通风、照明、电器、热水及开水供应、家庭炊事中的能耗等。广义的建筑能耗不但包括建筑物的使用能耗，还包括建筑材料在生产过程中的能耗和建筑物在修建过程中的能耗，与广义节能技术相对应的建筑节能技术即是绿色建筑。

建筑节能包括三个方面：一是建筑本体的节能，包括建筑规划与设计、围护结构的设计、建筑材料的使用等节能；二是建筑系统的节能，包括采暖与制冷系统等设备的节能；三是能源管理，规范管理的方式做到合理用能，即建筑物使用过程中用于供暖、通风、空调、照明、家用电器、输送、动力、烹饪、给排水和热水供应等的能耗。

（6）余热利用

余热是在一定经济技术条件下，在能源利用设备中没有被利用的能源，也就是多余、废弃的能源，包括高温废气余热、冷却介质余热、废汽废水余热、高温产品和炉渣余热、化学反应余热、可燃废气废液和废料余热以及高压流体余压等七种。

余热的利用主要包括直接利用、间接利用、综合利用三个方面。

① 直接利用。利用余热预热空气，即利用高温烟道排气，通过高温换热器来加热进入锅炉和工业窑炉的空气，使燃烧效率提高，从而节约燃料；干燥，即利用各种工业生产过程中的排气来干燥加工的材料和部件，如陶瓷厂的泥坯、冶炼厂的矿料、铸造厂的翻砂模型等；生产热水和蒸汽，它主要是利用中低温的余热生产热水和低压蒸汽，以供应生产工艺和生活方面的需要，在纺织、造纸、食品、医药等工业以及人们生活上都需要大量的热水和低压蒸汽；制冷，即利用低温余热通过吸收式制冷系统来达到制冷或空调的目的。

② 间接利用。余热发电，用余热锅炉产生蒸汽，推动汽轮发电机组发电。高温余热作为燃气轮机的热源，利用燃气轮发电机组发电。如果余热温度较低，可利用低沸点工质，如正丁烷，来达到发电的目的。

③ 余热的综合利用。余热的综合利用是根据工业余热温度的高低，采用不同的利用方法，实现余热的梯级利用，以达到"热尽其用"的目的。例如，高温排气首先应当用于发电，发电余热再用于生产工艺用热，生产工艺余热再用于生活用热。

10.4　我国能源消耗引起的环境问题

10.4.1　中国能源利用与结构

我国能源消费结构是以煤炭为主，石油和天然气占有一定比例。表 10-5 为近几年来我国各种一次能源消费的百分比。

表 10-5　我国各种一次能源消费的百分比　　　　　　　　　　　　　%

年　份	原　油	天然气	煤	核　能	水力发电	再生能源
2008 年	18.8	3.6	70.2	0.8	6.6	—
2009 年	17.7	3.7	71.2	0.7	6.4	0.3

年　份	原　油	天然气	煤	核　能	水力发电	再生能源
2010 年	17.6	4.0	70.5	0.7	6.7	0.5
2011 年	17.7	4.5	70.4	0.7	6.0	0.7
2012 年	17.7	4.7	68.5	0.8	7.1	1.2

与石油和天然气比较而言，我国的煤炭储量比较丰富。截至 2011 年全国煤炭产量达到 32.4.5 亿吨，占世界产量的 48.3%，成为世界第一产煤大国。

我国是少油国家，但石油在我国能源结构中占有重要地位（仅次于煤炭处于第二位），目前还不能完全自给，约 50% 的石油用量需从国外进口。最近几年，我国石油进口量一直在增长，从 2006 中国石油进口量为 1.92 亿吨，2007 年上涨到 2.03 亿吨，到 2010 年涨到 2.95 亿吨，五年内增长达 53.6%，到 2012 年中国石油净进口量达 2.84 亿吨，石油对外依存度上升至 58%，比上年提高 1.5 个百分点，2013 年全年中国累计进口原油 2.82 亿吨，同比攀升 4.03%。

我国的天然气工业发展相对比较落后，但天然气生产消费增速较快。近几年，我国天然气产量和消费量都保持较高的增长幅。我国天然气产量为，2009 年 830 亿立方米（增 7.7%），2010 年 944.8 亿立方米（增 12.1%），2011 年 1011.15 亿立方米（增 7.3%），2012 年 1077 亿立方米（增 6.5%），2013 年 1210 亿立方米（增 9.8%）。

水电资源是一种可再生清洁能源，也是我国能源的重要组成部分，在能源平衡和能源工业的可持续发展中占有重要地位。现阶段，水电消费在我国能源结构中的占比不到 6%，依据国际经验和我国市场经济的发展趋势，在未来 50 年我国的水电消费在能源结构中占比将大大提高。

核电凭借资源丰富、清洁、用之不竭、经济等优点，是最具开发潜力的能源之一，已成为国际能源领域投资热点。但是，由于现阶段对核能的利用技术尚未完全成熟，对于核聚变和裂变反应人们无法很好地控制，造成过一些核泄漏事故，引起人们的恐慌，因此还需要进一步克服这些困难，安全自如地利用这份宝贵的能源。

10.4.2　中国能源利用与环境问题

同世界各国一样，我国能源的利用也带来一系列的环境问题，有些是操作不当导致的，大部分是由于能源利用过程带来的副作用。

（1）开发过程

我国在能源开发过程中体制政策管理不够完善，主要表现在体制混乱、政企难分、部门分割、地区封锁、能源工业资金短缺，难以优化发展。

开采技术相对较低，如煤炭开采过程中资源的浪费和破坏比较严重。目前，我国煤炭资源回采率非常低，约为 46%，比世界主要产煤国家平均水平低 15 个百分点。以 2006 年煤炭产量计算，1 年多消耗煤炭储量 10 亿吨。在很多煤系地层中，有甲烷、铝矾土、硫铁矿、高岭土、耐火黏土、铁钒土、陶瓷黏土及稀有元素镓、锗等与煤炭资源共生、伴生的矿产资源。据有关方面估算，开采 1t 煤约损耗与煤共生、伴生的矿产资源达 8t。然而，我国目前很多煤矿都没有能力把与煤共生、伴生的矿产资源开采出来，而是在开采过程中以废弃物的形式弃置，造成严重的资源浪费。

在开采利用过程中造成严重的环境污染。在我国的矿区，煤矸石堆积严重，约有 36 亿吨，占地超过 15 万亩，且每年增加 3000 多亩。这一方面大量占用人类可使用土地，另一方面矸石自燃排放大量烟尘和二氧化硫，造成环境问题。另外，在我国的许多矿区，地表沉陷严重，地下水位下降，地表植被生长受到影响。如果地下水位下降到植被所能达到的位置以下，地表将变成不毛之地，这是一个严重的生态问题。

（2）利用过程

我国能源利用的主要问题在于能耗高、能源利用效率低。目前，我国火电供电标准煤耗为每千瓦时 370 克，厂用电率 5.87%，线损率 7.18%，分别比国际先进水平高 35 克、1.87 和 1.18 个百分点。

（3）处置过程

我国能源的终端处置比较落后。虽然近几年我国已建成大量的烟气处理设施、废水处理设施以及固废终端处置，但还远远不够，能源利用导致的工业"三废"的排放依然是环保问题的主要来源。

10.4.3　未来中国能源的需求分析

可持续发展是我国当今的发展战略，日益增长的能源需求与能源供给能力有限的矛盾越来越凸显，能源结构改变以及新能源开发成了我国未来能源方针的必然趋势。

根据中国政府制定的"十二五"能源规划，到 2015 年中国能源消费总量将控制在 41 亿吨标煤左右，非化石能源占一次能源消费比重达到 11.4%，到 2020 年非化石能源占一次能源消费比重达到 15%。要实现这个目标，需要大力发展以下能源。

（1）太阳能

太阳能的利用主要是指太阳能光伏发电和太阳能电池。在光伏发电方面，中国仍处在起步阶段，发展水平远远落后于经济发达国家，但随着中国国内光伏产业规模逐步扩大、技术逐步提升，光伏发电成本会逐步下降，未来中国国内光伏容量将大幅增加。按照《可再生能源发展"十二五"规划》提出的目标，未来 5 年内中国太阳能屋顶电站装机规模将达现有规模的 10 倍。在太阳能电池方面，中国太阳能电池制造业通过引进、消化、吸收和再创新，取得长足发展，在太阳能电池生产制造方面取得很大进展，将成为使用太阳能的大市场。

（2）风能

我国风能储量很大，分布面广，开发利用潜力巨大。"十一五"期间，我国并网风电得到迅速发展。2011 年中国全国累计风电装机容量再创新高，海上风电大规模开发也正式起步。"十二五"期间，中国风电产业仍将持续每年 10000MW 以上的新增装机速度，风电场建设、并网发电、风电设备制造等领域成为投资热点，市场前景看好。

（3）水能

我国不但是世界水电装机第一大国，也是世界上在建规模最大、发展速度最快的国家，已逐步成为世界水电创新的中心。随着我国经济进入新的发展时期，加快西部水力资源开发，实现西电东送，对于解决国民经济发展中的能源短缺问题、改善生态环境、促进区域经济的协调和可持续发展，将发挥极其重要的作用。

（4）核能

截止到 2012 年 5 月，中国目前正在运行的核电站有 16 座，在建的有 26 座，占世界新建电站总数的 39％。据国家发展和改革委员会 2007 年 10 月通过的《核电中长期发展规划（2005～2020 年）》，到 2020 年，中国核电运行装置容量争取达到 4000 万千瓦，以扩大清洁能源供应减少煤炭依赖。

（5）生物质能

我国拥有丰富的生物质能资源，理论上生物质能资源达 50 亿吨左右。现阶段可供利用开发的资源主要为生物质废弃物，包括农作物秸秆、薪柴、禽畜粪便、工业有机废物和城市垃圾等。"十二五"期间，中国将通过合理布局生物质发电项目，推广应用生物质成型燃料、稳步发展非粮生物液体燃料，积极推进生物质气化工程，生物质发电装机到 2015 年将达到 1300 万千瓦。

（6）氢能

在氢能领域，我国着重要解决燃料电池发动机的关键技术。虽然这方面的技术已有突破，但还需要更进一步对燃料电池产业化技术进行改进、提升，使产业化技术成熟，提高中国在燃料电池发动机关键技术方面的水平。

10.5　解决我国能源问题的措施

转变经济增长方式是一个关系我国经济能否健康成长的重要问题。转变的要求是从高投入、高能耗、高排放、低效益的经济增长方式转为低投入、低能耗、低排放、高效益的经济增长方式。从经济增长方式转变的情况可以看出，我国将加大力度控制能源的浪费，提高能源的利用效率，减少环境的污染。

10.5.1　节能降耗与新能源技术开发

近年来，我国的节能技术也取得较大的进步。通过自主研发和引进国外的先进技术和设备，已使国内许多行业从中受益，并形成良性发展的势头。总体来看，我国能源开发与节约工作取得重大进展，能源效率有所提高，但与发达国家相比，中国能源效率水平依然偏低。

（1）洁净煤技术

洁净煤技术是指煤炭从开发到利用的全过程中，减少污染排放与提高利用效率的加工、燃烧、转化及污染控制等高新技术的总称。它将经济效益、社会效益与环保效益结合为一体，成为能源工业中国际高新技术竞争的一个主要领域。

（2）节约石油和替代石油技术

主要节油技术有等离子无油点火、燃油乳化、燃油添加剂等，主要替代技术有甲醇替代石油、乙醇替代石油、天然气替代石油。

（3）电力节能技术

主要包括变频调速节能装置，新型电力变压器节能技术，降低线路损耗。

（4）建筑节能技术

建筑能耗是指消耗在建筑中的采暖、空调、降温、电气、照明、炊事、热水供应等所消耗的能源。

（5）可再生资源利用技术

我国有丰富的可再生资源，如风能、太阳能、地热能、海洋能等，现已利用了一部分可再生能源。

10.5.2　能源结构优化

我国能源结构存在很大问题，煤炭使用过多，化石燃料依赖重，因此当务之急是优化能源结构，国务院印发的《能源发展"十二五"规划》中指出，能源发展的主要任务为以下几个方面。

（1）加强国内资源勘探开发

加大国内能源资源勘探力度，优化开发常规化石能源，巩固能源供应基础。着力突破煤层气、页岩气等非常规油气资源开发技术瓶颈，大力发展非化石能源，培育新的能源供应增长极。主要包括安全高效开发煤炭，建设大型现代化煤矿，优化产能结构，提升煤矿技术装备水平，发展矿区循环经济；加快常规油气勘探开发，鼓励低品位资源开发，推进原油增储稳产、天然气快速发展，重点提高深水资源勘探开发能力；大力开发非常规天然气资源，重点加大煤层气和页岩气勘探开发力度，突破勘探开发关键技术，建设页岩气勘探开发区，初步实现规模化商业生产；积极有序发展水电，推进水电基地建设，统筹考虑中小流域的开发与保护，科学论证、因地制宜积极开发小水电，合理布局抽水蓄能电站；安全高效发展核电，坚持热堆、快堆、聚变堆"三步走"技术路线，以百万千瓦级先进压水堆为主，积极发展高温气冷堆、商业快堆和小型堆等新技术，同步完善核燃料供应体系，满足核电长远发展需要；加快发展风能等其他可再生能源，坚持集中与分散开发利用并举，以风能、太阳能、生物质能利用为重点，大力发展可再生能源等方面。

（2）推进能源高效清洁转化

立足资源优势，依靠科技创新，加快推进燃煤发电、炼油化工技术进步和产业升级，探索煤炭分质转化、梯级利用的有效途径，提高能源加工转化效率和清洁化利用水平。主要体现在以下几方面：高效清洁发展煤电，采用先进的适用技术，在煤炭资源富基地鼓励煤电一体化开发，加强节能、节水、脱硫、脱硝等技术的推广应用，实施煤电综合改造升级工程；推进煤炭洗选和深加工升级示范，以提高资源高效清洁利用水平为目标，加大煤炭洗选比重，提高商品煤质量，优化煤炭加工利用方式，逐步建立科学的煤炭分级利用体系，总结现有煤炭深加工示范项目经验，按照能量梯级利用、节水降耗、绿色低碳等要求，完善核心技术和工艺路线，稳步开展升级示范；集约化发展炼油加工产业，按照上下游一体化、炼化储一体化的原则，依托进口战略通道建设炼化产业带，统筹新炼厂建设和既有炼厂升级改造，严格行业准入管理，推进企业兼并重组，提高产业集中度；有序发展天然气发电，在天然气来源可靠的东部经济发达地区，合理建设燃气蒸汽联合循环调峰电站。在电价承受能力强、热负荷需求大的中心城市，优先发展大型燃气蒸汽联合循环热电联产项目。积极推广天然气热电冷联供，支持利用煤层气发电。

（3）推动能源供应方式变革

根据新兴能源的技术基础、发展潜力和相关产业发展态势，以分布式能源、智能电网、新能源汽车供能设施为重点，大力推广新型供能方式，提高能源综合利用效率，促进战略性新兴产业发展，推动能源生产和利用方式变革。主要有以下几方面：大力发展分布式能源，积极发展天然气分布式能源，大力发展分布式可再生能源，加快风能、太阳能、小水电、生物质能、海洋能、地热能等可再生能源的分布式开发利用，营造有利于分布式能源发展的体制政策环境；推进智能电网建设，着力增强电网对新能源发电、分布式能源、电动汽车等能源利用方式的承载和适应能力，实现电力系统与用户互动，推动电力系统各环节、各要素升级转型，提高电力系统安全水平和综合效率，带动相关产业发展；建设新能源汽车供能设施，加强供能基础设施建设，促进交通燃料清洁化替代，降低温室气体和大气污染物排放。

（4）实施能源民生工程

坚持统筹规划、因地制宜、多能互补、高效清洁的原则，以逐步推进城乡能源基本公共服务均等化为导向，以实施新一轮农村电网改造升级、建设绿色能源示范县、解决无电地区用电问题为重点，全面推进能源民生工程建设。主要包括：加快农村电网建设，消除电网薄弱环节，扩大电网覆盖面，提升农村电网供电可靠性和供电能力，农业生产用电问题基本解决；大力发展农村可再生能源，因地制宜推进小水电、农林废弃物、养殖场废弃物、太阳能、风能等可再生能源开发利用，推广普及经济实用技术，促进农村用能高效化、清洁化；完善农村能源基础服务体系，加强农村液化气供应站、加油站、型煤加工点以及生物质燃气站和管网等基础设施建设，建立各类维修及技术服务站，培育农村能源专业化经营服务企业及人才；加强边疆偏远地区能源建设，着力提高民用天然气供给普及率加快建设天然气输配管网和储气设施，扩大天然气供应覆盖面。

（5）提升能源科技和装备水平

按照创新机制、夯实基础、超前部署、重点跨越的原则，以增强能源科技自主创新能力和提高能源装备自主化水平为目标，加快构建重大技术研究、重大技术装备、重大示范工程、技术创新平台"四位一体"的能源科技装备创新体系。加快科技创新能力建设，加强能源基础科学研究，推进先进适用技术的研发和应用；提高能源装备自主化水平，加强对能源装备产业的规划引导，依托重点工程，加强技术攻关和综合配套，建立健全能源装备标准、检测和认证体系，努力提高重大能源装备设计、制造和系统集成能力；实施重大科技示范工程，充分利用我国能源市场空间大、工程实践机会多的优势，加大资金、技术、政策扶持力度，加快重大工程技术示范，促进科技成果尽快转化为先进生产力。

（6）深化能源国际合作

坚持互利合作、多元发展、协同保障的新能源安全观，积极参与境外能源资源开发，扩大能源对外贸易和技术合作，提升运输、金融等配套保障能力，构建国际合作新格局，共同维护全球能源安全。

①　深入实施"走出去"战略。深入开展与能源资源国务实合作。继续加强海外油气资源合作开发。积极推进炼化及储运业务合作。支持优势能源企业参与境外煤炭资源开发，开展境外电力合作。依托境外能源项目合作，带动能源装备及工程服务"走出去"。

②　提升"引进"水平。坚持引资引智与能源产业发展相结合，优化利用外资结构，引导外资投向能源领域战略性新兴产业，带动先进技术、管理经验和高素质人才的引进。鼓励外资参与内陆复杂油气田、深海油气田风险勘探。鼓励与石油资源国在境内合作建设炼化和储运设施。鼓励开展煤炭安全、高效、绿色开采合作。借鉴国际能源管理先进经验，加强与主要国家和国际机构在战略规划、政策法规和标准、节能提效等方面的交流合作。

③　扩大国际贸易，优化能源贸易结构。以原油为主、成品油为辅，巩固拓展进口来源和渠道，扩大石油贸易规模，增加管输油气进口比例。以稀缺煤种和优质动力煤为主，稳步开展煤炭进口贸易。适度开展跨境电力贸易。优化能源进出口品种。推进能源贸易多元化。鼓励更多有资质的企业参与国际能源贸易，推进贸易主体多元化。综合运用期货贸易、长协贸易、转口贸易、易货贸易等方式，推进贸易方式多元化。积极推进贸易渠道、品种和运输方式多元化。

④　完善国际合作支持体系。鼓励国内保险机构开展"国油国保"和境外人身、财产保险。积极稳妥参与国际能源期货市场交易，合理规避市场风险。积极参与全球能源治理，充分利用国际能源多边和双边合作机制，加强能源安全、节能减排、气候变化、清洁能源开发等方面的交流对话，推动建立公平、合理的全球能源新秩序，协同保障能源安全。

习题与思考题

1. 化石燃料的使用对环境会造成什么影响？
2. 简述当今世界的能源结构特点。
3. 试分析当今世界能源消耗与供应的特点。
4. 能源的分类有哪些？其对环境有怎样的影响？
5. 简述主要的清洁能源种类及其特征发展趋势。
6. 简述我国面临的能源问题。
7. 目前解决我国的能源问题有哪些措施？

参考文献

[1]　卢平. 能源与环境概论[M]. 北京：中国水利水电出版社，2011.

[2]　冯俊小，李君慧. 能源与环境[M]. 北京：冶金工业出版社，2011.

[3]　鄂勇，伞成立. 能源与环境效应[M]. 北京：化学工业出版社，2006.

[4]　张彪，李岱青，高吉喜，吴越. 我国煤炭资源开采与转运的生态环境问题及对策[J]. 环境科学研究，2004，17(6)：35-38.

[5]　徐良才，郭因海，公衍伟等. 浅谈中国主要能源利用现状及未来能源发展趋势[J]. 能源技术与管理，2010，(6)：155-157.

[6]　班瑞凤，魏晓平. 中国能源结构及利用问题研究[J]. 徐州工程学院学报：社会科学版，2008，23(5)：24-27.

[7]　周德群.中国能源的未来:结构优化与多样化战略[J].中国矿业大学学报:社会科学版,2001(1):86-95.

[8]　董志强,马晓茜,张凌等.天然气利用对环境影响的生命周期分析[J].天然气工业,2003,23(6):124-131.

[9]　陈效逑.自然地理学[M].北京:北京大学出版社,2001.

[10]　余建华.中国国际能源合作若干问题论析[J].同济大学学报,2011,22(2):58-64.

[11]　于慧利,王东升.建筑节能[M].北京:中国矿业大学出版社,2008.

[12]　黄素逸.能源与节能技术[M].北京:中国电力出版社,2004.

第 11 章　自然资源的开发利用与环境

本章要点

1. 自然资源的定义、分类和自然资源开发产生的环境问题；
2. 森林资源的利用现状和保护措施；
3. 土地资源和矿产资源利用产生的环境问题和保护措施。

自然资源和环境是人类赖以生存、繁衍和发展的基本条件，两者不可分割。许多环境要素，如水、动植物、矿产等，既是环境要素，又是人们生活和生产不可缺少的资源。人们在开发利用资源时，必须遵守客观规律，否则就会对环境造成不良影响，带来严重后果。

11.1　自然资源的概述

11.1.1　自然资源的定义

自然资源（Natural Resources）指的是，凡是自然物质经过人类的发现，被输入生产过程，或直接进入消耗过程，变成有用途的，或能给人以舒适感，从而产生经济价值以提高人类当前和未来福利的物质与能量的总称。联合国环境规划署（UNEP）对自然资源的定义：在一定时间和一定条件下，能产生经济效益，以提高人类当前和未来福利的自然因素和条件。

11.1.2　自然资源分类

自然资源分类方法有很多种，按属性分类可以分为生物资源、农业资源、森林资源、国土资源、气候资源、能源资源、水资源等几种。

生物资源是在目前社会经济技术条件下人类可以利用与可能利用的生物，包括动植物资源和微生物资源等。植物资源包括陆地、湖泊、海洋中的一般植物和一些珍稀濒危植物。动物资源包括陆地、湖泊、海洋中的一般动物和一些珍稀濒危动物。微生物资源是可以利用与可能利用的以菌类为主的微生物，所提供的物质，在人类生活和工业、农业、医药诸方面能发挥特殊的作用。

农业资源是农业自然资源和农业经济资源的总称。农业自然资源包含农业生产可以利用的自然环境要素，如土地资源、水资源、气候资源和生物资源等。

森林资源是林地及其所生长的森林有机体的总称，以林木资源为主，还包括林下植物、野生动物、土壤微生物等资源。

国土资源，有广义与狭义之分。广义的国土资源是指一个主权国家管辖的含领土、领海、领空、大陆架及专属经济区在内的资源（自然资源、人力资源和其他社会经济资源）的总称；狭义的国土资源是指一个主权国家管辖范围内的自然资源。国土资源具有整体性、区域性、有限性和变动性等特点。国土资源一般包含土地资源和矿产资源两个方面。

气候资源是在人类可以利用的太阳辐射所带来的光、热资源以及大气降水、空气流动（风力）等。气候资源对人类的生产和生活有很大影响，既具有长期可用性，又具有强烈的地域差异性。

能源资源是可为人类提供的大量能量的物质和自然过程。

水资源是自然界中以流态、固态、气态三态同时共存的一种资源，如可为人类利用和可能利用的一部分水源等。

11.2 自然资源开发与环境问题

中国是发展中国家，在经济高速发展中对自然资源的开发强度明显加大，尤其是在一些边远、贫困地区，地方经济的发展往往过度依赖自然资源开发，加之受科学技术、生产力水平的限制，粗放性经营的发展方式尚未从根本上得到扭转，自然资源的利用、转化率较低，特别是一些单纯追求经济效益，盲目开发利用自然资源，造成资源浪费和生态环境破坏。森林资源急剧减少、土地沙化、水土流失、草原退化、物种濒危灭绝、环境污染等资源和环境问题已成为制约经济可持续发展和社会进步的重要因素。除了前面我们介绍的能源资源带来的环境问题外，主要还有以下几种。

（1）矿产资源开发对环境的不利影响

矿产开发使环境地质发生变化，特别是地下开采会造成地面沉降甚至诱发地震。露天剥离、废石尾矿堆放，不但破坏地表植被，还会改变野生动物的栖息环境，造成水土流失，使自然灾害增多。同时，矿藏开发产生的废矿、尾矿会造成水体污染、土壤污染等。采矿产生的"三废"进入自然界后，可通过食物链逐级传递，最后影响到人体健康。

专栏—广东大宝山多金属矿山环境污染问题

大宝山矿是广东省的一座特大型多金属矿山，位于粤北山区，范围横跨曲江和翁源两县。地势总体为北高南低，北部是海拔 800～1200m 的山区，南部为低矮山地和冲积平原。农作物主要有水稻、红薯、玉米，经济作物为花生、柑橘等。矿区范围内是多条水系的发源地。

自 20 世纪 80 年代初大宝山矿区出现私人和小集体采矿业开始，非法开采活动日益严重。特别是大宝山南矿段，盛行时高达 100 多条非法采坑，采矿民工超过 3 千人。采矿时，多是采富（矿）弃贫（矿），不仅造成资源的严重浪费，而且开采出来的贫矿和废石任意堆放。选矿、洗矿产生的含有 S、Cd、Mn、Pb 等重金属污水严重超标，未经过处理就直接顺着大宝山西南部的山间小溪往下游冲积平原（新江）排放，沿翁源河南流，绵延 30 多千米至英德桥头镇境内。废水使河水变成具一股刺鼻气味的浑浊硫酸水，河滩变成铁锈色，河水中鱼虾绝迹。在翁源县新江镇上坝村污染结果最为严重，从 1986 年起上坝村死亡 250 人，其中癌症死亡 210 人，占死亡人数的 84％。同时，皮肤病、肝病也是村里的高发病。近 20 年来，村里有 400 多名青年报名参军，几乎无一体检合格。

（2）交通工程项目对环境的不利影响

铁路和公路的交通运输建设，造成地面分割，使生物的栖息环境发生一定的变化，对陆地生态系统、地面径流产生影响。港口、码头的建设改变了水动力条件，会引起水生生态系统变化。此外，交通工程项目一般都会产生噪声、尾气等污染物，影响周围环境。

（3）森林、草原资源开发对环境的不利影响

森林、草原资源的不合理开发，破坏生态系统原有的平衡，使动植物的栖息环境发生变化，部分物种分布面积、数量急剧减少甚至消亡，生物承载力发生变化，严重时可能使整个生态系统类型发生改变，如生物多样性消失和物种灭绝，森林生态系统转化为草甸生态系统等。草原地区的不合理垦殖或过度放牧，可导致荒漠化和区域气候的变化等。

专栏—楼兰的消失——旷世之憾

早在 2 世纪以前，楼兰是西域一个著名的"城郭之国"。它东通敦煌，西北到焉耆、尉犁，西南到若羌、且末。古代"丝绸之路"的南、北两道从楼兰分道。楼兰古国属西域三十六国之强国，与敦煌邻接，公元前后与汉朝关系密切。

水源和树木是荒原上绿洲存活的关键。楼兰古城建在当时水系发达的孔雀河下游三角洲，这里曾有长势繁茂的胡杨树。当年，楼兰人砍伐大量的树木和芦苇，在罗布泊边筑起 10 多万平方米的楼兰古城。正是由于对树木无节制的砍伐导致此地气候发生巨大变化，水土环境变差，河水减少，湖泊缩减，沙漠扩大，最终导致这座古城的消失。在这一旱化过程中，不仅楼兰古城消亡，而且由于沙漠扩大，尼雅、喀拉墩、米兰城、尼壤城、可汗城、统万城等先后相继消亡。

（4）土地资源开发对环境的不利影响

土地资源的开发是以农田、城镇等人工生态系统取代原生态系统为特征，其结果是多种自然植被和野生动物减少或消失，生物多样性降低，代之以结构单一、不完整的农田生态系统、家畜动物体系和城市生态系统。

（5）旅游资源开发对环境的不利影响

旅游资源的开发一般都在自然条件良好的区域进行。这类地区一旦开发，将修建一些人工设施，形成新的布局与结构，不仅改变原来的自然生态景观，而且改变生物的栖息环境。

一些自然景观将被破坏，自然环境受到多种人为活动影响，对动、植物的生长不利。

专栏—普吉岛（Phuket Island）旅游过度开发——珊瑚礁群遭破坏

　　据泰国普吉海洋生物中心研究结果，泰国西南部观光胜地普吉岛因土地过度开发，大量残渣覆盖沿岸的珊瑚礁群，造成海洋生态遭到严重破坏。普吉岛的 Tang Khen 海滩周围超过250平方千米的珊瑚礁，被土地开发遗弃的大量沉渣覆盖而遭到破坏，尤其是鹿角珊瑚，破坏区域从海港到此区的 3 个饭店周围。普吉岛珊瑚礁地区过去 5 年出现大型土地开发，超过100 处海岸与山区开放并兴建度假村，大量的建筑与土地计划冲击海洋资源，尤其普吉岛的珊瑚礁。珊瑚专家尼逢（Niphon Pongsuwan）表示，他担心山区与珊瑚地区的地表更动，会加速沉渣流入海底，伤害珊瑚礁和海洋动植物。尼逢团队初步调查发现，巴东（Patong）、北区与东区等地区的瑚礁与海洋生态发生巨大变化，濒临危险，鹿角珊瑚因生态系统变化已死亡。海洋珊瑚资源厅厅长彭秋（Boonchop Sutthamanaswong）表示，许多度假村与饭店盖在靠近珊瑚区的山上，这些土地发展计划将影响海洋生态，虽然短期内无法看到冲击，但长期而言，这些海洋资源可能会遭受灭顶之灾。

11.3　森林资源的利用

11.3.1　森林资源概况

　　森林资源是林地及其所生长的森林有机体的总称。这里以林木资源为主，还包括林中和林下植物、野生动物、土壤微生物及其他自然环境因子等资源。林地包括乔木林地、疏林地、灌木林地、林中空地、采伐迹地、火烧迹地、苗圃地和国家规划宜林地。

　　森林资源是地球上最重要的资源之一，是生物多样化的基础，它不仅能够为生产和生活提供多种宝贵的木材和原材料，还能够为人类经济生活提供多种物品，更重要的是森林能够调节气候、保持水土、防止和减轻旱涝、风沙、冰雹等自然灾害；另外，森林还有净化空气、消除噪声等功能，同时森林还是天然的动植物园，哺育着各种飞禽走兽和生长着多种珍贵林木和药材。森林可以更新，属于可再生的自然资源，也是一种无形的环境资源和潜在的"绿色能源"。反映森林资源数量的主要指标是森林面积和森林蓄积量。

11.3.2　森林资源的利用

　　对森林资源的利用随着人类社会的发展而不断变化。在原始社会，人类主要以从森林中采集果实和狩猎为生。在封建社会，人类对森林资源的利用是柴木并用，从森林中樵采柴炭作为能源，同时采伐木材做建筑材料。进入资本主义社会后，随着工业化的发展，煤炭和石油代替木材成为主要能源，森林资源主要作为建筑用材和制造家具等生活用品的材料。到了当代，由于滥伐木材破坏森林，形成生态灾难，人们逐渐认识到保护森林的重要性，从而发展到森林整体的永续利用。森林资源已经不仅是生产木材和林副产品的生物资源，而且作为森林环境资源（包括森林所涵养的水资源，森林气候资源和森林景观）也得到利用，这对发展工农业生产、旅游、保健起着越来越重要的作用。

11.3.3 世界森林资源情况

联合国环境规划署报告称，有史以来全球森林已减少了一半，主要原因是人类活动。根据联合国粮农组织 2001 年的报告，全球森林从 1990 年的 39.6 亿公顷下降到 2000 年的 38 亿公顷。全球每年消失的森林近千万公顷。

南美洲共拥有全球 21% 的森林和 45% 的世界热带森林。仅巴西一国就占有世界热带森林的 30%，该国每年丧失的森林高达 230 万公顷。根据世界粮农组织报告，巴西仅 2000 年就生产了 1.03 亿立方米的原木。俄罗斯 2000 年时拥有 8.5 亿公顷森林，占全球总量的 22%，占全世界温带林的 43%。俄罗斯 20 世纪 90 年代的森林面积保持稳定，几乎没有变化，2000 年生产工业用原木 1.05 亿立方米。中部非洲共拥有全球森林的 8%、全球热带森林的 16%。1990 年森林总面积达 3.3 亿公顷，2000 年森林总面积 3.11 亿公顷，10 年间年均减少 190 万公顷。东南亚拥有世界热带森林的 10%。1990 年森林面积为 2.35 亿公顷，2000 年森林面积为 2.12 亿公顷，10 年间年均减少面积 233 万公顷。与世界其他地区相比，该地区的森林资源消失速度更快。

在 2011 年国际森林年的背景下，联合国粮农组织日前发表了报告指出，由于亚洲森林面积的恢复，世界范围内的森林退化现象有所减轻。这份报告指出，中国、越南、菲律宾和印度森林面积的增加，弥补了非洲和拉美森林面积的减少。报告特别强调了中国和澳大利亚所做的贡献几乎占到总量的一半。当然，数量并不等于质量，世界上生态系统的生物多样性仍然面临很大威胁，排在前四位的都是亚洲地区的森林。

11.3.4 我国森林资源现状

据第七次森林资源调查显示，全国森林面积 19545.22 万公顷，森林覆盖率 20.36%。活立木总蓄积 149.13 亿立方米，森林蓄积 137.21 亿立方米。除港、澳、台地区外，全国林地面积 30378.19 万公顷，森林面积 19333.00 万公顷，活立木总蓄积 145.54 亿立方米，森林蓄积 133.63 亿立方米。天然林面积 11969.25 万公顷，天然林蓄积 114.02 亿立方米；人工林保存面积 6168.84 万公顷，人工林蓄积 19.61 亿立方米，人工林面积居世界首位。

中国国土辽阔，森林资源少，森林覆盖率低，地区差异很大。全国绝大部分森林资源集中分布于东北、西南等边远山区和台湾山地及东南丘陵，而广大的西北地区森林资源贫乏。全国平均森林覆盖率为 12.0%，其中以台湾为最高，达 70%。森林覆盖率超过 30% 的有福建（62.9%）、江西（60.5%）、浙江（60.5%）、黑龙江、湖南、吉林等 6 省，超过 20% 的有广东、辽宁、云南、广西、陕西、湖北等 6 省、区，超过 10% 的有贵州、安徽、四川、内蒙古等 4 省、区，其余各省、市、自治区多在 10% 以下，而新疆、青海不足 1%。

11.4 土地资源的利用

我国土地资源总量丰富，但人均贫乏。随着人口的增加和经济的发展，土地资源形势日趋严峻。一方面，我国耕地面积大量减少，土地退化、损毁严重，土地后备资源严重不足，60% 以上的耕地分布在水源不足或者水土流失、沙化、盐碱化严重的地区，通过开发补充耕地的潜力也十分有限；另一方面，土地利用粗放，利用率和产出率低，浪费土地的情况十分严重。我国土地资源利用存在以下问题。

（1）土地辽阔，总量巨大，但人均量偏低

我国国土面积 144 亿亩[1]。其中，耕地不足 20 亿亩（占 13.9%），林地 18.7 亿亩（占 13.92%），草地 43 亿亩（占 29.9%），城市、工矿、交通用地 12 亿亩（占 8.3%），内陆水域 4.3 亿亩（占 2.9%），宜农宜林荒地约 19.3 亿亩（占 13.4%）。

我国耕地面积居世界第 4 位，林地居第 8 位，草地居第 2 位，但人均占有量很低。世界人均耕地 0.37 公顷，我国人均仅 0.09 公顷；人均草地世界平均为 0.76 公顷，我国为 0.35 公顷。发达国家 1 公顷耕地负担 1.8 人，发展中国家负担 4 人，我国则需负担 8 人，其压力之大可见一斑。尽管我国已解决世界 1/5 人口的温饱问题，但也应注意到，我国非农业用地逐年增加，人均耕地逐年减少，土地的人口压力将愈来愈大。

（2）地域跨度大、区域差异显著

我国地跨赤道带、热带、亚热带、暖温带、温带和寒温带，其中亚热带、暖温带、温带合计约占国土面积的 71.7%。从东到西又可分为湿润地区（占 32.2%）、半湿润地区（占 17.8%）、半干旱地区（占 19.2%）、干旱地区（占 30.8%）。

（3）难以开发利用土地比例较大

我国有相当一部分土地是难以开发利用的。在全国国土面积中，沙漠占 7.4%，戈壁占 5.9%，石质裸岩占 4.8%，冰川与永久积雪占 0.5%，加上居民点、道路占用的 8.3%，不能供农林牧业利用的土地占全国土地面积的 26.9%。

此外，还有一部分土地质量较差。在现有耕地中，涝洼地占 4.0%，盐碱地占 6.7%，水土流失地占 6.7%，红壤低产地占 12%，次生潜育性水稻土为 6.7%，各类低产地合计 5.4 亿亩。从草场资源看，年降水量 250mm 以下的荒漠、半荒漠草场有 9 亿亩，分布在青藏高原的高寒草场约有 20 亿亩，草质差、产草量低，约需 60~70 亩甚至 100 亩草地才能养 1 只羊，利用价值低。全国单位面积森林蓄积量每公顷只有 79m³，为世界平均值 110m³ 的 71.8%。

（4）土地浪费严重

城镇土地至少有 40% 以上的潜力可挖，城市用地人均达 133m²，比我国目前规定人均 100m² 的控制指标高出 30%；村镇居民人均用地达到 190m²，超过人均用地控制指标高限（150m²）27%。

建设项目用地普遍征多用少，闲置浪费严重。据统计，到 2004 年底全国城镇规划范围内共闲置、空闲、批而未供土地近 400 万亩。全国城镇规划范围内共闲置土地 107.93 万亩，空闲土地 84.24 万亩，批而未供土地 203.44 万亩，三类土地总量为 395.61 万亩，相当于现有城镇建设用地总量的 7.8%。

（5）土地污染严重

化肥、农药的使用，大量地残留在土壤中，导致了土壤板结、酸化、养分失调、保肥保

---

[1]　1 亩＝666.67 平方米。

水性能下降等问题。农业活动中引、灌、蓄、排水不当使盐分在土壤表层迅速积累，使土地盐渍化，盐渍化和次生盐渍化会破坏土壤物质、能量平衡，导致土壤肥力下降甚至丧失。我国有 9900 万公顷的盐渍土和次生盐渍土，主要分布在全国 23 个省、市、自治区的平原和盆地，重点是西北、华北和东北的粮食主产区，现有耕地中约 667 万～800 万公顷出现次生盐渍化。华北平原 20 世纪 50 年代盐渍化面积为 267 万公顷，现已超过 400 万公顷。松嫩平原草地盐斑比例由 20 世纪 50 年代的 5%～15%增加到现在 20%～50%，年均增加盐斑面积 6000～7000 公顷。

工业污染物的排放造成土地的严重污染，主要污染物有重金属、固体垃圾、污水中的酸、碱、盐等。全国 23 个省区出现酸雨，污染农田 30 万公顷，累计全国受酸雨危害的耕地达 400 万公顷，每年损失粮食 12.5 亿～15 亿千克。

对于土地资源利用存在的一系列问题，需要采取相关措施应对，建立健全土地法律法规体系，把土地工作纳入法制轨道；节约集约利用土地；深化土地管理制度改革；保护土地生态环境，因地制宜，用养结合，防止土地污染。保护农田、森林、草原、湖泊的生态平衡，防止土壤侵蚀，不断培育和提高土壤肥力，提高土地利用率，在耕地面积相对稳定中，力求在有限的土地面积上追加更多的投入，实行集约经营，为农业持续稳定高产提供物质基础。

11.5　矿产资源的利用

矿物是指存在于地壳中的自然化合物，存在方式有固体、液体和气体，以固体居多。具有开采价值的矿物称为矿产。矿产资源是国民经济的重要基础，是人类社会发展的主要源泉。据统计，我国 90%以上的能源和 80%以上的工业原料都来自矿产资源，年消耗矿物原料已超过 60 亿吨。我国矿产资源形势不容乐观，主要表现为相当一部分主要矿产资源后备储量不足、资源利用率不高、环境污染比较严重。自 20 世纪 80 年代初以来，虽然我国矿产资源综合利用取得长足进步，但矿产资源综合利用率偏低，有色金属为 35%左右，黑色金属为 30%～40%。

我国因采矿引起的矿山环境问题较多，类型较为复杂，依据问题性质将矿山环境问题划分为"三废"问题、地面变形问题、矿山排（突）水、供水、生态环保三者之间的矛盾问题、沙漠化和水土流失等问题。矿产资源的开发利用中带来的环境问题，一是在采、选矿过程中产生的，二是在利用过程中产生的。

11.5.1　采矿所引起的环境问题

（1）露天采矿造成的环境问题

露天采场的采坑边帮稳定性差，采坑内无植被，容易造成滑坡、水土流失，干燥季节易造成尘土飞扬；排土场占用土地，岩石崩落，滑塌，造成水土流失，干燥季节尘土飞扬等。

（2）地下开采造成的环境问题

矿坑水排放造成地面塌陷，破坏建筑物，危害农田，影响河流和交通干线，使地表水漏失和地下水资源枯竭，影响植物生长，人畜饮水困难，引起井下流沙、溃决等；地下采空区造成地表开裂、沉降、塌陷。

11.5.2　利用过程中带来的环境问题

矿物资源在利用过程中主要带来的环境影响是工业"三废"的排放，下面以有色金属为例来具体说明。

（1）废气的排放

有色金属工业废气，成分复杂，治理难度大。采、选工业废气主要为工业粉尘，有色金属冶炼废气主要含 S、F、Cl 等，有色金属加工废气含酸、碱和油雾等，有的还含有 Hg、Cd、Pb、As 等，治理困难。有色金属工业企业排放的 SO_2 总量，与电力工业相比虽然要小得多，但有色金属工业排放的 SO_2 一般浓度高，SO_2 浓度小于 3% 的烟气往往放空，不加处理。大型企业在 5 万～10 万千米、中小型企业在 1～2 千米范围内，人、畜、植被和土壤都会受到污染和影响。

（2）废水的排放

废水中含有害元素和重金属，大多未经充分处理直接排放，有些企业甚至是直接外排。每年有色金属工业废水外排 Hg、Cd、六价 Cr、Pb、As 等有毒物的数量相当惊人，许多矿山周边的河流、湖泊都受到严重污染，水资源、水环境受到严重破坏，部分矿山甚至出现饮用水源受到污染，出现饮水困难。周边农田土壤地球化学组成被严重破坏，导致作物减产、作物品质下降。生态环境整体质量下滑，部分矿山甚至由此出现地方病，恶性疾病发病率急剧上升。

（3）固废的排放

一般来说，有色金属在矿石中的含量相对较低，生产 1 吨有色金属可产生上百吨甚至几百吨固体废物。目前仅铝工业每年就产生 7000 万吨的固体废物，占用大量土地，污染环境。算上其他有色金属工业产出的固体废物（包括废石、尾矿、尾砂等），全国有色金属工业固体废物数量触目惊心。而且，目前有色金属工业产生的固体废物利用率很低，约为 8%。固体废物不但占用土地资源，往往会占用农田、耕地，破坏植被，而且其淋滤水中有毒有害元素超标，对环境的破坏无异于是定时炸弹。大量的固体废物往往还是泥石流的物源，直接威胁人民生命财产安全。全国各地都曾有此类报道，如郴州柿竹园矿发生的尾砂流给人民生命财产造成严重损失。

11.5.3　采取措施

（1）固体废弃物的治理和利用

矿山尾矿、废石综合治理的关键问题是综合利用，使其数量得以减少，危害得到消除或控制，还能变废为宝，收到效益。因此，"资源化、减量化和无害化"是矿山尾矿、废石综合治理的原则。

（2）废水的治理

采取强制措施对矿山和冶炼过程中产生的废水进行处理，实现达标排放。

（3）土地复垦

土地复垦是指在生产建设过程中，对因挖损、塌陷、压占等造成破坏的土地采取整治措施，使其恢复到可供利用状态的活动。土地复垦对保护环境和缓解耕地供需矛盾非常必要。

（4）法制建设

加强法规和制度化建设，全面推进矿产资源开发利用的环境保护工作；制订矿山环境保护规划，科学、有序地开展矿山环境保护与治理；实施矿山环境恢复与土地复垦保证金制度；依靠科技进步，提高矿产资源开发利用的效率，贯彻"两种资源、两个市场"战略，减缓矿山环境压力。

 习题与思考题

1. 什么是自然资源，请列举出几种常见的自然资源。
2. 简述对环境影响较大的自然资源的特征。
3. 简述我国森林资源的破坏情况以及保护措施。
4. 简述我国土地资源的破坏情况以及保护措施。
5. 简述我国矿产资源开发对环境的影响或者破坏。

◆ 参考文献 ◆

[1] 杜绍敏. 自然资源的开发利用与环境保护[J]. 东北林业大学学报, 2002, 30(2): 94-97.
[2] 葛劲松, 王晓琳. 自然资源开发利用带来的环境问题与管理对策[J]. 青海环境, 2000, 10(1): 23-26.
[3] 宋守志, 钟勇, 邢军. 矿产资源综合利用现状与发展的研究[J]. 金属矿山, 2006, (11): 1-4.
[4] 李莉. 矿产资源综合利用的研究与对策[J]. 现代矿山, 2009, (6): 5-9.
[5] 马业禹, 艾国栋. 关于有色金属矿产资源的开发利用及其与环境问题的思考[J]. 广东有色金属学报, 2005, 15(4): 4-8.
[6] 王礼同, 祝怡斌. 霍邱铁矿区尾矿的综合利用途径[J]. 有色金属, 2010, 62(5): 53-55.

第 12 章 | 战争与环境

 **本章要点**

1. 战争对环境的破坏；
2. 现代战争对人类、社会、经济和环境的破坏；
3. 军事基地和军事演习对环境的破坏；
4. 战争防患与伦理重建。

关于环境的破坏问题，人们关注的往往是工业企业、农业以及生活，而忽略战争对环境的影响，环境科学与工程领域的教材也几无涉及。

战争，特别是高科技战争对环境的破坏是巨大的，甚至是灾难性的。从第二次世界大战、越南战争乃至海湾战争都充分证实了这一点。1945 年，美国在日本广岛、长崎投放原子弹，爆炸形成的辐射使土壤几十年内寸草不生。越战期间，美军在越南投放了大量的毒气弹，使环境急剧恶化。为了消灭"丛林战士"，美国在越南南方使用大量"落叶剂"毁坏森林，大面积的植物在生长期间便落叶死亡，导致野生动物丧失栖息之地。

联合国环境规划署发表的战争与环境的评估报告认为，自然和资源是战争最大的牺牲品。战争的结果除了导致难以计数的人员伤亡和经济破坏外，还会引发大气污染、水体恶化、物种灭绝、土地沙化等等恶果，有时还会对生态环境造成灭顶之灾。一场战争造成的环境污染需要几十年时间才可能消除，同时耗费的资金也难以估计。

12.1 战争对环境的破坏

12.1.1 古代战争的危害

古代战争的形式主要是人力之间的博弈与对抗，武器以冷兵器为主。古代战争消耗的主要是人力资源、农业资源以及可利用的自然资源，没有大规模破坏性的武器。因此，古代战争的破坏力很有限。

（1）对人类的危害

古代战争对人类的危害，最主要表现在交战双方在博弈过程中而伤亡的士兵，因为战胜敌方就是消灭对方，也就是直接导致人员的伤亡。此外，战争还间接影响人类的发展，战后由于尸体、物资等的堆积腐化后大量细菌的滋生，导致疾病的蔓延等，直接或间接影响人类的生活和健康。

（2）对社会的危害

古代战争主要依靠人力的支撑，部队的壮大需要大量的士兵，士兵源自百姓，从而有"抓壮丁"这样的强制征兵手段。壮丁入伍导致务农劳动力减少，从而农作物产量也随之而下降。由于军费的需求，需要征收大量的钱粮物资，导致百姓的艰苦生活，社会发展也受到极大影响。

（3）对自然的破坏

古代战争崇尚的是"天时、地利、人和"，因此常常会利用自然界的气象因素和地理因素作为战争的制胜之道。三国时期，许多大型战役都以火攻作为制胜之道，如火烧博望坡、赤壁之战、火烧连营等。破坏敌方的生态环境有时也成为赢得战争的手段，或者作为对战败者的惩罚，如《圣经》记载，亚比米勒摧毁被征服的城市后，将盐撒在废墟上。罗马人也曾在农田里施盐，以毁坏敌人的庄稼。

在古代，由于军事技术的落后，武器主要为刀、枪、剑、戟等，因此，战争对生态环境破坏十分有限。而且，这种破坏没有对生态环境系统构成深层的、大规模的、系统性的破坏，因而遭受破坏的环境经过较短时间的休养生息、或经过简单的人工补救就可以恢复。

此时，人们对战争的生态环境影响关注不多，直到进入 20 世纪特别是化学、生物和核武器出现后，人们才真正警觉起来。

专栏—东周时期战争对环境的破坏

东周时期，周天子失势，礼乐征伐自诸侯出，各国为了争夺土地和人口，不断发生战争。战争频率之高，史上罕见。据不完全统计，从平王东迁到秦统一的 500 多年，见于史载的战争就有 700 多次。其中，"据鲁史《春秋》的记载——仅仅记在鲁史的列国间的军事行动，凡四百八十三次"；战国时期则为 230 次。频繁发生的战争，必然对生态环境造成严重的破坏，而且使遭到破坏的生态环境很难有足够的恢复时间，导致生态环境的日益恶化。

巨大的军事开支也成为国家的沉重负担，孙子军事思想之一就是"兵贵胜，不贵久。"《孙子兵法·作战第二》曰："胜久则顿兵挫锐，攻城则力屈。久暴师则国用不足……夫兵久而国利者，未之有也。"持久战即使取得胜利，也会消耗大量的资源，导致国用不足，百姓空虚。东周时期战争频繁，各国对资源的需求都很大，攫取的资源消耗于战争中，接着再去向自然夺取，最终导致自然资源的严重匮乏。

12.1.2　现代战争对环境的破坏

20 世纪以来，由于经济、能源等问题引起全世界爆发大大小小的战争达 300 多次，严重破坏了人类赖以生存的自然环境。随着科技的进步，武器的破坏性越来越大，甚至出现了毁灭性的核武器，战争对于人类的生存威胁越来越大。近些年来，在海湾战争、科索沃战争、阿富汗战争和伊拉克战争中，"高、精、尖"现代武器的使用对环境的破坏是过去常规武器战争从未有过的。

现代战争尤其是核战争对环境的破坏，更是超过以往任何形式或媒介的破坏。随着高科技的迅猛发展，生物武器、化学武器等大规模毁灭性武器以及空间武器技术和环境控制技术（如人为地震和人为洪水）也对人类社会和环境造成巨大危害。

专栏—20 世纪以来重大战争所造成的损失情况

第一次世界大战持续 4 年 3 个月，参战国家 33 个，卷入战争的人口达 15 亿以上。军民伤亡 3000 多万人，直接战争费用 1863 亿美元，财产损失 3300 亿美元。

第二次世界大战历时 6 年之久，先后有 60 多个国家和地区参战，波及 20 亿人口。军民死亡 7000 多万人，财产损失高达 4 万亿美元，直接战争费用 13520 亿美元。

越南战争历时 14 年，是第二次世界大战以后持续时间最长、最激烈的大规模局部战争。战争中，越南有 160 万人死亡，1000 多万人成为难民；美国有 5.7 万人丧生、30 多万人受伤；战争耗资 2000 多亿美元。

两伊战争历时近 8 年。伊朗死伤 60 多万人，伊拉克死伤 40 多万人。两国无家可归的难民超过 300 万。两国石油收入锐减和生产设施遭受破坏的损失超过 5400 亿美元。两国在这场战争中损失总额达 9000 亿美元。战争使两国的经济发展计划至少推迟 20～30 年。

海湾战争历时 42 天。美军死亡 286 人、伤 3636 人。伊拉克方面则伤亡近 10 万人。科威特直接战争损失 600 亿美元，伊拉克损失约 2000 亿美元，美国则为战争耗资 600 亿美元。

科索沃战争历时 78 天。北约共出动飞机 2 万架次，投下 2.1 万吨炸弹，发射 1300 枚巡航导弹，造成南联盟境内大部分地区的军事、民用、工业设施和居民区的严重破坏。空袭还造成南联盟 1000 多名无辜平民死亡，数十万阿尔巴尼亚族人沦为难民。战争中使用的贫铀弹和日内瓦公约禁用的集束炸弹导致新生儿白血病和各种畸形病态。轰炸还严重恶化了南联盟及其周边国家和地区的生态环境。

12.1.2.1 战争的环境污染

（1）化学污染

军用装备往往会添注一些对环境危害极大的化学物质，以提高武器的杀伤力和燃料的利用效率。例如，苏制的坦克和大炮在液压系统中采用多氯联苯，这是一种高毒性化合物，有致癌作用，长期接触会引起肝脏损害和痤疮样皮炎；执行战斗任务的飞机也在燃料中添加卤化物，这是对臭氧层有破坏作用的，是引起臭氧层空洞的因素之一；在舰体涂料中采用有机锡化物，这种物质会对生物体的中枢神经系统会造成脑白质水肿、细胞能量利用中氧化磷酸化过程受障、胸腺和淋巴系统的抑制作用、细胞免疫性受害、激素分泌抑制引起糖尿病和高血脂病等危害。

普通子弹通常含铅，反坦克导弹含有铀，炸药是有机氮化合物，有时也含汞。此外，战争中没有爆炸的地雷、炸弹和手雷所在地区在战后很长时间里都是人类以及其他大型动物不可接近的危险区域。

战争中使用的各种弹药会使土壤毒化现象严重。据测算，一枚炸弹爆炸时，除了能产生近 3000℃ 的高温外，还会向土壤和空气中释放大量的硝化甘油等有毒化学物质。高温破坏土壤层的养分结构，有毒物质使土壤变成有害土，而这些土壤自然恢复到昔日可耕状态则需要上百年时间。

1915 年 4 月 22 日下午 5 时，在第一次世界大战两军对峙的比利时伊珀尔战场上，德军趁着顺风开启大约 6000 只预先埋伏的压缩氯气钢瓶，在长约 6km 的战线上，黄绿色云团飘向法军阵地，导致英法士兵先是咳嗽，继而喘息，有的拼命挣扎，有的口吐黄液慢慢躺倒。这是战争史上的第一次化学战，化学战从此作为最邪恶的战争被写入人类战争史。据统计，在一战中交战各国共施放毒剂达到 113000t，造成伤亡人数高达 1297000 人。在这一时期使用的化学战剂主要是"窒息性毒剂"氯气和光气、"皮肤糜烂性毒剂"芥子气和路易氏剂、"血液毒剂"氢氰酸，其中，以芥子气的威力最大。

（2）放射性污染

现代战争中使用的贫铀弹会造成严重的放射性污染。贫铀的主要成分是 U-238，半衰期长达 45 亿年。虽然贫铀的放射性强度不到天然铀的一半，但放射性毕竟存在，长期接触对健康也会有影响。美国陆军曾在一份研究报告中指出：贫铀是一种低水平放射性废物，必须按放射性废物处理和储存。

贫铀弹又称"银弹"，以贫铀为主要原料，是一种杀伤力极大的新型炸弹。贫铀是在提炼 U-235 过程中的副产品，放射性比天然铀低 65%，放射性平均持续 4000~5000 年。所谓的"贫"只是相对原子弹而言，贫铀弹对人类和环境来说仍是不折不扣的核武器。虽然它不像原子弹那样可在数秒内将城市夷为平地，生物也不会在短时间内感受到其放射性，但其破坏性却不可低估。贫铀弹燃烧时，汽溶胶化的氧化铀和贫铀微粒可进入人体内部，形成严重的内照射，使人体器官受到严重损伤。

1991 年海湾战争期间，美国使用了约 320t 贫铀弹；1999 年科索沃战争，78 天的轰炸投弹约 1.3 万吨（多数为贫铀弹），当量相当于广岛原子弹的 4 倍；2001 年阿富汗战争，美军投下了 2.2 万枚炸弹和导弹，其中贫铀弹多达 5000 多枚；2003 年伊拉克战争，美英等国又使用了大量的铀弹。

贫铀粒子可污染土壤达数 10 年之久，通过食物链、皮肤吸收特别是呼吸系统进入人体形成内照射。贫铀在人体内的滞留时间可达 20~25 年之久，导致头痛、头晕、食欲下降、睡眠障碍等神经系统和消化系统的症状，还会出现肿瘤、白血病和遗传障碍等。据报道，伊拉克南部小城巴士拉在海湾战争后的癌症死亡率相对战争前上升 12 倍，畸形、白血病、脑癌等现象与广岛在核爆炸后的情况一模一样。令北约维和士兵谈之色变的"巴尔干综合征"（精神恍惚、失眠），以及 10 万多名曾参加过海湾战争的美国、加拿大、英国士兵的"海湾战争综合征"（症状表现为长期疲劳、肌肉疼痛、记忆退化、失眠等），都与战争中使用的贫铀弹有着直接关系。

波兹坦公告后，日本政府置之不理。为了迫使日本迅速投降，1945 年 8 月 6 日和 9 日，美国分别在日本广岛和长崎投下原子弹，一方面迫使日本宣布无条件投降；另一方面日本人民也遭受到军国主义者发动侵略战争带来的严重灾难。

在广岛，爆心 500m 以内的受害者，90％以上的人当场死亡或当日死亡。在 500～1000m 以内的范围，受害者超过 60％～70％的人当场死亡或当日死亡。暂时生存下来的人，50％在 6 天内死亡，6 天后死亡 25％。

到 1945 年 11 月，爆心 500m 以内，98％～99％的人死亡；500～1000m 范围内，90％的人死亡。从 1945 年 8～12 月，共有 9 万～12 万人死亡。截至 1950 年，由于癌症和其他长期并发症，共有 20 万人死亡。

长崎市浦上地区被轰炸的惨状，与广岛市不相上下。在长崎，爆炸直接造成约 7.4 万人当即死亡，受伤人数与死亡人数相当。最终统计死亡人数约为 8 万。爆炸之后，许多爆炸幸存者饱受辐射后遗症的折磨，包括癌症、白血病和皮肤灼伤。

（3）生物污染

生物武器一直以来都是联合国禁止的，交战双方一般不会轻易使用，但无法保证在轰炸中无生物制剂的释放。炭疽杆菌、波特淋菌毒素、沙林毒气、芥子气和 VX 神经毒剂等生物武器试剂可通过多种方式进行传播，最常见的就是在空气中随风飘散，也可能进入饮用水水源，让人防不胜防。2002 年 6 月，美国曾举行细菌战防护演习，发现美国在生物方面的防护能力相当脆弱，无法有效对付恐怖分子发动的细菌和病毒攻击，特别是对天花病毒的侵犯，简直无能为力。假如在战争中使用这样的武器，其后果将不堪设想。

专栏—731 部队对中国造成的危害

731 部队是日本侵略军细菌战制剂工厂的代号，在哈尔滨附近的平房区建有占地 300 亩的大型细菌工厂。这支部队拥有 3000 多名细菌专家和研究人员，分工负责实验和生产细菌武器，残忍地对抗日军民的健康人体用鼠疫、伤寒、霍乱、炭疽等细菌和毒气进行活人实验和惨无人道的活体解剖，先后有一万多名抗日军民惨死在这里。

1939 年，经过大量的生体试验之后，731 部队很快完成了部分研究课题，并第一次将生产出来的伤寒、霍乱等细菌投撒在位于满蒙边界上的诺门罕战场上。此后，又相继在我国南方的宁波、金华、义乌、常德等地进行频繁的小规模的细菌战。最大规模的一次细菌战是在山东的鲁西地区，这次细菌战主要使用霍乱菌，伤害人数达 20 万人。

731 部队的细菌生产规模巨大，如果启动所有生产设施，每月可生产伤寒菌 1000kg，或者鼠疫菌 300kg。据测算，如果最大限度地发挥细菌的破坏能力，每 0.1g 纯细菌可以投撒在 6km² 的水源地中。因此，731 部队已形成对整个人类的毁灭性打击力量。

（4）噪声污染

世界上大多数国家规定的噪声环境卫生标准为 40dB，超过 40dB 的噪声被认为是有害噪声。在现代战争中，各种飞机、坦克、舰艇等的投入使用，作战平台产生的噪声，再加上炸弹的爆炸声、枪弹声等，远远超过这个标准。据报道，2000 年 3 月在普罗维登斯海峡训练的美国海军舰艇的声呐不断发出鲸鱼难以忍受的噪声，致使在那里游弋的 16 头鲸搁浅，6 头冲上海滩而死。巴格达动物园的一位饲养员说，在一次战争期间园内动物不吃不喝也不睡，爆炸声、窗户震裂的声音让它们紧张不安，四处乱飞，拼命想逃，其中一头狮子不惜自残，用头撞击栏杆，有的不堪忍受噪声而死亡。

（5）电磁辐射污染

在高科技的条件下，现代战争是立体战争、信息战争，交战双方都会千方百计使用高强度、宽频率电磁波去干扰、摧毁对方的雷达、声呐以及其他通讯设备。强烈的电磁辐射污染，引起对方人员身体器官不适，诱发各种疾病，严重时能引起致畸、致突变、致癌效应，直接危害健康和生命。现在有的国家正在实验、研发一系列"科幻武器"，如激光、微波和电磁脉冲等射线武器，也带来一系列的电磁辐射污染。这些武器比现有的常规武器和核武器要超前许多，一旦投入战争，可轻而易举摧毁对方的军用电子设备，切断民用电力设施，甚至会株连使用起搏器的患者。

12.1.2.2　战争的环境破坏

任何一场战争，或多或少都会给环境造成破坏，尤其是现代高科技技术使战争武器具有强大的破坏性、毒性甚至放射性，对环境造成的影响更大，甚至在一定程度上改变自然现象，诱发自然灾害。随着尖端科技的运用，现代战争则可产生持久性与全球性的影响。海湾和科索沃等现代高科技战争，对环境所造成的影响已引起人们的高度关注。

（1）对资源的消耗

战争是精神的较量，更是物质的对抗。据英国伦敦战略研究所统计，在一些主要战争中，仅消耗的金属资源就相当惊人：第一次世界大战为 5000 万余吨，第二次世界大战则高达 1 亿吨；越南战争消耗为 4000 余万吨；1989 年，中东的海湾战争爆发，仅仅 43 天的战争，消耗的金属就近 1 亿吨，与第二次世界大战相差无几。

（2）对自然资源的破坏

第二次世界大战中，各种爆炸物掀起的良田表层土壤达 3.5 亿立方米，造成许多良田贫瘠，有些地方成为沙漠和砾石戈壁。前苏联为抵御德国军队，敌对双方毁掉森林 2000 万公顷，花圃果园 65 万公顷，炸死各种大型动物 1 亿余只。

在越战中，美军大量使用化学毒剂，首创使用植物杀伤剂。在 1961～1969 年间，美军喷洒毒剂超过 1.2 亿升，破坏土地 170 万公顷，成片的森林和庄稼被污染和毁坏，栖息在林中的兽类、昆虫、鸟类大量中毒死亡。植物杀伤剂中的二噁英类物质长期残留在环境中，并通过各种途径进入人体，对人体健康造成长期危害，产生致癌、致畸和致变等病症。在海湾战争中，大量坦克纵横行驶在内陆沙漠，破坏了已固化的沙漠表层，使风沙飞扬的天气大大增加。

（3）对环境的破坏

战争造成的大气污染尤为严重，同时也会带来海洋污染和周边环境的核污染。在 1989 年的海湾战争中，石油燃烧释放的烟雾影响了亚洲季风，导致印度和东南亚干旱；沉积在海湾地区的 250 万吨硫黄和氧化氮，给当地农业造成灾难性的危害；使珠穆朗玛峰地区降黑雪，污染物甚至漂浮到南极。海湾战争造成的大气污染飘散范围之广，影响之大，由此可见一斑。

核战争带来的放射性污染问题对人类的影响最持久。在第二次世界大战中，日本广岛、长崎的原子弹爆炸使 10 余万平民死亡，核爆炸造成的放射性污染，导致几代日本人的残疾和畸形。

（4）对生态系统的破坏

在亚洲，曾经发生过以破坏环境为目的而使用武器的事件，典型代表是越战期间的落叶剂使用。使用落叶剂，目的是通过破坏热带雨林，扫荡潜藏在森林中的敌军。落叶剂对环境有严重影响，甚至衍生出"生态灭绝"一词，在越南至少有 200 万公顷的森林遭到落叶剂的严重影响。

尽管越南战争（1955～1975 年）已经过去近 40 年，但本来生长在这些土地上的树木却毫无自然再生的迹象。现在，遭受影响的土地杂草丛生，动物也很贫乏，同战前情景相比面目全非。落叶剂的影响不只是自然环境遭到破坏，而且对人员的伤害也很惨重。在越南，出生了大量连体儿和畸形儿。

橙剂即落叶剂，其成分之一是毒性极大的二噁英。橙剂对出兵越战场的美国、韩国、澳大利亚等国家的士兵都留下了可怕的伤痕，更不用说对参战的越南北方士兵的影响。

越南战争中，美军战时设置在越南国内的基地周围也发现高浓度的污染物。备受关注的是胡志明市郊外的边和、越南中部的岘港等原美军基地周围的二噁英污染。自 20 世纪 60 年代，尽管自然生态系统中的二噁英浓度不断下降，但在被认为储藏或倾倒二噁英的基地周围，仍存在严重的二噁英伤害。2000～2001 年，德克萨斯大学的阿诺德·杰克塔（Arnold Schecter）教授开展的研究发现了高浓度的二噁英污染，在边和原美军空军基地周围的 43 名居民的血液中二噁英含量平均浓度高达 413ng/L，为通常值 2ng/L 的 206 倍，而且在那里还发现了大量的先天畸形儿童。

海湾战争造成的生态灾难是迄今为止人类历史上最严重的一次。在海湾战争中，大约有 900 万吨原油泄入波斯湾，导致大量的生物窒息而死。据世界环保组织预测，海湾战争使 52 种鸟类灭绝，波斯湾的水生物种的灭绝难以计算。

（5）改变地质结构

轰炸会对地壳的稳定性产生强烈的影响，地下爆炸产生的震动比地表爆炸要强烈得多，更容易诱发地震。1991 年海湾战争期间，美国等在科威特和伊拉克扔下大量的炸弹，导致这两国及伊朗地震频繁。在 1999 年科索沃战争中，美国和北约在南斯拉夫投放 50 万吨当量的炸弹，对当地地质结构造成严重破坏，在贝尔格莱德地区、捷克、罗马尼亚、克里米亚先后引发多次地震。在轰炸第 8 天（1999 年 4 月 30 日），贝尔格莱德地区发生烈度 5.5 级震级 4.5 级的地震，此前在距贝尔格莱德约 500km 处也发生好几起地震，当时这一地区的地震频率远远高出平均水平。在 2001 年美国对阿富汗一次轰炸投放近 100t 爆破弹和一些威力巨大的新式真空弹的 9 小时后，在阿富汗和巴基斯坦边界发生了最严重的 1 次地震（6 级），之后相继在塔什干和撒马力罕发生 4～5 地震，比什凯克发生 3 级地震。

在 2003 年伊拉克战争中，美军向伊拉克至少投放了 2.3 万枚炸弹，如贫铀弹、钻地弹、巡航导弹、激光制导炸弹，由此引起的地质构造变化可能是科索沃战争和海湾战争的数倍或几十倍，而且引起石油地层的破坏，使石油在地层下重新分配，并埋下地震的隐患。

（6）环境后遗症

从第一次世界大战、第二次世界大战、朝鲜战争、越南战争到海湾战争，都留下了难以排除的战争垃圾，至今仍在威胁着人类。这些战争垃圾包括废弃的炮弹、地雷、水雷等武器装备和军事设施。

第二次世界大战期间，在德国土地上遗留的 44 万吨炸弹中至少有几千吨没有爆炸。在原柏林西部，德国在战后发现并销毁了 31700 多颗炸弹。苏联卫国战争结束后，在表土里残留 100 万颗未爆炸的炮弹。日军在华遗弃的毒气弹多达 200 万枚。据联合国资料介绍，在 64 个国家仍有上亿颗被遗弃的地雷，而且每年还新埋设 200 万～500 万颗，而排雷仅为 10 万颗。国际红十字会称："每年有 2.6 万人受到遗弃地雷的伤害，其中 87％ 为非军人。"受地雷威胁最严重的国家和地区有：阿富汗、安哥拉、伊拉克、科威特、柬埔寨、西撒哈拉、莫桑比克、索马里、波黑和克罗地亚。

在越南战争中，倾泻到越南国土上的炸弹多达 1400 万吨左右，到处都是巨型弹坑，数量多达 1000～1500 处。由此造成的环境破坏加快了水土流失，严重影响生态系统。大量的地雷和哑弹至今还残留在地下。

战场中，武器使用释放出化学物质、重金属以及污染战场的其他物质。战争一旦发生，环境原状恢复就极其困难，同时需要的时间也长。尽管这些武器的拥有者知道会造成严重的环境污染，但为了收到绝对性战果还是会使用一些武器，典型的武器是贫铀弹。

原子弹是通过核反应在瞬间造成破坏和污染的武器，贫铀弹则是放射性物质在体内长期蓄积，引起健康伤害。贫铀弹最早被大规模使用是 1991 年的海湾战争。战争期间，多国联军使用的贫铀弹总量达 290t。之后，在 1995 年波黑战争中使用 3t，在 1999 年科索沃战争中使用 9t。

战争需要运输大量物资，而战争结束后剩下的物资大部分无法运回，或者是参战国不愿意花费大量资金去处理。这些物资多是有毒、有害、易燃易爆的物品，直接遗弃于战场上，会造成严重的环境污染和危害。从第一次世界大战、第二次世界大战、朝鲜战争、越南战争到海湾战争等都证明，战争会留下大量难以排除的武器装备和军事设施等战后废弃物。

经过长达 7 年的伊拉克战争，2010 年大部分美军开始返美，在伊拉克数以百计的美军基地陆续关闭。据有关报道，最少在伊拉克 5 省发现大批美军基地的有毒物料被随意弃置，而非按美国军方规定运返美国处理，或运往伊国北部和西部的特别设施安全处置。美国国防部文件称，美军在当地最少制造了 5000t 有害废料。

专栏一日本遗弃在华化学武器问题

日本侵华期间，把大量的化学武器带进中国大陆，使用并遗弃，其中一大半集中在吉林省，不少埋在民房附近。包括吉林省在内，在中国国内有 14 个地点埋设或保管着日军化学武器。

遗弃化学武器内部都装有危险化学物质，如芥子气、路易斯气（二氯-2-氯乙烯砷）等糜烂剂、光气（碳酰氯）等窒息剂、二苯基氰肿等喷嚏剂。弹药种类品目繁多，包括迫击炮弹、榴弹炮弹、空投炸弹、发烟筒等，其中大多数都是在装填炸药的状态下密集地埋在地下，一部分化学武器处于化学药剂泄漏的状态。

尽管日本必须承担全部遗弃化学武器清除项目的责任，但至今进展缓慢。日遗化武是当年日本军国主义侵略者在侵华战争期间犯下的严重罪行之一。战争虽然已结束近 80 年，但日遗化武仍在严重威胁和危害着中国有关地区人民生命财产和生态环境的安全。在中国，已发生多次伤害事故，尤其是 2003 年 8 月 4 日在黑龙江省齐齐哈尔市的齐齐哈尔 "8.4" 毒气事件，导致 49 人受害，其中 1 人死亡。"日本人埋在中国的那些毒气弹毁了我的一切，我丧失了劳动能力，丈夫和儿子也离我而去！"齐齐哈尔市废品收购站的老板——33 岁的牛海英无论如何也不会想到，5 个生了锈的金属桶竟然彻底改变了她的生活。那几个金属桶是侵华日军遗留下的毒气弹。

2003 年 8 月 4 日，牛海英从商贩李贵珍处收购 5 个已经生锈的金属桶。当天晚上 6 点多，牛海英发现脸肿得没了形，眼泪狂流不止。在齐齐哈尔市 203 医院，她看见了早就被送来抢救的李贵珍。这时的李贵珍已全身 98% 烧伤，一个肺都 "烧" 没了。

和牛海英一起住院的李贵珍在 18 天后不治身亡。对牛海英，医院给出的结论是："芥子气糜烂剂中毒、免疫力低下，不能治愈。"牛海英一直被无法治愈的各种病症折磨着。

据记载，有确切使用时间、地点及造成伤害情况记录的日军化学武器多达 1241 例，造成中国军民伤亡高达约 20 万之众。

12.2 军事活动与环境破坏

军事活动主要分为基地建设、基地运行、战争准备（军事训练和军事演习）和实战等阶段。实战问题已在上一节阐述，下面主要介绍基地和备战阶段造成的环境破坏。

12.2.1 基地造成的环境破坏

军事基地需要弹药库、坦克车、战斗机及仓库等一系列设施，有些还配设港口和机场，附近还需建有演习场。因此，军事基地的占地非常大。

世界观察研究所 1991～1992 年版《全球状况报告》，介绍了世界非战时状态军队的直接土地利用的推算结果（1981 年），发达国家占领土面积的 1%，全世界为 0.5%～1.0%，但并未包括武器生产企业占有的土地、地雷埋设地带等。

尽管全世界的军事基地面积尚未可知，但军事基地造成的环境污染是严重的。由于军事基地经常建在自然原始的未开发地区，所以对珍贵的生态系统和稀有物种会造成致命的影响。

12.2.1.1 基地建设的环境破坏

在基地建设引起的自然环境破坏问题上，亚洲的最大问题是日本冲绳普天间基地迁移到名护市边野古的海上基地建设。根据规划，该基地规模巨大（长 2500m、宽 730m、面积 184hm²），建设前要先填埋边野古海面的珊瑚礁。一旦开始建设，该基地极可能造成噪声污染和海洋污染。

在礁脉（珊瑚礁的隆起部分）内侧，分布着大量完好的海藻场，是儒艮（俗称人鱼）的食饵场所。儒艮对环境的变化敏感，在日本水产厅发行的红皮书（《日本稀有野生生物的资料集》）中被列为濒危物种。栖息在冲绳的儒艮不到 50 头，属于日本鸟兽保护法（2002 年

7月 5 日修订）中的保护种。如果强行进行基地建设，将发生儒艮灭绝的危险。

12.2.1.2　基地运行的污染与损害

军事基地是特殊的化学工厂，充满着各种大量的污染物质，如火药、燃料、润滑油、清洗剂、绝缘剂、化学武器、核武器、生物武器、重金属、除草剂等，琳琅满目，一应俱全。

（1）横须贺基地的污染

横须贺基地是美国太平洋部队第七舰队第五航空母舰群的母港，是美国唯一的海外母港。美军在该基地共有各种码头 18 座，总长度达 2516 m，分为 19 个泊位（14～17 号泊位在 6 号于船坞内），其中小海港区自 1966 年以来是核潜艇经常停靠的驻泊地。在基地内，设有驻日美国海军的司令部、横须贺舰队基地司令部、第 7 潜艇群司令部、舰船修理部、补给站、工程中心、地区医疗中心等机构，驻扎的部队有：包括第 7 舰队旗舰"蓝岭"号指挥舰的 10 艘战斗舰艇、驻日美国海军通讯部队、海军陆战队（警卫队）等。

横须贺海军基地及其周边遭到严重污染。在美国海军横须贺基地航空母舰泊港的 12 号泊位，1988 年发现了严重的重金属污染。在 1991 年美国审计署发表的报告书中，列举了横须贺基地严重的重金属污染事例。1993～1994 年美国海军调查发现，12 号泊位陆地部分的地下水铅含量是日本环境标准的 250 倍。日本政府也发现该泊位的土壤、地下水以及海底淤泥都遭到高浓度的重金属、有机氯化物的污染。

1997 年初，12 号泊位启动延长工程，污染土壤流入大海。结果，附近的海域遭到污染，海水铅浓度为日本环境标准的 4.8 倍。对横须贺基地周边的虾虎鱼等的调查发现，1999 年在钓上来的 22 条虾虎鱼中有 7 条（31.8％）出现骨异常，2000 年背骨弯曲的畸形虾虎鱼的比例增加，2001 年发现患有肿瘤的虾虎鱼。

污染可能已大范围地在横须贺基地四处蔓延。2000 年 6 月，从居民区的家庭住宅建筑工地的土壤中发现了 Hg、As 和 Pb 的污染，含量都大大超过日本的环境标准。

（2）菲律宾大规模基地污染

美军最早在亚洲全面归还基地的是菲律宾。美军两大基地克拉克空军基地和苏比克海军基地的旧址及其周围地带，发生了环境污染事故。2002 年 8 月，在两基地周边发现污染受害者总数多达 2457 名，发病症状多种多样，有白血病、癌症、肾脏疾患、呼吸器官障碍，等等。

① 克拉克空军基地旧址内的污染。皮那兹堡火山爆发时，避难者被收容在临时避难中心——克拉克空军基地通信中心，为此避难者们遭到健康伤害。该次事件，是住在基地内而直接暴露在基地内的污染物质下而造成人身伤害的典型事例。

污染暴露的原因是避难者们用于饮用和洗浴的井水，而井水水源来自基地内污染土壤的浅井水。在住进临时避难中心不久，难民中就有人出现健康伤害问题。

临时避难中心社区负责人利弗拉 1994 年发现，在 500 户调查对象中有 144 人遭到人身伤害（癌、白血病、畸形、流产、死产、心脏疾患、肾脏疾患等），2000 年 5 月在 144 名受害者中有 76 人死亡。从 1991 年设置临时避难中心到 1999 年关闭的 9 年时间里，避难居民达 2 万户之多。如果采用利弗拉调查的家庭数、出现健康障碍的居民数以及死亡数的比例来推算，污染受害者应近 7000 人，其中近半数极有可能已经死亡。除这些直接的受害者以外，在住过临时避难中心的妇女所生育的儿童中间出现了大量的脑性小儿麻痹症患者，其中还有类似胎儿性水俣病的患者。

② 苏比克海军基地的工人受害。在苏比克基地归还前，菲律宾出现过基地工人健康受害的情况，特别突出的是大量接触石棉的舰船维修工人。1993 年，1000 多名在苏比克海军基地工作过的菲律宾工人在美国对有关石棉企业发起了伤害赔偿诉讼，最终同部分被告企业之间达成和解。在日本，横须贺美国海军基地的舰船维修设施也发生过同样的健康受害情况，受害者也提起了诉讼。

③ 基地内外固体废物处置场造成的伤害。为了处理美军基地产生的大量固体废物，菲律宾建造了无数个固体废物处置场，但这些废物在多数处置场都没有得到妥善处理。例如，在设置于苏比克基地内的公共设施中心回收区，工人们在军方的管理下从固体废物中回收金属、纸、布等有价物质和有用物质。1 名前基地工人在 1973～1979 年期间在基地内的固体废物处置场从事有价/有用物质回收的工作，但从未配戴安全用具，一直工作到美军基地关闭。该人已患肺病和胃病，其前妻也从事同样的工作，1998 年死于癌症，时年 46 岁。

在住在基地外固体废物处置场附近、依靠从固体废物中回收有价和有用物质维持生活的拾荒者中间，也发生了健康伤害。例如，M.L.（化名，14 岁，女）是其中的 1 名受害者，她患上了心脏隔膜欠损疾病。她的母亲以前是个拾荒者，曾经住在苏比克基地的固体废物处置场帕格阿沙（Pag—Asa），1988 年 M. L. 出生时仍住在那里，第二年才迁居别处。

④ 美国审计署的调查报告。据菲律宾和美国于 1947 年签订的军事基地协定，美国有责任负担撤军费用。因此，在基地归还之际，美国参议院预算委员会国防分委员会委托美国审计署对撤军财政费用进行了调查。调查目的包括，查明环境污染状况、清除污染以及恢复环境责任。1992 年 1 月 22 日，美国审计署把调查结果整理成报告书进行发表。

该报告书首次承认美国在菲律宾基地的环境污染实际状况，并明确了如下内容：苏比克和克拉克两个基地没有遵守美国国内环境标准，有些地点和设施受到污染；两基地均无地下储罐泄漏防止装置，消防设施无排水设备，导致用于消防工作的燃料、化学物质污染土壤和地下水，有径流流入苏比克湾水域；苏比克基地每天产生 500 万加仑❶废水，而处理率只有25%；从舰船维修设施喷砂切割现场产生的铅等重金属，直接被排入海湾或进行填埋；苏比克基地发电厂排放的多氯联苯，浓度超过美国的国内标准。

12.2.2 军事演习的自然破坏

(1) 梅香里射击轰炸场的环境破坏

演习场，特别是作为战斗机轰炸演习的射击轰炸场，处于常时战争的状态，一直发生着全面的环境破坏。在韩国，射击轰炸场自然环境破坏的典型事例乃是梅香里美军国际射击轰炸场。1955 年在梅香里周边的海面（面积 2281hm²）建造了射击轰炸场，1968 年建造了陆地射击训练场（面积 96hm²），而实际上美军专用射击场自 1951 年就开始使用。现在，包括从冲绳等地起飞的战斗机也都集中在这里进行轰炸演习，造成大规模的自然破坏。训练场的

---

❶　1 加仑＝0.0037854 立方米

旁边有农田和渔场，还有民房。作为轰炸场的浓岛，成了战斗机发射导弹等的靶子。该地区曾经存在的龟岛已经消失，现在浓岛也被削去 2/3，面目全非。

射击轰炸训练，不仅对自然环境造成破坏，而且对周围居民也造成健康伤害。在对梅香里居民造成的伤害当中，有人命伤害、噪声伤害（听力衰减、电话断路、精神紧张、失眠等生活全部）、经济损失（爆炸振动引起的住宅破坏、渔场破坏、畜产业放弃、农田进入限制等引起的收入减少）等。

2000 年 5 月 8 日上午 8 点在梅香里发生了误炸事故。在该事故中，美空军所属 1 架 A-10 战斗轰炸机向梅香里海面投下 6 颗 MK82 炸弹（500 磅，约 230kg），在梅香里造成大量的财产和人身伤害，包括 170 扇房屋窗的玻璃破碎、13 名居民受伤以及 42 头奶牛因惊吓而流产等。2002 年 8 月 18 日，韩国国防部宣布终止陆地射击场的射击训练，转向在浓岛训练场使用练习弹。尽管在陆地射击场的训练被迫终止，但除星期六和星期日以外，现在每天仍在继续对浓岛进行轰炸训练。

（2）贫铀弹的放射污染

除了自然破坏以外，在演习场有时也使用造成严重放射污染的特殊炮弹和贫铀弹。在冲绳，1995 年 12 月 5～6 日和 1996 年 1 月 24 日，美海军陆战队在冲绳县鸟岛使用了贫铀弹。这些贫铀弹是 25mm 穿甲燃烧弹，共 1520 发约 200kg。在美国国内，贫铀弹不用于训练，同核武器一样受到严格管理。在使用的贫铀弹当中，回收的还不到 200 发。

（3）噪声污染

动武的最大目的是使敌人丧失战斗力，因此不会因为环境破坏就不使用弹药，也不会因为噪音就限制速度。飞机在军用机场的起降向周围释放震耳欲聋的噪声，损害周围人们的健康。居住在基地周围的人们遭受各种各样的伤害，如失眠、失聪和耳鸣等身体伤害、心理和情绪上的伤害、会话和思考等日常生活上的伤害。

在日本的美军嘉手纳基地附近，记录到的最大噪声强度甚至高达 127dB。人在 130dB 的噪声下有丧失听力的危险，因此说飞机的轰鸣声简直是在杀人。如此程度的噪声污染，在日本的嘉手纳、宜野湾、横田、厚木、横须贺、三泽、小松以及韩国的议政府、乌山、群山、大邱等有军用机场和（或）航空母舰母港的地区都存在。

其中，日本的美军横田基地是世界上唯一建在国家首都的外国空军基地。太平洋部队所辖第五空军司令部就设在横田。横田基地周边是人口密集地带，受害地区波及八王子市、昭岛市、日野市、羽村市、福生市、立川市、武藏野市、瑞穗町、埼玉县入间市、饭能市共 9 市 1 町。对于噪声问题，基地周围居民迄今已多次提起诉讼。1976～1994 年期间，横田有 700 多名受害者提出过 13 次诉讼。在韩国的梅香里、群山、平泽、春川等地，居民们也在提出噪声污染诉讼。

（4）演习场的环境后遗症

即使在演习终止后，演习场要恢复到自然状态也需要超长的时间。在冲绳，1997 年以前美军一直进行穿越 104 号县道的实弹射击演习。今天，遗留哑弹的处理问题仍然没有得到解决。在至今的演习中，约有 4 万发炮弹倾泻在冲绳演习场上，重金属污染和哑弹处理问题成了日本政府和冲绳县政府的长期负担。

12.3 战争与环境伦理

12.3.1 战争与环境破坏的世纪

20世纪是"战争与环境破坏的世纪"。以两次世界大战为典型代表，世界各地频繁爆发战争和冲突。尽管科学技术进步带来了经济增长，但军事技术的发展也达到极限，甚至瞬间就可把具有数千年历史的城市环境和拥有数万年乃至数亿年历史的全球环境毁于一旦。军事技术的进步完全改变了战争本身的性质，战争已从军队在特定场所进行战斗，转向把全体国民变成受害者，把整个国土毁坏殆尽的质变。

以单兵日均物资消耗为例，第二次世界大战为20kg，越南战争为90kg，海湾战争达到200kg；战场消耗弹药量，朝鲜战争为1.8万吨，越南战争为7.7万吨，海湾战争达到35.7万吨。战场物资消耗猛增，使后勤运输面临重重困难。为了保证美军在海湾作战，美国建立了第二次世界大战以来最庞大的后勤运输体系。有人计算，美国在海湾战争中从国内运往中东的物资总量达18600万吨，等于把美国中等城市亚特兰大搬运到了海湾。

今天，军事活动继续表现出全面的环境破坏这种特点，同时还增加了"战争常态化"的新特点。2001年9月11日，美国国内发生恐怖事件（简称"9·11事件"），前总统布什把反恐事件设想成战争，宣布反恐总决战。2001年10月7日，美英联军就在阿富汗展开了大规模的军事行动。接着，以伊拉克侯赛因政府"藏匿大规模杀伤性武器"为由，2003年3月20日美英又对伊拉克动武。

对伊拉克的动武，根本不是原来意义上的"先发制敌"。先发制敌是基于敌人的攻击迫在眉睫、证据确凿无疑而发动的。而进攻伊拉克的情况，是美国在"伊拉克拥有大规模杀伤性武器，特别危险"这一所谓的大义名分下进行的"防卫战争"，在美英联军发动攻击时并不存在美国直接暴露在危险下的事实。"9·11事件"事件后，在防范恐怖活动于未然、通过战争扼杀恐怖活动的名义下，美国开始把军队置于常时临战状态，这种行为超越了以往的战争定义。实际上，军事活动造成环境破坏的危险性也在迅速升高。

12.3.2 战争与环境伦理重建

战争与环境的关系，实质是人与环境的关系，是人与自然的关系。人类的自然观影响战争观。从征服自然到敬畏生命，人类开始认识大自然的价值和权利，人类的自然观也从人类中心主义向生态中心主义转变。

军事活动是在一定的自然环境中进行的，从事这一活动必然会形成人与自然的关系，并通过这一关系形成人与人之间的道德关系。战争与环境有着密切联系，这种方式随着战争规模的扩大和战争形态的演化而变得越发错综复杂。随着生物武器、化学武器、核武器等大规模、大杀伤性武器的使用，高技术战争成为当代军事斗争的一种普遍形式，对环境的破坏更为严重。

政治家和军事家必须考虑战争可能引发的全球性生态灾难后果，必须承担起道德责任，禁止核战争就是军事环境伦理的一条禁令。

中国政府多次郑重宣布：在任何时候任何情况下，中国都不会首先使用核武器，并就如何防止核战争问题一再提出建议。中国的这些主张已逐渐得到越来越多的国家和人民的赞同和支持。中国是《全面禁止核试验条约》的签署国之一，1984 年加入《生物及有毒武器公约》，1996 年加入《化学武器公约》。至今，合法拥有核武器的国家有美国、俄罗斯、中国、法国、英国这五个联合国常任理事国，而只有中国在世界上承诺不首先使用核武器。另外，还有一些非法拥有核武器的国家，如印度、巴基斯坦和朝鲜等，更为核战争的引发埋下不确定因素。

正如和平是人类永恒的话题一样，战争也一直相伴而生。如果说冷兵器时代是消耗人的体力和生命的话，现代战争则同时消耗环境和生态。近现代的每次战争结束后，未散尽的硝烟除了留给人们战争与和平的无尽忧思外，带来的环境污染也触目惊心。贫铀弹的使用，除了造成严重的环境污染，还使海湾地区原本严峻的环境和生态系统进一步恶化。

在军事活动中，环境问题始终是存在的。进入热兵器时代，军事活动对环境的破坏作用日益突出，尤其是核武器的研发及其使用对人类生存环境构成巨大威胁。在无法避免战争的情况下，人类有可能也有能力减少战争对环境的破坏程度。《环境与发展宣言》强调："战争本来就是破坏持续发展的。因此，各国应遵守规定在武装冲突时期保护环境的国际法，并在必要为对进一步制订国际法而进行合作。"

"互相尊重主权和领土完整、互不侵犯、互不干涉内政、平等互利、和平共处"五项原则，是避免使用武力解决国际间问题，促进世界和平、稳定、发展的唯一可靠的途径。这五项原则，同联合国宪章的宗旨和原则是完全一致的，充分体现出新时代国际关系中的主权、平等、互利、和平和民主的精神。推动建立公正合理的国际政治经济新秩序是以和平共处五项原则为基础的，反映了和平与发展的时代潮流。

为了保护全球环境，人们决不应该放任军事行动，以免造成全面的环境破坏。可持续发展和军事行动是水火不容的。实现可持续社会，首先必须把 21 世纪转变成"和平与环境保护"的世纪。制止和削减严重破坏环境的军事行动是整个世界无论如何都必须尽早完成的任务。21 世纪究竟是战争与环境破坏的世纪，还是和平与环境保护的世纪，人类正站在决定未来世界的关键转折点上。

伊拉克战争期间，世界各地的反战运动与和平呼声风起云涌，强烈程度是史无前例的。2003 年 2 月，军事攻击伊拉克的危险性刚一抬头，在美国、法国、意大利、英国、德国、日本、韩国、菲律宾、西班牙、澳大利亚等世界各地都发起了大规模的反战运动。在世界各地同时爆发的反战运动，可以说是自越南战争反战运动以来历史上最大的规模。

随着 20 世纪 90 年代后全球化的发展，一个国家（地区）已无法单独实现政策目标，因此需要国际社会合作起来，应对共同的问题。尤其是和平与环境保护的问题，没有国际合作是无法实现的。世界的现实是，越是通过军事力量来镇压恐怖组织，无数的集团恐怕就越会热衷于恐怖活动，世界反倒因军事行动而更不安宁。

军事活动会彻底破坏环境与生命健康。环境保护型的军事活动等这种事本来就是不可能存在的，军事活动的强化既会破坏环境，也会导致经济崩溃，靠军事力量来确保和平与环境只不过是个幻想而已。同时，阿富汗战争和伊拉克战争那样的军事行动结果说明，靠军事力量来制止恐怖活动这种战略也是适得其反。从环境保护的立场来思考，这是不可能实现的。

侵略带不来繁荣和进步，最终只能招致灾难甚至毁灭。原子弹爆炸残酷无比，但根源是战争本身，正是这场让全世界 2/3 人口卷入的大战，导致了数千万人的死亡。因此，人类需要从环境保护的立场出发，重新质疑军事行动的问题。世界各国应进行国际性协调，遏制全球性的暴力行动，把21世纪变成"和平与环境保护的世纪"。为此，防止战争于未然比什么都重要。

专栏—落叶剂对人体健康的影响

在1961～1971年越战期间，美军共喷洒7200万升落叶剂，有效成分达5.5万吨，其中含二噁英550千克。而且，在喷洒落叶剂后再用凝固汽油弹烧尽，所以产生二噁英的可能性很大。1988～1993年，原田等人在越南进行了临床免疫学调查。

1. 流产死胎

Tu Du医院是越南最大的妇产科医院，年接待13000～16000名妇女分娩。该医院资料显示，流产率1952年为0.45％，1953年为1.20％，1967年为14.76％，1976年为20.26％，自1979年前后有少许减少，但流产率仍高达10％～20％。；死胎率，1952年为0.32％，1967年为1.55％，1977年达1.79％的高峰。

2. 先天性畸形

在Tu Du医院，接生了27对双胞胎连体婴儿，24对死亡，3对生存下来。通常，连体双胞胎的发生率为每10万～20万人中有1例，所以Tu Du医院的比率无疑是奇高的。此外，无脑婴儿从每年21例增加为每年26例，水痘症婴儿从每年5例增加到每年14例，这些也是异常高的比率。

在Tu Du医院先天性畸形儿的出生率，1952年为每千人2.32人，1967年为5.44人，1979年超过10人，至今仍有增加的趋势，这不同于喷洒停止后流产死胎的减少情况。

在Tay Ninh省医院，1979～1989年每千人新生儿中有6.4～11.0名先天畸形。1992年历时3个月在Song Be省医院的调查发现，在289名新生儿中有8名（2.7％）先天畸形儿，2名（0.7％）无脑儿，3名（1.0％）口盖和兔唇。另外，在3个村庄的母子检查中，先天性畸形最低为2.77％，最高竟达43.1％。

3. 胞状怪胎和绒毛胎

胞状怪胎通常每千人为1～2人，而在Tu Du医院，胞状怪胎发生率1952年每千人为7.8人，1967年为14.3人，以后不断增加到40人，1986年竟达到高峰的51.11人。

在Tay Ninh省医院，1979—1989年胞状怪胎的平均发生率每千人为8.2～20.0人，是日本的20倍。绒毛胎的60％～70％出现在胞状怪胎之后，在Tu Du医院表现出绒毛胎的急剧增加。

4. 染色体异常

在直接暴露者中间，很多人出现染色体异常。具体事例有：姊妹染色分体交换率、倍增体细胞以及重复率为4.02％±1.39％，结构异常为6.00％±2.55％，这些数据都高于对照组。

5. 甲状腺肿

在Doc Binh Kiue村，发现111例甲状腺肿，多发生在15～39岁的年轻女性中，占同龄人的4.5％。在5～14岁的儿童中，有12名的临床表现为单纯性甲状腺肿。在Than Phong村，115人患甲状腺肿，几乎都是50岁以下的妇女。

6. 胎儿期和母乳路径污染

在Tu Du医院，对1964—1970年出生的394名女性（23～29岁）的孩子（未受到直接暴露）

和 1963 年以前出生的 2281 名女性（30～55 岁）的孩子（胎儿期或婴儿期经由母乳遭受暴露）的比较研究结果表明：自然流产外的疾患差别很大，前者和后者的疾患率，先天性畸形分别为 2.28％和 0.22％，胞状怪胎分别为 1.02％和 0.04％，精神恍惚分别为 2.03％和 0.13％，流产分别为 5.05％和 5.26％，死胎分别为 3.04％和 0.35％，新生儿死亡分别为 5.33％和 0.3％。这种结果说明即使人们不直接暴露，但通过母体路径的暴露也会对生殖期的儿童（直接暴露者的孙辈）造成影响。

 习题与思考题

1. 战争对环境的破坏有哪些？
2. 军事基地和军事演习的污染有哪些？
3. 美国"9·11"恐怖袭击事件的根源在哪里？
4. 讨论现代战争对人类、社会、经济和环境的破坏。

◆ 参考文献 ◆

[1] 贾王君，梅雪芹. 从历史的视角看现代高科技战争的生态环境灾难[J]. 北京师范大学学报：人文社会科学版，2001，(1)：119-126.

[2] 聂邦胜. 关于战争与环境关系的几点思考[J]. 环境科学导刊，2008，(27)：15-16.

[3] 李玲，王瑾，王栩. 军事行动与环境保护[J]. 中国环境管理，2004，(1)：21-22.

[4] 贺志鹏，刘东朴，岳英洁. 现代战争对自然环境的影响及思考[J]. 中国人口·资源与环境，2011，21(3)：587-590.

[5] 张海滨. 有关世界环境与安全研究中的若干问题. 国际政治研究[J]. 2008，(2)：141-158.

[6] 张勇. 环境安全论[M]. 北京：中国环境科学出版社，2005.

第 13 章 | 生态学基础

 **本章要点**

1. 生态学的含义、发展历史和研究内容；
2. 生态系统的概念及系统内物质循环和能量流动；
3. 我国的生态问题及走可持续发展道路的意义；
4. 生态学环境保护实践的实例应用。

13.1 生态学的含义及其发展

13.1.1 生态学的概念

生态学（ecology）一词源于希腊文 oikos（意为"栖息地""住处"），字尾 logos 为"学科"或"论述"的意思。因此，从字义来看，生态学是研究生物与其居住环境的一门科学。此外，生态学与经济学为同一词源，在词义上有共同点，所以也有学者把生态学称为自然经济学。

1866 年德国生物学家 E. Haeckel 在其所著的《普通生物形态学》(Generelle Morphologie der Organismen) 一书中首次提出生态学，他认为"生态学是研究生物及其与环境之间相互关系的科学"。此后，又有许多生态学家对生态学的含义和概念提出不同的定义，但所提的定义均未超出 Haeckel 定义的范围。

20 世纪 50 年代以后，生态学不再局限于动植物范围内，逐渐超出生物学的概念，研究范围也越来越广，进入到生态系统时期。美国著名生态学家 E. P. Odum（1971）在其所著的《生态学基础》(Fundamentals of ecology) 中定义"生态学是研究生态系统的结构和功能的科学"，在其后《生态学》(1997) 中认为生态学是综合研究有机体、物理环境、人类社会的学科，强调人类在生态学过程中的作用。我国生态学学会创始人马世骏（1980）认为生态学是"研究生命系统和环境系统间相互作用规律及其机理的科学"。由此可见，在不同发展阶段生态学具有的不同的定义，但由 E. Haeckel 定义的"生态学是研究生物与环境之间相互关系的科学"普遍为科学家们所采用。

13.1.2 生态学的发展历史和发展趋势

生态学是人们在认识自然界的过程中逐渐发展起来的。生态学的发展大致可以分为 4 个时期：萌芽时期、建立时期、巩固时期和现代生态学时期。

（1）萌芽时期

16 世纪前是生态学的萌芽时期。人类在和自然的斗争中，认识到环境和气候对生物生长的影响，以及生物和生物之间关系的重要性。在我国的古农书和古希腊的一些著作中已有记载。2200 年前战国时代的《管子·地员篇》就详细介绍了植物分布与水文地质环境的关系；秦汉时期确定 24 节气，反映了农作物和昆虫等生物现象与气候之间的联系。在欧洲，亚里士多德在《自然史》一书中把动物分为陆栖、水栖等大类，还按食性分为肉食、草食、杂食及特殊食性 4 类。古希腊的 Theophrastus 注意到气候、土壤与植被生长与病害的关系，同时还注意到不同地区植物群落的差异。这些都孕育着朴素的生态学思想。

（2）生态学的建立时期

17～19 世纪末是生态学的建立时期。这一时期，生态学作为一门学科开始出现。例如，R. Boyle 在 1670 年发表的低气压对动物影响的试验，标志着动物生理生态学的开端。1798 年 T. Malthus 在《人口论》（Essay on Population）中分析了人口增长与食物生产的关系。1807 年德国学者 A. Humboldt 通过对南美洲热带和温带地区的植物及其生存环境进行多年考察，写成《植物地理学》一书，书中分析了植物分布与环境条件的关系。1840 年 B. J. Liebig 发现植物营养的最小因子定律。1859 年，达尔文出版了著名的《物种起源》，提出生物进化论，对生物与环境的关系作了深入探讨。1866 年，H. Haeckel 首次提出生态学定义，标志着生态学的诞生。到 19 世纪末，生态学已正式成为一门独立的学科。

（3）生态学的巩固时期

20 世纪初至 20 世纪 50 年代是生态学的巩固时期。这一时期，植物和动物生态学得到长足的发展，各种著作和教材相继出版。在动物生态学方面，20 世纪初关于生理生态学、动物行为学和动物群落学等的研究取得较大进展。20 世纪 20～50 年代，开始了种群研究，并将统计学引入生态学，如 1925 年 A. J. Lotka 提出了种群增长的数学模型。这一时期出版的动物生态学专著和教科书有《动物生态学》（C. Elton，1927）、《实验室及野外生态学》（V. E. Sheljord，1929）、《动物生态学纲要》（费鹤年，1937）等。1949 年，W. C. Allec 等合著的《动物生态学原理》出版，被认为是动物生态学进入成熟时期的标志。在这一时期，植物生态学的研究也得到重要发展，出版的专著有《植物群落学》（B. H. Sukachev，1908）、《植物社会学》（Braun-Blaquet，1928）、《植物生态学》（J. E. Weaver，1929）等。在这一时期，形成了几个著名的植物生态学派：以群落分析为特征的北欧学派、以植物区系为中心的法瑞学派、以植物演替为中心的英美学派、以植物群落和植被为中心的苏联学派。

这一时期的另一重要特征是生态学从描述、解释走向机理研究。如 1935 年 Tansley 提出了生态系统的概念，标志着生态学进入研究生态系统为中心的近代生态学发展阶段。R. L. Lindeman（1942）提出了著名的"十分之一定律"，发展了"食物链"和"生态金字塔"理论，为生态系统研究奠定了基础。

（4）现代生态学时期

进入 20 世纪 60 年代，生态学得到快速发展。一是因为生态学自身的学科积累已到了一定程度，形成了自己独特的理论体系和方法论；二是高精度的分析测试技术、电子计算机技术、遥感技术和地理信息系统技术的发展，为现代生态学的发展提供了物质基础和技术条件；三是社会的需求。由于工业的高度发展和人口的大量增长，出现了许多全球性的人口、环境、资源、能源等问题。这些问题的解决都需要借助生态学理论，因而生态学引起社会各界的兴趣，从而刺激了现代生态学的发展。

现代生态学的发展特点和趋势主要表现在以下几个方面。

① 研究层面向更宏观与更微观的方向发展。传统的生态学以个体、种群、群落为主要研究对象，现代生态学已发展到生态系统、景观和全球水平。近几十年来，一系列国际研究计划大大促进了以生态系统生态学为基础的宏观生态学的发展。特别是最近 20 年来，把生态系统的研究与全球变化联系起来，形成全球生态学理论。现代生态学在向宏观方向发展的同时，在微观方向也取得不少进展，20 世纪末分子生态学（Molecular Ecology）的产生是最重要的标志之一。分子生态学是以分子遗传为标志研究和解决生态学和进化问题的学科。用分子生态学的方法来研究生态学的现象，大大提高了生态学的科学性。

② 研究手段不断更新。传统生态学侧重对研究对象的描述，现代生态学已广泛应用野外自计电子仪器（测定光合、呼吸、蒸腾、水分状况、叶面积、生物量及微环境等）、同位素示踪（测定物质转移与物质循环等）、稳定同位素（用于生物进化、物质循环、全球变化等）、遥感与地理信息系统（用于时空现象的定量、定位与监测）、生态建模（从生态生理过程、斑块、种群、生态系统、景观到全球）等技术，这些技术支持了现代生态学的发展。

③ 应用生态学迅速发展。自 20 世纪 60 年代以来，人口危机、能源危机、资源危机、环境危机等日益严重，而生态学被认为是解决这些危机的科学基础。生态学与人类环境问题的结合成为 20 世纪 70 年代后生态学的最重要研究领域，与人类生存密切相关的许多环境问题都成为现代生态学研究的热点问题，生态学越来越融合于环境科学中。

13.1.3 生态学的研究内容和研究方法

13.1.3.1 研究内容

现代生态学具有明显的时代特色，除保持原有的研究领域外，还涌现出一批新的研究方向和热点问题，包括全球变化、可持续发展、生物多样性、湿地生态学、景观生态学、脆弱与退化生态学、恢复与重建及保护生态学、生态系统健康、生态工程与生态设计、生态经济与人文生态学等新兴研究领域。这些研究领域是以全球变化为起点和主题，以恢复重建为内容和手段，以可持续发展为目标相互交织在一起而构成的一个"生态学三角形研究框架"，其他研究热点大多是围绕这三个轴心而展开的（见图 13.1）。

（1）全球变化

全球变化研究主要集中在以下几个方面：①全球变化的科学性问题；②全球变化的幅度及其生态效应的预测研究；③温室效应气体释放机理研究；④生态系统碳库与汇估测；⑤全球变化高新技术产业的开发与利用研究；⑥全球变化陆地样带研究。

（2）可持续发展

近年来，国内外的一些学者致力于建立可持续发展的指标体系研究，一致认为判断可持续发展能力包括 5 个方面的内容，即资源承载力、区域生产力、环境缓冲能力、进程稳定能

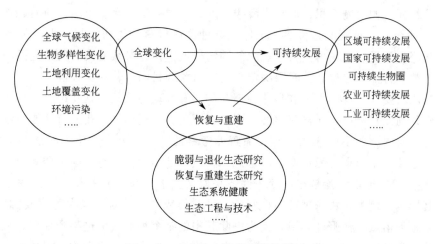

图 13.1　现代生态学研究的热点问题

力、管理调节能力。目前，可持续发展领域的研究多停留在概念或内涵的定性探讨上，可操作性差。今后，可持续发展研究主要集中在以下几个方面：①可持续发展的内涵、发展观等探讨；②可持续发展的量化研究；③可持续发展模式与规划研究。

（3）生物多样性

生物多样性是人类社会得以存在和持续发展的物质基础和必要保证。研究主要包括以下几个核心领域：①生物多样性的起源、维持与丧失；②生物多样性的生态系统功能；③生物多样性的编目、分类及其相互关系；④生物多样性评价与监测；⑤生物多样性保护、恢复与持续利用。

13.1.3.2　研究方法

从 20 世纪 50 年代开始，生态学研究方法趋向专门化，针对不同对象和问题，设计了各种专用的方法技术；另外，还强调系统化，表现为对各类生物系统制定出生态综合方法程序。生态学研究的专门化与系统化同时并进，彼此汇合，是学科方法体系日趋成熟的标志。

（1）原地观测

原地观测是指在自然界原生境对生物与环境关系的考察。生态现象的直观第一手资料皆来自原地观测。生态学研究对象种群和群落均与特定自然生境不可分割，生态现象涉及因素众多，形式多样，相互影响又随时间不断变化，观测的角度和尺度不一，迄今尚难以或无法使自然现象全面地在实验室内再现。因此，原地观测仍是生态研究的基本方法。原地观测包括野外考察、定位观测和原地实验等方法。

① 野外考察。野外考察是考察特定种群或群落与自然地理环境空间分布的关系。野外考察首先要有一个划定生境边界问题，然后在确定的种群或群落生存活动空间范围内，进行种群行为或群落结构与生境各种条件相互作用的观察记录。

种群水平的野外考察项目包括个体数量（或密度）、水平或垂直分布格局、适应形态性状、生长发育阶段或年龄结构、物种的生活习性行为、死亡等。群落水平的考察项目主要包括群落的种类组成、物种的生活型或生长型、生物习性和行为，以及各种植物种群的多度、频度、显著度、分布格局、年龄结构、生活史阶段、种间关联等。同时考察种群或群落的主要环境因子特征，如生境面积、形状、海拔高度、气候因子、水、土壤、地质、地貌等。

② 定位观测。定位观测是考察某个体或某种群或群落结构功能与其生境关系的时态变化。定位观测先要设立一块可供长期观测的固定样地，样地必须能反映所研究的种群或群落及其生境的整体特征。定位观测时限决定于研究对象和目的。若观测种群生活史动态，微生物种群的时限只要几天，昆虫种群是几周至几年，脊椎动物从几年到几十年，多年生草本和树木要几十年到几百年；观测群落演替，则需时限更长。观测种群或群落功能或结构的季节或年度动态，时限一般是一年或几年。除野外考察的项目之外，定位观测还要增加数量变动、生物量增长、生殖率、死亡率、能量流、物质流等结构功能过程的定期测定。

③ 原地实验。原地实验是在自然条件下采取某些措施获得有关某个因素的变化对种群或群落及其影响。例如，牧场进行围栏实验，可获得牧群活动对草场中种群或群落的影响；在森林、草地群落或其他野外环境，人为去除其中的某个种群或引进某个种群，从而辨识该种群对群落及生境的影响；或进行捕食、施肥、灌溉、遮光、改变食物资源条件，以了解资源供应对种群或群落动态的影响和机制；在田间人工小岛上接种昆虫，观测昆虫的自然死亡因子与死亡率。

原地或田间的对比实验是野外考察和定位观测的一个重要补充，不仅有助于阐明某些因素的作用和机制，还可作为设计生态学受控实验或生态模拟的参考或依据。

（2）受控实验

受控实验是在模拟自然生态系统的受控生态实验系统中研究单项或多项因子相互作用，及其对种群或群落影响的方法技术。

随着现代科学技术的进步，实验生物材料和生物测试技术的完善，近年来受控实验的规模和生态系统模拟水平正在日趋扩大完备。如 20 世纪 70 年代在海洋生态学研究中创造了一种受控生态系统技术，是用一个巨大的塑料套在浅海里围隔出一个从海面到海底的受控水柱，在其中进行持续的、包括生物及环境在内的多项受控实验。然而，受控生态实验无论如何都不可能完全再现，总是相对简化的，并存在不同程度的干扰。因此，模拟实验取得的数据和结论，最后都需要回到自然界中去进行验证。

（3）生态学研究的综合方法

生态学研究的综合方法是指对原地观测或受控生态实验的大量资料和数据进行综合归纳分析，从而表达各种变量间存在的种种相互关系，反映客观生态规律性的方法。

① 资料归纳和分析。对生态现象观测的资料涉及多种学科领域，众多因素的变量集和各种变量（属性）的类型不同、量纲不一、尺度悬殊。为了便于归纳分析，首先要对数据进行适当处理，包括对数据类型的转化，主要是把二元（定性）数据转化为定量数据，或者反之，以使数据类型一致。其次是对不同量纲的数据进行数值转换，如将原始数值转换为对数、例数、角度、概率等，以求更合理地体现各类数据之间的数量关系，使数据具有一定的分布形式（如正态分布）或一定的数据结构（如线性结构）。为了加强数据间线性关系，可进行数据的标准化或中心化，如把各项数据的绝对值转换为相对值（比值），使变量的取值在 0~1 之间，从而获得数据的几何意义。

② 生态学的数值分类和排序。数值分类是 20 世纪 50 年代以后发展起来的客观分类群落及种内生态类型的方法。分类的对象单元是样地，样地的大小、数量和进行物种数量特征

（属性）的测计都要按照规范化的方法。各种属性原始数据须经过处理，建立 N 个样地 P 个属性的原始数据矩阵，再计算群落样地两两之间的相似系数或相异系数，列出相似系数矩阵，最后按一定程序进行样地的聚类或分划，得出表征同质群落类型的树状图。数值分类技术的最大特点是原地调查抽样、数据处理、计算分类程序的规范化，具有较大的客观性和可重复检验的特性。

③ 生态模型与模拟。生物种群或群落系统行为的时态或空间变化的数学概括，统称为生态模型。广义的生态模型泛指文字模型和几何模型。生态数学模型仅仅是现实生态系统的抽象，每个模型都有其一定的限度和有效范围。生态学系统建模，并没有绝对的法则，但必须从确定对象系统过程的实际出发，充分把握其内部相互作用的主导因素，提出适合的生态学假设，再采用恰当的数学形式来加以表达或描述。

13.2　生态系统的概念与功能

13.2.1　生态系统的概念

地球上的森林、草原、湖泊、海洋等自然环境的外貌千差万别，生物的组成也各不相同，但它们有一个共同特征，即其中的生物与环境共同构成一个相互作用的整体。生态系统是指一定时间和空间范围内，生物群落与非生物环境通过能量流动和物质循环所形成的一个相互影响、相互作用并具有自调节功能的自然整体。它是由英国植物生态学家 Tansley 于1935 年首先提出的，20 世纪 50 年代得到广泛关注，60 年代以后逐渐成为生态学研究的中心。生态系统也可简单地表述为：生态系统＝生物群落＋非生物环境。

苏联植物生态学家 V. N. Sukachev 曾于 1944 年提出生物地理群落（biogeocoenosis）的概念，即在地球表面上的一个地段内，动物、植物、微生物与其地理环境组成的功能单位。生物地理群落强调在一个空间内，生物群落中各个成员和自然地理环境因素之间是相互联系在一起的整体。实际上，生物地理群落和生态系统是同义语。

生态系统的范围可大可小，通常可根据研究目的和对象而定。最大的生态系统是生物圈，可看作全球生态系统，包括地球上的一切生物及其生存条件。地球上的任何一个生态系统都具有以下共同特点：①是生态学上的一个结构和功能单位，属生态学上的最高层次；②内部具有自调节、自组织、自更新能力；③具能量流动、物质循环和信息传递三大功能；④营养级数目有限；⑤是一个动态系统。

生态系统生态学是以生态系统为对象，研究生态系统的组成要素、结构与功能、发展与演替，以及人为影响与调控机制的生态科学。当前，人类与环境的关系问题，如人口增长、资源的合理开发利用等已成为生态学研究的中心课题，而所有这些问题的解决都有赖于生态系统结构与功能、生态系统的演替、生态系统的多样性和稳定性，以及生态系统对人类干扰的恢复能力和自我调节能力的研究。生态系统生态学是现代生态学发展的前沿，在促进自然资源的可持续利用和保护人类生存环境中发挥极为重要的作用。

13.2.2　生态系统的能量流动

地球上所有生态系统的最初能量都来源于太阳。太阳辐射以电磁波的形式投射到地球表面，在日地平均距离上，地球表面大气外层垂直于太阳射线的每平方厘米面积上每分钟接受的太阳辐射能是一定的，为 8.12J，也称为太阳常数。进入大气层的太阳辐射能，只有 47% 左右到达地球表面，而到达地球表面的太阳辐射只有可见光、红外线、紫外线才起生物学作用。到达地球表面的总辐射，一般只有 1% 左右为植物光合作用所吸收，通过绿色植物的光合作用转化成生物产品中的化学潜能，这些能量在生态系统中进行传递，推动物质在生态系统中的流动和循环。这种能量的流动也遵循一定的原理。

（1）严格遵循热力学定律

生态系统中能量的传递和转化都遵循热力学定律。热力学第一定律指出，自然界能量可以由一种形式转化为另一种形式，在转化过程中严格按当量比例，能量既不能消灭，也不能凭空创造。热力学第二定律指出，生态系统的能量从一种形式转化为另一种形式时，总有一部分能量转化为不能利用的热能而耗散。

根据热力学第二定律可知，能量在转换过程中常常伴随着热能的散失，任何能量转换过程的效率都不可能达到 100%。在生态系统中，当太阳辐射能到达地球表面时，只有极小部分能量被绿色植物吸收并转化为化学潜能，大部分光能转变为热能离开生态系统进入太空。当进入生态系统中的能量在生产者、消费者和分解者之间进行流动和传递时，一部分能量同样转变为热，剩下的能量才用于做功，并合成新的生物组织作为潜能贮存下来。

（2）生态系统中的能量流动是单向流

能量以光能的形式进入生态系统后，就不能再以光的形式存在，而是以热的形式不断地逸散于环境中。就总的能流途径而言，能量只是一次性流经生态系统，是不可逆的。因此，能量在生态系统中的流动是单向的，不能返回，只能称为能量流动。

（3）能量流动逐级递减

从太阳辐射能到被生产者固定，再经草食动物到肉食动物再到大型肉食动物，能量是逐步递减的。这是因为：①各营养级消费者不可能百分之百地利用前一营养级的生物量；②各营养级的同化作用也不是百分之百的；③生物在维持生命过程中进行新陈代谢，总要消耗一部分能量，这部分能量变成热能而耗散掉。因此，生态系统要维持正常的功能，就必须有永恒不断的太阳能输入，用以平衡各营养级生物维持生命活动的消耗，只要这个输入中断，生态系统就会丧失其功能。由于能量每经过食物链的一个环节都有一定的损耗，所以，食物链不会很长，一般生态系统的营养级只有 4～5 级，很少有超过 6 级的。

（4）能量质量逐渐提高

能量在生态系统流动中，把较多的低质量能转化为另一种较少的高质量能。在辐射能输入生态系统的能量流动过程中，能量质量是逐步提高的。

（5）能量流动速率差异

在生态系统中，能量流动速率与生态系统类型以及生物类型有密切关系。E. P. Odum 等曾用放射性磷（^{32}P）对一个弃荒地的生物群落进行过研究，发现植食性动物在试验开始的前几天就积累了放射性磷，另外一些昆虫在 2～3 周时积累才达高峰。捕食者直到试验后的第 3 周还没有出现同位素积累的高峰。

13. 2. 3　生态系统的物质循环

生态系统从大气、水体和土壤等环境中获得的营养物质，通过绿色植物吸收，进入生态系统，被其他生物重复利用，最后再回归到环境中，称为物质循环，又称生物地球化学循环。这种循环可发生在不同层次、不同大小的生态系统内，乃至生物圈中。一些循环可能沿着特定的途径从环境到生物体，再到环境中。那些生命必需元素的循环通常称为营养物质循环。

物质循环包括地质大循环和生物小循环。地质大循环是指物质或元素经生物体的吸收作用，从环境进入生物有机体内，然后生物有机体以死体、残体或排泄物形式将物质或元素返回环境，进入大气、水、岩石、土壤和生物五大自然圈层的循环。地质大循环的时间长、范围广，是闭合式循环。生物小循环指环境中元素经生物体吸收，在生态系统中被多层次利用，然后经过分解者的作用，再为生产者吸收利用。生物小循环时间短，范围小，是开放式循环。

13. 2. 3. 1　物质循环的概念

（1）库

库是指某一物质在生物或非生物环境暂时滞留（被固定或贮存）的数量。生态系统中的各个组分都是物质循环的库，可分为植物库、动物库、大气库、土壤库和水体库。库又可分为许多亚库，如植物库可分为作物、林木、牧草等亚库。在生物地球化学循环中，根据库容量的不同以及营养元素在库中的滞留时间和流动速率，可把物质循环的库分为两种类型：①贮存库，特点是库容量大，元素在库中滞留时间长，流动速度慢，一般为非生物成分，如岩石、沉积物等；②交换库，特点是库容量小，元素在库中滞留时间短，流动速度快，一般为生物成分，如植物库、动物库等。例如，在一个水生生态系统中，水体中含有磷，水体是磷的贮存库，浮游生物是磷的交换库。

（2）流通率

流通率指在生态系统中单位时间、单位面积（或体积）内物质流动的量 $[kg/(m^2 \cdot t)]$。

（3）周转率

周转率指某物质出入一个库的流通率与库量之比。即：

$$周转率 = \frac{流通率}{库中该物质的量}$$

（4）周转时间

周转时间是周转率的倒数。周转率越大，周转时间就越短。例如，大气圈中 N_2 的周转时间约近一百万年；大气圈中水的周转时间为 10.5 天，即大气圈中所含水分一年要更新大约 34 次；海洋中主要物质的周转时间，硅最短，约 8000 年，钠最长，约 2.06 亿年。

13. 2. 3. 2　物质循环的类型

物质循环可分为 3 种类型，即水循环、气体型循环和沉积型循环。

（1）水循环

水是自然的驱使者，生态系统中所有的物质循环都是在水循环的推动下完成的。没有水循环就没有物质循环，就没有生态系统的功能，也就没有生命。

（2）气体型循环

气体型循环的贮存库主要是大气和海洋，气体循环与大气和海洋密切相关，循环性能完善，具有明显的全球性。凡属于气体型循环的物质，其分子或某些化合物常以气体的形式参与循环过程。属于这一类循环的物质有碳、氯和氧等。气体型循环与全球性的 3 个环境问题（温室效应、酸雨、臭氧层破坏）密切相关。

（3）沉积型循环

沉积型循环的贮存库主要是岩石、沉积物和土壤，循环物质分子或化合物主要通过岩石的风化作用和沉积物的溶解作用，才能转变成可供生态系统利用的营养物质。循环过程缓慢，循环是非全球性的。属于沉积型循环的物质有磷、硫、钠、钾、钙、镁、铁、铜、硅等。

13.2.4　生态系统的稳定性

生态系统是一个动态的复杂系统，具有多个稳定的状态，单纯利用某一点的稳定性来判定系统的稳定性掩盖了系统的真实性，缺乏对系统全面了解。生态系统稳定性的定义很多，绝大多数都可归纳为关于生态系统结构和功能的动态平衡的性质。MacArthur（1955）把稳定性定义为种群与群落抵抗干扰的能力，是一个比较笼统的概念。May（1973）和 Orians（1974）使生态系统稳定性概念具体化，把生态系统稳定性定义在系统对干扰反应的两个方面，即受干扰后生态系统抵抗离开动态的能力，以及在干扰消除后生态系统的恢复能力。据 Volker 的统计，关于稳定性有 163 个相关定义和 70 种不同的概念。通过比较，Volker 认为稳定性并不能直接定义，只能是通过其他的概念来表示，并认为稳定性包括恒定性、持久性和恢复力（弹性）3 个方面。虽然他的研究改变了过去对稳定性定义的观点，但从本质上讲，恒定性和持久性都表示系统受到干扰后保持不变的能力。从模型角度看，有学者根据系统数学模型的局部稳定性、全局稳定性、Liapanov 稳定性或者结构稳定性来判定生态系统的稳定性。

之后，有学者总结稳定性的概念包括 3 个类型：群落或生态系统达到演替顶极后出现的能够进行自我更新和维持并使群落的结构、功能长期保持在一个较高水平、波动较小的现象；群落或生态系统在受到干扰后维持其原来结构状态的能力；群落和生态系统受到干扰后回到原来状态的能力。根据第一类型的稳定性，处于顶极状态的群落是稳定的，实践表明，顶极群落具有较高的抵抗力，但恢复力较小，处于顶极群落的系统只是处于一个比较平衡的状态，而演替中的群落处于非平衡状态，并不是传统意义上的稳定。

研究生态系统的稳定性首先要理解系统受到干扰后的变化趋势。生态系统受到的干扰可能是正干扰也可以是负干扰，不同的干扰对生态系统的影响不同。

生态系统是一个动态的复杂系统，在无干扰的情况下在一定范围内自由波动，即使受到微小的干扰也会通过其自组织能力而调节，维持其原有的系统结构和功能。负干扰使生态系统趋向退化，当负干扰超过其承受的阈值时，生态系统的结构和功能就会发生变化，变为退化生态系统（见图 13.2 曲线 1），这种退化的生态系统在干扰消失后会缓慢恢复到退化以前的状态。在正干扰的作用下，生态系统向更加优化的方向发展，进化形成新的生态系统。一般情况下，如果没有负干扰，进化的生态系统会维持其稳定状态，在干扰消除后不会退化到原有状态。生态系统恢复的内容之一就是研究在人为正干扰作用下使退化生态系统恢复到原有健康生态系统（见图 13.2 波动曲线 2）。

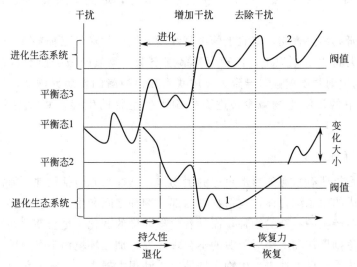

图 13.2　生态系统敏感性、阈值和恢复力与干扰的关系

13.3　生态问题与可持续发展

13.3.1　全球生态问题

全球性环境问题的产生是多种因素共同作用的结果。长期以来，由于人类热衷于改造环境，从而导致各种环境问题，影响范围从区域扩展为全球，并给人类的生存和发展造成极大威胁。当前，威胁人类生存的主要环境问题可归纳为以下方面。

（1）全球气候变化

人类活动产生大量 CO_2、CH_4、N_2O 等气体，当它们在大气中的含量不断增加时，即产生所谓的温室效应，使气候逐渐变暖。全球气候的变化，对全球生态系统带来威胁和严峻的考验，包括极地冰川融化，海水膨胀从而导致海平面上升；使全球降雨和大气环流发生变化，导致气候反常，造成旱涝灾害；导致生态系统发生变化和遭到破坏，对人类生活产生一系列重大影响。

根据政府间气候变化专门委员会的预测，到 21 世纪中叶大气中 CO_2 等效含量将增加 0.056%，是工业革命前的 2 倍，届时全球气温将上升 1.5～4.5℃，海平面将升高 0.3～0.5m，许多人口密集地区都将被海水淹没。为应对全球气候变化，1992 年工业化国家在巴西里约热内卢做出保证，稳定造成温室效应的气体排放量，但多数国家并未做到这一点。1997 年 12 月联合国气候变化框架公约参加国通过了《京都议定书》，目标是"将大气中的温室气体含量稳定在一个适当水平，防止剧烈的气候改变对人类造成伤害"，要求将 CO_2 排放量控制在较 1990 年排放量减少 5％的水平。

（2）臭氧层破坏

臭氧层能吸收太阳的紫外线，从而保护地球上的生命免受过量紫外线的伤害，并将能量贮存在上层大气中，起到调节气候的作用。臭氧层是一个很脆弱的气体层，一些会和臭氧发生化学作用的物质进入臭氧层，臭氧层就会遭到破坏，地面受到紫外线辐射的强度随之增强。

大量观测和研究结果表明，南北半球中高纬度大气中的臭氧已损耗 5％～10％，在南极的上空臭氧层损失高达 50％以上，出现了臭氧层空洞。臭氧的减少使到达地面的短波长紫外线 （UV-B） 的辐射强度增强，导致人类皮肤病和白内障的发病率增高，植物的光合作用受到抑制，海洋中的浮游生物减少，进而影响水生生物的生存，并对整个生态系统构成威胁。

（3）生物多样性减少

生物多样性是指所有来源的形形色色的生物体，这些来源包括陆地、海洋和其他水生生态系统及其所构成的生态综合体，包括物种内部、物种之间和生态系统的多样性。在漫长的生物进化过程中会产生一些新的物种，而随着生态环境的变化，也会使一些物种消失。近年来，由于人口的急剧增加和人类对资源的不合理开发，加之环境污染等原因，地球上的各种生物及其生态系统受到极大冲击，生物多样性也受到很大损害。

据估计，由于人口增长和经济发展的压力，对生物资源的不合理利用和破坏，世界上每年至少有 5 万种生物物种灭绝，平均每天灭绝的物种达 140 个。中国的生物多样性也遭受非常严重的损失，约 200 个物种灭绝。另外，5000 种植物处于濒危状态，约占中国高等植物总数的 20％；398 种脊椎动物也处在濒危状态，约占中国脊椎动物总数的 7.7％。因此，保护和拯救生物多样性以及这些生物赖以生存的生活条件，是摆在我们面前的重要任务。

（4）酸雨危害

酸雨是指大气降水中酸碱度 （pH 值） 低于 5.6 的雨、雪或其他形式的降水，是大气污染的一种表现。酸雨对人类环境的影响是多方面的。酸雨降落到河流湖泊中，妨碍鱼、虾的生长，导致鱼虾减少或绝迹；酸雨导致土壤酸化，破坏土壤的营养，使土壤贫瘠化；酸雨还危害植物的生长，造成作物减产或危害森林的生长。此外，酸雨还腐蚀建筑材料，酸雨地区的一些古迹，特别是石刻、石雕或铜塑像的损坏超过以往数百年甚至千年以上。

（5）土地退化和荒漠化

全世界 80％的人口生活在以农业和土地为基本谋生资源的国家里，在许多热带、亚热带和干旱地区，土地资源已严重退化。全球退化土地估计有 19.6 亿公顷 （UNEP，1997），其中 38％为轻度退化，46.5％为中度退化，15％为严重退化，0.5％为极严重退化。

人类活动，尤其是农业活动，是造成土地退化的主要原因。在北美，这类活动影响了不少于 52％的退化干旱地区，墨西哥北部以及美国和加拿大的大平原和大草原地区受到的影响最大。农业活动还在不同程度上造成发展中国家不同形式的土地退化。许多农村开发项目的目标都是增加农作物产量和缩短耕地休闲期，导致土壤营养的净流失，大大降低土壤的肥力。化肥、农药的大量施用，则会对一些土地造成严重污染。

对森林的过量砍伐是造成土地退化的另一个原因。毁林导致土地退化情况最严重的地区是亚洲，其次是拉丁美洲和加勒比地区。如果植被全部或部分受损或消失，地球表面的反射率、地表温度和蒸发量都将发生改变。土壤的脆弱度和生态系统的复原力都会随着土地使用强度而发生变化，从而导致土地退化。

在草场、灌木林和牧场过度放牧也会导致土地退化。当前过度放牧面积已达 6.8 亿公顷，占退化干旱土地总面积的 1/3 以上，尤其是在东非和北非，牛的存栏量过大致使土地严重退化。

除与人类活动直接有关的土地退化原因外，降雨量和雨水蒸发量等重要气候因素的变化也是土地退化的主要原因，而这些变化又与农业、城市发展及工业等行业使用土地相伴随。在干旱地区，退化土地总面积中有近一半是水土流失造成的。水土流失使非洲 5000 多万公顷干旱土地严重退化。

（6）海洋污染与渔业资源锐减

海洋是生命之源。由于过度捕捞，海洋的渔业资源正以无法想象的速度减少，许多靠捕捞海产品为生的渔民正面临着生存危机，不仅如此，海产品中的重金属和一些有机污染物可能对人类的健康带来威胁。人类活动使近海区的氮和磷含量增加 50%～200%，过高的营养物质含量导致沿海藻类大量生长，波罗的海、北海、黑海、东中国海（东海）等海域经常出现赤潮，红树林、珊瑚礁、海草等遭到破坏，鱼虾产量锐减，渔业损失惨重。

（7）人口爆炸，城市无序扩大

人口、资源、环境是困扰当今社会最严峻的问题，而人口问题则是这些问题中最关键的因素。人口的大量增加以及城市的无序扩大，使城市生活条件恶化，造成拥挤、水污染、卫生条件差、无安全感等一系列问题。

几千年来，人类文明的发展基本上是以消耗大量环境资源为代价换来的。这一过程使生态环境不断恶化，并累积和形成许多重大的生态环境问题。我国是一个历史悠久、人口众多的国家，生态环境的恶化尤为显著，生态问题更为突出。

13.3.2　中国生态问题

目前，我国生态环境状况总体在恶化，局部在改善，治理能力远远赶不上破坏速度，生态赤字逐渐扩大。生态环境状况不容乐观，主要表现在大气污染严重，水体污染明显加重、水资源短缺形势严峻，废渣存放量过大、垃圾包围城市，水土流失严重，环境污染向农村蔓延，沙漠化迅速发展，草原退化加剧，森林资源锐减，生物物种加速灭绝以及生态指标恶化等方面。

（1）大气污染严重，大气质量恶化

根据环境保护部《2013 年环境统计年报》，2013 年全国工业废气排放量 669361 亿立方米（标态），比上年增加 5.3%；SO_2 排放量 2043.9 万吨，NO_x 排放量 2227.4 万吨；烟（粉）尘排放量 1278.1 万吨。

根据《2014 年中国环境状况公报》，2014 年，开展空气质量新标准监测的地级及以上城市 161 个，其中，舟山、福州、深圳、珠海、惠州、海口、昆明、拉萨、泉州、湛江、汕尾、云浮、北海、三亚、曲靖和玉溪共 16 个城市空气质量达标，占 9.9%；145 个城市空气质量超标，占 90.1%。从各指标来看，SO_2 年均浓度范围为 $6\sim82\mu g/m^3$，达标城市比例为 89.2%；NO_2 年均浓度范围为 $16\sim61\mu g/m^3$，达标城市比例为 48.6%；PM_{10} 年均浓度范围为 $42\sim233\mu g/m^3$，达标城市比例为 21.6%；$PM_{2.5}$ 年均浓度范围为 $23\sim130\mu g/m^3$，达标城市比例为 12.2%；O_3 日最大 8 小时平均值第 90 百分位数浓度范围为 $69\sim200\mu g/m^3$，达标城市比例为 67.6%；CO 日均值第 95 百分位数浓度范围为 $0.9\sim5.4mg/m^3$，达标城市比例为 95.9%。空气中的主要污染物以 $PM_{2.5}$ 为主。

被称为"空中死神"的酸雨污染也较为严重。2014 年，470 个监测降水的城市（区、县）中，酸雨频率均值为 17.4%。出现酸雨的城市比例为 44.3%，酸雨频率在 25% 以上的城市比例为 26.6%，酸雨频率在 75% 以上的城市比例为 9.1%。降水 pH 年均值低于 5.6（酸雨）、低于 5.0（较重酸雨）和低于 4.5（重酸雨）的城市比例分别为 29.8%、14.9% 和 1.9%。酸雨污染主要分布在长江以南—青藏高原以东地区，主要包括浙江、江西、福建、湖南、重庆的大部分地区，以及长三角、珠三角地区。

（2）水体污染明显加重，水资源短缺形势严峻

20 世纪以来，世界用水量大幅度增加。根据环境保护部《2013 年环境统计年报》，2013 年我国废水排放量为 695.4 亿吨，其中工业废水排放量为 209.8 亿吨，城镇生活污水排放量 485.1 亿吨，集中式污染治理设施废水（不含城镇污水处理厂）排放量 0.5 亿吨。由于我国废水处理率低，大部分废水未经处理直接或间接排入水体，水体污染问题十分突出。根据《2014 年中国环境状况公报》，2014 年长江、黄河、珠江、松花江、淮河、海河、辽河七大流域和浙闽片河流、西北诸河、西南诸河的国控断面中，Ⅰ类水质断面占 2.8%，同比上升 1.0 个百分点；Ⅱ类占 36.9%，同比下降 0.8 个百分点；Ⅲ类占 31.5%，同比下降 0.7 个百分点；Ⅳ类占 15.0%，同比上升 0.5 个百分点；Ⅴ类占 4.8%，劣Ⅴ类占 9.0%，同比均持平。主要污染指标为化学需氧量、五日生化需氧量和总磷。长江、黄河、珠江干流水质尚好，淮河、松花江、辽河等水系污染物不断加重。河流的城市段污染明显，小河重于大河，北方重于南方。

我国沿岸海域也存在着不同程度的污染。全海海域方面，2014 年春季、夏季和秋季，劣Ⅳ类海水水质标准的海域面积分别为 $52280km^2$、$41140km^2$ 和 $57360km^2$，主要分布在辽东湾、渤海湾、莱州湾、长江口、杭州湾、浙江沿岸、珠江口等近岸海域。春季、夏季和秋季，呈富营养化状态的海域面积分别为 $85710\ km^2$、$64400\ km^2$ 和 $104130\ km^2$。夏季，重度、中度和轻度富营养化海域面积分别为 $12800\ km^2$、$15840\ km^2$ 和 $35760\ km^2$。重度富营养化海域主要集中在辽东湾、长江口、杭州湾、珠江口等近岸区域。全国近岸海域国控监测点中，Ⅰ类海水占 28.6%，同比上升 4.0 个百分点；Ⅱ类占 38.2%，同比下降 3.6 个百分点；Ⅲ类占 7.0%，同比下降 1.0 个百分点；Ⅳ类占 7.6%，同比上升 0.6 个百分点；劣Ⅳ类占 18.6%，同比持平。主要污染指标为无机氮和活性磷酸盐，点位超标率分别为 31.2% 和 14.6%。

此外，我国水资源短缺严重，人均水资源量处在中度缺水标准水平。按照国际公认标准，人均水资源低于 $3000m^3$ 为轻度缺水，低于 $2000m^3$ 为中度缺水，$1000m^3$ 以下为重度缺水。根据国家统计局的数据，$2004\sim2013$ 年，我国人均水资源量一直徘徊在 $2000m^3$ 左右。截至 2013 年，我国人均水资源量为 $2052m^3$，处在中度缺水标准水平线上。

同时，我国水资源时空分布不均。总体来看，时间上，夏秋多、冬春少；空间上，南方多、北方少。水资源丰富的省份主要集中在西藏、四川、江西、湖南、广东、广西等南方地区，而在北方地区，尤其在宁夏、甘肃、陕西等西北地区，以及河南、山东、山西、河北等中部地区，水资源量极为匮乏。

（3）固体废弃物不断上升，城市噪声污染严重

我国工业固体废弃物和城市垃圾日益增加，2014 年，全国工业固体废物产生量为 325620 万吨，综合利用量（含利用往年贮存量）为 204330 万吨，综合利用率为 62.13%。全国设市城市生活垃圾清运量为 1.79 亿吨；城市生活垃圾无害化处理量为 1.62 亿吨，无害化处理率达 90.3%。无害化处理能力为 52.9 万吨/天，同比增加 3.7 万吨/天，无害化处理率上升 1 个百分点。其中，卫生填埋处理量为 1.05 亿吨，占 65%；焚烧处理量为 0.53 亿吨，占 33%；其他处理方式占 2%。全国生活垃圾焚烧处理设施无害化处理能力为 18.5 万吨/天，占总处理能力的 35.0%，同比上升 2.8 个百分点。

我国城市的环境噪声多数处于高声级，声环境超标现象严重。2014 年，327 个进行昼间监测的城市中，区域声环境质量为一级的城市占 1.8%，同比下降 1.0 个百分点；二级的城市占 71.6%，同比下降 2.5 个百分点；三级的城市占 26.3%，同比上升 3.5 个百分点；四级的城市占 0.3%，同比上升 0.3 个百分点；五级的城市，同比下降 0.3 个百分点。与上年相比，城市区域声环境质量总体有所下降。325 个进行昼间监测的城市中，道路交通声环境质量为一级的城市占 68.9%，同比下降 5.5 个百分点；二级的城市占 28.1%，同比上升 4.7 个百分点；三级的城市占 1.8%，同比上升 1.2 个百分点；四级的城市占 0.9%，同比下降 0.1 个百分点；五级的城市占 0.3%，同比下降 0.3 个百分点。与上年相比，城市道路交通声环境质量总体有所下降。296 个开展监测的城市中，昼间监测点次达标率平均为 91.3%，同比上升 0.2 个百分点；夜间监测点次达标率平均为 71.8%，同比上升 0.1 个百分点。各类功能区声环境质量昼间达标率均高于夜间，4a 类功能区（道路交通两侧区域）全国城市夜间监测点次达标率为 49.4%，4b 类功能区（铁路干线两侧区域）全国城市夜间监测点次达标率为 35.3%。

（4）沙漠化迅速发展

中国是世界上沙漠化受害最深的国家之一。20 世纪 80 年代，荒漠化土地以年均增长 2100km² 的速度扩展，快于从 50 年代末到 70 年代中的发展速度（1560km²/年）。1987 年我国已荒漠化的土地达 20.12 万平方千米，潜在沙漠化土地面积 13.28 万平方千米。截至 2009 年底，全国荒漠化土地总面积 262.37 万平方千米，占国土总面积的 27.33%，分布于北京、天津、河北、山西、内蒙古、辽宁、吉林、山东、河南、海南、四川、云南、西藏、陕西、甘肃、青海、宁夏、新疆 18 个省（自治区、直辖市）的 508 个县（旗、区）；全国沙化土地面积为 173.11 万平方千米，占国土总面积的 18.03%，分布在除上海、台湾及香港和澳门特别行政区外的 30 个省（自治区、直辖市）的 902 个县（旗、区）；具有明显沙化趋势的土地面积为 31.10 万平方千米，占国土总面积的 3.24%，主要分布在内蒙古、新疆、青海、甘肃 4 省（自治区）。与 2004 年相比，全国荒漠化土地面积减少 12454 平方千米，年均减少 2491 平方千米；沙化土地面积净减少 8587 平方千米，年均减少 1717 平方千米；具有明显沙化趋势的土地面积减少 7608 平方千米，年均减少 1522 平方千米。

监测结果显示，我国土地荒漠化、沙化呈整体得到初步遏制，荒漠化、沙化土地持续减少，局部仍在扩展的局面。受过度放牧、滥开垦、水资源的不合理利用以及降水量偏少等综合因素的共同影响，川西北高原、塔里木河下游等区域沙化土地处于扩展状态，但扩展的速度已趋缓。

尽管如此，我国土地荒漠化、沙化的严峻形势尚未根本改变，土地沙化仍然是当前最为严重的生态问题。北方荒漠化地区植被总体上仍处于初步恢复阶段，自我调节能力仍较弱，稳定性仍较差，难以在短期内形成稳定的生态系统。人为活动对荒漠植被的负面影响远未消除，超载放牧、盲目开垦、滥采滥挖和不合理利用水资源等破坏植被行为依然存在。气候变化导致极端气象灾害（如持续干旱等）频繁发生，对植被建设和恢复影响甚大，土地荒漠化、沙化的危险仍然存在。

（5）水土流失严重

水土流失是我国生态环境最突出的问题之一。1949年后的几年间，全国水土流失面积为116万平方千米。1992年卫星遥感测算，中国水土流失面积为179.4万平方千米，占全国国土面积的18.7％。20世纪90年代末，我国水土流失面积356万平方千米。2012年全国水土流失面积294.91万平方千米，占普查范围总面积的31.12％。我国水土流失的重点地区集中在大兴安岭—太行山—雪峰山一线以西，青藏高原及蒙新干旱区以东的地区，同时也是我国生态环境脆弱带（气候干湿交替型）所在区域。从全国范围看，水土流失特别严重的地区从北到南主要有：西辽河上游、黄土高原地区、嘉陵江中上游、金沙江下游、横断山脉地区以及南方部分山地丘陵区。我国水土流失强度以西北省份最为严重，主要有陕西、甘肃、山西、内蒙古等。

近年来，我国水土流失治理和控制取得了一定的成就，但是，我国水土流失仍呈现分布范围广、面积大的特点，且侵蚀形式多样、类型复杂，水力侵蚀、风力侵蚀、冻融侵蚀及滑坡泥石流等重力侵蚀特点各异，相互交错，成因复杂，难于控制，水土保持仍面临较大压力。

（6）森林资源锐减

中国历史上曾是森林资源丰富的国家，但经历代的砍伐破坏，许多主要林区森林面积大幅度减少。据第八次全国森林清查（2009～2013年），全国森林面积2.08亿公顷，森林覆盖率21.63％；活立木总蓄积164.33亿立方米，森林蓄积151.37亿立方米；天然林面积1.22亿公顷，蓄积122.96亿立方米；人工林面积0.69亿公顷，蓄积24.83亿立方米。

清查结果表明，我国森林资源呈现出数量持续增加、质量稳步提升、效能不断增强的良好态势。第七次和第八次清查间隔期内，森林资源变化有以下主要特点：①森林总量持续增长；②森林质量不断提高；③天然林稳步增长；④人工林快速发展；⑤森林采伐中人工林比重继续上升。

然而，我国仍然是一个缺林少绿、生态脆弱的国家，森林覆盖率远低于全球31％的平均水平，人均森林面积仅为世界人均水平的1/4，人均森林蓄积只有世界人均水平的1/7，森林资源总量相对不足、质量不高、分布不均的状况仍未得到根本改变，林业发展还面临着巨大的压力和挑战。

（7）草原退化加剧

长期以来，对草原掠夺性的粗放经营，破坏草地生态平衡，使我国草地生态系统严重恶化。20 世纪 70 年代，草场面积退化率为 15％，80 年代中期已达 30％以上，2007 年退化率已达到 57％。截至 2014 年，90％的天然草原出现不同程度的退化，北方草原的平均超载率达 36％。根据《2014 年全国草原监测报告》，全国天然草原鲜草总产量 102220 万吨，较上年减少 3.18％。

近年来，草原大政策给牧区带来革命性的变化，但目前我国草原生态还没有恢复，草原总体生态环境仍然十分脆弱。主要表现在：①草原生态系统的特点决定草原生态恢复的长期性。我国草原多分布在干旱地区，这些地区年降水总量少，而且年际间、季节间波动大。同时，与森林相比，草原生态系统动植物种类更少，群落结构也更简单，因此草原生态系统的种群和群落结构容易发生非常剧烈的变化。草原生态系统的这些特点决定了退化草原生态的恢复注定是一个长期的过程。②草原退化形势决定我国草原生态保护建设任务的艰巨性。过去几十年的过度利用和气候变化等因素，造成我国草原出现大面积的退化、沙化、盐渍化，其退化范围之广和退化程度之大都是难以想象的。在这种形势下进行草原保护建设，必须要付出非常艰辛的努力。③草原生态生产上的多功能性决定了草原生态恢复的复杂性。长期以来，人们过于强调草原的生产功能，忽视草原的生态功能，由此造成人、畜、草关系持续失衡，这是导致草原生态难以走出恶性循环的根本原因。近年来，草原保护投入的增幅很大，但由于草原面积广阔，单位面积投入远低于耕地、林地，加之牧区经济和畜牧业基础设施落后，在这种条件下，在所有草原地区转变发展思路，开展草原生态恢复还是相当复杂的。

（8）生物物种加速灭绝

我国的生物资源相当丰富，野生及人工培植的动植物种类很多，拥有高等植物近 3 万种，陆栖脊椎动物超过 2300 种。然而，由于森林砍伐、草原退化、环境污染、自然灾害、过度捕猎等，大量野生动植物的生境受到极大破坏，很多物种已经灭绝或濒临灭绝。属于我国特有的物种和国家重点保护的珍贵、濒危野生动物达 312 种，列为国家濒危植物名录的第一批植物已达 354 种，生物多样性逐渐减少。

生物多样性是生态系统稳定性的重要标志。它们与其物理环境之间相互作用所形成的生态系统，调节着地球上的能量流动，保证了物质循环，从而影响着大气构成，决定着土壤性质，控制着水文状况，构成了人类生存和发展所依赖的生命支持系统。物种的灭绝和遗传多样性的丧失，将使生物多样性不断减少，逐渐瓦解人类生存的基础。

（9）环境污染向农村蔓延

1978 年以前，农村环境污染主要是化肥、农药等；1978 年以后，乡镇企业成为农村主要污染源。乡镇企业的发展使农村经济发生了巨大变化，也带来众多环境问题。乡镇工业与农业环境连接紧密，排放的污染物直接威胁农田和作物，给农村带来生态环境更大范围的污染，对农业资源、矿产资源造成更为严重的浪费。除环境污染外，乡镇企业对资源的破坏和浪费也十分惊人，如不加以控制和引导，后果更为严重。

（10）自然灾害与环境事故频繁

我国大部分地区受季风影响，灾害频繁，损失巨大。自公元前 206～1949 年的 2155 年内，我国发生过较大旱灾 1056 次，较大洪涝灾害 1092 次。几乎每 2 年就发生一次旱、涝灾害。1949 年以后，灾害发生次数增多，频率加快，危害加重。研究表明，地球上每年的旱、涝灾害，对生态环境构成了巨大威胁，其经济损失占各类自然灾害总损失的 55％以上。旱、涝灾害造成的经济损失，在我国自然灾害中也居首位。

人类活动造成的生态破坏和环境污染已引起巨额外部经济损失，直接影响到经济指标和经济趋势。世界银行在 2007 年发布的《中国环境污染损失》报告称，每年中国因污染导致的经济损失达 1000 亿美元，占中国国内生产总值的 5.8％。2011 年，原国家环保总局副局长指出，环境损失占中国国内生产总值的比重可能达到 5％～6％，大致相当于 2.6 万亿元人民币，相当于中国外汇储备的 1/8。

13.3.3　生态问题与可持续发展

与所有的工业化国家一样，我国的环境污染问题也是与工业化相伴而生的。20 世纪 50 年代前，我国的工业化刚刚起步，工业基础薄弱，环境污染问题尚不突出，但生态恶化问题经历数千年的累积，已经积重难返。20 世纪 50 年代后，随着工业化的大规模展开，重工业的迅猛发展，环境污染问题初见端倪，但污染范围仍局限于城市地区，危害程度也较小。20 世纪 80 年代，随着改革开放和经济的高速发展，我国的环境污染渐呈加剧之势，特别是乡镇企业的异军突起，环境污染向农村急剧蔓延，生态破坏的范围也在扩大。时至如今，环境问题与人口问题一样，成为我国经济和社会发展的两大难题。

① 由于我国工业基础薄弱，不少工厂设备陈旧，生产技术工艺落后，技术改造和设备更新赶不上生产发展需要，对自然资源的开发强度不断加大。此外，目前我国主要为粗放型的经济增长方式，技术水平和管理水平比较落后，再加上管理混乱，跑、冒、滴、漏现象严重，资源利用率低，废物排放量大，造成对生态环境的污染。

② 我国自然生态环境脆弱，生态环境恶化的趋势还没有遏制住。水土流失日趋严重，荒漠化土地面积不断扩大，天然植被遭到破坏，毁林开垦、陡坡种植、围湖造田等加重了自然灾害造成的损失。草地退化、沙化和碱化（以下简称"三化"）现象严重，生物多样性受到严重破坏。日益恶化的生态环境，给我国经济和社会带来极大危害，严重影响可持续发展。

③ 我国是自然灾害频繁而又严重的国家，一些地区遭受干旱、洪涝、滑坡、泥石流、台风等灾害的袭击，地震灾害也时有发生，给人民生命财产造成严重损失。1991 年夏季仅江淮流域的特大洪涝灾害，就造成直接经济损失 800 亿元；1998 年长江、嫩江、松花江特大洪水，直接经济损失达 1660 亿元；2008 年汶川地震造成的直接经济损失达 8451 亿元。

为有效地解决这一问题，必须走可持续发展道路，这是人类在漫长的社会发展中，不断探索得出的正确的结论，是当今国际社会的共识，是建立在人类对自身的发展与其居住行星关系深刻的认识基础之上的。可持续发展已成为人类社会发展必然选择，是人类社会发展的必由之路。

可持续发展是 20 世纪 80 年代提出的一个新概念。1987 年世界环境与发展委员会在《我们共同的未来》报告中第一次阐述了可持续发展的概念，得到了国际社会的广泛共识。环境保护是可持续发展的重要方面。可持续发展的核心是发展，但要求在严格控制人口、提高人口素质和保护环境、资源永续利用的前提下进行经济和社会的发展。

走可持续发展的道路，促进人与自然的和谐，是人类总结历史得出的深刻结论和正确选择。在人类生态环境日益恶化、资源日益短缺的今天，可持续发展问题日益得到各方重视。党的十六大把"实施可持续发展战略，实现经济发展和人口、资源、环境相协调"写入党领导人民建设中国特色社会主义必须坚持的基本经验之中。2003 年 3 月 7 日胡锦涛总书记在中央人口资源环境工作座谈会上指出，实现全面建设小康社会的宏伟目标，必须使可持续发展能力不断增强，生态环境得到改善，资源利用效率显著提高，促进人与自然的和谐，推动整个社会走上生产发展、生活富裕、生态良好的文明发展道路。同时，胡锦涛总书记对我国开展循环经济工作非常重视，他在会上强调，要加快转变经济增长方式，将循环经济的发展理念贯穿到区域经济发展、城乡建设和产品生产中，使资源得到最有效的利用。党的十八大报告中提出，大力推进生态文明建设，坚持节约资源和保护环境的基本国策，坚持节约优先、保护优先、自然恢复为主的方针，着力推进绿色发展、循环发展、低碳发展，形成节约资源和保护环境的空间格局、产业结构、生产方式、生活方式，从源头上扭转生态环境恶化趋势，为人民创造良好生产生活环境，为全球生态安全作出贡献。

13.3.4 生态学的环境保护实践

随着经济全球化的进程加快，全球生态环境保护进入一个新的历史时期，生态环境保护问题成为全球共同关注的热点问题，在国际政治经济生活中的重要性日益加重。生态环境保护关系全人类的共同利益，需要国际社会的共同努力。因此，需要运用经济、行政和法律手段并以国际法的形式约束国际社会成员，采取共同行动，协调处理生态环境保护问题，以实现全球社会经济的可持续发展。

（1）生态环保模范城——泉州

2007 年 2 月初，泉州被正式授予"国家环保模范城市"称号。泉州市相继建成荷花池绿地、北环城河公园、石笋公园、江滨体育公园、鲤城江滨公园等各具特色的公园、广场绿地，城市公园及广场迅速增至 50 多个，新增城市公共绿地近 500hm^2，泉州市的森林覆盖率高达 58.7%，中心市区绿化覆盖率提高至 39.46%，并建成 50 多个各类自然保护区，让泉州藏在绿色中。其中，内沟河的改善与治理更是值得借鉴。长达 28.79km 的内沟河已实现日常保洁、定期清淤、岸渠功能修复，整日绿荫围绕，不再是水质恶臭、蚊蝇滋扰的情况，水质也达到并持续保持功能水质标准。

全市共投入 3 亿多元资金，对 385 个水污染源项目进行治理。重点开展沿江工业污染源达标管理，重点监控污染企业按期新建或改造污染治理设施，还清污染旧账。出台的晋江、洛阳江流域水环境保护与污染控制计划，使工业、生活、农业、畜禽养殖业等流域污染源得到深入整治。

与此同时，泉州市对生态经济产业也普遍打出节能牌。传统产业给泉州的经济发展带来诸多光环。然而，多年来支撑泉州经济高位增长的传统产业，总体竞争力不强。于是，泉州提出了发展"5+1"新兴产业，使泉州市的万元生产总值能耗和万元产值用电量呈现下降趋势，单位生产总值能耗也持续低于全省平均水平。随后，严格控制高耗能、高污染行业过快增长，加快淘汰落后生产能力，推进能源结构调整，加快服务业和高新技术产业发展等一系列措施频频出台，十大重点节能工程、垃圾资源化利用项目等一批重点节能减排项目也付诸实施，使泉州市的经济发展与生态保护协调发展。

（2）丹江口库区生态环境保护实践

丹江口水库是一个开放的湖泊型水库，控制流域面积 9.5×10^4 km^2，于 1973 年建成初期规模，坝顶高程 162m，正常蓄水位 157m，相应库容 1.745×10^{10} m^3，后期大坝加高至

176.6m，正常蓄水位170m，总库容 $2.905 \times 10^{10} m^3$。作为全国最大的饮用水源保护区，南水北调中线工程的水源地，丹江口水库的水质要求极高。

丹江口周边地区以矮山丘陵地为主，植被多为中幼、中龄林和低效林，植被覆盖率低，自然调节能力低下，生态环境较为脆弱。库区水土流失严重，水土流失面积 39515.4km²，占土地总面积的45%，年土壤侵蚀量 1.69 亿吨，侵蚀模数达 3572t/（km²·a）。库区面污染源年发生量为化学需氧量 2.2 万吨、氨氮 0.4 万吨，面源污染对水库水质造成严重的影响。丹江口库区大部分属贫困山区，流域人口 1259 万人，农业人口占82%，贫困人口达 296 万人，40 个县中有 26 个为国家级贫困县，区域经济社会发展与水源区生态环境保护矛盾突出。

针对上述情况对丹江口水库开展了生态环境综合整治技术示范研究。研究过程中构建的示范区包括：面积 190hm² 的五龙池清洁小流域综合示范区，面积 200hm² 的丹江口水源涵养林定向恢复示范区，面积 20hm² 的石鼓退化生态系统恢复示范区，面积 10hm² 的郧西城关镇黄姜生态种植示范区。成果包括研发了库区高效水源涵养林定向恢复、库周退化生态系统恢复、库区面源污染生态控制、黄姜规模化生态种植等关键技术；构建了"疏、幼、残"林的恢复与重建、侵蚀沟植被恢复与重建、小流域面源防治与生态农业一体化综合发展等生态模式；探索出了库区生态系统综合整治模式及相应技术体系，示范工程有效配置了适用技术和模式，使示范区森林覆盖率提高15%以上，土壤侵蚀模数减少50%以上，总氮输出得到明显削减，溪流水质提高一个级别，农业生产结构由传统作物种植调整为烟叶规模化生态种植。通过上述研究使得丹江口水库的生态问题得到改善，但库区农民的参与度不高，环保意识有待加强，生态环境保护任重道远。

 习题与思考题

1. 简述生态学的概念以及生态学的研究内容和研究方法。
2. 什么是生态系统？举例说明生态系统的物质循环有哪几种类型。
3. 我国存在的生态问题有哪些？请举例说明。
4. 生态系统中物质循环与能量流动有何特点？
5. 简述生态系统的稳定性。
6. 什么是可持续发展？走可持续发展道路的意义是什么？
7. 查阅并讨论生态学的环境保护实践案例。

◆**参考文献**◆

[1] 卢升高．环境生态学[M]．杭州：浙江大学出版社，2010.
[2] 胡荣桂．环境生态学[M]．武汉：华中科技大学出版社，2010.
[3] 尚玉昌．普通生态学[M]．北京：北京大学出版社，2010.
[4] 周东兴．生态学研究方法及应用[M]．哈尔滨：黑龙江人民出版社，2009.
[5] 柳新伟，周厚诚，李萍等．生态系统稳定性定义剖析[J]．生态学报，2004，11(24)：2636-2637.
[6] 杨持．生态学[M]．北京：高等教育出版社，2008.
[7] 尹炜，史志华，雷阿林．丹江口库区生态环境保护的实践与思考[J]．人民长江，2011，42(2)：60-63.

第 14 章 | 生物多样性

本章要点

1. 生物多样性的含义、演化和价值；
2. 我国生物多样性的特点、现状和受损原因；
3. 生物多样性保护的战略目标和主要措施。

14.1 生物多样性

14.1.1 生物多样性的概念及其含义

20 世纪下半叶，生命科学各领域取得了巨大进展，特别是分子生物学的突破性成就，使生命科学在自然科学中的地位发生革命性的变化，很多科学家认为在未来的自然科学中，生物科学将成为带头学科，甚至预言 21 世纪是生物学的世纪。在生物科学诸多的分支中，保护生物多样性是生物科学最紧迫的任务之一，也是全球生物学界共同关心的焦点问题之一。现在，每天约有 100 多种生物在地球上灭绝，很多生物在没有被人类认识前就消亡了，这对人类无疑是一种悲哀和灾难。

第二次世界大战以后，国际社会在发展经济的同时更加关注生物资源的保护问题，在拯救珍稀濒危物种、防止自然资源的过度利用等方面开展了很多工作。1948 年联合国和法国政府创建世界自然保护联盟（IUCN），1961 年世界野生生物基金会建立，1971 年联合国教科文组织提出了著名的"人与生物圈计划"。1980 年，由 IUCN 等国际自然保护组织编制完成的《世界自然保护大纲》正式颁布，该大纲对促进各国加强生物资源的保护工作起到极大的推动作用。

20 世纪 80 年代以后，人们在开展自然保护的实践中逐渐认识到，自然界中各个物种之间、生物与周围环境之间都存在着密切联系。要拯救珍稀濒危物种，不仅要对所涉及的物种的野生种群进行重点保护，而且要保护好它们的栖息地，即需要对物种所在的整个生态系统进行保护。

1992 年，联合国环境与发展大会在巴西的里约热内卢举行，大会上通过的《生物多样性公约》标志着全球性自然保护工作进入一个新阶段，即从以往对珍稀濒危物种的保护转入对生物多样性的保护。2010 年是联合国大会确定的国际生物多样性年。为了更好地建立国际交流与专家间的合作，联合国还建立了生物多样性和生态系统服务政府间科学政策平台（IPBES）。

　　生物多样性是生物及其与环境形成的生态复合体以及与此相关的各种生态过程的总和，由遗传（基因）多样性，物种多样性和生态系统多样性3个层次组成。遗传（基因）多样性指生物体内决定性状的遗传因子及其组合的多样性。物种多样性是生物多样性在物种上的表现形式，也是生物多样性的关键，它既体现生物之间及环境之间的复杂关系，又体现生物资源的丰富性。地球上已知生物约有200多万种，这些形形色色的生物物种就构成了生物物种的多样性。生态系统多样性指生物圈内生境、生物群落和生态过程的多样性。

14.1.2　生物多样性的演化

　　地球上迄今发现的最古老的岩石，年龄为38亿年，地球与太阳系的形成大约在46亿年前。

　　（1）前寒武纪

　　大约在35亿年前，地球上出现原核生物。最早的原核生物可能是异养生物。距今31亿～34亿年前，蓝藻类（蓝细菌）开始形成。蓝藻是能够进行光合作用的原核生物。大约在20亿年前，光合作用所释放的氧气使大气层开始含有氧气，这可能导致许多厌氧生物的灭亡，但甲烷细菌以及它们的近缘种类仍然在无氧的环境中存留至今。由蓝藻和其他原核生物占优势的时代大约历时20亿年。

　　最早的真核生物的出现大约在距今14亿～15亿年前。真核生物的起源是生物演化史上的一个重大事件，因为伴随着真核生物的形成，染色体、减数分裂和有性繁殖开始出现。在前寒武纪（8亿～6.7亿年前），真核生物中的真菌、原生动物以及藻类中的几个门便形成了，动物与植物开始出现分化。到前寒武纪结束时，腔肠动物、环节动物或节肢动物等几个动物的门开始形成。

　　（2）古生代

　　寒武纪（5.7亿～5.05亿年前）：在距今5亿9000万年前，类型丰富多样的无脊椎动物的出现标志着寒武纪的开始。这个时期，以三叶虫为代表的节肢动物门以及腕足动物门、软体动物门、多孔动物门、棘皮动物门的许多纲开始形成。在距今5.1亿年前的海相沉积中，发现了最早的脊椎动物的遗迹——甲胄鱼外甲的碎片。在寒武纪，所有动物的门都已经形成。

　　奥陶纪（5.05亿～4.38亿年前）：许多动物的门适应辐射，形成大量的纲和目。例如，棘皮动物形成21个纲，腔肠动物门中珊瑚纲也开始出现。奥陶纪时期，无颌、无鳍的甲胄鱼大量出现并留下了完整的化石。

　　志留纪（距今4.38亿～4.08亿年前）：生物多样性增加，无颌类出现多样化。同时，有颌类中的盾皮鱼开始出现。维管植物（蕨类）和节肢动物（蝎子、多足类）开始侵入陆地。

　　泥盆纪（距今4.08亿～3.60亿年前）：珊瑚和三叶虫发生大规模的适应辐射；头足类出现。无颌类和盾皮鱼达到多样性的高峰。泥盆纪被称为"鱼类的时代"，软骨鱼类和硬骨鱼类陆续起源并随后发生了适应辐射。与此同时，两栖类、苔藓、维管植物（蕨类、裸子植物）和昆虫起源于这个时期。

石炭纪（距今 3.60 亿～2.86 亿年前）：陆生孢子植物（蕨类）繁盛并形成大面积的森林，两栖动物的种类多样化，并出现最早的爬行类。昆虫发生适应辐射，一些原始的目（直翅目、蜚蠊目、蜉蝣目、同翅目等大量出现。

（3）中生代

二叠纪（距今 2.86 亿～2.48 亿年前）：爬行动物出现并适应辐射，兽孔类成为占优势的类群；昆虫的各个类群多样化，形成蜻蜓目、半翅目、脉翅目、鞘翅目、双翅目等类群。菊石大量增殖。

三叠纪（距今 2.48 亿～2.13 亿年前）：菊石第二次大规模增殖，海洋无脊椎动物的一些类群（如双壳类）的多样性增加。裸子植物开始占优势。爬行类出现适应辐射，形成龟类、鱼龙、蛇颈龙和初龙类（进一步形成植龙、鳄类和恐龙）。早期哺乳动物出现。大陆开始漂移。

侏罗纪（距今 2.13 亿～1.44 亿年前）：恐龙多样化，翼龙、雷龙、梁龙、剑龙、三角龙等种类出现。原始鸟类（始祖鸟等）出现。古代哺乳动物、裸子植物占优势。大陆继续漂移。

白垩纪（距今 0.65 亿～1.44 亿年前）：大多数大陆分隔开来，恐龙继续适应辐射并在本期结束时灭绝。最早的蛇类出现并发生适应辐射。具有现代鸟类特征的黄昏鸟出现。被子植物和哺乳类开始多样化，有袋类与有胎盘类哺乳动物开始分化。

（4）新生代

第三纪（距今 6500 万～200 万年前）：被子植物大规模的多样化，并成为森林中占优势的组成成分。昆虫适应辐射，并形成大多数的现代科。脊椎动物的许多现代科已经形成。

第四纪（距今 200 万年前到现在）：冰川反复出现，大型哺乳动物（如剑齿虎、猛犸象、大型的美洲野牛等）绝灭，人类出现。

14.1.3　生物多样性的价值

生物多样性是地球生命的基础。它重要的社会经济伦理和文化价值无时无刻不在宗教、艺术、文学、兴趣爱好以及社会各界对生物多样性保护的理解与支持等方面反映出来。此外，它在维持气候、保护水源、土壤和维护正常的生态学过程对人类做出的贡献更加巨大。对于人类来说，生物多样性具有直接使用价值、间接价值和潜在价值。

① 直接价值：为人类提供食物、纤维、建筑和家具材料及其他生活、生产原料。

② 间接价值：具有重要的生态功能。在生态系统中，野生生物之间具有相互依存和相互制约的关系，它们共同维系着生态系统的结构和功能，为人类生存提供基本条件，保护人类免受自然灾害和疾病之苦。野生生物一旦减少，生态系统的稳定性就会遭到破坏，人类的生存环境也会受到影响。

③ 潜在价值：人类对野生生物做过比较充分研究的只是极少数，大量野生生物的使用价值目前还不清楚。一种野生生物一旦从地球上消失就无法再生，它的潜在使用价值也就不复存在。

生物多样性的价值是巨大的，是人类赖以生存的基础。它提供着人类基本所需的食品、药物和工业原料。生物多样性对于人类社会的重要作用主要包括以下几方面。

①食用价值：生物多样性为人类提供食物的来源，作为人类基本食物的农作物、家禽和家畜等均源自生物。

②药用价值：生物多样性为人类提供药物资源。发展中国家80%的人口食用传统医药，这些医药多是动植物，如中药用到5100多个物种的动植物，世界上现有药品配方的一半来自野生生物。

③生态价值：维系自然界能量流动、物质循环、改良土壤、涵养水源。

④调节气候：生物多样性是维持生态系统平衡的必要条件，某些物种的消亡可能引起整个系统的失衡，甚至崩溃。

⑤工业价值：人类利用生物多样性提供各种工业原料，如木材、纤维、橡胶、造纸原料、淀粉、油、树脂、染料、醋、蜡、杀虫剂和其他许多化合物。

⑥新品种培育价值：野生物种是培育新品种不可缺少的原材料，特别是随着近代遗传工程的兴起和发展，物种的保存有着更深远的意义，如大熊猫数量目前不足2千头，保护它们的遗传基因多样性成了当务之急。

⑦艺术价值：多姿多彩的自然环境与生物给人类带来美的享受，是艺术创造和科学发明的源泉。艺术家们以生物为源头创作出大量的艺术作品

⑧科研价值：物种多样性对科学技术的发展是不可或缺的，仿生学的发展离不开丰富而奇异的生物世界。例如，飞机来自人们对鸟类的模仿，船和潜艇来自人们对鱼类和海豚的模仿，火箭升空利用的是水母、墨鱼的反冲原理。

⑨娱乐和旅游价值：人们采用不同的方式利用生物资源开展娱乐活动和旅游活动，如参观动物园和保护区、野外观鸟、赏花、森林浴等。

14.2　我国的生物多样性现状

我国是世界上生物多样性最为丰富的12个国家之一，拥有森林、灌丛、草甸、草原、荒漠、湿地等地球陆地生态系统，以及黄海、东海、南海、黑潮流域大海洋生态系；拥有高等植物34984种，居世界第三位；脊椎动物6445种，占世界总种数的13.7%；真菌种类10000多种，占世界总种数的14%。

我国生物遗传资源丰富，是水稻、大豆等重要农作物的起源地，也是野生和栽培果树的主要起源中心。据不完全统计，我国有栽培作物1339种，其野生近缘种达1930个，果树种类居世界第一。我国是世界上家养动物品种最丰富的国家之一，有家养动物品种576个。

14.2.1　生物多样性的一般特点

中国是地球上生物多样性最丰富的国家之一。McNeely（1990年）根据一个国家的脊椎动物、昆虫中的凤蝶科和高等植物数目评定出12个这样的"巨大多样性国家"，它们是墨西哥、哥伦比亚、厄瓜多尔、秘鲁、巴西、扎伊尔、马达加斯加、中国、印度、马来西亚、印度尼西亚和澳大利亚。这些国家合在一起占有上述类群中世界物种多样性的70%，这就是按生物多样性中国被排在第8位的由来。不管怎样，中国无疑是北半球国家中生物多样性最为丰富的国家，中国的生物多样性概括起来有下列特点。

（1）物种高度丰富

中国有高等植物 30000 余种，仅次于世界高等植物最丰富的巴西和哥伦比亚，占世界第三位；苔藓植物 2200 种，占世界总种数的 9.7％，隶属 106 科，占世界科数的 70％；蕨类植物 52 科，约 2200～2600 种，分别占世界科数的 80％ 和种数的 22％；裸子植物全世界共 15 科 79 属，约 850 种，中国有 10 科 34 属，约 250 种是世界上裸子植物最多的国家；被子植物约有 328 科 3123 属 30000 多种，分别占世界科、属和种数的 75％、30％ 和 10％。

中国的动物也很丰富，脊椎动物有 6347 种，占世界总种数（45417）的 13.97％。有鸟类 1244 种，占世界总种数的 13.1％；有鱼类 3862 种，占世界总种数（19056 种）的 20.3％。

包括昆虫在内的无脊椎动物、低等植物和真菌、细菌、放线菌，其种类更为繁多，目前尚难做出确切的估计。

（2）特有属、种多

辽阔的国土，古老的地质历史，多样的地貌、气候和土壤条件，形成多样的生境，加之第四纪冰川对我国动植物影响不大，这些都为特有属、种的发展和保存创造了条件，致使目前在中国境内存在大量的古老孑遗的（古特有属种）和新产生的（新特有种）特有种类。前者尤为人们所注意。例如，有活化石之称的大熊猫、白鳍豚、水杉、银杏、银杉和攀枝花苏铁等。高等植物中特有种最多，约 17300 种，占中国高等植物总种数的 57％ 以上。

物种的丰富度虽然是生物多样性的一个重要标志，但特有性反映了一个地区的分类多样性。中国生物区系的特有现象，说明中国生物的独特性。

（3）区系起源古老

由于中国大部分地区在中生代已上升为陆地，第四季冰期又未遭受大陆冰川的影响，所以各地都在不同程度上保留着白垩纪、第三纪的古老残遗成分。例如，松杉类植物出现于晚古生代，在中生代非常繁盛，第三纪开始衰退，第四纪冰期分布区大为缩小，全世界现存 7 个科，中国有 6 个科。被子植物中有很多古老或原始的科属，如木兰科的鹅掌楸、木兰、木莲、含笑、及中国特有科水青树科、伯乐树（钟萼木）科等，都是第三纪残遗植物。

中国陆栖脊椎动物区系的起源也可追溯至第三纪上新纪的三趾马动物区系。该区系后来演化为南方的巨猿动物区系和北方的泥河湾动物区系，前者再进一步发展成为大熊猫—剑齿象动物区系，后者发展成为中国猿人相伴动物区系。晚更新世以后，它们继续发展分化，到全新世初期，其面貌已与现代动物区系相似。秦岭以北的东北、华北和内蒙古以及新疆之青藏高原与辽阔的亚洲北部、欧洲和非洲北部同属于古北界，南部在长江中下游流域以南，与印度半岛和中南半岛一起附近岛屿同属东洋界。

中国现时的动植物区系主要是就地起源，但与热带的动植物区系有较密切的关系。许多热带的科、属分布到中国的南部。不少植物如猪笼草科、龙脑香科、虎皮楠科（交让木科）、马尾树科、四树木科等均为与古热带共有的古老科；动物如双足蜥科和巨蜥科、鸟类中的和平鸟科、燕鸥科、咬鹃科、阔嘴鸟科、鹦鹉科、犀鸟科以及兽类中的狐蝠科和树鼩科、懒猴科、长臂猿科、鼷鹿科和象科等都来源于热带。

中国植物区系中多单型属和少型属，也反映出中国生物区系的古老性特点。这类属大多数是原始或古老类型。中国 3875 个高等植物属中单型属占 38％，特有属中单型属和少型属则占 95％以上；2200 多种陆栖脊椎动物中不少为古老种类，其中著名的种有羚牛、大熊猫、白鳍豚、扬子鳄、大鲵等。

（4）栽培植物，家养动物及其野生亲缘的种质资源异常丰富

中国有 7000 年以上的农业开垦历史，很早就开发利用、培育繁殖自然环境中的遗传资源，因此中国的栽培植物和家养动物的丰富程度是世界上独一无二的。人类生活和生存所依赖的动植物，不仅许多种起源于中国，而且中国还保有大量的野生原型及近缘种。

在动物方面，中国是世界上家养动物品种和类群最丰富的国家，包括特种经济动物和家养昆虫在内，中国共有家养动物品种和类群 1938 个。在中国的家养动物中，还拥有大量的特有种资源，即在长期的人工选择和驯养之后，在产品经济学特征、生态类型和繁殖性状以及体型等方面形成独特的、丰富的变异，成为世界上特有的种质资源。

在植物方面，原产中国及经培育的资源更为繁多。例如，在我国境内的经济树种有1000 种以上，其中干果枣树、板栗、饮料茶、涂料漆树等都是中国特产更是野生和栽培果树的主要起源和分布中心，果树种类居世界第一。中国是水稻的原产地之一，有地方品种50000 个；是大豆的故乡，有地方品种 20000 个。中国还有药用植物 11000 多种，牧草 4215种，原产中国的重要观赏花卉超过 30 属 2238 种。各经济植物的野生近缘种数量繁多，大多尚无精确统计。例如，世界著名栽培牧草在中国几乎都有其野生种或野生近缘种，中药人参有 8 个野生近缘种，贝母的近缘种多达 17 个，乌头有 20 个。

（5）生态系统丰富多彩

就生态系统来说，中国具有地球陆生生态系统各种类型（森林、灌丛、草原和稀树草原、草甸、高山冻原等），且每种包括多种气候型和土壤型。中国的森林有针叶林、针阔混交林和阔叶林。以乔木的优势种、共优势种或特征种为标志的类型主要有 212 类。

中国竹类有 36 类。灌丛的类别更多，主要有 113 类，其中分布于高山和亚高山垂直带，适应于低温、大风、干燥和常年积雪的高寒气候的灌丛，主要有 35 类，暖温带落叶灌丛类型最多，主要有 55 类；其他亚热带常绿和落叶灌丛主要有 20 类。这些均为森林破坏后所形成的次生灌丛；热带肉质刺灌丛在中国分布局限，约有 3 种。

草原分草甸草原、典型草原、荒漠草原和高寒草原，共 55 类。草甸可分为典型草甸（27 类）、盐生草甸（20 类）沼泽化草甸（9 类）和高寒草甸（21 类）。

中国沼泽有草本沼泽（14 类）、木本沼泽（9 类）和泥炭沼泽（1 类）。中国的红树林，系热带海岸沼泽林，主要有 18 类。荒漠分为小乔木荒漠、灌木荒漠、小半灌木荒漠及垫状小半灌木荒漠，共 52 类。

此外，高山冻原，高山垫状植被和高山流石滩植被主要有 17 类。淡水生态系统类型和海洋生态类型系统尚无精确统计。

（6）空间格局反复多样性

中国生物多样性的另一个特点是空间分布格局的反复多样性。从北到南，跨寒温带、温带、暖温带、亚热带和北热带，生物群域包括寒温带针叶林、温带针阔叶混交林、暖温带落叶阔叶林、亚热带常绿阔叶林以及热带雨林。从东到西，在北方随着降雨量的减少针阔叶混交林和落叶阔叶林向西依次更替为草甸草原、典型草原、荒漠草原、草原化荒漠、典型荒漠和极寒荒漠；而南方的东部亚热带常绿阔叶林和西部亚带常绿阔叶林在性质上有明显的不同，发生不少同属不同属的物种代替。在地貌上，中国是一个多山的国家，山地和高原占有广阔的面积，如按海拔高度计算，海拔 500m 以上的国土面积占全国面积的 84% 以上，500m 以下还分布着大面积的低山和丘陵，平原不到 10%。

中国山地还有两个突出特点：①垂直高差大。位于中尼边境的珠穆朗玛峰海拔 8848m，而新疆吐鲁番盆地的艾丁湖，湖面在海平面以下 154m。中国西部分布有不少极高山和高山，中部也有少数高山和中山，因此，地势崎岖，起伏极大。②汇集多种走向。中国山脉有四个主走向，东西走向、南北走向、东北西南走向和西北东南走向，加上其他走向的其他山脉，相互交织形成网络，这样就形成了极其繁杂多样的生境。这为物种提供了各种各样的隐蔽地和避难所，无论自然灾害或人为干扰，总有一些生物种得以隐蔽、躲避而生存下来。这也是中国生物物种高度丰富的重要原因。

此外，加上复杂的地形引起的格局，特别是西部多山地区，短距离内分布着多种生态系统，汇集着大量物种。横断山脉是突出代表，许多山峰海拔超过 5000～6000m，一般也在 4000m 左右，与邻近河谷相对高差达 2000m 以上，形成"高山深谷"。结合太平洋东南季风和印度洋西南季风的影响，成为最明显的物种形成和分化中心，不仅物种丰富度极高，而且特有现象也极为发达。中国高等植物、真菌、昆虫的特有属、种，大多分布在这里，如位于喜马拉雅山和横断山交汇处的南迦巴瓦峰（海拔 7782m），南坡在短距离内就分布着以陀螺状龙脑香、大果龙脑香为主的低山常绿季风雨林（600m 以下），以千果榄仁、阿丁枫为主的低山常绿季风雨林（600～1100m），以瓦山栲、刺栲、西藏栎为主的中山常绿阔叶林（1100～1800m），以薄叶栎、西藏青冈为主的中山半常绿阔叶林（1800～2400m），以喜马拉雅铁杉组成的中山常绿针叶林（2400～2800m），以苍山冷杉及其变种墨脱冷杉组成的亚高山常绿针叶林（2800～4000m），常绿革叶杜鹃灌丛及草甸组成的高山灌丛草甸（4000～4400m），直到以地衣、苔藓以及以少数菊科、十字花科、虎耳草科等科植物组成的高山冰缘带（4400～4800m）。

14.2.2　生物多样性受威胁现状

（1）部分生态系统功能不断退化

我国人工林树种单一，抗病虫害能力差。90% 的草原存在不同程度的退化现象。内陆淡水生态系统受到威胁 B，部分重要湿地退化。海洋及海岸带物种及其栖息地不断丧失，海洋渔业资源减少。

（2）物种濒危程度加剧

据估计，我国野生高等植物濒危比例达 15%～20%，其中，裸子植物、兰科植物等高达 40% 以上。野生动物濒危程度不断加剧，有 233 种脊椎动物面临灭绝，约 44% 的野生动物呈数量下降趋势，非国家重点保护野生动物种群下降趋势明显。

（3）遗传资源不断丧失和流失

一些农作物野生近缘种的生存环境遭受破坏，栖息地丧失，野生稻原有分布点中的 60%～70% 已经消失或萎缩，部分珍贵和特有的农作物、林木、花卉、畜、禽、鱼等种质资源流失严重，一些地方传统和稀有品种资源丧失。

14.3 生物多样性损失及其原因

14.3.1 生物多样性损失

作为人类生存基础的生物多样性受到越来越严重的威胁。世界自然保护联盟发布的《2004年濒危物种红色名录》表明，1/3的两栖类动物、1/2以上的龟类、1/8的鸟类和1/4的哺乳动物正在面临生存威胁。自2000年以来，全球原始面积每年减少约600万公顷。1970～2000年，内陆水域物种数下降约50％，海洋和陆栖物种数下降约30％。总之，面临灭绝危险的物种越来越多，在过去20年中所有鸟类生物群落均出现了退化现象，两栖类和哺乳动物等类群可能比鸟类退化更严重；在高等生物类群中，约有12％～52％的物种面临灭绝的危险。

由于生境的丧失、不合理利用与过度开发、外来物种入侵、气候变化等原因，我国生物多样性丧失的问题十分突出，一些特有动植物和重要经济动植物的原有分布生境迅速萎缩，有的甚至彻底消失。据《中国物种红色名录》估计，脊椎动物受威胁的比例为35.92％，近危的比例为8.47％，裸子植物分别为69.91％和21.23％，被子植物分别为86.63％和7.22％。

14.3.2 生物多样性损失的主要原因

生物多样性的丧失，既有自然发生的，也有非自然发生的，但就目前而言，人类活动（特别是近2个世纪以来）无疑是生物多样性损失的最主要原因。此外，制度特别是法律制度的不健全，则是引起损失的另一主要原因。

（1）自然原因

自然原因包括物种本身的生物学特性和环境突变：①物种本身的生物学特性决定的。物种的形成与灭绝是一种自然过程，化石记录多数物种的限定寿命平均为100万～1000万年。物种对环境的适应能力或变异性、适应性比较差，在环境发生较大变化时难以适应，因此而面临灭绝的危险。例如，大熊猫濒危的原因除气候变化和人类活动以外，与其本身食性狭窄、生殖能力低等身体特征有关。②环境突变（天灾），如地震、水灾、火灾、暴风雪、干旱等自然灾害造成的。

（2）人为原因

由于人类对生物多样性的重要性认识不够，同时又过于重视经济发展，导致生境破坏时有发生。对生物资源开发过度（有些甚至是掠夺式的开发）、环境污染严重、对外来物种入侵问题重视不够以及制度的不健全等，都是导致生物多样性减少的主要原因。

14.3.2.1 生境的丧失、碎片化和退化

栖息地破坏和碎片化已成为我国一些兽类数量减少、分布区缩小和濒临灭绝的主要原因。伐木和占地是中国生境破坏的两大主要原因。天然林的大幅度减少直接威胁从苔藓、地衣到高等物种的生存；此外，伐木也是导致森林火灾的一个主要原因。以农业和建设为目的

对森林、湿地和草原的占用是生境破坏的另一个原因。据估计，中国目前农田的 1/3 本来是原生林，这一问题在中国热带地区尤为严重。在过去的半个世纪里，沿海湿地的一半左右已发生改变，湖泊周围的湿地也损失严重。另外，1950～1980 年间中国湖泊面积减少 1/10。

生境碎片化指 1 个面积大而连续的生境被分割成 2 个或更多小块残片并逐渐缩小的过程。人类活动都可能导致生境的碎片化，如铁路、公路、水沟、电话网络、农田以及其他可能限制生物自由活动的隔离物，都使动物的活动受到限制，从而影响其觅食、迁徙和繁殖，而且植物的花粉和种子的散布也会受到影响，因而引起动植物种群数量下降甚至局部灭绝。生境的碎片化还有助于外来物种的入侵，进而威胁到原有物种的生存。

生境退化则是生境部分的失去原有功能，如过度放牧等使草场退化严重，引起草原生物生理机能衰退，从而对其生存构成威胁。

14.3.2.2　掠夺式的过度开发

许多生物资源对人类具有直接的经济价值。随着人口的增加和全球商业化体系的建立和发展，人类对生物资源的需求随之迅速上升，导致对这些资源的过度开发并使生物多样性下降。

当商业市场对某种野生生物资源有较大需求，通常会导致对该种生物的过度开发，典型的实例是人类对海洋鲸类的猎捕活动与鲸类数量的消长之间的关系。我国许多药用植物，如人参、天麻、砂仁、七叶一枝花、黄草、罗汉果等，野生植株都已很有限，如果仍不加限制，这些野生植株必将灭绝。

14.3.2.3　环境污染

（1）水体污染

水体污染能够对水生生物生命周期的任何发展阶段产生亚致死或致死作用，影响它们的捕食、寻食和繁殖。其中，亚致死的水体污染对水生生物多样性的影响更为突出。昆明滇池即是一例，水体富营养化能使水体生物多样性显著下降。

（2）土壤污染

土壤污染通常会使当地植被退化，甚至变成不毛之地，同时土壤动物也会变得稀少甚至绝迹，其生物多样性比未受污染区显著下降，如矿区、尾矿堆积地、矿区废弃地以及垃圾填埋废弃地都少有树木生长。

（3）空气污染

人类排放到大气中的各种有毒有害物质均能对生物体产生不同程度的损失，并对生态系统构成危害。经各种途径进入空气的 SO_2、NH_3、O_3 等能直接杀死生物，来自冶炼厂废气中的有毒金属能直接毒害植物。臭氧空洞、酸雨以及 CO_2 等温室气体的所引发的温室效应等造成的生物多样性损害和减少越来越受到国际社会关注和重视，特别是温室效应引起的全球变暖和酸雨对生物多样性的影响。

（4）外来物种入侵

外来物种入侵对生物多样性造成很大威胁。入侵方式主要有 3 种：一是由于农林牧渔业生产，城市公园和绿化、景观美化、观赏等目的的有意引进或改进，如水葫芦、空心莲子草、福寿螺、清道夫等；二是随贸易运输旅游等活动传入的物种，即无意引进，如因船舶压仓水、土等带来的新物种；三是靠自身传播能力或借助自然力而传入，即自然入侵，如在西南地区危害深广的紫茎泽兰、飞机草等。在全球濒危物种植物名录中，约 35％～46％是部分或完全由外来物种入侵引起的。2002 年来自南美洲亚马逊河的食人鱼（又名食人鲳）在我国掀起轩然大波。食人鱼一旦流入某一水域并达到一定规模后，可能会大量屠杀其他鱼类，给生态平衡和生物多样性带来危机，造成不可估量的损失。

14.3.2.4　制度原因

我国在保护生物多样性方面取得一定成绩，但由于制度特别是法律制度的不健全，使生物多样性遭受不必要的损失。主要表现在：虽然国家已把环境保护的成效纳入政绩考核之中，但有些地方政府并未把此真正纳入工作计划；对生物多样性有影响的重要部门（如农业、林业、渔业、科研机构等）对此缺少相关具体实施细则、行动及专业人员。自然保护区是保护物种及其生境的有效方法，我国已建立数目众多的保护区，但相对于国土总面积而言是不够的，而且部分保护区管理混乱、土地权属不清等也需要完善。在法律制度方面，《自然保护区条例》虽已实施多年，但毕竟在法律效力上位阶较低，调整面窄，处罚力度不够，故需要进行新的立法以保护自然保护区、物种及其生境。在外来生物入侵问题上，虽有一些法规涉及，如《进出境动物检疫法》，但没有专门法规对此做相应调整，法律漏洞较大。

14.4　生物多样性保护

对于人类来说，生物多样性具有直接使用价值、间接使用价值和潜在使用价值。许多植物是人类可以利用的良药和食物，如三七、当归、红枣等；森林对于调节气候和气温都起着极大的作用；动物为人类提供了肉食、皮毛、医药。因此，保护生物多样性，就是保护人类自己。

14.4.1　建设自然保护区完善保护制度

保护生物多样性，最有效的方法之一是划定保护区。建立自然公园和自然保护区已成为世界各国保护自然生态和野生动植物免于灭绝并得以繁衍的主要手段。我国的神农架、卧龙等自然保护区，对金丝猴、熊猫等珍稀、濒危物种的保护和繁殖发挥了重要的作用。在1992 年的世界国家公园保护区会议上，通过了"把陆地面积的 10％划定为保护区"的目标。

自然保护区是指对有代表性的自然生态系统、珍稀濒危野生动植物物种的天然集中分布、有特殊意义的自然遗迹等保护对象所在的陆地、陆地水域或海域，依法划出一定面积予以特殊保护和管理的区域。

自然保护区是一个泛称，由于建立的目的、要求和本身所具备的条件不同，而有多种类型。不管保护区的类型如何，其总体要求是以保护为主，在不影响保护的前提下，把科学研究、教育、生产和旅游等活动有机地结合起来，使它的生态、社会和经济效益都得到充分展示。自然保护区有以下类型。

① 严格自然保护区：一片拥有出众或具代表性的生态系统、地质学的或生理学的特色或物种的陆地或海洋区域，可主要用作科学研究或环境监察。

② 荒野区：一大片未被人类活动所更动或只被轻微更动过的陆地或海洋区域，仍保留着其自然的特点和影响，没有永久性的或显著的人类聚居地，受到保护和管理以保存其自然状态。

③ 国家公园：一片陆地或海洋的自然区域，即 a. 保护一个或多个生态系统于现今及后代的生态完整性；b. 禁止不利于该区域的指定目的的开发或侵占；c. 为精神的、科学的、教育的、休闲的以及参观的机会提供基础，所有机会必须是环境上及文化上兼容的。

④ 自然纪念物：一片拥有一个或多个独特的自然或自然文化的特色区域，该特色因其固有的珍稀性、代表性、审美性等特质或文化上的重要性而具有突出或独特的价值。

⑤ 生境/物种管理区：一片因管理目的而受到积极干预以确保生物环境的维护与或达到某物种的需求陆地或海洋区域。

⑥ 陆地/海洋保护景观：一片陆地及合适的海岸、海洋区域，在该区域内人类与自然界的长时间互动使该区拥有重大的审美的、生态的或有与众不同的文化价值的特征，并经常有高度的生物多样性。

⑦ 资源管理保护区：一个区域拥有占优势地未经更动的自然系统，设法确保生物多样性受到长期保护和维持，而同时提供自然产物及服务的可持续性供应以满足社区的需要。

14.4.2　外来入侵物种防治和建立外来物种管理法规体系

外来物种入侵不仅对当地生物构成威胁，同时对经济和人体健康带来不可估量的损失，因此一些国家对此进行了立法，如美国先后颁布或修订了《野生动物保护法》《外来有害生物预防和控制法》《联邦有害杂草法》等。

14.4.3　生态示范区建设

以我国为例，截至 2003 年年底，国家环保总局共批准 8 批全国生态示范区建设试点 484 个，颁布了《生态县、生态市、生态省建设指标（试行）》，加强了生态系列创建活动的指导和管理力度。

14.4.4　国家合作与行动

在生物多样性问题上，世界各国的共识是生物多样性问题不是局部的、地区的问题，而是全球性的问题。联合国有关组织、世界科学界和各国政府部门认为国际合作是推进生物多样性保护的重要方面。为了更好地保护生物多样性，应积极开展国际合作，并制定相关的实施计划与细则，在必要的情况下制定相关行政法规或法律。

14.4.5　增强宣传和保护生物多样性

保护生物多样性，需要人们共同努力。生物多样性的可持续发展这一社会问题，除发展外，更多的应加强民众教育，广泛、通俗、持之以恒地开展与环境相关的文化教育、法律宣传，培育本地化的亲生态人口，利用当地文化、习俗、传统、信仰、宗教和习惯中的环保意识和思想进行宣传教育。

总之，一个物种的消亡往往是多个因素综合作用的结果。因此，生物多样性的保护工作是一项综合性的工程,需要各方面的参与。

专栏—我国自然保护区

各国划出一定的范围来保护珍贵的动植物及其栖息地已有很长的历史渊源,但国际上一般都把 1872 年经美国政府批准建立的第一个国家公园—黄石公园看作是世界上最早的自然保护区。20 世纪以来,自然保护区事业发展很快,特别是第二次世界大战后,自然保护区的数量和面积不断增加,并成为一个国家文明与进步的象征之一。

截至 2013 年,我国自然保护区面积约占国土面积的 15%,其中 32 处国家级自然保护区被联合国教科文组织"人与生物圈计划"列为国际生物圈保护区,包括长白山自然保护区、卧龙自然保护区、鼎湖山自然保护区、锡林郭勒草原自然保护区、神农架自然保护区等。

鼎湖山自然保护区是我国第一个自然保护区,所处纬度是著名的"回归荒漠带",唯有我国这一纬度才有郁郁葱葱的森林。鼎湖山自然保护区面积不大,却拥有非常丰富的动植物资源,代表植被是季风常绿阔叶林,高大挺拔,结构复杂,而且拥有热带雨林的某些特征,如板状根、大型木质藤本、绞杀植物及附生植物等。

专栏—美国黄石公园

黄石国家公园,简称黄石公园,坐落于美国怀俄明州、蒙大拿州和爱达荷州的交界处,大部分位于美国怀俄明州境内,是世界上第一个国家公园,于 1978 年最早进入《世界遗产名录》。

黄石公园占地面积约 8983km²,其中包括湖泊、峡谷、河流和山脉,温泉和热泉随处可见。黄石公园以其丰富的野生动物种类和地热资源闻名,老忠实间歇泉是其中最负盛名的景点之一。公园内最大的湖泊是位于黄石火山中心的黄石湖,是整个北美地区最大的高海拔湖泊之一。公园内部地质构造复杂,大部分是开阔的火成岩高原地形,曾发生过强烈的火山活动。黄石公园是整个"大黄石生态系"的核心地区,而"大黄石生态系"是地球上保存最完整、面积最大的温带生态系。

黄石公园超级火山,在黄石公园的地底下潜伏着一个地球最具破坏力的超级火山。火山整体以黄石湖西边的西拇指为中心,向东向西各 15 英里,向南向北各 50 英里,构成一个巨大的火山口。在火山口下面蕴藏着一个直径约为 70km、厚度约为 10km 的岩浆库,这个巨大的岩浆库距地面最近处仅 8km,并且还在不断地膨胀。

14.5 生物多样性保护优先领域与行动

《生物多样性公约》规定,每一缔约国要根据国情,制定并及时更新国家战略、计划或方案。1994 年 6 月,经国务院环境保护委员会同意,原国家环境保护局会同相关部门发布了《中国生物多样性保护行动计划》(以下简称"行动计划")。该行动计划确定的七大目标已基本实现,26 项优先行动大部分已完成,行动计划的实施有力地促进了我国生物多样性保护工作的开展。

近年来，随着转基因生物安全、外来物种入侵、生物遗传资源获取与惠益共享等问题的出现，生物多样性保护日益受到国际社会的高度重视。目前，我国生物多样性下降的总体趋势尚未得到有效遏制，资源过度利用、工程建设以及气候变化严重影响着物种生存和生物资源的可持续利用，生物物种资源流失严重的形势没有得到根本改变。

为落实公约的相关规定，进一步加强我国的生物多样性保护工作，有效应对我国生物多样性保护面临的新问题、新挑战，环境保护部会同 20 多个部门和单位编制了《中国生物多样性保护战略与行动计划》（2011—2030 年），提出了我国未来 20 年生物多样性保护总体目标、战略任务和优先行动。

14.5.1　战略目标

（1）近期目标

到 2015 年，力争使重点区域生物多样性下降的趋势得到有效遏制。完成 8～10 个生物多样性保护优先区域的本底调查与评估，并实施有效监控。加强就地保护，陆地自然保护区总面积占陆地国土面积的比例维持在 15％左右，使 90％的国家重点保护物种和典型生态系统类型得到保护。合理开展迁地保护，使 80％以上的就地保护能力不足和野外现存种群量极小的受威胁物种得到有效保护。

初步建立生物多样性监测、评估与预警体系、生物物种资源出入境管理制度以及生物遗传资源获取与惠益共享制度。

（2）中期目标

到 2020 年，努力使生物多样性的丧失与流失得到基本控制。生物多样性保护优先区域的本底调查与评估全面完成，并实施有效监控。基本建成布局合理、功能完善的自然保护区体系，国家级自然保护区功能稳定，主要保护对象得到有效保护。

生物多样性监测、评估与预警体系、生物物种资源出入境管理制度以及生物遗传资源获取与惠益共享制度得到完善。

（3）远景目标

到 2030 年，使生物多样性得到切实保护。各类保护区域数量和面积达到合理水平，生态系统、物种和遗传多样性得到有效保护。形成完善的生物多样性保护政策法律体系和生物资源可持续利用机制，保护生物多样性成为公众的自觉行动。

14.5.2　生物多样性保护优先区域

根据我国的自然条件、社会经济状况、自然资源以及主要保护对象分布特点等因素，将全国划分为 8 个自然区域，即东北山地平原区、蒙新高原荒漠区、华北平原黄土高原区、青藏高原高寒区、西南高山峡谷区、中南西部山地丘陵区、华东华中丘陵平原区和华南低山丘陵区。

综合考虑生态系统类型的代表性、特有程度、特殊生态功能，以及物种的丰富程度、珍稀濒危程度、受威胁因素、地区代表性、经济用途、科学研究价值、分布数据的可获得性等因素，划定 35 个生物多样性保护优先区域，包括大兴安岭区、三江平原区、祁连山区、秦岭区等 32 个内陆陆地及水域生物多样性保护优先区域，以及黄渤海保护区域、东海及台湾海峡保护区域和南海保护区域 3 个海洋与海岸生物多样性保护优先区域。

14.5.2.1　内陆陆地和水域生物多样性保护优先区域

（1）东北山地平原区

① 概况：本区包括辽宁、吉林、黑龙江省全部和内蒙古自治区部分地区，总面积约 124 万平方千米，已建立国家级自然保护区 54 个，面积 567.1 万公顷；国家级森林公园 126 个，面积 276.5 万公顷；国家级风景名胜区 16 个，面积 64.8 万公顷；国家级水产种质资源保护区 14 个，面积 4.9 万公顷，合计占本区国土面积的 8.45%。本区生物多样性保护优先区域包括大兴安岭区、小兴安岭区、呼伦贝尔区、三江平原区、长白山区和松嫩平原区。

② 保护重点：以东北虎、远东豹等大型猫科动物为重点保护对象，建立自然保护区间生物廊道和跨国界保护区。科学规划湿地保护，建立跨国界湿地保护区，解决湿地缺水与污染问题。在松嫩——三江平原、滨海地区、黑龙江、乌苏里江沿岸、图们江下游和鸭绿江沿岸，重点建设沼泽湿地及珍稀候鸟迁徙地繁殖地、珍稀鱼类和冷水性鱼类自然保护区。在国有重点林区建立典型寒温带及温带森林类型、森林湿地生态系统类型以及以东北虎、原麝、红松、东北红豆杉、野大豆等珍稀动植物为保护对象的自然保护区或森林公园。

（2）蒙新高原荒漠区

① 概况：本区包括新疆全部和河北、山西、内蒙古、陕西、甘肃、宁夏等省（区）的部分地区，总面积约 269 万平方千米，已建立国家级自然保护区 35 个，面积 1983.3 万公顷；国家级森林公园 40 个，面积 112.2 万公顷；国家级风景名胜区 7 个，面积 68.3 万公顷；国家级水产种质资源保护区 14 个，面积 63.1 万公顷，合计占本区域国土面积的 7.76%。本区生物多样性保护优先区包括阿尔泰山区、天山—准噶尔盆地西南缘区、塔里木河流域区、祁连山区、库姆塔格区、西鄂尔多斯—贺兰山—阴山区和锡林郭勒草原区。

② 保护重点：按山系、流域、荒漠等生物地理单元和生态功能区建立和整合自然保护区，扩大保护区网络。加强野骆驼、野驴、盘羊等荒漠、草原有蹄类动物以及鸨类、蓑羽鹤、黑鹳、遗鸥等珍稀鸟类及其栖息地的保护。加强对新疆大头鱼等珍稀特有鱼类及其栖息地的保护。加强对新疆野苹果和新疆野杏等野生果树种质资源和牧草种质资源的保护，加强对荒漠化地区特有的天然梭梭林、胡杨林、四合木、沙地柏、肉苁蓉等的保护。整理和研究少数民族在民族医药方面的传统知识。

（3）华北平原黄土高原区

① 概况：本区包括北京市、天津市、山东省全部以及河北、山西、江苏、安徽、河南、陕西、青海、宁夏等省（区）部分地区，总面积约 95 万平方千米，已建立国家级自然保护区 35 个，面积 103 万公顷；国家级森林公园 123 个，面积 120 万公顷；国家级风景名胜区 29 个，面积 74 万公顷。国家级水产种质资源保护区 6 个，面积 2.3 万公顷，合计占本区国土面积的 3.03%。本区生物多样性保护优先区域包括六盘山—子午岭区和太行山区。

② 保护重点：加强该地区生态系统的修复，以建立自然保护区为主，重点加强对黄土高原地区次生林、吕梁山区、燕山—太行山地的典型温带森林生态系统、黄河中游湿地、滨海湿地和华中平原区湖泊湿地的保护，加强对褐马鸡等特有雉类、鹤类、雁鸭类、鹳类及其

栖息地的保护。建立保护区之间的生物廊道，恢复优先区内已退化的环境。加强区域内特大城市周围湿地的恢复与保护。

（4）青藏高原高寒区

① 概况：本区包括四川、西藏、青海、新疆等省（区）的部分地区，面积约 173 万平方千米，已建立国家级自然保护区 11 个，面积 5632.9 万公顷；国家级森林公园 12 个，面积 136.3 万公顷；国家级风景名胜区 2 个，面积 99 万公顷；国家级水产种质资源保护区 4 个，面积 22.9 万公顷，合计占本区国土面积的 33.06%。本区生物多样性保护优先区域包括三江源—羌塘区和喜马拉雅山东南区。

② 保护重点：加强原生地带性植被的保护，以现有自然保护区为核心，按山系、流域建立自然保护区，形成科学合理的自然保护区网络。加强对典型高原生态系统、江河源头和高原湖泊等高原湿地生态系统的保护，加强对藏羚羊、野牦牛、普氏原羚、马麝、喜马拉雅麝、黑颈鹤、青海湖裸鲤、冬虫夏草等特有珍稀物种种群及其栖息地的保护。

（5）西南高山峡谷区

① 概况：本区包括四川、云南、西藏等省（区）的部分地区，面积约 65 万平方千米，已建立国家级自然保护区 19 个，面积 338.8 万公顷；国家级森林公园 29 个，面积 83.1 万公顷；国家级风景名胜区 12 个，面积 217.1 万公顷，合计占本区国土面积的 7.80%。本区生物多样性保护优先区域包括横断山南段区和岷山—横断山北段区。

② 保护重点：以喜马拉雅山东缘和横断山北段、南段为核心，加强自然保护区整合，重点保护高山峡谷生态系统和原始森林，加强对大熊猫、金丝猴、孟加拉虎、印支虎、黑麝、虹雉、红豆杉、兰科植物、松口蘑、冬虫夏草等国家重点保护野生动植物种群及其栖息地的保护。加强对珍稀野生花卉和农作物及其亲缘种优质资源的保护，加强对传统医药和少数民族传统知识的整理和保护。

（6）中南西部山地丘陵区

① 概况：本区包括贵州省全部，以及河南、湖北、湖南、重庆、四川、云南、陕西、甘肃等省（市）的部分地区，面积约 91 万平方千米，已建立国家级自然保护区 45 个，面积 218.7 万公顷；国家级森林公园 119 个，面积 77.3 万公顷；国家级风景名胜区 36 个，面积 88.6 万公顷；国家级水产种质资源保护区 16 个，面积 4.0 万公顷，合计占本区国土面积的 3.71%。本区生物多样性保护优先区域包括秦岭区、武陵山区、大巴山区和桂西黔南石灰岩区。

② 保护重点：重点保护我国独特的亚热带常绿阔叶林和喀斯特地区森林等自然植被。建设保护区间的生物廊道，加强对大熊猫、朱鹮、特有雉类、野生梅花鹿、黑颈鹤、林麝、苏铁、桫椤、珙桐等国家重点保护野生动植物种群及栖息地的保护。加强对长江上游珍稀特有鱼类及其生存环境的保护。加强生物多样性相关传统知识的收集与整理。

（7）华东华中丘陵平原区

① 概况：本区包括上海市、浙江省、江西省全部，以及江苏、安徽、福建、河南、湖北、湖南、广东、广西等省（区）的部分地区，总面积约 109 万平方千米，已建立国家级自然保护区 70 个，面积 184.5 万公顷，国家级森林公园 226 个，面积 148.9 万公顷；国家级

风景名胜区 71 个，面积 175.5 万公顷；国家级水产种质资源保护区 48 个，面积 22.5 万公顷，合计占本区国土面积的 2.77%。本区生物多样性保护优先区域包括黄山—怀玉山区、大别山区、武夷山区、南岭区、洞庭湖区和鄱阳湖区。

② 保护重点：建立以残存重点保护植物为保护对象的自然保护区、保护小区和保护点，在长江中下游沿岸建设湖泊湿地自然保护区群。加强对人口稠密地带常绿阔叶林和局部存留古老珍贵动植物的保护。在长江流域及大型湖泊建立水生生物和水产资源自然保护区，加强对中华鲟、长江豚类等珍稀濒危物种的保护，加强对沿江、沿海湿地和丹顶鹤、白鹤等越冬地的保护，加强对华南虎潜在栖息地的保护。

(8) 华南低山丘陵区

① 概况：本区包括海南省全部，以及福建、广东、广西、云南等省（区）的部分地区，总面积约 34 万平方千米，已建立国家级自然保护区 34 个，面积 92 万公顷；国家级森林公园 34 个，面积 19.5 万公顷；国家级风景名胜区 14 个，面积 54.3 万公顷；国家级水产种质资源保护区 2 个，面积 511 公顷，合计占本区国土面积的 2.91%。本区生物多样性保护优先区域包括海南岛中南部区、西双版纳区和桂西南山地区。

② 保护重点：加强对热带雨林与热带季雨林、南亚热带季风常绿阔叶林、沿海红树林等生态系统的保护。加强对特有灵长类动物、亚洲象、海南坡鹿、野牛、小爪水獭等国家重点保护野生动物以及热带珍稀植物资源的保护。加强对野生稻、野茶树、野荔枝等农作物野生近缘种的保护。系统整理少数民族地区相关传统知识。

14.5.2.2 海洋与海岸生物多样性保护优先区域

(1) 概况

我国海洋资源丰富，海洋沿岸湿地是鸟类的重要栖息地，也是海洋生物的产卵场、索饵场和越冬场。目前，我国已建成各类海洋保护区 170 多处，其中国家级海洋自然保护区 32 处，地方级海洋自然保护区 110 多处；海洋特别保护区 40 余处，其中，国家级 17 处，合计约占我国海域面积的 1.2%。

(2) 优先区域及保护重点

① 黄渤海保护区域。本区的保护重点是辽宁主要入海河口及邻近海域，营口连山、盖州团山滨海湿地，盘锦辽东湾海域、兴城菊花岛海域、普兰店皮口海域，锦州大、小笔架山岛，长兴岛石林、金州湾范驼子连岛沙坝体系，大连黑石礁礁群、金州黑岛、庄河青碓湾，河北唐海、黄骅滨海湿地，天津汉沽、塘沽和大港盐田湿地，汉沽浅海生态系、山东沾化、刁口湾、胶州湾、灵山湾、五垒岛湾，靖海湾、乳山湾、烟台金山港、蓬莱—龙口滨海湿地，山东主要入海河口及其邻近海域，潍坊莱州湾、烟台套子湾、荣成桑沟湾，莱州刁龙咀沙堤及三山岛，北黄海近海大型海藻床分布区，江苏废黄河口三角洲侵蚀性海岸滨海湿地、灌河口，苏北辐射沙洲北翼淤涨型海岸滨海湿地、苏北辐射沙洲南翼人工干预型滨海湿地、苏北外沙洲湿地等，以及黄海中央冷水团海域。

② 东海及台湾海峡保护区域。本区的保护重点是上海奉贤杭州湾北岸滨海湿地、青草沙、横沙浅滩，浙江杭州湾南岸、温州湾海岸及瓯江河口三角洲滨海湿地，渔山列岛、披山列岛、洞头列岛、铜盘岛、北麂列岛及其邻近海域，大陈、象山港、三门湾海域，福建三沙

湾、罗源湾、兴化湾、湄洲湾、泉州湾滨海湿地，东山湾、闽江口、杏林湾海域，东山南澳海洋生态廊道，黑潮流域大海洋生态系。

③ 南海保护区域。本区的保护重点是广东潮州及汕头中国鲎、阳江文昌鱼、茂名江豚等海洋物种栖息地，汕尾、惠州红树林生态系统分布区，阳江、湛江海草床生态系统分布区，深圳、珠海珊瑚及珊瑚礁生态系统分布区，中山滨海湿地、珠海海岛生态区、江门镇海湾、茂名近海、汕头近岸、惠来前詹、广州南沙坦头、汕尾汇聚流海洋生态区，惠东港口海龟分布区、珠江口中华白海豚分布区，广西涠洲岛珊瑚礁分布区、茅尾海域、大风江河口海域、钦州三娘湾中华白海豚栖息地、防城港东湾红树林分布区，海南文昌、琼海珊瑚礁海草床分布区，万宁、蜈支洲、双帆石、东锣、西鼓、昌江海尾、儋州大铲礁软珊瑚、柳珊瑚和珊瑚礁分布区，鹦哥海盐场湿地、黑脸琵鹭分布区，以及西沙、中沙和南沙珊瑚礁分布区等。

 习题与思考题

1. 什么是生物多样性？

2. 生物多样性的价值有哪些？

3. 我国生物多样性的特点是什么？生物多样性受到了何种威胁？

4. 我国生物多样性保护的战略目标是什么？

5. 目前我国有哪些生物多样性保护区域？

6. 生物多样性损失的原因有哪些？如何保护生物多样性？

7. 举例说明我国生物多样性的保护措施。

参考文献

[1] 林金兰，陈彬，黄浩等．海洋生物多样性保护优先区域的确定[J]．生物多样性，2013，21（1）：38-46.

[2] 李果，吴晓莆，罗遵兰等．构建我国生物多样性评价的指标体系[J]．生物多样性，2011，19（5）：497-504.

[3] 马建章，戎可，程鲲．中国生物多样性就地保护的研究与实践[J]．生物多样性，2012，20（5）：551-558.

[4] 刘思慧，刘季科．中国的生物多样性保护与自然保护区[J]．世界林业研究，2002，4（15）：48-53.

[5] 林育真，赵彦修．生态与生物多样性[M]．济南：山东科学技术出版社，2013.

第 15 章 工业生态系统构建

本章要点

1. 工业生态学的定义和发展历程；
2. 工业生态系统的概念、组成、特征和进化；
3. 工业生态系统构建的原则和措施；
4. 工业生态园区的特征、分类、规划原则、规划内容和实施途径；
5. 工业生态园区在我国的实例应用。

15.1 工业生态学与工业生态系统的概念

15.1.1 工业生态学

15.1.1.1 工业生态学的定义及内涵

工业生态学是一种工具。在经济、文化和技术不断进步的情况下，利用这种工具，通过精心策划、合理安排，使环境负荷保持在所希望的水平上。为此，要把工业系统同它周围的环境协调起来，而不是把它看成孤立于环境之外的独立系统。

工业生态学是一门为可持续发展服务的学科，是一门研究工业系统和自然生态系统之间相互作用、相互关系的学科。工业生态学追求人类社会与自然生态系统的和谐发展，寻求经济效益、生态效益和社会效益的统一，最终实现人类社会的可持续发展。

15.1.1.2 发展历程

人类社会进入工业文明后，建立了以人类为中心的社会——经济体系，工业系统是其主要的子系统。随着工业的不断发展，工业系统在满足人类社会经济和生活需求的同时，对区域甚至全球自然环境产生越来越大的影响。面对工业系统与自然生态系统的固有矛盾以及对环境造成的危害，如何系统、整体地协调工业系统与自然环境的相互关系，使人类社会发展的需求与自然生态系统的发展达到动态平衡，为此人们一直在寻找可行的理论与解决方法，工业生态学就是在这一背景下诞生的。近 20 年来，工业生态学经历了萌芽、产生和蓬勃发展的几个阶段。

（1）萌芽阶段

自 20 世纪 50 年代开始，人们将生态学引入工业政策，认为可运用生态学的理论和方法来研究现代工业的运行机制，关键在于复杂的工业生产及经济活动中确实存在着与生物生态学非常相似的问题与现象，"相似性"原则在这里得以发挥。20 世纪 60 年代末，日本通产省工业机构咨询委员会的一个研究小组开展了前瞻性研究，提出了以生态学观点重新审视现有工业体系和在"生态环境"中发展经济的观念。1972 年 5 月，该小组发表了题为"工业生态学：生态学引入工业政策的引论"的报告。1983 年，比利时政治研究与信息中心出版了《比利时生态系统：工业生态学研究》专著，对工业系统存在的问题进行了思考。该书认为，工业社会是一个由生产力、流通与消费、原料与能源以及废料等构成的生态系统，可运用生态学的理论与方法来研究现代工业社会的运行机制。

（2）产生阶段

以 1989 年 9 月 Frosch 等发表的题为"制造业的战略"一文为标志，提出了工业生态学的概念，认为工业生态系统应向自然生态系统学习，并可以建立类似于自然生态系统的工业生态系统。在这样的系统中，每个工业企业必须与其他工业企业相互依存、相互联系，从而构成一个复合的大系统，以便运用一体化的生产方式来代替过去简单化的传统生产方式，减少工业对环境的影响。

（3）发展阶段

20 世纪 90 年代后工业生态学进入蓬勃发展阶段。90 年代初，美国科学院举行会议形成工业生态学的基本框架；1997 年，麻省理工学院出版全球第一份工业生态学杂志；1998 年，美国矿产资源局认为物质与能量流动的研究对于正在形成工业生态学具有重要的意义；2000年，在世界范围内成立工业生态学国际学会。目前，我国和欧美的一些大学都开设工业生态学的课程。

15.1.1.3　主要特征

工业生态学具有如下特征。

（1）整体性。从全局和整体的视角，研究工业系统组成部分及其与自然生态系统的相互关系和相互作用。

（2）全程性。充分考虑产品、工艺或服务整个生命周期的环境影响。

（3）长远性。着眼于人类与生态环境的长远利益，关注工业生产、产品使用和再循环利用等技术未来潜在的环境影响。

（4）全球化。不仅考虑人类工业活动对局部地区的环境影响，而且还要考虑区域性和全球性的重大影响。

（5）科技进步。科技进步是工业系统进化的决定性因素之一，工业应从自然生态系统的进化规律中获得知识，把现有工业系统改造成为符合可持续发展要求的系统。

（6）多学科综合。工业生态学具有典型的多学科性特点，涉及自然科学、工业技术和人文科学等许多学科。

15.1.2　工业生态系统

15.1.2.1　工业生态系统的概念

工业生态系统是依据生态学、经济学、技术科学以及系统科学的基本原理与方法来经营和管理工业经济活动，并以节约资源、保护生态环境和提高物质综合利用为特征的现代工业发展模式，是由社会、经济、环境三个子系统复合而成的有机整体。工业生态系统是一批相关的工厂、企业组合在一起，它们共生共存，相互依赖。这个系统的最大特点是使资源的利用率达到最高，而将工厂、企业对环境的污染和破坏降到最低。

15.1.2.2 工业生态系统的起源

工业生态系统的首创是丹麦的卡伦堡。在那里，斯达托炼油厂将其废物硫输送给一家硫酸厂以生产硫酸，将其废气输送给奇普洛建筑板材厂以生产石膏板材，将余热输送给周围的温室以生产蔬菜、花卉；将其废水输送给阿斯奈斯的一家发电厂以冷却发电机，而这家发电厂又将余热输送给附近的一家鲟鱼养殖场和卡伦堡的居民住宅；将其水蒸气输送给斯达托炼油厂和一家生产人工合成酶和胰岛素的生物制剂厂。此外，上述燃煤发电厂还用石灰回收废气中的硫而生产石膏，而奇普洛建筑板材厂则以石膏作原料来生产板材，从而不再从西班牙进口石膏。卡伦堡工业生态系统的成效是十分显著的。

15.1.2.3 工业生态系统的组成

与自然生态系统相似，工业生态系统主要由生产者、消费者、分解者和非生物环境4种基本成分组成。与自然环境系统中的生物成分相仿，工业生态系统中的生产者、消费者和分解者具有以下特点。

（1）生产者

工业系统中的生产者可分为初级生产者和高级生产者。初级生产者为利用基本环境要素（空气、水、矿物质等自然资源）生产初级产品，如采矿厂、冶炼厂、热电厂等；高级生产者进行初级产品的深度加工和高级产品生产，如化工、肥料制造、服装和食品加工等。

（2）消费者

不直接生产"物质化"产品，但利用生产者提供的产品，供自身运行发展，同时产生生产力和服务功能等，如行政、商业、服务业等。

（3）分解者

把工业企业产生的发产品和"废物"进行处理、转化、再利用等，如废物回收公司、资源再生公司等。

15.1.2.4 工业生态系统的进化

工业生态学把工业体系设想为生态体系的一种特殊情况，如同生物生态系统一样的物质、能量以及信息的流动和储存。而且，工业体系是建立在生物圈所提供的资源与服务的基础上的。

（1）一级生态系统

把工业体系看作同生物圈一样，工业系统的发展也经历过一个漫长的进化史。在生命的开始阶段，可以选择的资源是无穷无尽的，但有机生物的数量相对较少。在这个时期，物质流动相互独立地进行，它们的存在对可利用资源产生的影响几乎可以忽略不计。资源的存量可以看作是无限的，环境容量足够大，废料也可以无限地产生，生命因此可以长期保障其发展的条件，漫长时间内连续地"创造"。

地球生命的最初阶段与现代经济运行方式之间的类比给人以十分强烈的印象。事实上，目前的工业体系，与其说是一个真正的"体系"，不如说是一些相互不发生关系的线性物质流的叠加。简单地说，其运行方式就是开采资源和抛弃废料，这是产生环境问题的根源。

（2）二级生态系统

在随后的进化过程中，资源变得有限了。在这种情况下，有生命的有机物随之变得相互依赖并组成复杂的相互作用的网络系统。不同种群组成部分之间的内部的物质循环变得极为重要，资源和废料的进出则受到资源数量与环境接受废料能力的制约，即二级生态系统。

二级工业生态系统采取的是过程控制思想，即实施清洁生产计划。二级生态系统已从被动的末端治理转向积极的污染预防，这是 20 世纪 80 年代以来全球环境污染物排放量增速减缓的重要手段。但过程控制主要关注产品的生产过程，而未考虑与产品相关的其他环节，如产品的使用、用后的回收处理等。这种管理手段也无法满足可持续发展模式的要求。

（3）三级生态系统

为了真正转变成为可持续的形态，生物生态系统已进化成以完全循环的方式运行，没有资源与废料的区分。因为，同一物质对一个有机体来说是废料，但对另一个有机体来说是资源。对于一个系统来说，只有太阳能来自外部，Braden R. Allenby 建议将其称作三级生态系统。在这样的一个生态系统之内，众多的循环借助太阳能既以独立的方式，也以互联的方式进行物质交换。这种循环过程在时间和空间上的差异相当大。理想的工业社会（包括基础设施和农业），应尽可能接近三级生态系统。

15.2　工业生态系统的特征

15.2.1　物质循环与能量流动

20 世纪 80 年代以前，人们对工业系统产生污染的研究与控制过于集中于点源，之后认识到污染控制还应该包括分散、复杂的非点源问题。与生物物质和能量的代谢以及生态系统的物质与能量流动类似，现代工业生产是一个将原料、能源转化为产品和废物的代谢过程，这一过程对自然环境必然产生影响。

15.2.1.1　物质循环与能量流动的关系

物质循环和能量流动是生态系统的主要功能，二者同时进行，相互依存，不可分割。能量的固定、储存、转移和释放，都离不开物质的合成和分解等过程。物质作为能量的载体，使能量沿着食物链或食物网流动；能量作为动力，使物质能够不断地在生物群落和无机环境之间循环往返。生态系统中的各种组成成分，正是通过能量流动和物质循环，才紧密地联系在一起，形成统一的整体。

15.2.1.2　经济系统的物质循环与能量流动特征

处于全球自然生态环境系统内的经济子系统，其原料与能量流动的特征体现在以下几个方面。

（1）经济系统与生态系统之间的原料与能量交换

在某种意义上说，地球系统是一封闭系统。在这个系统内，物质的储藏量是恒定的，物质的运动是平衡的，物质的输入与输出维持一种动态平衡，并且这种原料与能量的交换是缓慢的，这是地球亿万年演化的结果。但是，自从人类进入工业文明以后，人类的经济活动，特别是工业活动，能够大量、快速地把物质从该系统内的某一储库运动至另一储库，使物质从一种存在形态转化为另一种形态，经济系统与全球生态系统之间的原料与能量的交换量大而快速，从而产生对地球系统的扰动。

（2）经济系统内原料与能量流动迅速

为了满足经济生活的需要，在工业系统内，大量的原料与能源被使用，通过不同的企业，生产各种各样的产品，物质在不同的工业部门快进快出，经济子系统内原料与能量的流动相当快，这是经济子系统原料与能量流动的一个特点。

（3）经济系统内物质利用效率低下

与自然系统不同，工业系统各企业和部门之间的物质供应是一线性开放系统，"食物"关系呈线性状态，除了共同为争夺资源参与竞争外，各企业或部门之间的相互作用和联系很小。由原材料制成的产品，使用一次后大部分便被扔掉，一般不参与再循环；从自然环境中提取的高品位的能源物质，经工业企业使用后变成降阶的物质，最后作为废弃物返回自然环境。废弃物即使参与再循环也是微乎其微，而且循环方式其本身往往也是污染、消耗性的。

15.2.1.3 工业生态系统的物质循环与能量流动特点

工业生态系统存在着物质、能量和信息的流动与储存，依据物质、能量、信息流动的规律和各成员之间在类别、规模、方位上是否相匹配，在各企业部门之间构筑生态产业链，横向进行产品供应、副产品交换，纵向连接第二、三产业，把经济活动组织成"资源—产品—再生资源"反复循环流动过程，实现物质闭路循环和能量多级利用。一个企业产生的废物经过处理总可以找到合适的去处，即工业生态系统通过建立"生产者—消费者—分解者"的"工业链"，形成互利共生网络，使物质循环和能量流动畅通，物质和能量充分利用。整个工业生态系统基本上不产生废物或只产生很少的废物，实现工业废物"低排放"甚至"零排放"。但工业生态系统要维持稳定和有序，需要外部生态系统输入物质和能量。

15.2.1.4 工业生态系统的物质循环

循环经济的核心是物的循环。工业经济系统中，有3个层面上的循环：①小循环。企业内部的物质循环。例如，下游工序的废物返回上游工序，作为原料重新利用；水在企业内的循环；其他消耗品、副产品等在企业内的循环。②中循环。企业之间的物质循环。例如，下游工业的废物返回上游工业，作为原料重新利用；或者扩而广之，某一工业的废物、余能，送往其他工业区加以利用。③大循环。工业产品经使用报废后，部分物质返回原工业部门作为原料重新利用。

15.2.1.5 原料与能量流动分析的基本方法

（1）质量平衡法

质量平衡法是原料流动研究的方法之一，这种方法叙述某种特殊要素在不同时间与地点的流动，包括向环境的散失。通过估计在原料流动系统的每一阶段的输入和输出，质量平衡研究提出与原料相连的全部途径的分析观点。20 世纪 90 年代，美国矿产局采用质量平衡方法完成包括砷、镉、铅、汞、钨、锌等金属或矿物研究，这些研究预先寻找每一种产品原料流动的途径，鉴别减小废物的机会，以便更有效地利用资源，并且评价和量化在产品的使用、再循环和散失方面的数据。

（2）输入—输出分析法

输入—输出（I/O）分析的思想由法国经济学院 Quesnay 在 18 世纪首先提出。20 世纪 30 年代，为研究美国的经济，Leontief 应用该方法首先发展了经验性的 I/O 表。此后，I/O 分析为标准的经济工具，描述部门间按照货币或商品量的相互交付，通常被用于分析国家水平的结构图和经济部门之间的相互交付关系，并鉴别经济和商品在经济系统内的主要流动。从 20 世纪 60 年代末以来，I/O 分析法经许多研究者发展，已用于分析经济与环境问题。1998 年，Lenzen 采用 I/O 分析法分析了在澳大利亚最终消费中的初级能源和温室气体。

（3）生命周期分析与评价法

生命周期分析与评价是一种对产品、工艺或活动所产生的环境问题的评估，从原料采集，到产品生产、运输、销售、使用、回用、维护和最终处置整个生命周期阶段有关环境负荷的过程。它首先辨识和量化产品整个生命周期中原料与能量的消耗以及环境释放，然后评价这些消耗和释放对环境的影响，最后辨识和评价减少这些影响的机会。

（4）工业代谢分析法

工业代谢是把原料和能源以及劳动在一种稳态条件下转化为最终产品和废物的所有物理过程完整的集合。工业代谢认为经济系统是一些企业的集合，它们通过管理制度、工人、消费者以及货币和普通的政策控制而结合在一起。一个企业通常被认为是经济分析的一个标准单元，一个从事加工制造的企业就是把原材料转变成产品和废物的单位。因此，整个经济系统的运行，就涉及在自然生态系统内物质和能量的大流动。

15.2.2　工业生态系统的动态演化

15.2.2.1　企业演化理论框架

企业演化理论源于进化经济学，其发展历程可追溯至 Joseph Schumpeter 和 Armen Alchian 的"企业拟生物特性"研究，在其《经济发展理论》一书中提出，资本主义经济是一个以技术和组织创新为首要特征的演化的动态系统。现代的进化经济学家们提出企业具有类似生物进化的演化思想。随着时间的推移，企业内在管理要素呈现的巨大多样性、市场环境的非均衡特性和大系统中的高度不确定性，对企业发展起着越来越重要甚至决定性的作用。从某种意义上说，对大环境的适应能力，成为决定企业生存和发展的主导力量。

1982 年，Richard R. Nelson 和 Sideny G. Winter 的《经济变迁的深化理论》问世，标志着企业进化论的基本理论框架已开始逐步完整。Nelson 和 Winter 认为，企业的成长是通过类似生物进化的三种核心机制，即多样性、遗传性和自然选择性来完成的。

企业演化论同时还运用系统论阐释企业进化的内在动力。这种动力行为可以被概括为"需要—问题—能力"的基本模式。企业在发展过程中，现实状态与愿景或目标间存在差距，这种差距表现为一种对资源或能力的需要，而需要的具象则是问题，问题激发动力。对问题的解决就是能力得到培育和强化的过程。企业自组织系统的动力，来自企业内部竞争与协同的相互作用。企业内部子系统间的竞争，把企业推向非平衡状态，这正是系统实现自组织的首要条件。企业内部子系统间的协同，则在非平衡状态下使得某种行为的影响力量被放大而处于支配状态，从而使之占据优势地位，支配企业进化的整体方向。

15.2.2.2 工业生态系统中企业动态演化的概念

工业生态系统"工业群落"中的企业都有一个"生存期"，每个企业都遵循"适者生存"和"优胜劣汰"的进化法则，企业生存时间的长短取决于社会的各种限制因素、企业的生存能力以及同社会环境的适应性等方面因素的叠加作用。在市场经济体制下，企业可通过购买或出让排污权而自由进入或退出工业"生态系统"。当企业的经济实力、生产技术水平、治污工艺水平等处于落后状态时，在总量控制目标下，即将按"逆行演替"退出该工业生态系统；反之，当一个企业的经济实力、生产技术水平、治污工艺水平等处于先进状态时，它可通过购买排污权，按"顺行演替"进入该工业生态系统。

15.2.2.3 工业生态系统演化

（1）工业生态系统演化的表征

工业生态系统的演化通过工业共生体来进行表征。工业共生体是指以利用企业之间彼此产生的副产品所构成的相互协作的产业群。在某种程度上，它模拟自然生态系统，即在自然生态系统中植物和动物产生的"废物"作为其他植物和动物的食物被利用，这种类比被扩展覆盖至任何未被充分利用的资源。工业共生体最著名的例子是丹麦的卡伦堡，卡伦堡工业共生体由于对废物或副产品等物质及能源在不同的产业或企业间的合理利用与循环，为面对资源枯竭与持续发展矛盾日益激化而困惑的工业发展指明了可持续发展方向。

（2）工业生态系统耗散结构特性分析

耗散结构理论指出，一个远离平衡的开放系统，通过不断地与外界交换物质和能量，在外界条件达到一定阈值时，就可能从原先无序状态转变为一种在时空或功能上的有序状态，即"耗散结构"。一个系统要自发组织形成耗散结构，必须满足以下条件：①系统开放，只有充分开放才能使系统远离平衡状态；②系统远离平衡，处于平衡状态和近平衡状态都不会自发向有序发展；③系统内自催化的非线性相互作用，使得在平衡系统角度的破坏性因素因正反馈作用成为系统演化的建设性因素；④涨落作用，是驱动系统内原来的稳定分支演化到耗散结构分支的原初推动力。

工业系统是物质、能量和信息流动的特定分布，而且完整的工业系统有赖于由生物圈提供的资源和服务，这些是工业系统不能或缺的。工业系统面对人类可持续发展必然趋势的要求需要变革和演化，建立与自然生态系统相互协调发展的工业生态系统，这在一定区域范围内表现为工业共生体。工业生态系统是指在一定的区域或范围内，由制造业企业和服务业企业组成，通过企业间物质循环和能量流动的功能流相互作用、相互联系而形成的生态工业体系。即把工业经济活动视为一种类似于自然生态系统的循环体系，其中一个企业产生的废物作为下一个企业的原料，形成企业"群落"（工业链）。工业生态系统和自然生态系统的形成、发展与崩溃都是一个动态的进化过程。工业生态系统在初期所形成的自组织形式就是由产业自发聚集形成的工业共生体（或工业生态群落），从本质上工业共生体是在一定的历史条件和可持续发展背景下耗散结构形式的体现。

15.2.3　工业生态系统的双重性

工业生态系统兼有社会属性和自然属性两方面的特征。从自然属性看，工业作为复合生态系统的重要组成部分，既是复合系统持续的重要力量，又是复合系统遭受毁灭的力量，工业系统及其中人、组织的行为不能违背自然生态系统的规律，都应受到自然条件的负反馈约束和调节。从社会属性来看，工业系统中的人及其组织之间的关系是复杂的利益关系，人及其组织为了最大可能地获取经济利益往往损害自然生态系统。

因此，构筑工业与生态和谐、持续的发展模式也必须从制度方面入手，对人为及其组织的行为进行安排。工业生态系统的思想就是按照自然法则安排工业中的人及其组织的行为。这是构筑可持续发展的大生物圈的前提。

15.2.3.1　工业生态系统双重性

工业生态系统的双重性指工业生态系统不仅受到生态学规律的约束，同时更受到市场经济规律的制约。人类通过社会、经济、技术力量干预物质、能量、技术的输入和产品的输出的生活过程，在进行物质生产的同时，也进行经济再生产过程，不仅要有较高的物质生产量，而且也要有较高的经济效益。因此，工业生态系统实际上是一个工业生态经济系统，体现自然再生产与经济再生产交织的特性。一个生态学上合理而经济学上不合理的工业生态系统是无法生存的，市场调节对工业生态系统中企业的盛衰与成败以及整个系统的稳定性起着决定性作用。

一个稳定运行的工业生态系统必然具有经济学原理和生态学原理相结合的完美性。为此，人的主动性在提高工业生态系统运行效率方面应发挥积极作用，运用当代环境伦理道德观使企业在保证整个工业生态系统的生态效率的前提下追求经济效益，决不能只为追求本企业的经济效益而损害系统的整体利益。

15.2.3.2　工业生态系统与自然生态系统的相似性

（1）两者都包含物质循环和能量流动

工业生态系统也存在着物质、能量和信息的流动与储存，依据工业系统中物质、能量、信息流动的规律和各成员之间在类别、规模、方位上是否相匹配，在各企业部门之间构筑生态产业链，横向进行产品供应、副产品交换，纵向连接第二、三产业，把经济活动组织成"资源—产品—再生资源"反复循环流动过程，建立"生产者—消费者—分解者"的"工业生态链"，形成互利共生网络，实现物质闭路循环和能量多级利用。工业生态系统物质循环的"食物链"上有一个以上的拆卸者，其目标是将物质保留在更高的营养级上，尽量少供应给再循环者。

（2）两者均存在的"内在动力"

自然生态系统中的各个物种的存在目的主要是为了自己的生存和繁衍，工业生态系统中各个企业存在的主要目的在于降低成本，提高竞争力获得最大利润，更好、更有利地占领市场。企业会将回收与循环利用副产品及废物发生的费用，以及购买新原料和简单处置废物发生的费用之间权衡。各类产业或企业间具有产业潜在关联度仅仅是基础，市场价格链是推行工业生态系统循环的控制条件。绿色消费链是推行工业生态系统循环的充分条件，是把工业生态系统各成员连接起来的内在动力。但绿色消费链只是为工业生态系统形成和发展提供可能性，真正促使系统各成员连接在一起的是能给参与者带来一定利润的生态系统产业链，这些利润能够维持其生存或发展。

（3）两者的演化过程都是动态的

自然生态系统经历一个由演替逐渐到达顶极状态的过程。工业生态系统中的企业也存在发展进化的过程。工业生态系统各成员通过相互间的合作与竞争实现共同进化，通过系统成员或子系统之间协同作用，使互相依存的各子系统交互运动、自我调节、协同进化，最后形成新的有序结构。工业生态系统一直处在变化之中，这种连续的变化可以称之为工业生态系统的动态演替。

（4）两者都有一个"关键种"

自然生态系统中，群落或物种之间的相互作用强度是不同的，只有少数几个"关键"种对系统的结构、功能及动态起决定性作用。在工业生态系统中，也存在类似的"关键"物种——"关键种企业"，它们使用和传输的物质最多、能量流动的规模最为庞大，能为该工业生态系统其他成员提供关键性的利润。"关键种"企业在工业生态系统中有着举足轻重的地位，它拥有特殊的能力和资源，往往决定着整个企业生态系统的形成与完善，影响生态系统功能的发挥。

（5）两者的系统成员间都存在共生关系

自然生态系统内的共生关系指不同物种以相互获益关系生活在一起，形成对双方或一方有利的生存方式。工业共生是指不同企业通过合作，共同提高企业的生存及获利能力，同时实现对资源的节约和对环境的保护。根据生态学中的共生理论，共生能够产生"剩余"，不产生共生"剩余"的系统是不可能增值和发展的。企业共生也能产生"一加一大于二"的效果，这表现为共生企业竞争力的增强。

15.2.3.3 工业生态系统的主体

自然生态系统没有人的参与，不具有目的性。工业生态系统是一个由强烈自我意识的人为主体组成的社会经济系统，人们可以预测未来，然后采取行动，共同创造未来。在自然生态系统中，特殊物种的入侵或生态环境恶化会超出生态系统的自我调节能力，使生态系统逐渐走向衰退。工业生态系统则不同，由于该系统是人工社会经济系统，系统中各要素包括生态因子也都在人的控制之内，所以，当生态环境恶化之后，可以人为地对其进行控制，使工业生态系统改善。

15.3 工业生态系统的构建

生态工业是一种根据工业生态学基本原理建立的、符合生态系统环境承载能力、物质和能量高效组合利用以及工业生态功能稳定协调的新型工业组合和发展形态。在建立生态工业体系中，除了工业生态学的理论和原理之外，还有另一个紧密相关的概念——生态效率。生态效率概念最早是 1992 年由世界可持续发展商业理事会（WBCSD）在其向里约联合国环境与发展大会提交的报告《改变航向：一个关于发展与环境的全球商业观点》中提出的。WBCSD 将生态效率定义为："提供有价格竞争优势的、满足人类需求和保证生活质量的产品或服务，同时能逐步降低产品或服务生命周期的生态影响和资源强度，其降低程度要与估算的地球承载力相一致"。与工业生态学相比较，生态效率主要集中在单个企业的发展战略上，而工业生态学注重企业集团层次间、企业间、地区间甚至整个工业体系的生态优化。

生态效率是一个技术与管理的概念，关注如何最大限度地提高能源和物料投入的生产力，以降低单位产品的资源消费和污染物排放。这可从两个并不相互排斥的方面来解释。①作为一种管理工具，以实现污染预防和废物最小化，并且提高效率、降低费用和提高竞争优势。这就是所谓的环境和发展的"双赢"途径。支持这种观点的人认为经济产出可能在资源投入恒定或减少基础上增加。②作为一种调整企业活动方向的措施，可以导致企业的商业文化、组织和日常行为的改变。支持这种观点的经济学家认为，经济产出应该保持恒定或下降，而资源投入应该大大减少。因此，从这个意义上来说，工业生态不过是生态效率在工业体系中的一个运用策略。

在一个稳定成熟的自然生态系统中，物质和能量都能得到高效利用，物质的循环是闭合的，不会产生"废弃物"。根据工业生态学的原理，生态工业的建设也应仿照自然生态系统，实现物质和能量的高效利用以及物质的闭路循环。

15.3.1　构建原则

15.3.1.1　构建原则

（1）企业共生原则

构建工业生态系统的企业共生原则指仿照自然生态系统食物链和食物网，使一家企业的废物（输出），变成另一家企业的原材料（输入），形成"共生工业链"，实现系统物质流和能量流综合协同的封闭循环。

1）企业共生的来源、内涵与本质。生物学"共生"概念最早是由德国真菌学家 Anton de Bary 在 1879 年提出的，他认为共生是指"不同种属在一定时期内按某种物质联系而生活在一起"。虽然迄今还没有一个被广泛接受的共生定义，但生物学家并未对德贝里所提出的概念有多少异议，而是接受了他的解释：共生是一起生活，暗示生物体某种程度的永久性的物质联系，其实质是合作。

工业共生，首先是由丹麦卡伦堡公司出版的《工业共生》一书中的定义："工业共生指不同企业之间的合作，通过这种合作，共同提高企业的生存和获利能力，同时，通过这种共生实现资源节约和环境保护，在这里这个词被用来说明相互利用副产品的工业合作关系。"

一些学者对这一概念进行了修正，工业共生的涵义主要包括以下内容。

① 工业共生是工业企业模仿自然生态系统的组织创新模式。它模仿自然界生物种群的共生关系交互作用原理，在企业间建立起生产者—消费者—分解者食物链共生网络结构。

② 工业共生指企业之间广泛的内在必然联系。它不仅包含合作，同时包括竞争和优胜劣汰；企业之间不仅包含物质流、能量流之间的副产品利用，而且包括信息流、人才流、技术流和知识创新流等方面的全面合作。

③ 工业共生是一个更大空间的合作网络，合作效益是合作的根本动力。它由企业间生产过程中的副产品合作，跨越到企业之间全方位合作，以及扩大到企业、社区与政府公共部门之间更广泛的企业共生网络合作。

2）生态工业企业共生机制

① 资源循环代谢机制。EIP的共生的物质基础在于共生单元质参量的兼容，它们着重相互利用副产品，通过这种合作，促进物质的循环利用和能量的梯级利用，形成高效的资源代谢机制，使资源使用最大化和环境污染最小化。

② 互惠互利、风险共担机制。EIP中生态产业链的良性运作，以关联企业长期合作为前提，建立健全"互惠互利、风险共担"的共生机制是关键。共生主体通过EIP能获取各自的利益，或共享基础设施、公共服务而降低生产成本，或实现副产品交换、资源互补而降低交易成本，或减少不确定性、降低风险，或知识共享、实现创新。

③ 信任沟通反馈机制。不确定性是EIP市场经济中存在并危及交易活动的常见问题。在生态产业链成长中，由于信息不对称或信息不充分以及系统和环境的动态变化，市场失灵表现尤为突出。在EIP运作过程中，存在着广泛、复杂、频密的内在联系，因此必然伴随着复杂的不确定性，因而需要建立一种良好的信任沟通机制。

3）生态工业企业共生模式分析

① 关键种企业共生模式。"关键种"（Key Species）是1966年由Paine首次明确提出的。"关键种"概念及其依据的理论认为：生物群落内不仅存在着制约种分布与多度的相互作用关系，而且还存在着起关键作用的物种，即"关键种"，它对其他物种的分布和多度起着直接或间接的调控作用，决定着群落的稳定性、物种多样性和许多生态过程的持续或改变。运用关键种理论选定"关键种企业"作为生态工业的主要种群，构筑企业共生体的模式，被称为关键种企业共生模式。

② 对称型网络企业共生模式。对称型共生网络是指在EIP中，共生单元各个结点企业业务上处于平等地位，通过各结点之间物质、信息、资金、人才和副产品等资源的相互交流，形成网络组织的自我调节以维持组织的运行。

与关键种企业共生网络不同的是，园区内并没有一家起主导作用的大企业，往往都是由中小企业甚至微型企业组织在一起的，任何一家企业都不能起支配性作用，它们可以同时与其他多家企业存在灵活多样的合作关系，企业之间不存在依赖关系，在合作谈判过程中处于平等地位，主要依靠市场调节机制来实现产业链接和价值链的增值。在市场机制的作用下，园区内各结点企业之间采取灵活的合作方式，链接结构简洁实用，废物循环周期短，企业间关系简单易于协调管理，这种模式有利于网络关系的迅速形成和发展。但是，这种模式产业链短，关联性低，结构较脆弱，稳定性较差，易受内外部环境影响，因此，这使企业间合作关系往往易于波动甚至断裂，对网络的稳定性和安全性构成严重威胁，管理难度加大。

③ 嵌套式企业共生模式。关键种企业共生模式和对称型网络企业共生模式是企业共生的两种较为极端的形式，前者依赖于某一关键种企业，而后者过于松散，难以形成主导生态产业链，成长性与稳定性受到制约。随着世界各国生态工业理论与实践的不断发展，一种介于这两种共生网络模式——嵌套式企业共生在实践中不断进化与发展。嵌套式企业共生是一种复杂网络组织模式，具备关键种共生企业网络模式和对称型共生网络模式的优点，由多家大型核心企业即关键种企业和其相关联的中小企业通过各种业务关系而形成的多级嵌套网络模式。

（2）环境优化原则

美国 Porter 教授（1991 年）首次提出环境保护能够提升国家竞争力的主张。1995 年，Porter 和 Vander Linde 进一步详细解释了环境保护经由创新而提升竞争力的过程，这一主张被称为波特假说。波特假说的内涵主要包括以下几个方面。

① 环保与竞争力不一定相互抵消。传统经济学认为，环境保护造成经济的沉重负担，引起社会福利与私人成本之间的抵消。Porter 认为，将环保与经济发展视为相互冲突的简单二分法并不恰当；严格的环保可刺激企业从事技术创新，并借以提高生产力，有助于国际竞争力的提升，两者之间并不一定存在抵消关系。Porter 还指出，只有在静态的模式下，环保与经济发展的冲突才无可避免，但国际竞争力早已不是静态模式，而是一种新的建立在创新基础上的动态模式。因此，实施严格的环境保护不仅不会伤害国家的竞争力，反而对其有益。

② 以动态观点分析环境保护与竞争力的关系。Porter 认为，传统经济学之所以反对其观点，是因为其对企业竞争模式的假设与现实不符。传统经济学假设企业处于静态的竞争模式，而实际上，企业处在动态的环境中，生产投入组合与技术在不断变化，因而环境保护的焦点不在过程，而在最后形成的结果，必须以动态的观点来衡量环境保护与竞争力的关系。他指出，企业在从事污染防治过程中，开始可能因为成本增加而产生竞争力下降的现象，尤其是在国际市场上面对其他没有从事污染防治的国外企业，更可能表现出暂时的竞争力劣势。因此，Porter 认为设计适当的环保标准会激励企业进行技术创新，创新的结果不仅会减少污染，同时也会达到改善产品质量与降低生产成本的目的，进而增加生产力，提高产品竞争力。

③ 政府扮演的角色。长期而言，尽管环境保护会为企业带来正面效果，但由于企业面对短期成本及技术创新费用的递增，会产生不确定性与悲观的心理预期，因此需要借助政府管制来刺激企业从事创新。Porter 指出，只有在静态模式中，企业追求利润最大化的行为才能实现，而在现实中的动态竞争模式下，由于技术的不断变化，潜藏着无限创新与改进的空间，加上信息不对称及企业组织中管理无效率等问题，都使得企业很难做出真正最优的决策。一旦企业改进了技术并加强内部管理，企业就会获得更大的效益。政府的角色即在执行严格的环保标准，促使企业了解潜在的获利机会，改进生产组合，从而做出真正利润极大的最优决策。

④ 适当的环保标准。适当的环保标准能够促使企业的创新，而适当的环保标准至少应具备以下功能：显示企业潜在的技术改进空间；信息的披露与集中有助于企业实现从事污染防治的效益；降低不确定性；刺激企业创新与发展；过渡时期的缓冲器。总之，一个经过适当设计的严格环保标准，能使企业从更新产品与技术着手，虽然有可能会造成短期成本增加，但通过创新而抵消成本的效果，将使企业的净成本下降，甚至还有净收益。

15.3.1.2 构建措施

（1）污染趋零排放

生态工业的最高目标是使所有物质都能循环利用，向环境中排放的污染物极小，甚至为零排放。从环境友好的角度，这是生态工业推崇的、理想化的模式。污染零排放模式实际上是 AT&T 公司 Allenby 和 Graedel 提出的 3 种类型：第一种类型要求企业的能源和物质全部做到物尽其用，几乎不需要资源回收环节；第二种类型要求建立一个企业内部的资源回收环节，以满足资源回收；第三种类型要求对生产过程中的所有产出物进行循环利用，但这取决于外部的能量投入。很显然，实现这三种类型的零排放的难度，第一种类型大于第二种类型，第二种类型大于第三种类型。目前，生态工业实现的零排放大多是第三种类型。

（2）物质闭路循环

物质的闭路循环是最能体现工业生态自然循环理念的策略。这种闭路循环应该在产品的设计过程就给予考虑。但是，从技术经济合理的角度，物质的闭路循环应该是有限度的。一方面，过高的闭路循环会显著增加企业的生产成本，降低企业产品的市场竞争力；另一方面，与自然生态系统的闭路循环相反，生态工业系统的闭路循环会降低产品的质量。实际上，这就是工业闭路循环的物质性能呈螺旋型递减的规律。这就要求反过来寻找材料高新技术，使物质成分和性能在多次循环利用过程中保持稳定状态。

（3）废物资源利用

有步骤地回收利用生产和消费过程中产生的副产品是工业生态学得以产生和发展的最直接的动因，也是生态工业的核心措施。生态工业要求把一些企业的副产品作为另一些企业的原料或资源加以重新利用，而不是把它作为"废物"废弃掉。这种回收利用过程是一种工业生态链的行为。相对污染零排放和闭路循环利用而言，资源重新利用在技术上比较容易解决。在世界各国的生态工业园区中，目前比较多的形态就是资源回收再生园（RRPS）。

（4）消耗性污染降低

消耗性污染指产品在使用消耗过程中产生的污染。大部分产品随着产品完成使用寿命，其污染也就终止，有些产品（如电池）的污染在产品使用完后还继续。基于消耗性污染的严重性和普遍性，生态工业对它们的主要策略就是预防。防止消耗性污染主要有 3 种手段：一是改变生产原料，从源头降低污染的潜在机会；二是在技术方法上回收利用，根据"分子租用"的概念，用户只购买产品的功能，而不购买产品的分子本身；三是直接用无害化合物替代有害物质材料，对某些危害或风险极大的污染物质禁止使用。

（5）产品与服务的非物质化

生态工业中非物质化的概念指通过小型化、轻型化、使用循环材料和部件以及提高产品寿命，在相同甚至更少的物质基础上获取最大的产品和服务，或者在获取相同的产品和服务功能时，实现物质和能量的投入最小化。实际上，这就是资源的产出投入率或生产率最大化。促进产品和服务非物质化的主要手段有两种。一种是通过延长产品的使用寿命降低资源的流动速度，从而达到物质的减量化要求；第二种是减少资源的流动规模，达到资源的集约化使用。需要指出的是，从工业化的进程来看，产品和服务的非物质化是有限度的，而且一般不存在非物质化程度与环境友好性呈正比的关系。

（6）园区生态管理

生态工业园区是生态工业发展的最佳组合模式，而管理模式的选择将直接影响园区的生态工业特性。建立工业园区的生态管理体系可以从以下三个层次着手：第一个层次是产品层次，要求园区企业尽可能根据产品生命周期分析、生态设计和环境标志产品要求，开发和生产低能耗、低消耗、低（或无）污染、经久耐用、可维修、可再循环和能够进行安全处置的产品；第二个层次是园区的企业，尽可能在企业本身实现清洁生产和污染零排放，同时建立ISO 14000 环境管理体系；第三个层次是园区层次，建立园区水平上的 ISO 14000 环境管理体系、园区 APPEL 计划、园区废物交换系统（WES）以及园区的生态信息公告制度等。这样，通过园区、企业和产品不同层次的生态管理，树立园区良好的环境或生态形象，为工业生态体系的可持续发展提供生态保障。

（7）管理制度完善

目前与生态工业有关的法规有 2 类：一是从正面提倡和要求建立生态工业；二是从反面约束和控制非生态工业的副作用。实际上，两者都对生态工业的建立起到促进作用。欧盟于 1995 年开始实施纺织品和成衣环保法案。1996 年 12 月，欧盟开始执行 22 个大类的产品包装技术标准，内容涉及包装材料的循环再利用和废弃物不对环境产生危害等具体要求。

15.3.2　生态工业园区构建途径

15.3.2.1　生态工业园区概念

工业园泛指分割和开发以供若干企业同时使用的大面积地域，一般具有某些可共享的基础结构，企业之间又有比较紧密的联系。工业园的类型包括出口加工区、工业群、商务园、办公园、科研园以及生物技术园等。现在，生态工业园也被列入其中。由于工业生态学自身尚不完善，生态工业园的定义也不统一，主要的 4 种定义如下。

① 定义一：生态工业园是保持自然与经济资源，减少生产、材料、能源、保险与治理费用和负债，提高操作效率、质量、工人健康和公众形象，提供废料利用及其规模的收益机会的工业系统。

② 定义二：通过管理环境和资源利用的合作，寻求集体的环境和经济效益，这种利益大于所有单个公司利益的总和。这样的加工与服务商务社区（群体）即生态工业园。

③ 定义三：生态工业园是商务（企业）群体，其中的商业企业互相合作，而且与当地的社区合作，以实现资源的有效共享、产业经济和环境质量效益，为商业企业和当地商业社区带来可平衡的人类资源。

④ 定义四：生态工业园为一种工业系统，有计划地进行材料和能源交换，寻求能源与材料使用的最小化，废物最小化，建立可持续的经济、生态和社会关系。

上述定义和模式的提出是由研究者考察不同对象而形成的，但本质上没有大的区别。

15.3.2.2　生态工业园区特征

同传统工业园相比，生态工业园具有以下特征。

① 主题明确，但不只是围绕单一主题而设计、运行，在设计工业园同时考虑社区；

② 通过毒物替代、CO_2 吸收、材料交换和废物统一处理来减少环境影响或生态破坏，但生态工业园不单纯是环境技术公司或绿色产品公司的集合；

③ 通过公共和层叠实现能量效率最大化；

④ 通过回收、再生和循环对材料进行可持续利用；

⑤ 在生态工业园定位的社区以供求关系形成网络，而不是单一的副产物或废物交换模式或交换网络；

⑥ 具有环境基础设施或建设，企业、工业园和整个社区的环境状况得到持续改善；

⑦ 拥有规范体系，允许一定灵活性而且鼓励成员适应整体运行目标；

⑧ 应用减废减污的经济型设备；

⑨ 应用便于能量和物质在密封管线内流动的信息管理系统；

⑩ 准确定位生态工业园及其成员市场，同时吸收那些能填补适当位置和开展其他业务环节的企业。

15.3.2.3 生态工业园区的类型

国内外的生态工业园并没有统一的模式，而是因地制宜，各具特色，但可从产业结构、原始基础、区域位置等不同的角度对生态工业园进行分类。

（1）按产业结构分类

联合型生态工业园是以某一大型联合企业为主体的生态工业园，典型的如美国杜邦模式、贵港国家生态工业园等。对于冶金、石油、化工、酿酒、食品等不同行业的大企业集团，非常适合建设联合型的生态工业园。

综合型生态工业园内各企业之间的工业共生关系更为多样化。与联合型园区相比，综合型生态工业园需要更多地考虑不同利益主体之间的协调和配合。例如，丹麦的卡伦堡工业园区是综合型生态工业园的典型。大量传统的工业园适合朝综合型生态工业园的方向发展。

（2）按原始基础分类

改造型生态工业园是园区内已有大量企业通过适当的技术改造，在区域内建立物质和能量的交换，丹麦卡伦堡工业园区也是改造型园区的典型。

全新规划型生态工业园是在规划和设计基础上，从无到有地进行建设，主要吸引具有"绿色制造技术"的企业入园，并建造一些基础设施，使企业间可以进行物质、能量交换。南海生态工业园属于这一类型。这一类工业园投资大，建设起点高，对成员的要求也高。

（3）按区域位置分类

实体型生态工业园的成员在地理位置上聚集于同一地区，可以通过管道等设施进行成员间的物质和能量交换。

虚拟型生态工业园不一定要求其成员在同一地区，它利用现代信息技术，通过园区的数学模型和数据库来建立成员间的物质、能量交换关系，然后再在现实中选择适当的企业组成生态工业网链。虚拟型生态工业园可以省去建园所需昂贵的购地费用，避免进行困难的工厂迁址工作，灵活性大，缺点是可能要承担较贵的运输费用。美国的 Brown—Sville 生态工业园和中国的南海生态工业园是虚拟型园区的典型。

15.3.2.4 规划设计原则

（1）生态链原则

设计生态工业园必须首先考虑生态工业园成员间在物质和能量的使用上是否形成类似自

然生态系统的生态链或食物链，只有这样才能实现物质与能量的封闭循环和废物最少化。成员间市场规范的供需关系以及供需规模、供需稳定性均是影响生态工业园发展的重要因素，特别是废物、副产品的供需关系影响到园区的废物再生水平。

（2）整体性与个体性统一原则

生态工业园既追求工业园整体乃至整个区域的经济和环境效益，也追求成员自身的经济效益和环境绩效，因此，需要保证系统的整体性和成员个体性统一。从操作、运行和管理上，使物质和能量流动以及信息交流在整个园区内形成快捷、顺畅的网络，成员间以市场原则进行联系以体现个性。

（3）多样性原则

园区成员组成和相互间的联系要多样化，而且要有创新性，不能一成不变，这样才能保证工业生态系统的平衡和稳定发展。

（4）多功能性原则

经济、社会和环境的和谐是可持续发展的基础，是工业生态学的基本目标。因此，生态工业园必须兼备经济、社会和环境的多种功能和多重效益，才能实现工业生态学主旨。

（5）组织和联系的高效性原则

在追求经济成本和环境成本优势的市场里，仅仅是地域上的邻近不足以确保现代企业的竞争力。生态工业园的设计在于形成高效的工作系统，其内部有着很好的友邻关系。园区通道和管道应靠近副产物、废物或能量的供应者和利用者，在保证物资流通的同时保证信息交流的顺畅。

15.3.2.5　规划设计内容

（1）能源利用

有效的能源利用是削减费用和环境负担的主要战略。在生态工业园中，不仅单个公司寻求各自的电能、蒸汽或热水等使用的更大效率，而且在相互间实现所谓"能量层叠"，如蒸汽在工厂与同一地区家庭用户间的连接。

（2）物质流动

把废物作为潜在的原料，在生态工业园的成员间相互利用或推销其他企业使用。不论对成员个体或整个社区，都应当优化所有物质的使用和减少有毒物质的使用。生态工业园基础设施应当为成员提供中间产品转移的功能，提供库存场所和普通毒物的处理设施。因此，一种新观点认为可将生态工业园定位在多家资源再生公司附近，在其外围形成资源循环、再用、再加工的格局。

（3）水流动

同能量一样，对于水资源的使用应当实现"水层叠"，但要经过必需的预处理。整个生态工业园所需用水的大部分应当在基础设施中流动和层叠，这样有利于提高水循环使用的效率。而且，生态工业园在设计时应当考虑建立具有收集和使用雨水的设施。

（4）管理与支持服务

要具有较传统工业园更复杂的管理和支持系统管理支持各企业之间副产物的交换，具有同区域副产物交换场所的联系和本区域范围内的远程通讯系统。生态工业园还应包括培训中心、日常保健中心、运输后勤办公室等。公司可以通过这些服务的共享来进一步节省开支。

（5）其他

此外，生态工业园还应有土地使用和景观学方面的设计内容，即对生态工业园的土地使用、建筑、基础设施、视觉效果、环境质量、绿化、土壤、水文、景观、照明、交通和周边环境等多方面加以考虑和设计。

15.3.2.6 实施途径

国外工业生态学家们对生态工业园的实施提出了两种不同思路。

（1）由下而上的方法

这种方法转型的对象是能够相互形成生态链的企业群。在瑞典、南非、荷兰、加拿大和美国都有类似的生态工业园项目。由下而上的方法最有希望的是"核心承租商"模式，即在1个或2个已有的或规划的"核心"承租商周围建设生态工业园。开发者要根据特定的资源流动筛选出作为卫星企业的承租商，使生态工业园为卫星公司提供有明显效益的废物资源，而这些卫星公司可以利用这些废物进行产品生产。

（2）由上而下的方法

该方法考虑的重心在于整个区域及其将来的发展变化，其中涉及多个层次的利害关系，而且他们各自还有自身发展的要求。在这种方法中直接利益相关者起到核心作用，而且首先要分析他们的责任与利益所在。其次是将这些利益转变成可测量的标准并估计他们的相关性和权重。这些后来将进一步综合，再形成设计的方针。最终计划将由反复的规划、平衡过程产生。

专栏—广西贵港国家生态工业（制糖）示范园区

这是中国第一个循环经济试点。该园区以贵糖（集团）股份有限公司为核心，以蔗田系统、制糖系统、酒精系统、造纸系统、热电联产系统、环境综合处理系统为框架建设的生态工业（制糖）示范园区。该示范园区的6个系统分别有产品产出，各系统间通过中间产品和废弃物的相互交换而相互衔接，形成一个较完整和闭合的生态工业网络。园区内资源得到最佳配置，废弃物得到有效利用，环境污染减少到最低水平。园区内主要生态链有2条：①甘蔗→制糖→废糖蜜→制酒精→酒精废液制复合肥→回到蔗田；②甘蔗→制糖→蔗渣造纸→制浆黑液碱回收。这些生态链相互间构成横向耦合关系，并在一定程度上形成网状结构。

专栏—鲁北生态工业模式

　　山东鲁北企业集团总公司是一家跨化工、建材、轻工、电力等 10 个行业的绿色化工企业。鲁北集团以石膏制硫酸联产水泥等关键黏结技术的研发产业化为基础，自发培育形成磷铵硫酸水泥联产、海水-水多用、盐碱电联产多条相关的生态工业链，完成传统的重污染行业向"绿色产业"的战略转变。

　　① 石膏制酸技术生态工业链。建成我国第一套磷铵、硫酸、水泥联合生产装置，用生产磷铵排放的废渣磷石膏，制造硫酸并联产水泥，硫酸又返回用于生产磷铵，使上游产品废弃物成为下道产品的原料。整个生产过程没有废物排出，资源在生产全过程得到高效循环利用，形成一个生态产业链条，达到经济效益、社会效益、环境效益的有机统一。

　　②"一水多用"生态工业链。建成现代化大型盐场，完成海水"一水多用"生态产业链的创建，实现"初级卤水养殖、中级水提溴、饱和卤水制盐、盐碱电联产、高级卤水提取钾镁、盐田废渣盐石膏制硫酸联产水泥"的良性循环。

 习题与思考题

1. 什么是工业生态学？工业生态学的主要特征有哪些？
2. 工业生态系统的组成有哪些？有什么主要特点？
3. 简述工业生态系统与自然生态系统的相似性。
4. 工业生态系统中物质循环与能量流动的特点是什么？
5. 工业生态系统的构建原则是什么？
6. 生态工业园区的特征有哪些？分为哪几种类型？
7. 生态工业园区的规划设计原则是什么？规划设计内容和实施途径有哪些？
8. 举例说明我国的生态工业示范园区。

参考文献

[1] 李素芹，苍大强，李宏. 工业生态学[M]. 北京：冶金工业出版社，2007.
[2] 李同升，韦亚权. 工业生态学研究现状与展望[J]. 生态学报，2005，25（4）：872-875.
[3] 陈亮，王如松，杨建新. 鲁北工业生态系统分析[J]. 环境科学学报，2005，25（6）：721-723.
[4] 陈定江. 工业生态系统分析集成与复杂性研究[D]. 北京：清华大学，2003.

第 16 章　农业生态系统保护

![本章要点]

本章要点

1. 农业生态系统的含义、组成、特点和结构；
2. 农业生态的环境问题和相应保护措施；
3. 生态农业的类型、发展模式和发展趋势；
4. 生态农业在我国的实例应用。

16.1　农业生态系统

16.1.1　农业生态系统的概述

16.1.1.1　概念

由一定农业地域内相互作用的生物因素和非生物因素构成的功能整体，人类生产活动干预下形成的人工生态系统。建立合理的农业生态系统，对于农业资源的有效利用、农业生产的持续发展以及维护良好的人类生存环境具有重要作用。

16.1.1.2　组成

（1）生物组分

① 生产者：能利用简单的无机物合成有机物的自养生物。能够通过光合作用把太阳能转化为化学能，或通过化学能合成作用，把无机物转化为有机物，不仅供给自身的发育生长，也为其他生物提供物质和能量。

② 消费者：是自然界中的一个生物群落，属于异养型生物，包括食草动物和食肉动物。顾名思义，消费者不能直接利用太阳能来生产食物，只能直接或间接地以绿色植物为食获得能量。

③ 分解者：是生态系统中将动植物残体、排泄物等所含的有机物质转换为简单的无机物的生物。

（2）环境组分

① 辐射：短波辐射、长波辐射（热辐射）、宇宙辐射、核辐射。

② 无机物质：与机体无关的化合物（少数与机体有关的化合物也是无机化合物，如水），与有机化合物对应，通常指不含碳元素的化合物，但包括碳的氧化物、碳酸盐、氰化物等，简称无机物。

③ 有机物质：有机化合物主要由氢元素、碳元素组成，通常指含碳的化合物，但不包括一氧化碳、二氧化碳和以碳酸根结尾的物质。有机物是生命产生的物质基础，所有的生命体都含有机化合物。生物体内的新陈代谢和生物的遗传现象，都涉及有机化合物的转变。

④ 土体、水、空气。

16.1.1.3　结构

农业生态系统由农业环境因素、生产者、消费者和分解者四大基本要素构成。农业环境因素一般包括光能、水分、空气、土壤、营养元素和生物种群，以及人和人的生产活动等，由此构成一个连续不断的物质循环和能量转化系统。其中，太阳辐射能是一切生态系统能量的基本来源。

16.1.2　农业生态系统的特点

（1）社会性

农业生态系统作为一种人工生态系统，同人类的社会经济领域密不可分。大量的农产品离开农业系统，源源不断地进入社会经济领域，而大量的农用物资包括化肥、农药、农业机械等又作为辅助能量，源源不断地从社会经济领域投入农业系统。由此决定了农业生态系统的社会性，它不仅受自然规律支配，而且受社会经济规律的支配。

（2）波动性

农业生态系统的生物种群构成，是人类选择的结果。只有符合人类经济要求的生物学性状诸如高产性、优质性等被保留和发展，并只能在特定的环境条件和管理措施下才能得到表现。一旦环境条件发生剧烈变化，或管理措施不能及时得到满足，它们的生长发育就会由于失去原有的适应性和抗逆性而受到影响，导致产量和品质下降。

（3）综合性

农业生态系统结构因社会（人类）的需要、经济效益而发生变化，故实际上是社会—经济—自然生态系统组成的复合系统。所以，人们对农业生态系统的影响，可能是积极的建设作用，也可能是消极的破坏作用。

（4）选择性

农业是人类社会的一种生产活动，不但受自然规律的制约，经济因素也是一个重要的选择性因素。

（5）开放性

农业生态系统，为满足社会日益增长的需要，须对城市、工矿等提供大量的商品食物和工业原料。大量农畜产品输出使营养元素的回收和保持能力也不同。在农畜产品输出的同时，必须有相应物质和能量的输入，以维持生态系统的平衡。

（6）经济性

农业生态系统中的农业生物具有较高的净生产力，较高的经济价值和较低的抗逆性。农业生态系统是在人类的干预下发展的，因而同自然生态系统下生物种群的自然演化不同，一些符合人类需要的生物种群可提供远远高于自然条件下的产量。如自然条件下绿色植物对太阳光能的利用率全球平均约仅 0.1%，而在农田条件下，光能利用率平均约为 0.4%，$4500 \sim 6000 \mathrm{kg/hm^2}$ 的稻田或麦田光能利用率可达 0.7%～0.8%。

16.1.3　农业生态系统的循环

16.1.3.1　能量流动

能量的流动是生态系统存在与发展的动力，一切生命活动都依赖生物与环境之间的能量流通和转换。由于生物与生物、生物与环境之间不断进行物质循环和能量转换的过程，不但使生物得以维持生存、繁衍与发展，而且也使生态系统保持平衡与稳定。

在生态系统中，能量流动主要是从初级生产者向次级生产者流动。能量的流动渠道主要通过"食物链"与"食物网"来实现。在农业生态系统中，能量流动的主要渠道通常有 3 种形式：捕食食物链、寄生食物链和腐生食物链。

在生态系统中食物链不是唯一的，由于某一消费者不只吃一种食物（生物），每种食物（或生物）又被许多生物所食，因此形成相互交错、彼此联系的网状结构，故称食物网。

由于能量从一个营养级到另一个营养级的流动过程中，有一部分被固定下来形成有机物的化学潜能，而另一部分通过多种途径被消耗，直到最后耗尽为止。平均每个营养级的能量转化效率为 10%，这就是著名的"1/10 定律"。因此，营养级由低级到高级，形成底宽而顶尖的金字塔形，称之为生态金字塔或能量金字塔，即顺着营养级位序列（食物链）向上，能量急剧递减。

绿色植物是所有农业生态系统中的所有能量的初始来源，主要是太阳辐射能和其他辅助能。

（1）太阳能

地球上能量的原始与主要的来源，太阳每年向外辐射约 $10.1 \times 10^{34} \mathrm{J}$ 能量，农业生产通过绿色植物来固定太阳光能，但也仅能利用太阳光能的 1%～3%，理论上最大利用率仅5%。因此在农业生产中合理利用，充分提高太阳光能利用率的潜力很大。

（2）辅助能

辅助能是太阳能的一种变换形式，不过在农业生产中，我们把除太阳能以外人类可以利用的能源，包括工业能、生物能、自然能等都称之为辅助能。

辅助能的使用主要用于改善农业生产环境，提高作物能利用率及能量转化效率，用于灌溉、排水、施肥、耕作与农田基本建设，培育苗木、田间管理、收获和贮藏加工。在辅助能的使用量与技术上必须给予足够的重视，大量使用工业能、化学能与生物能，将带来一系列的生态问题。

自工业机械与石油能在农业生产中被大量使用后，农业生产力和农作物产量显著提高。欧洲在第二次世界大战后 30 年内农产品产量增加 8 倍；1945 年美国每公顷产玉米 2 吨（合

130 千克/亩），1987 年则达到 6 吨（400 千克/亩）。许多的试验与资料表明，随着无机能投入量增加，农业产量显著提高，但能量产投比并不降低，当有机与无机能之比为 4：1 时，产投比最高，说明有机能与无机能的最佳比例为 4：1。

16.1.3.2　物质循环

农业生物为了自身的生长、发育、繁殖必须从周围环境中吸收营养物质和能量，主要有 C、H、O、N 等构成有机体的元素，还有 Ca、Mg、P、K、Na、S 等大量元素以及 Cu、Zn、Mn、B、Mo、Co、Fe、F、I 等微量元素，同时从空气中吸收 CO_2 并利用日光能制造各种有机物。

一般地，各种化学元素从环境到生物体，再从生物体到环境以及生态系统之间进行流动和转化的运动，称为物质的生物地球化学循环，或简称为"环"。在循环过程中物质被暂时固定、贮存的场所，称为物质贮存的"库"。而物和能量以一定的数量由一个库转移到另一个库中，这个过程叫做"流"，即所谓的物质流和能量流。

目前在农业生态系统中物质的循环以 3 种类型为主，即水循环、气态循环和沉积循环。

16.2　农业生态的保护

16.2.1　农业生态的环境问题

16.2.1.1　化肥污染

化肥污染是农田施用化肥而引起水体、土壤和大气污染的现象。农田施用的任何种类和形态的化肥，都不可能全部被植物吸收利用。化肥利用率，N 为 30%～60%，P 为 3%～25%，K 为 30%～60%。

（1）化肥引起的环境问题

农田所施用的任何种类和形态的化肥，都不可能全部被植物吸收利用。用量过大，或使用虽正常，但由于其他自然或人为原因，都会使化肥大量流失。未被植物及时利用的氮化合物，若以不能被土壤胶体吸附的氨氮形式存在，就可能造成污染。

化肥污染引起的环境问题主要有：①河川、湖泊、内海的富营养化；②土壤受到污染，土壤物理性质恶化；③食品、饲料和饮用水中有毒成分增加；④大气中 NO_x 含量增加。

（2）化肥污染的防治

防止化肥污染，不要长期过量使用同一种肥料，掌握好施肥时间、次数和用量，采用分层施肥、深施肥等方法减少化肥散失，提高肥料利用率。

化肥与有机肥配合使用，增强土壤保肥能力和化肥利用率，减少水分和养分流失，使土质疏松，防止土壤板结。进行测土配方施肥，增加磷肥、钾肥和微肥的用量，通过土壤中 P、K 以及各种微量元素的作用，降低农作物中硝酸盐的含量，提高农作物品质。

16.2.1.2　农药污染

农药污染指农药或其有害代谢物、降解物对环境和生物产生的污染。农药及其在自然环境中的降解产物，会污染大气、水体和土壤，从而破坏生态系统，并引起人和动物、植物的急性或慢性中毒。

农药施用后，一部分附着于植物体上，或渗入植物体内残留下来，使粮、菜、水果等受到污染；另一部分散落在土壤上（有时则是直接施于土壤中），或蒸发、散逸到空气中，或随雨水及农田排水流入河湖，污染水体和水生生物。

（1）农药分类

① 有机农药。有机农药可分为有机磷农药、有机氯农药、有机氮农药、有机硫农药、有机金属农药，以及含硝基、酰胺、腈基、均三氮苯等基团的有机农药。在上述几大类有机农药中，应用历史以有机氯农药为最长，品种则以有机磷农药为最多。

中国使用的有机氯农药主要是"六六六"和"DDT"。西方国家还有环戊二烯类化合物艾氏剂、狄氏剂、异狄氏剂等。这些化合物性质稳定，在土壤中降解一半所需的时间为几年甚至十几年。它们可随径流进入水体，随大气飘移至世界各地，然后又随雨雪降到地面。因此在南极洲和格陵兰岛也能检出有机氯农药。

② 无机农药。无机农药应用的品种已很少。在一些地区使用的无机农药主要是含汞杀菌剂和含砷农药。含汞杀菌剂如升汞（$HgCl_2$）、甘汞（Hg_2Cl_2）等，它们会伤害农作物，因而一般仅用来进行种子消毒和土壤消毒。汞制剂一般性质稳定，毒性较大，在土壤和生物体内残留问题严重，中国、美国、日本、瑞典等许多国家已禁止使用。含砷农药为 H_3AsO_3（砒霜）、$NaAsO_2$ 等亚砷酸类化合物，以及 H_3AsO_4Pb、$Ca_3(AsO_4)_2$ 等砷酸类化合物。亚砷酸类化合物对植物毒性大，曾被用作毒饵以防治地下害虫。砷酸类化合物曾广泛用于防治咀嚼式口器害虫，但也因防治面窄、药效低等原因，而被有机杀虫剂所取代。

（2）污染分类

① 概述。农药并非都有残留毒性问题，同一类型不同品种的农药对环境的危害也不一样。农药的不同剂型在土壤中流失、渗漏和吸附的物理性质并不相同，因而它们在土壤中的残留能力也有差异。

农药污染主要是有机氯农药污染、有机磷农药污染和有机氮农药污染。人从环境中摄入农药主要是通过饮食。植物性食品中含有农药的原因，一是药剂的直接沾污，二是作物从周围环境中吸收药剂。动物性食品中含有农药是动物通过食物链或直接从水体中摄入的。环境中农药的残留浓度一般都很低，但通过食物链和生物浓缩可使生物体内的农药浓度提高至几千倍，甚至几万倍。

② 土壤污染。由于农药的大量、大面积使用，不当滥用，以及农药的不可降解性，对地球造成严重的污染，由此威胁着人类的安全。

1962—1971 年，在越南战争中美国向越南喷洒了 6434L 落叶剂——2,4-D（2,4-二氯苯氧基乙酸）和 2,4,5-T（2,4,5-三氯苯氧基乙酸）。在 2,4-D 和 2,4,5-T 中含有剧毒的副产物二噁英类化合物，结果造成大批越南人患肝癌、孕妇流产和新生儿畸形，证明有机氯农药有严重的毒害作用。此后，美国和其他西方国家便陆续禁止在本国使用有机氯农药，中国也在 1983 年禁止有机氯农药的生产和使用。

据统计，中国每年农药使用面积达 1.8 亿公顷。20 世纪 50 年代以来使用"六六六"达400 万吨、"DDT"50 多万吨，受污染农田 1330 万公顷。80 年代禁止生产和使用有机氯农药后，代之以有机磷、氨基甲酸酯类农药，但其中一些品种比有机氯的毒性大 10 倍甚至 100 倍，农药对环境的排毒系数比 1983 年还高。而且，这些农药虽然低残留，但有一部分与土壤形成结合残留物。

③ 环境污染。由于农药的施用通常采用喷雾的方式，农药中的有机溶剂和部分农药飘浮在空气中，污染大气。农田被雨水冲刷，农药则进入江河，进而污染海洋。这样，农药就由气流和水流带到世界各地，残留土壤中的农药则可通过渗透作用到达地层深处，从而污染地下水。

④ 生态破坏。农药的不当滥用，导致害虫、病菌的抗药性。据统计，世界上产生抗药性的害虫从 1991 年的 15 种增加到 800 多种，中国也至少有 50 多种害虫产生抗药性。抗药性的产生造成用药量的增加，乐果、敌敌畏等常用农药的稀释浓度已由常规的 1/1000 提高到 1/500～1/400，某些菊酯类农药稀释浓度由 1/5000～1/3000 倍提高到 1/1000 倍左右。

20 世纪 80 年代初，中国各地防治的棉铃虫和棉蚜只需用杀虫剂防治 2～3 次，每次用药量 450mL/hm^2，就可全生长季控制危害。90 年代，棉蚜对这类杀虫剂的抗药性已超过 1 万倍，防治已无效果；棉铃虫也对其产生几百倍到上千倍的抗药性，防治 8～10 次，甚至超过 20 次，每次用 750 mL/hm^2，防治效果仍大大低于 80 年代初。

大量和高浓度使用杀虫剂、杀菌剂的同时，杀伤许多害虫天敌，破坏了自然界的生态平衡，使过去未构成严重危害的病虫害大量发生。此外，农药也可以直接造成害虫迅速繁殖，20 世纪 80 年代后期，湖北使用甲胺磷、三唑磷治稻飞虱，结果刺激稻飞虱产卵量增加 50% 以上，用药 7～10 天即引起稻飞虱再次猖獗。这种使用农药的恶性循环，不仅使防治成本增高、效益降低，更严重的是造成人畜中毒事故增加。

长期大量使用化学农药不仅误杀害虫天敌，还杀伤对人类无害的昆虫，影响以昆虫为生的鸟、鱼、蛙等生物。在农药生产、施用量较大的地区，鸟、兽、鱼、蚕等非靶生物伤亡事件也时有发生。

⑤ 防治应对。农药污染食品引起的中毒事件在生活中频频出现。据有关部门统计，中国蔬菜农药残留量超过国家卫生标准的比例为 22.1%，部分地区蔬菜农药超标的比例已达 80%。

其实，蔬菜瓜果是否被农药污染从外观上很难辨别。尽管有些媒体登载一些民间流传的说法，诸如辨色泽、看虫眼、闻味道等，已被许多人仿效而行，但实践证明这些方法是靠不住的。要有效地减少农药污染带来的危害，就要采取科学的方法加以预防。当然，控制污染、减少危害最根本的办法是加强农药生产、流通和使用等环节的管理和监测。在这方面，国家已明文规定，要严格按照农药的使用范围、用药量，用药次数，用药方法和安全间隔期施药，防止污染农副产品，剧毒、高毒农药不得用于防治卫生虫害，不得用于蔬菜、瓜果、茶叶和中草药材。

人们进食残留有农药的食物后是否会出现中毒症状，这要依农药的种类及进入体内农药的量来定。如果污染程度较轻，人吃进的量较小时，往往不出现明显的症状，但有头痛、头昏、无力、恶心、精神差等一般性表现。当农药污染严重，进入体内的农药量较多时，可出现明显的不适，如乏力、呕吐、腹泻、肌颤、心慌等表现。严重者可出现全身抽筋、昏迷、心力衰竭等表现，可引起死亡。预防措施包括以下几点。

① 浸泡水洗法。蔬菜污染的农药主要为有机磷类杀虫剂。有机磷杀虫剂难溶于水，浸泡水洗仅能除去部分污染农药。水洗是清除蔬菜水果上的污染物和去除残留农药的基础方

法，主要用于叶类蔬菜，如菠菜、金针菜、韭菜花、生菜、小白菜等。一般先用水冲洗表面污物，然后用清水浸泡，浸泡不少于 10min。果蔬清洗剂可增加农药的溶出，所以浸泡时可加入少量果蔬清洗剂，浸泡后要用流水冲洗 2～3 遍。

② 小苏打溶液浸泡法。有机磷杀虫剂在碱性环境下分解迅速，小苏打溶液浸泡法是有效的去除农药污染的措施，可用于各类蔬菜瓜果。方法是先将表面污物冲洗干净，浸泡到碱水中（一般 500mL 水中加入小苏打 5～10g）5～15min，然后用清水洗 3～5 遍。

③ 去皮法。蔬菜瓜果表面农药量相对较多，所以去皮是一种较好地去除残留农药的方法。这种方法可用于苹果、梨、猕猴桃、黄瓜、胡萝卜、冬瓜、南瓜、西葫芦、茄子、萝卜等。

④ 储存法。农药在环境中随时间能够缓慢分解为对人体无害的物质，所以对易于保存的瓜果蔬菜可通过一定时间的存放，减少农药残留量。该法适用于苹果、猕猴桃、冬瓜等不易腐烂的种类，一般存放 15 天以上。同时，注意不要立即食用新采摘的未削皮的水果。

⑤ 加热法。氨基甲酸酯类杀虫剂随着温度升高，分解加快。所以，对一些用其他方法难以处理的蔬菜瓜果可通过加热去除部分农药，这种方法常用于芹菜、菠菜、小白菜、圆白菜、青椒、菜花、豆角等。具体操作步骤为：先用清水将表面污物洗净，放入沸水中 2～5min 捞出，然后用清水冲洗 1～2 遍。

16.2.1.3　土壤退化

土壤是人类生存、兴国安邦的战略资源。随着工业化、城市化、农业集约化的快速发展，大量未经处理的废弃物向土壤系统转移，并在自然因素的作用下汇集、残留于土壤环境中。据估计，我国受农药、重金属等污染的土壤面积达上千万公顷，其中矿区污染土壤达 200 万公顷、石油污染土壤约 500 万公顷、固废堆放污染土壤约 5 万公顷，已对我国生态环境质量、食品安全和社会经济持续发展构成严重威胁。

我国土壤污染退化已表现出多源、复合、量大、面广、持久、毒害的现代环境污染特征，正从常量污染物转向微量持久性毒害污染物，尤其在经济快速发展地区这种情况更加突出。我国土壤污染退化的总体现状已从局部蔓延到区域，从城市城郊延伸到乡村，从单一污染扩展到复合污染，从有毒有害污染发展至有毒有害污染与 N、P 营养污染的交叉，形成点源与面源污染共存，生活污染、农业污染和工业污染叠加、各种新旧污染与二次污染相互复合或混合的态势。

16.2.1.4　水土流失

水土流失是指人类对土地的利用，特别是对水土资源不合理的开发和经营，使土壤的覆盖物遭受破坏，裸露的土壤受水力冲蚀，流失量大于母质层育化成土壤的量，土壤流失由表土流失、心土流失而至母质流失，终使岩石暴露。

（1）水土流失类型

根据产生水土流失的"动力"，分布最广泛的水土流失可分为水力侵蚀、重力侵蚀和风力侵蚀 3 种类型。

① 水力侵蚀：分布最广泛，在山区、丘陵区和一切有坡度的地面，暴雨时都会产生水力侵蚀。它的特点是以地面的水为动力冲走土壤，如黄河流域。

② 重力侵蚀：主要分布在山区、丘陵区的沟壑和陡坡上，在陡坡和沟的两岸沟壁，其

中一部分下部被水流淘空，由于土壤及其成土母质自身的重力作用，不能继续保留在原来的位置，分散地或成片地塌落。

③ 风力侵蚀：主要分布在中国西北、华北和东北的沙漠、沙地和丘陵盖沙地区，其次是东南沿海沙地，再次是河南、安徽、江苏几省的"黄泛区"。它的特点是由于风力扬起沙粒，离开原来的位置，随风飘浮到另外的地方降落，如河西走廊、黄土高原。

另外还可以分为冻融侵蚀、冰川侵蚀、混合侵蚀、风力侵蚀、植物侵蚀和化学侵蚀。

（2）水土流失成因

中国是个多山国家，山地面积占国土面积的 2/3，又是世界上黄土分布最广的国家。黄土或松散的风化壳在缺乏植被保护情况下极易发生侵蚀。大部分地区属于季风气候，降水量集中，雨季降水量常达年降水量的 60%～80%，且多暴雨。这些因素是造成中国发生水土流失的主要原因。

中国人口多，粮食、民用燃料需求等压力大，在生产力水平不高的情况下，对土地实行掠夺性开垦，片面强调粮食产量，忽视因地制宜的农林牧综合发展，把只适合林、牧业利用的土地也辟为农田。大量开垦陡坡，以至陡坡越开越贫，越贫越垦，生态系统恶性循环；滥砍滥伐森林，甚至乱挖树根、草坪，树木锐减，使地表裸露。另外，某些基本建设不符合水土保持要求，破坏植被，使边坡稳定性降低，引起滑坡、塌方、泥石流等更严重的地质灾害。

（3）水土流失危害

水土流失的危害性很大，主要有以下几个方面。

① 土地生产力下降甚至丧失。中国水土流失面积扩大到 150 万平方千米，约占中国国土面积的 1/6，每年流失土壤 50 亿吨。土壤中流失的 N、P、K 肥估计达 4000 万吨，与中国当前一年的化肥施用量相当。长江、黄河两大水系每年流失的泥沙量达 26 亿吨，其中含有的机肥料相当于 50 个年产量为 50 万吨的化肥厂的总量。

② 淤积河道、湖泊、水库。浙江省虽然水土流失较轻，可是省内有 8 条水系的河床普遍增高了 0.1～0.2m，内河航行里程当前比 60 年代减少 1000km。1958 年以前，从嵊县城到曹娥江可通行 10 吨载重量的木船。由于河床淤沙太多，如今已被迫停航。

湖南省洞庭湖由于风沙太多，每年有 1400 多公顷沙洲露出水面。湖水面积由 1954 年的 3915km² 缩减到到 1978 年的 2740km²。更为严重的是，洞庭湖水面已高出湖周陆地 3m，基本丧失了承担长江分洪的作用。

四川省的嘉陵江、涪江、沱江等几条流域水土流失也十分严重，约 20% 以上的泥沙淤积于水库。据有关专家预测，照此下去，再过 50 年长江流域的一些水库都要淤平或者成为泥沙库。

③ 污染水质影响生态平衡。中国的一个突出问题是江河湖库水质的严重污染。水土流失则是水质污染的一个重要原因。长江水质正在遭受污染就是典型例子。

16.2.2　农业生态保护

16.2.2.1　生态农业技术

生态农业技术是按照生态学原理和经济学原理，运用现代科学技术成果和现代管理手段，以及传统农业的有效经验建立起来的，能获得较高的经济效益、生态效益和社会效益的现代化高效农业技术。

16.2.2.2 面源污染控制技术

根据农业面源污染本身的特殊性，结合实际情况，在控源减流的前提下，实行分区、分类控制和途径控制相结合，经济措施、政策措施和先进技术措施并举的综合治理策略。控源是指减少源头污染物的排放量，减流是指减少地表径流和地下渗漏量。

（1）城乡过渡带面源污染控制

城乡结合部地区是我国经济发展最为迅速，农村城镇化进程最快的地带，是城市肉、蛋、奶、菜、果、花等农副产品的主要供应地区。因此，畜禽养殖和菜果花的种植成为城乡过渡带农业面源污染物的主要来源。城乡过渡带基本都处于近水域地带，人口和小型的乡镇企业较为密集。由于历史上农村地区原有基础设施的欠缺，处于这一地区的绝大多数城镇没有排污管网；同时，因为距离农区较远，难以通过农田施肥消解城镇生活、生产产生的固液废弃物。因此，对于城乡过渡带面源污染控制的主要措施是进行基础设施建设，在新形成的城区铺设排污管网，改造老城区超负荷、陈旧的排污管网，兴建污水处理厂。在此基础上，再结合其他的技术、经济、政策等措施来进一步实现其农业面源污染的控制。

（2）农村面源污染控制

农村面源污染主要包括农村人和畜禽排泄物中的氮磷、随农田径流和淋洗移出的氮磷、水产养殖投入的饵料、农村生活污水和固体废弃物。与城乡过渡带面源的控制相比，农村源的控制相对比较困难，特别是人和畜禽排泄物的处理和利用难度更大。根据我国农村的具体情况，对农村面源污染应采用源头控制策略。其具体控制策略可归纳为以下5个方面：①加快发展规模化养殖，特别是家禽的规模化养殖，这将便于粪便的集中处理，同时尽可能促使畜禽粪便还田。②在全流域范围内大力推广农田最佳养分管理，杜绝农田N、P肥料的过量施用，搞好土壤养分的管理，平衡养分的投入和产出，减少其流失量。③通过免耕、少耕、间套复种技术、"一退双还"工程、转换土地利用方式等措施搞好流域的水土保持工作，尽量减少水土流失。④对现有河网分步实施清淤，把河底污泥返回农田，实现农田氮的良性循环。⑤因地制宜建立适合当地条件的污水、固体废弃物处理和回收系统。

16.2.2.3 土壤污染控制与修复

污染土壤修复技术的研究起步于20世纪70年代后期。在过去的30年期间，欧、美、日、澳等国家纷纷制订了土壤修复计划，研究土壤修复技术与设备，积累了丰富的现场修复技术与工程应用经验，成立了许多土壤修复公司和网络组织，使土壤修复技术得到快速发展。中国的污染土壤修复技术研究起步较晚，在"十五"期间才得到重视，研发成果和应用经验都与美、英、德、荷等发达国家存在相当大的差距。近年来，顺应土壤环境保护的现实需求和土壤环境科学技术的发展需求，科学技术部、环境保护部等部门有计划地部署了一些土壤修复研究项目和专题，有力地促进和带动全国范围的土壤污染控制与修复科学技术的研究与发展工作。期间，以土壤修复为主题的国内一系列学术性活动也为中国污染土壤修复技术的研究和发展起到很好的引领性和推动性作用。土壤修复理论与技术已成为土壤科学、环境科学以及地表过程研究的新内容。土壤修复学已成为一门新兴的环境科学分支学科，也将发展成为一门新兴的土壤学分支学科。

（1）污染土壤生物修复技术

土壤生物修复技术，包括植物修复、微生物修复、生物联合修复等技术，在进入 21 世纪后得到快速发展，成为绿色环境修复技术。

① 植物修复技术。从 20 世纪 80 年代问世以来，利用植物资源与净化功能的植物修复技术迅速发展。植物修复技术包括利用植物超积累或积累性功能的植物吸取修复、利用植物根系控制污染扩散和恢复生态功能的植物稳定修复、利用植物代谢功能的植物降解修复、利用植物转化功能的植物挥发修复、利用植物根系吸附的植物过滤修复等技术。其中，重金属污染土壤的植物吸取修复技术在国内外都得到广泛研究，已应用于 As、Cd、Cu、Zn、Ni、Pb 等重金属以及与多环芳烃复合污染土壤的修复，并发展出包括络合诱导强化修复、不同植物套作联合修复、修复后植物处理处置的成套集成技术。近年来，中国在重金属污染农田土壤的植物吸取修复技术应用方面在一定程度上开始引领国际前沿研究方向。另外，开展了利用苜蓿、黑麦草等植物修复多环芳烃、多氯联苯和石油烃的研究工作，但有机污染土壤的植物修复技术的田间研究还很少，对炸药、放射性核素污染土壤的植物修复研究则更少。

植物修复技术不仅应用于农田土壤中污染物的去除，而且同时应用于人工湿地建设、填埋场表层覆盖与生态恢复、生物栖身地重建等。近年来，植物稳定修复技术被认为是一种更易接受、大范围应用、并利于矿区边际土壤生态恢复的植物技术，也被视为一种植物固碳技术和生物质能源生产技术。

② 微生物修复技术。微生物能以有机污染物为唯一碳源和能源或者与其他有机物质进行共代谢而降解有机污染物。利用微生物降解作用发展的微生物修复技术是农田土壤污染修复中常见的一种修复技术。这种生物修复技术已在农药或石油污染土壤中得到应用。

在中国，已构建了农药高效降解菌筛选技术、微生物修复剂制备技术和农药残留微生物降解田间应用技术；也筛选出大量的石油烃降解菌，复配多种微生物修复菌剂，研制了生物修复预制床和生物泥浆反应器，提出了生物修复模式。近年来，开展了有机砷和持久性有机污染物如多氯联苯和多环芳烃污染土壤的微生物修复技术工作，建立了菌根真菌强化紫花苜蓿根际修复多环芳烃的技术和污染农田土壤的固氮植物 & 根瘤菌 & 菌根真菌联合生物修复技术。

总体上，微生物修复研究工作主要体现在筛选和驯化特异性高效降解微生物菌株，提高功能微生物在土壤中的活性、寿命和安全性，修复过程参数的优化和养分、温度、湿度等关键因子的调控等方面。微生物固定化技术因能保障功能微生物在农田土壤条件下种群与数量的稳定性和显著提高修复效率而备受关注。通过添加菌剂和优化作用条件发展起来的场地污染土壤原位、异位微生物修复技术有：生物堆沤技术、生物预制床技术、生物通风技术和生物耕作技术等。目前，正在发展微生物修复与其他现场修复工程的嫁接和移植技术，以及针对性强、高效快捷、成本低廉的微生物修复设备，以实现微生物修复技术的工程化应用。

（2）污染土壤物理修复技术

物理修复是指通过各种物理过程将污染物从土壤中去除或分离的技术。热处理技术是应用于工业企业场地土壤有机污染的主要物理修复技术，包括热脱附、微波加热和蒸气浸提等技术，已应用于苯系物、多环芳烃、多氯联苯和二噁英等污染土壤的修复。

① 热脱附技术。热脱附是用直接或间接加热土壤中有机污染组分到足够高的温度，使其蒸发并与土壤介质相分离的过程。热脱附技术具有污染物处理范围宽、设备可移动、修复后土壤可再利用等优点，特别对多氯联苯这类含氯有机物，非氧化燃烧的处理方式可显著减少二噁英生成。欧美国家已将土壤热脱附技术工程化，广泛应用于高污染的场地有机污染土壤的离位或原位修复，但诸如相关设备价格昂贵、脱附时间过长、处理成本过高等问题尚未得到很好解决。

② 蒸气浸提技术。土壤蒸气浸提（简称 SVE）技术是去除土壤中挥发性有机污染物（VOCs）的一种原位修复技术。它将新鲜空气通过注射井注入污染区域，利用真空泵产生负压，空气流经污染区域时，解吸并夹带土壤孔隙中的 VOCs 经由抽取井流回地上，再经活性炭吸附法以及生物处理法等净化处理，可排放到大气或重新注入地下循环使用。SVE 具有成本低、可操作性强、可采用标准设备、处理有机物的范围宽、不破坏土壤结构和不引起二次污染等优点。苯系物等轻组分石油烃类污染物的去除率可达 90%。

（3）化学/物化修复技术

相对于物理修复，污染土壤的化学修复技术发展较早，主要有土壤固化—稳定化技术、淋洗技术、氧化还原技术、光催化降解技术和电动力学修复等。

① 固化技术。固化技术是将污染物在污染介质中固定，使其处于长期稳定状态，是较普遍应用于土壤重金属污染的快速控制修复方法，对同时处理多种重金属复合污染土壤具有明显的优势。美国环保署将固化技术称为处理有害有毒废物的最佳技术。中国一些冶炼企业场地重金属污染土壤和铬渣清理后的堆场污染土壤也采用这种技术。

固化技术具有工艺操作简单、价格低廉、固化剂易得等优点，但常规固化技术也具有以下缺点，如固化反应后土壤体积有不同程度的增加，固化体的长期稳定性较差等。而稳定化技术则可以克服这一问题，如近年来发展的化学药剂稳定化技术，可以在实现废物无害化的同时，达到废物少增容或不增容，从而提高危险废物处理处置系统的总体效率和经济性，还可以通过改进螯合剂的结构和性能使其与废物中的重金属等成分之间的化学螯合作用得到强化，进而提高稳定化产物的长期稳定性，减少最终处置过程中稳定化产物对环境的影响。

② 淋洗技术。土壤淋洗修复技术是将水或含有冲洗助剂的水溶液、酸/碱溶液、络合剂或表面活性剂等淋洗剂注入污染土壤或沉积物中，洗脱和清洗土壤中的污染物的过程。淋洗废水经处理后达标排放，处理后的土壤可以再安全利用。这种修复技术在多个国家已被工程化应用于修复重金属污染或多污染物混合污染介质。由于该技术需要用水，所以修复场地要求靠近水源，同时因需要处理废水而增加成本。

③ 氧化—还原技术。土壤氧化—还原技术是通过向土壤中投加化学氧化剂或还原剂，使其与污染物质发生化学反应来实现净化土壤的目的。通常，化学氧化法适用于土壤和地下水同时被有机物污染的修复。运用还原法修复对还原作用敏感的有机污染物是当前研究的热点。例如，纳米级粉末零价铁的强脱氯作用已被接受和运用于土壤与地下水的修复。但是，目前零价铁还原脱氯降解含氯有机化合物技术的应用还存在诸如铁表面活性的钝化、被土壤吸附产生聚合失效等问题。

④ 光催化降解技术。土壤光催化降解（光解）技术是一项新兴的深度土壤氧化修复技术，可应用于农药等污染土壤的修复。土壤质地、粒径、氧化铁含量、土壤水分、土壤 pH

值和土壤厚度等对光催化氧化有机污染物有明显的影响。

⑤ 电动力学修复。电动力学修复（简称电动修复）是通过电化学和电动力学的复合作用（电渗、电迁移和电泳等）驱动污染物富集到电极区，进行集中处理或分离的过程。电动修复技术已进入现场修复应用。近年来，中国先后开展了 Cu、Cr 等重金属、菲和五氯酚等有机污染土壤的电动修复技术研究。电动修复速度较快、成本较低，特别适用于小范围的黏质的多种重金属污染土壤和可溶性有机物污染土壤的修复。对于不溶性有机污染物，需要化学增溶，易产生二次污染。

（4）污染土壤联合修复技术

协同两种或两种以上修复方法，形成联合修复技术，不仅可提高单一污染土壤的修复速率与效率，而且可克服单项修复技术的局限性，实现对多种污染物的复合污染土壤的修复，已成为土壤修复技术中的重要研究内容。

① 微生物/动物—植物联合修复技术。微生物—植物、动物（蚯蚓）—植物联合修复是土壤生物修复技术研究的新内容。筛选有较强降解能力的菌根真菌和适宜的共生植物是菌根生物修复的关键。种植紫花苜蓿可以大幅度降低土壤中多氯联苯浓度，根瘤菌和菌根真菌双接种能强化紫花苜蓿对多氯联苯的修复作用。利用能促进植物生长的根际细菌或真菌，发展植物—降解菌群协同修复、动物—微生物协同修复及其根际强化技术，促进有机污染物的吸收、代谢和降解将是生物修复技术新的研究方向。

② 化学/物化—生物联合修复技术。发挥化学或物理化学修复的快速优势，结合非破坏性的生物修复特点，发展基于化学—生物修复技术是最具应用潜力的污染土壤修复方法之一。化学淋洗—生物联合修复是基于化学淋溶剂作用，通过增加污染物的生物可利用性而提高生物修复效率。利用有机络合剂的配位溶出，增加土壤溶液中重金属浓度，提高植物有效性，从而实现强化诱导植物吸取修复。化学预氧化—生物降解和臭氧氧化—生物降解等联合技术已应用于污染土壤中多环芳烃的修复。电动力学—微生物修复技术可以克服单独的电动技术或生物修复技术的缺点，在不破坏土壤质量的前提下，加快土壤修复进程。电动力学—芬顿联合技术已用来去除污染黏土矿物中的菲，硫氧化细菌与电动综合修复技术用于强化污染土壤中铜的去除。应用光降解—生物联合修复技术可以提高石油中多环芳烃的去除效率。

③ 物理—化学联合修复技术。土壤物理—化学联合修复技术是适用于污染土壤异位处理的修复技术。溶剂萃取—光降解联合修复技术是利用有机溶剂或表面活性剂提取有机污染物后进行光解的一项新的物理—化学联合修复技术。例如，利用环己烷和乙醇将污染土壤中的多环芳烃提取出来后进行光催化降解，也可以利用光调节的二氧化钛催化修复农药污染土壤。

④ 化学处理。应用阴离子聚丙烯酰胺（PAM）防治水土流失，已成为国际普遍采用的化学处理措施。2003 年美国报道了美国印第安纳州 D. C. Flangan 等应用模拟降雨装置，在多干扰农田中进行施用 PAM 防治水土流失的试验研究，取得了在雨量充沛地区施用 PAM 防治水土流失的试验成果。第 1 次暴雨事件后，$20kg/hm^2$ PAM 能使农用粉沙壤土的土壤固体颗粒淋失量减少 60%，还能减缓 $60L/min$ 高强度流水的冲刷侵蚀。在易严重侵蚀的地区，用 PAM 处理后的土壤能有效控制侵蚀。对初始干土模拟降雨研究发现，在 $69mm/h$ 降雨中用 $80kg/hm^2$ PAM 可使粉沙壤土堤减少 86% 的地表径流和 99% 的土壤流失。在表土，用 PAM 液雾喷施风干的土壤比直接用于 PAM 颗粒处理的土壤更能及时有效地控制侵蚀。

16.2.2.4 水土流失的预防措施

（1）减少坡面径流量

在采取防治措施时，应从地表径流形成地段开始，沿径流运动路线，因地制宜，步步设防治理，实行预防和治理相结合，以预防为主；治坡与治沟相结合，以治坡为主；工程措施与生物措施相结合，以生物措施为主，采取各种措施综合治理。充分发挥生态的自然修复能力，依靠科技进步，示范引导，实施分区防治战略，加强管理，突出保护，依靠深化改革，实行机制创新，加大行业监管力度，为经济社会的可持续发展创造良好的生态环境。

（2）强化造林治理

主要用于水土流失严重，面积集中，植被稀疏，无法采用封禁措施治理的侵蚀区，其治理技术要点是：适地、适树、营养袋育苗，整地施肥，高密度、多层次造林，争取快速成林、快速覆盖。对流失严重、坡度过陡、造林不易成功的陡坡地，应辅以培地埂、挖水平沟、修水平台地等工程强化措施。

（3）加强预防监督职能

近年来，由于宣传力度不够，一些部门、企事业单位和个人对水土保持的重要性和紧迫性认识不足，尤其是对水土保持的基本国策意识和法制观念不强，有法不依，执法不严现象普遍存在。《水土保持法》明令规定"禁止在 25°以上陡坡地开垦种植农作物，并根据实际情况，逐步退耕、植树种草、恢复植被、或者修建梯田"，但这项规定目前还未真正得到落实；并且项目建设力度较大，但开发项目水保方案编报率低。因此，各有关部门、企业在经济开发和项目建设时，要充分考虑对周围水土保持的影响，严格执行水土保持有关法律法规。严格控制在生态环境脆弱的地区开垦土地，坚决制止毁坏林地、草地以及污染水资源等造成新的水土流失发生的行为。

（4）兼顾生态效益与社会经济效益的关系

水土流失治理与水土等自然资源的开发利用要相结合。只有强调减蚀减沙效益与经济效益相结合，才能发动广大群众参与水土保持工作。但是，从水土流失地区可持续发展要求来看，除了必须把土壤侵蚀减小到允许的程度外，还需要建立流域允许产沙量的考核指标。在小流域治理的规划与成果验收中，要突出减蚀减沙等生态效益，并把它落到实处。不能只考虑人均粮食产量、人均收入、脱贫致富等社会经济指标，一定要把中央提出的生态环境建设"10 年初见成效，30 年大见成效"落实到不同类型区、不同流域的减蚀减沙指标上。

（5）提高科学治理水平

实施科教兴水保的战略，提高水保科技含量，提高科学技术在水土保持治理开发中的贡献率，是达到高起点、高速度、高标准、高效益的有效途径，是加快实现由分散治理向规模治理、由防护型治理向开发型治理、由粗放型治理向集约型治理开发转变的重要措施。就目前情况看，科技投入少是一个突出的问题。加强水土保持的科技投入和对水保人才的重视，是提高水土保持治理水平的关键之一。

16.3　生态农业

16.3.1　生态农业的类型

生态农业在不断发展中，因此还没有统一的成熟的分类方法。从目前我国发展趋势分析，生态农业主要有以下四种类型。

（1）立体农业生态系统

模拟天然生态系统的立体结构，设计、建设具有立体层次的人工生态系统。由于立体农业生态系统比较充分地利用和转化太阳能，因此可提高经济效益，并增加生态系统的稳定性，从而提高环境效益。立体农业的类型很多，主要包括：①农作物的轮作、间作和套种；②农林间作；③林药间作；④茶胶间作；⑤种植业与食用菌栽培相结合；⑥农林牧相结合。

（2）物种共生农业生态系统

将植物栽培与动物养殖有机地组合于同一空间，形成物种共生的生态系统，更充分地利用物质和能量，提高经济效益和环境效益，以满足人类的需要。物种共生的生态系统目前主要包括 4 种，即稻田养鱼、莲塘养鱼、稻田养鸡和林蛙共生。

（3）物质和能量多层次利用的农业生态系统

物质和能量的多层次利用，可以提高资源的利用率和经济效益，还可以改善环境质量，其主要类型如下：①基塘生态系统，②种植业与养殖业结合的生态系统，③以沼气为纽带的物质多层次利用系统。

（4）多功能农工联营生态系统

综合利用农业生态学的理论和方法，实行种植业、养殖业、加工工业三者密切结合，建立多功能的农工联营生态系统，其生态效益、经济效益和社会效益都很明显，而且也很协调，值得大力推广，也是乡镇企业的一个发展方向。主要类型包括：①农、林、牧、渔全面发展的农工联营生态系统；②以林、特产为主的农工联营生态系统；③以水产养殖为主的农工联营生态系统；④以粮食加工为主的农工联营生态系统。

16.3.2　生态农业的发展模式

生态农业模式是一种在农业生产实践中形成的兼顾农业的经济效益、社会效益和生态效益，结构和功能优化了的农业生态系统。

16.3.2.1　十大模式

这十大典型模式和配套技术是：北方"四位一体"生态模式及配套技术，南方"猪—沼—果"生态模式及配套技术，平原农林牧复合生态模式及配套技术，草地生态恢复与持续利用生态模式及配套技术，生态种植模式及配套技术，生态畜牧业生产模式及配套技术，生态渔业模式及配套技术，丘陵山区小流域综合治理模式及配套技术，设施生态农业模式及配套技术，以及观光生态农业模式及配套技术。

其中，"四位一体"生态模式是在自然调控与人工调控相结合条件下，利用可再生能源（沼气、太阳能）、保护地栽培（大棚蔬菜）、日光温室养猪及厕所4个因子，通过合理配置形成以太阳能、沼气为能源，以沼渣、沼液为肥源，实现种植业、养殖业相结合的能流、物流良性循环系统，这是一种资源高效利用，综合效益明显的生态农业模式。这种生态模式是依据生态学、生物学、经济学、系统工程学原理，以土地资源为基础，以太阳能颤动力，以沼气为纽带，进行综合开发利用的种养生态模式。通过生物转换技术，在同地块土地上将节能日光温室、沼气池、畜禽舍、蔬菜生产等有机地结合在一起，形成一个产气、积肥同步，种养并举，能源、物流良性循环的能源生态系统工程。这种模式能充分利用秸秆资源，化害为利，变废为宝，是解决环境污染的最佳方式，并兼有提供能源与肥料，改善生态环境等综合效益，具有广阔的发展前景，为促进高产高效的优质农业和无公害绿色食品生产开创一条有效的途径。

16.3.2.2 模式的类型

（1）时空结构型

这是一种根据生物种群的生物学、生态学特征和生物之间的互利共生关系而合理组建的农业生态系统，使处于不同生态位置的生物种群在系统中各得其所，更加充分的利用太阳能、水分和矿物质营养元素，是时间多序列、空间多层次的三维结构，其经济效益和生态效益均佳。具体有果林地立体间套模式、农田立体间套模式、水域立体养殖模式，农户庭院立体种养模式等。

（2）食物链型

这是一种按照农业生态系统的能量流动和物质循环规律而设计的一种良性循环的农业生态系统。系统中一个生产环节的产出是另一个生产环节的投入，使系统中的废弃物多次循环利用，从而提高能量的转换率和资源利用率，获得较大的经济效益，并有效防止农业废弃物对农业生态环境的污染。具体有种植业内部物质循环利用模式、养殖业内部物质循环利用模式、种养加工三结合的物质循环利用模式等。

（3）时空食物链综合型

这是时空结构型和食物链型的有机结合，使系统中的物质得以高效生产和多次利用，是一种适度投入、高产出、少废物、无污染、高效益的模式类型。

16.3.3 生态农业的发展趋势

16.3.3.1 世界生态农业发展趋势

（1）生态农业将会成为21世纪世界农业的主导模式

生态农业得到广大消费者、政府和经营企业的一致认可。在德国，现在顾客购买生态牛肉要比购买常规方法生产的牛肉至少贵30％，但消费者认为，由于生产生态牛肉需要付出较多的人力和财力，因此乐意支付这个价格。近年来，德国生态牛肉销售量增加了30％。

生态农产品可以解除消费者对食品安全的担心，这是生态农业发展的最大市场动力。西欧是全球最大的生态农产品消费市场，2000年生态农产品消费总额达到95.5亿美元，其消费额在未来几年里将会保持连年增长。

在政府方面，《欧洲共同农业法》有专门条款鼓励欧盟范围内的生态农业的发展。欧盟各国也大都制定了鼓励生态农业发展的专门政策。例如，奥地利于 1995 年实施了支持生态农业发展的特别项目，国家提供专门资金鼓励和帮助农场主向生态农业转变。法国于 1997 年制定并实施了"有机农业发展中期计划"。2001 年在布鲁塞尔召开的欧盟农业部长会议将帮助养牛农民从现在的集约式经营向粗放式生态饲养转化列为七点建议的主要内容之一。德国农业部长建议欧盟在 10 年内使生态农业产值占整个农业生产的 20%。

在经营企业方面，美国有机农业商业联合会主席凯瑟琳·迪马特奥说："有机农产品已不再限于健康食品店，现在正不断涌进大型连锁超市。"2000 年春季，英国最大的销售连锁商冰岛公司宣布：该公司将把货架上的所有食品都换成生态农产品，而且价格和原来一样。这个举动随即在整个市场引起连锁反应。生态农业有朝一日将会成为世界农业的主流和发展方向。

（2）生产和贸易的相互促进

20 世纪 90 年代以来，各国对食品卫生和质量的监控越来越严，标准越来越高，尤其是对与农产品生产和贸易有关的环保技术和产品卫生安全标准要求更加严格，食品生产的方式及其对环境的影响日益受到重视，这就要求食品在进入国际市场前由权威机构按照通行的标准加以认证，获得一张"绿色通行证"。目前，国际标准化委员会（ISO）已制定了环境国际标准 ISO14000，与以前制定的 ISO9000 一起作为世界贸易标准。所不同的是，后者侧重于企业的产品质量和管理体系，而前者侧重于企业的活动和产品对环境的影响。随着世界经济一体化及贸易自由化，各国在降低关税的同时，与环境、技术相关的非关税壁垒日趋森严。

（3）各国生态食品的标准及认证体系将进一步统一

现在，国际生态农业和生态农产品的法规与管理体系分为 3 个层次：一是联合国层次；二是国际非政府组织层次；三是国家层次。联合国层次目前尚属建议性标准。为了指导全球生态食品的发展，消除贸易歧视，今后各国生态食品标准将在以下 3 个方向迈向国际间协调与统一：一是与世界食品法典委员会制定的有关食品标准以及国际质量认证组织、WTO 等制定的有关产品标准趋向协调、统一；二是非政府组织做好地区和国家之间标准的协调；三是地区和国际标准进一步得到互相认可，以削弱和淡化因标准歧视所引起的技术壁垒和贸易争端。

16.3.3.2　中国生态农业的发展趋势分析

生态农业将会成为世界农业的主导模式。进入 21 世纪，我国农业生产的任务和农业发展的背景都发生了很大变化。

① 经过多年的科学研究和广泛的农业实践，我国已经基本解决温饱问题，农业综合生产能力提高，农产品基本实现总量平衡，且丰年有余，农业生产正在从数量向质量为主要目标转变。当前急待解决的任务是如何通过调整农业生产的结构，引进和开发适用技术，提高农业生产效益，提高农产品的质量与食品安全，加强农产品的国际竞争能力，发展农村经济，增强抵御自然灾害的能力。

② 农业资源环境形势依然严峻，局部改善总体恶化的基本格局没有实质性改变，但人

们的环境意识普遍提高。我国在生态环境建设方面加大了投资和实施力度，我国正处在从生态赤字走向生态恢复与保育的转折点，改善农村和农业生态环境，促进农村社会的可持续发展是当前的一个主要任务。

③ 科学技术的迅速发展，特别是以信息技术、生物技术为代表的高新技术，将会极大地促进生态农业的发展。与此同时，生态农业的发展也面临着这些高新技术应用所可能带来的一些新问题，因此，应当重视转基因技术、信息技术和其他技术对农业生态系统影响的研究，特别是针对其潜在的负面影响应及时采取防范措施。

④ 20世纪90年代以来，各国对食品卫生和质量的监控越来越严，标准也越来越高，尤其是对与农产品生产和贸易有关的环保技术和产品卫生安全标准要求更加严格。目前，国际标准化委员会已制定环境国际标准，侧重于企业的活动和产品对环境的影响随着世界经济一体化及贸易自由化，各国在降低关税的同时，与环境、技术相关的非关税壁垒日趋森严。我国加入世界贸易组织后，农业问题对中国来说是最敏感和影响最明显的问题之一。

显然，中国生态农业的传统发展思路与管理方式已不能适应新时期的要求。为了抓住机遇、应对挑战，中国生态农业应当努力实现几个方面的转变：①从追求生产产品数量向追求产品质量的转变；②从面向国内一个市场向国际与国内一个市场的转变；③从以单一的以生产功能为主向生产、生态等复合功能的转变；④从农户小生产向大规模的农业企业化生产转变。生态农业已经中国生态建设和社会经济可持续发展中发挥了重要作用，也应当在新时期发挥更大的作用。21世纪是实现我国农业现代化的关键历史阶段，现代化的农业应该是高效的生态农业，应当"把生态农业建设与农业结构调整结合起来，与改善农业生产条件和生态环境结合起来，与发展无公害农业结合起来，把我国生态农业建设提高到一个新的水平"。

当前，随着农村小康社会建设进程的加快，城乡居民提高生活水平的需求，对生产环境与居住环境改善的需求，使农产品的优质安全问题、农业与农村的生态问题变的更加突出。既要满足人口持续增长条件下的多样化的食物消费需求，保障农产品质量和食物卫生安全，恢复、维护生命支持系统，又要控制农业的污染、农村的脏乱环境，有效遏制自然资源耗竭和生态环境日益恶化的趋势，消除生态赤字，不断提高生态承载力和环境容量，这些都对市场经济条件下发展生态农业提出了挑战，也提供了机遇。

专栏一生态示范园

（1）新建河北景县生态高效设施农业示范基地

项目建设地点在北省衡水市景县广川镇。一期项目以肉羊养殖为核心，延伸上下产业链条，建设与之相配套的秸秆生物发酵饲料厂；为发酵饲料厂提供原料来源的玉米及饲草养殖；蘑菇栽培（用蘑菇采摘后的菌渣生产微生物发酵饲料）；肉羊屠宰加工厂以及养殖过程中产生的羊粪尿为主要原料的生物菌肥加工厂等。同时在羊舍、蘑菇栽培大棚的棚顶上安装太阳能电池板，引入"光伏发电"系统。将农业设施建设成"光伏大棚"，使现代农业和光伏发电有机结合，形成农业和光伏发电在空间利用、产品生产、生物技术和经济利益上的互补。

二期项目根据一期相关项目运营效果和流转土地规模，利用已建立的营销渠道和成功经验，将以上项目复制、放大，扩大种植、养殖规模。使肉羊养殖项目逐步实现自繁自育，并逐步增加绿色有机蔬菜设施种植项目。

（2）西园生态农业观光示范园

西安西园生态农业观光示范园，位于灞桥区狄寨街办鲍旗寨村，已完成各类果木栽植860亩，完成了生态餐厅和茶社主体工程，建成1万平方米喷泉广场和观光道路等设施。

园内种植的各类观赏树多达20余种，一年四季均有花争相开放，2～3月有白玉兰、红玉兰和杏梅，3～4月有大、小樱花和红叶石楠，4～5月有丁香，4～7月有小叶女贞，6～8月有广玉兰、荷花和睡莲，7～9月有紫薇，9～10月有桂花，10～11月有银杏、金叶女贞，12～2月有腊梅。常绿植物还有雪松、塔柏、龙柏、大叶女贞等。

大面积的植被是现代都市稀缺的天然氧吧。园内还种有樱桃、葡萄、核桃、水蜜桃等经济作物，果实成熟期还可以让游客进园采摘，充分享受游园的乐趣。

（3）惠州永记高科技农业生态园

永记生态园位于广东省惠东县大岭镇，于1997年由香港永记食品集团独家投资兴建，占地面积1000余亩，是惠州重点旅游项目之一。

永记生态园是惠州唯一一所集教学、会议、旅游、休闲、度假、娱乐、服务于一身的现代化生态农庄。通过引进外国高科技农业技术，并按照自然生态平衡的模式管理，进一步拓展了生态农业、观光农业的功能。

永记生态园采用高科技种植各式各样国内罕见的外国绿色蔬菜，产品销往海外各地。2000年，永记生态园成为全国第一家成功通过ISO 9001国际质量管理体系认证的蔬菜种植企业；2001年省环保局授予"广东省生态示范园"称号；2003年获颁为广东省无公害农产品生产基地。永记生态园所有景观设施项目采用澳大利亚直接进口的开放式建筑设计，具有浓厚的外国风情。

习题与思考题

1. 简述农业生态系统的概念与组成。

2. 农业生态系统的特点是什么？

3. 农业生态系统面临的环境问题有哪些？

4. 农业生态系统的水平结构其影响因素是什么？

5. 农业生态系统的辅助形式有哪些？

6. 简述生态农业的主要发展模式。

7. 举例说明中国生态农业的发展现状和发展趋势。

参考文献

[1] 曹志平. 农业生态系统功能的综合评价[M]. 北京：气象出版社，2002.

[2] 武兰芳，欧阳竹，唐登银. 区域农业生态系统健康定量评价[J]. 生态学报，2004，24（12）：2742-2748.

[3] 李文华，刘某承，闵庆文中国生态农业的发展与展望[J]. 资源科学，2010，32（6）：1015-1021.

[4] 肖国举，张强，王静. 全球气候变化对农业生态系统的影响研究进展[J]. 应用生态学报，2007，18（8）：1877-1885.

[5] 骆世明. 生态农业的模式与技术[M]. 北京：化学工业出版社，2009.

第 17 章 城市生态系统保护

1. 城市生态系统的含义、功能和特点；
2. 城市生态系统面临的环境问题；
3. 城市生物多样性的含义、现状和保护措施；
4. 宜居城市构建的思路和实施途径。

17.1 概述

17.1.1 城市生态系统概念

城市生态系统是指特定地域内的人口、资源、环境通过各种相互作用关系建立起来的人类聚居地或社会、经济、自然的统一体。简单来说，城市生态系统就是人为建立起来的自然环境与人类社会相结合的人工生态系统。其目的是寻求高度集中的人口及所从事的各种社会经济活动与自然环境的良好合作途径，以促进经济有序发展和生态系统的良性循环。城市生态系统具有生态系统的几个基本特征，但又与自然生态系统有一定差别。

城市是一种生态系统，它具有一般生态系统的最基本特征，即生物与环境的相互作用。在城市生态系统中，有生命的部分包括人、动物、植物和微生物，无生命的部分是各种物理、化学的环境条件。它们之间进行着物质代谢、信息传递和能量流动。自然生态系统是以动植物为核心，而城市生态系统是以人为主体的、开放的人工生态系统，它是按人类的意愿创建的一种典型的人工生态系统。城市生态系统的主要特征是：以人为核心，对外部的强烈依赖性和密集的人流、物流、能流、信息流、资金流等。城市生态系统是城市居民与环境相互作用而形成的统一整体，也是人类对自然环境的适应、加工、改造而建设起来的特殊的人工生态系统。

城市生态系统是城市居民与周围生物和非生物环境相互作用而形成的一类具有一定功能的网络结构，也是人类在改造和适应自然环境的基础上建立起来的特殊的人工生态系统。它是由自然系统、经济系统和社会系统所组成的。

城市自然生态系统包括城市居民赖以生存的基本物质环境，如太阳、空气、淡水、林草、土壤、生物、气候、矿藏及自然景观等。城市经济生态系统以资源流动为核心，涉及生产、流能、消费等各个环节，由工业、农业、建筑、交通、贸易、金融、科技、通信等系统所组成，它以物质从分散向高度集中的聚集，信息从低序向高序的连续积累为特征。城市社会生态系统以人为中心，以满足居民的就业、居住、交通、供应、医疗、教育、生活环境等需求为目标，还涉及文化、艺术、宗教、法律等上层建筑范畴，为城市生态系统提供劳力和智力支持。

17.1.2　城市生态系统的功能与特点

17.1.2.1　城市生态系统的功能

城市生态系统的功能是指系统及其内部各子系统或各组成成分所具有的作用。城市生态系统是一个开放型的人工生态系统，它具有 2 个功能，即内部功能和外部功能。内部功能是指维持系统内部的物流和能流的循环和畅通，并将各种流的信息不断反馈，以调节外部功能，同时把系统内部剩余的或并不需要的物质与能量输出到其他外部生态系统中去。外部功能是联系其他生态系统，根据系统内部的要求，不断从外部生态系统中输入和输出物质和能量，以保证系统内部的能量流动和物质流动的正常运转。城市生态系统的功能表现为系统内外的物质、能量、信息、货币、及人口流的输入、转换和输出。

城市作为复合生态系统，具有 3 种基本功能：①生产功能，即为人类提供丰富的物质产品、信息产品和知识产品。②社会消费功能，即为城市居民提供方便的生活条件和舒适的栖息环境。③还原功能，即通

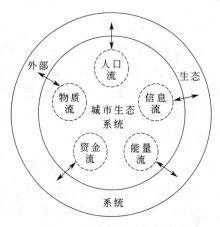

图 17-1　城市生态系统的功能

过物质和能量的代谢保证自然资源的永续利用和社会经济系统的协调、持续与稳定发展。总之，城市生态系统的 3 种功能是依靠生态系统各组分之间的人口流、物质流、能量流、信息流和资金流来实现的，如图 17-1 所示。

（1）人口流

城市生态系统是以人为主体的人工生态系统。城市人口流包括人口的自然增长和机械增长，以及由于人类的生产活动、商业活动、消费活动、科研活动、文化活动、旅游活动、社交活动和日常生活活动引起的有规律和无规律的人口流动。城市中人口流是其他流的主导者和推动者，在城市生态系统中起着至关重要的作用。因此，城市人口的数量是社会经济与生活活动调控的基础。

（2）物质流

城市生态系统为了维持其自身的生存和发展，必须源源不断地从外界环境与周边生态系统中输入物质，同时也需源源不断地向外界输出物质。城市生态系统的物质流动量大、速度快、类型多，是一个巨大的物质储存库、转化库和交换库。正是由于城市生态系统的高度开放性以及频繁的物质交换与转化活动，使其保持动态的稳定性与可持续发展。

（3）能量流

自然生态系统的能量主要来自于太阳辐射，而城市生态系统要维持其生产功能和社会消费功能，除了直接利用或间接利用太阳能量以外，还必须源源不断地从外部系统输入大量的人工辅助能量，如煤炭、石油、电力、液化气等。这些人工能量在城市生态系统中流动、转移、使用和消耗，最终以热能的形式排入环境。

（4）信息流

城市是一个国家或地区的政治、经济、文化、教育、卫生和科学技术中心。在城市生态系统中，充满着各种各样的信息，如市场信息、金融信息、政策信息、文化信息、技术信息、新闻信息以及化学信息等。正是通过这些信息的流动，将城市生态系统中的各个要素相互联系成为一个有机的整体。通过信息流动与有序传播，可以调控城市各子系统中的物质和能量以及系统与外界环境之间的交换。

（5）资金流

资金流是社会经济活动的特有现象，是城市生态系统有别于自然生态系统的重要特征。城市生态系统中的资金流主要包括市场交换过程中的产品与资金互流，金融市场与银行中的资金流动，政府投资、奖励、罚款等的资金转移等。这些资金不仅频繁、大量地发生在城内生态系统内部，而且也发生在城市与外界系统之间，也正是通过这些资金流动，使得城市中社会经济得以有序进行。

17.1.2.2　城市生态系统的特点

城市生态系统是一个结构复杂、功能多样、巨大而开放的自然、社会、经济复合的人工生态系统。与自然生态系统相比，城市生态系统具有如下特点。

（1）城市生态系统是以人为主体的生态系统

与自然生态系统相比，城市生态系统的主体是人类，而不是各种植物、动物和微生物。人类的生命活动是生态系统中能流、物流和信息流的一部分，人类具有其自身的再生产过程，又是城市生态系统中的主要消费者。动物在城市生态系统中现存量很少，且主要为一些伴人害虫或家养动物，体现着人类的影响。人类的生物物质现存量不仅大大超过系统内的动物，也大大超过系统内绿色植物的现存量。

人类是城市生态系统的主宰者，其主导作用不仅仅在于参与生态系统的上述各个过程，更重要的是人类为了自身的利益对城市生态系统进行控制和管理。人类的经济活动对城市生态系统的发展起着重要的支配作用。大量的人工设施叠加于自然环境之上，形成显著的人工化特点，如人工化地形、人工化混凝土或沥青地面、给排水系统、人工气候、城市热岛、绿地锐减、动植物种类和数量发生变化等。城市生态系统不仅使原有的自然生态系统的结构和组成发生"人工化"的变化，而且，城市生态系统中大量出现的人工技术物质如建筑物、道路公用设施等完全改变了原有自然生态系统的形成和结构。

（2）城市生态系统是高度开放的生态系统

由于城市生态态系统的主要消费者是人，其所消费的食物大大超过系统内绿色植物所能提供的数量。因此，城市生态系统所需求的大部分食物能量和物质，要依靠从其他生态系统

（如农田、森林、草原、海洋等生态系统）人为地输入。同时，城市失态系统中的生产、建设、交通、运输等都需要能量和物质供应，这些也必须从外界输入，并通过加工、改造，如将煤、原油等转化为电力、煤气、蒸气、焦炭、石油制品等，将原材料转化为钢材、汽车、电视机、塑料、纺织品等，以满足人类的各种需要。其中，能量在系统内通过人类生产和生活实现流通转化，逐级消耗，维持系统的功能稳定；而人类生产和生活所产生的产品和大量废弃物，大多不是在城市内部消化、消耗和分解的，而必须输送到其他生态系统。

城市生态系统除了在物质和能量方面与系统外部有密切联系外，在人力、资金、技术、信息等方面也与外部系统有着强烈的交流，正是由于这种系统内外的流动，才使得城市生态系统成为人类生态系统的中心或主要部分。因此，城市生态系统的开放性远比自然生态系统高。

（3）城市生态系统是一个功能不完全的生态系统

在城市生态系统中，人类一方面为自身创造舒适的生活条件，满足自己在生存、享受和发展上的许多需要；另一方面又抑制绿色植物和其他生物的生存与活动，污染洁净的自然环境，反过来又影响人类的生存和发展。人类驯化了其他生物，把野生生物限制在一定范围内，同时把自己圈在人工化的城市里，使自己不断适应城市环境和生活方式，这就是人类自身驯化的过程。人类远离自己祖先生活的那种"野趣"的自然条件，在心理上和生理上均受到一定影响。随着人们对人居环境要求的不断提高，在城市建设过程中，景观生态规划也日益受到重视。

城市生态系统内的生产者多是人类为美化、绿化城市生态环境而种植的花草树木，不能作为营养物质供城市生态系统的主体——人类使用。维持城市生态系统所需的大量营养物质和能量，需要从其他生态系统输入。同时，城市生态系统的分解功能不完全，大量的物质能源常以废物形式输出，造成严重的环境污染。

（4）城市生态系统是自我调节能力很薄弱的生态系统

自然生态系统受到一定程度的外界干扰时，可以借助自我调节和自我维持能力维持生态平衡。城市生态系统受到干扰时，其生态平衡只有通过人类的正确参与才能维持。

自然生态系统中的物质和能量能满足系统内生物的需要，有自我调节、维持系统动态平衡的功能。而城市生态系统中的物质和能量要靠其他生态系统人工输入，不能自给自足，同时城市的大量废弃物也不能自我分解与净化，要依靠人工输送到其他生态系统中去。城市生态系统必须依靠其他生态系统才能存在和发展。

由于城市生态系统的高度人工化特征，不仅产生了环境污染，同时如城市热岛、逆温层、地形变迁、不透水地面等城市物理环境的变化破坏了原有的自然调节机能。与自然生态系统相比，城市生态系统由于物种多样性降低，能量流动和物质循环的方式、途径发生改变，使本身的自我调节能力降低。因此，其稳定性在很大程度上取决于社会经济的调控能力和水平，以及人类对这一切的认识，即环境意识、环境伦理和道德责任。

（5）城市生态系统是多层次的复杂系统

城市生态系统是一个多层次、多要素组成的复杂生态系统。以人为中心，可将城市生态系统划分为 3 个层次的子系统。

① 生物（人）—自然（环境）系统：研究人与其生存环境，如气候、地形、食物、淡

水、生活废弃物构成的子系统。

② 工业—经济系统：研究人的经济活动，如能源、原料、工业生产过程、交通运输、商品贸易、工业废弃物构成的子系统。

③ 文化—社会系统：研究人的社会文化活动，如社会组织、政治活动、文化、教育、娱乐、服务等构成的子系统。以上各层次的子系统内部，都有自己的能量流、物质流和信息流，而各层次之间相互联系，构成一个不可分割的整体。

17.2 城市生态系统存在的问题

17.2.1 自然生态环境的破坏

生态环境破坏是指人类不合理地开发、利用自然资源和兴建工程项目而引起的生态环境的退化及其衍生的有关环境效应，从而对人类的生存环境产生不利影响的现象，如水土流失、土地荒漠化、土壤盐碱化、生物多样性减少等。环境破坏造成的后果往往需要很长的时间才能恢复，有些甚至是不可逆的。

20 世纪 50 年代末 60 年代初，许多国家认为世界主要面临五大社会问题，西方有人称作"五大危机"，即人口增长过快、能源不足、粮食短缺、自然资源遭到破坏以及环境污染。随着时间的推移，生态环境问题愈发受到人们的重视。现在，一些专家提出严重威胁世界生态环境的最大问题包括沙漠化日益严重、森林锐减、野生动物大量灭绝、人口剧增、饮用水源越来越少、盲目捕捞破坏渔业、河水污染严重、农药大量使用、全球气候变暖、酸雨蔓延。

由于人们对于经济效益的热衷，世界范围内自然生态平衡逐渐被打破，以破坏环境来换取表面上的经济增长的现象随处可见。这一现象在中国也比较突出，环境形势不容乐观。研究我国当前存在的主要生态环境问题及其产生原因，对我们贯彻落实科学发展观、实现经济可持续发展、实现人与自然的和谐相处具有十分重要的意义。

目前我国自然生态环境方面的问题主要有以下几方面。

(1) 土地沙漠化严重

我国目前有沙漠化土地约 $7.1 \times 10^5 \text{ km}^2$，占国土面积的 7.4%，戈壁面积 $5.7 \times 10^5 \text{ km}^2$，占国土面积的 5.9%。更为严重的是，我国沙漠化土地以每年 $2.1 \times 10^3 \text{ km}^2$ 的速度扩展，相当于每年减少 2 个香港大小的土地。

从沙漠化土地分布的主要自然区域来看，蒙新高原地区和青藏高原地区是我国沙漠化土地的集中分布区。蒙新高原地区的沙漠化土地主要分布在新疆塔里木盆地、准噶尔盆地、吐鲁番盆地及东疆地区，往东跨甘肃河西走廊、宁夏北部和黄河以东地区，内蒙古的大部分地区，陕西和山西两省北部的长城沿线和河北坝上地区等。青藏高原高寒地区的沙漠化土地主要分布于青海省的柴达木盆地、共和盆地、青海湖周边地区。土地沙漠化现象在这些地区尤为突出，因为它们原本就处于干旱和半干旱的脆弱生态环境之下，由于缺水，动植物多样性不像其他地区那么丰富。再加上人类的过度开发，如伐木毁林破坏生态平衡，导致土地肥力下降、质量退化，最终变成沙漠。可以说，我国土地沙漠化主要是由于过度的人类活动引起的。

土地沙漠化造成的草场退化使得草场载畜量下降，畜产品产量和质量随之降低。同时，林地退化不但使木材蓄积损失，还减少了当地农牧民的薪柴来源，农牧民在薪柴不足的情况下采伐灌木作为燃料，进一步加剧土地沙漠化，破坏农业生态屏障，加重农业的灾害程度，从而在生态、经济、社会 3 方面形成了一种恶性循环。土地沙漠化不仅造成耕地、草地、林地等可利用土地的减少和退化，也造成生物多样性的骤减。土地沙漠化一方面使生物栖息地损失，另一方面造成种群、群落结构破坏，生产力下降，物种生存能力降低甚至使许多物种日趋濒危或消亡。同时，随着人口的增长、土地沙漠化加剧，耕地、牧场数量和生产力受土地沙漠化影响呈明显下降趋势，进一步激化了人口与耕地之间的矛盾，影响到国家粮食安全问题，甚至使我国粮食自给受到威胁。

（2）森林资源缺乏且急剧减少

我国森林面积占世界森林面积的 5％，居俄罗斯、巴西、加拿大和美国之后，在世界上列第 5 位；森林蓄积居巴西、俄罗斯、美国、刚果民主共和国和加拿大之后，列第 6 位。

经统计，在世界 160 个国家或地区中，我国森林覆盖率位居第 120 位，人均占有林地面积约 0.15hm^2，相当于世界人均占有量的 1/4，位居第 128 位。同时，我国森林的整体质量不高，过熟林和成熟林分别占森林面积的 6％和 13％，近熟林占 16％，而幼龄林和中龄林面积分别占森林面积的 33％和 32％。我国木材对外依存度接近 50％，大径材林木和珍贵用材树种少，木材供需的结构性矛盾突出。森林有效供给与日益增长的社会需求的矛盾依然突出。

按照国家林业发展规划，到 2050 年我国森林覆盖率达到 26％以上，也就是林地面积不能少于 3.1356 亿公顷，这是我国林地保护红线。根据初步统计，过去几年各类违法违规占用林地面积年均超过 13.4 万公顷。局部地区毁林开垦问题依然突出，通过以租代征、非法占用的方式用林地，做建设项目、娱乐项目、房地产项目等现象比较普遍。随着城市化、工业化进程的加速，生态建设的空间被进一步挤压，严守林业生态红线，维护国家生态安全底线的压力日益加大。

可见，我国森林资源极度缺乏，是世界森林资源最少的国家之一。森林资源的缺乏给我们的生产生活带来极大的不便，同时也阻碍我国经济的可持续发展。森林资源缺乏、林地面积急剧减少是由于人类过度的伐木开垦、毁林造田，以及火灾、病虫害等原因引起的，同时也加剧了水土流失、土地沙漠化等灾害。

（3）水土流失日益加重

地球表面积 5.1 亿平方千米，其中陆地比例不足 30％，在 1.49 亿平方千米陆地中，水土流失面积达 30％，每年流失有生产能力的表土 250 亿吨。我国是世界上水土流失最严重的国家之一。全国几乎每个省都有不同程度的水土流失，其分布之广，强度之大，危害之重，在全球屈指可数。根据全国第二次水土流失遥感调查，20 世纪 90 年代末，我国水土流失面积 356 万平方千米，其中，水蚀面积 165 万平方千米，风蚀面积 191 万平方千米。在水蚀、风蚀面积中，水蚀风蚀交错区水土流失面积 26 万平方千米。据水利部 2005 年 12 月 26 日发布的《2004 年中国水土保持公报》显示，2004 年全国土壤侵蚀量达 16.22 亿吨，相当于从 12.5 万平方千米的土地上流失 1cm 厚的表层土壤。其中，长江流域和黄河流域的土壤侵蚀量最多，分别达到 9.32 亿吨和 4.91 亿吨。调查表明，全国水土流失面广、量大，不论山区、丘陵区、风沙区还是农村、城市、沿海地区都存在不同程度的水土流失问题。由于特殊的自然地理条件，加之长期以来对水土资源的过度利用，当前我国水土流失仍然面积大、分布广、流失严重，防治任务艰巨。同时，目前我国正处在城市化、工业化、现代化的进程中，人口、资源、环境之间的矛盾突出，新的水土流失不断产生，这给水土保持工作提出了严峻挑战。

水土流失是不利的自然条件与人类不合理的经济活动互相交织作用产生的。不利的自然条件主要包括地面坡度陡峭、土体松软易蚀、高强度暴雨、地面无林草等植被覆盖，人类不合理的经济活动主要包括毁林毁草、陡坡开荒、过度放牧、开矿、修路、废土弃石随意倾倒等。由于长期的水土流失，致使黄土高原支离破碎，沟壑纵横。随着人口增加，造成资源减少和环境恶化，形成生态环境系统恢复与重建不可逆转的局面。

（4）淡水资源严重缺乏

我国是一个淡水资源奇缺的国家。我国的淡水资源总量为28000亿立方米，占全球水资源的6%，名列世界第四位，但若按人均计，则约为世界人均水量的1/4。我国淡水资源奇缺的原因主要有两个方面：一是自然因素，我国水资源时空分布不均衡，总体而言，南多北少，东多西少，夏秋多春冬少，这导致有些地区水灾频发，有些地区又极度干旱；二是人为因素，我国国民惜水、节水意识薄弱，节水措施不到位，导致水资源浪费严重。

淡水资源的更新主要靠大气降水。我国大部分国土处于北半球中纬度干旱带，本应比较干旱，幸好来自太平洋和印度洋的东南亚季风带来了水汽，但也导致降水量分布的极度不均匀，形成南部和东部降水量较多，而西北干旱的局面。昆仑山、秦岭、淮河一线以南总体上不缺水，若缺水也主要由污染造成的水质型缺水，而西北地区则干旱少雨，淡水资源比较贫乏。

我国北方地区以北京地区为例，6、7、8这三个月的降水量，占年总降水量的3/4以上，而从11～4月的降水量不到全年降水量的1/10。由于旱季延续时间长，年蒸发量大多在1000mm以上，远远超过年降水量。而且，年际降水量变化也很大，连续3年的干旱时有发生。大气降水只有小部分能转化为有效的淡水资源，大部分被蒸发到大气中。此外，由于雨季降水过于集中，有一部分水库装不下的降水，常以洪水形式入海，无法加以利用，甚至造成洪灾。在我国，特别是北方地区，农田灌溉用水占用淡水资源的绝大部分，能留给生活和工业生产用的水资源很有限。

（5）酸雨蔓延

我国的能源生产和消费结构长期以煤炭为主，煤炭占能源生产和消费总量的75%左右。据统计，1995年全国煤炭产量13.6亿吨，煤炭消费量达13.5亿吨。化石燃料燃烧，尤其是原煤的大量直接燃烧，加之燃烧设施基本未配套脱硫脱硝等排气净化装置，SO_2、NO_x等酸性气体排放量不断增加。1995年，全国SO_2排放量达2370万吨，酸雨地区占全国面积的40%左右。不仅如此，由于我国正处于经济高速发展时期，能源消费将继续增长，而我国的能源/资源状况和经济发展水平等又决定了我国以煤为主的能源消费结构在近期内不会发生根本性改变。因此，结合我国国情，采取行之有效的综合措施控制酸雨和污染，不仅是保护环境的需要，更是实现我国可持续发展的必然选择。"七五"以来，我国政府逐步加强酸雨污染控制的工作，陆续颁布实施了一系列法律、法规、标准及政策措施，逐步使酸雨污染蔓延的趋势得到遏制。

20 世纪 80 年代，全国的酸性降水主要分布在长江以南地区，北方除少数几个城市外，大部分地区降水为中性。90 年代以来，酸雨出现的区域较 80 年代发生比较明显的变化，酸雨面积扩大 100 多万平方千米。年均降水 pH 值分布基本上维持了近年来形成的格局，即年均 pH 值小于 5.6 的城市主要分布在长江以南、青藏高原以东的广大地区及四川盆地。华中、华南、西南及华东地区存在酸雨污染严重的中心区域，北方地区只有局部区域出现过酸雨。从酸雨区域逐年变化的情况看，80 年代以重庆、贵阳为代表的西南地区是我国酸雨污染最严重的区域。90 年代以来，以长沙、株洲、赣州、南昌等城市为中心的华中酸雨区污染水平超过西南酸雨区，成为全国酸雨污染最严重的区域，中心区年均降水 pH 值低于 4.0，酸雨频率最高达 90% 以上，几乎达到"逢雨必酸"的程度；以遵义、宜宾、南充和重庆等城市为中心的西南酸雨区近年来虽有所缓和，但仍维持在较严重的水平；华南酸雨区主要分布在珠江三角洲及广西东部，总体格局变化不大。华东酸雨区，包括长江中下游地区及南至厦门的沿海地区，小尺度上的污染格局有所波动，但总体来说，较华中、西南酸雨区弱，但分布范围较广泛，覆盖苏中南、皖东、浙江大部及福建沿海地区，华东沿海酸雨区呈现出以南京—常州、临安—杭州—宁波及福州—厦门 3 个分中心的空间格局。北方地区降水年均 pH 值低于 5.6 的城市分布在青岛、图们为中心的区域。

17.2.2　土地占用和土壤变化

17.2.2.1　土地占用

据我国政府与联合国开发计划署的研究，我国土地的人口承载力为 17 亿人，但前提是必须保有不少于 18 亿亩（折合 1.2 亿公顷）的耕地。粮食产量取决于耕地数量、播种面积单产、复种指数和天气情况。根据我国农业生产发展状况，到 2030 年，按 1996 年我国政府发布的《中国粮食问题》白皮书中确定的粮食 95% 的自给目标，则需要耕地为 18.5 亿亩（折合 1.233 亿公顷）。如此看来，18 亿亩耕地是一个并不宽裕的数字。在如此严峻的人口、资源压力下，必须对耕地资源采取科学有效的保护和管理措施，以免威胁我国的粮食安全。

我国地域辽阔，国土面积有 960 万平方千米，仅次于俄罗斯和加拿大，居世界第 3 位。错综复杂的自然环境和多样的水热组合，形成了复杂多样的土壤类型。我国有 14 个土纲、39 个亚纲、138 个土类。其中，一些森林土壤（淋溶土）、草原土壤（均腐土）、人为作用下形成的土壤（人为土）和部分雏形土，肥力较高，约占总土地面积的 1/3；有障碍因素的土壤，如缺水干旱土、砂质新成土，有盐碱害的盐成土，有渍水威胁的有机土、潜育土等约占 1/3；其余 1/3 土壤，若利用得当，仍有潜力。从总量看，我国是一个土壤资源相对丰富的国家，但我国是一个 14 亿人的人口大国，又是一个土地资源紧缺的国家。

我国多山，65% 是山地，平原仅占 35%。加之 1/3 的土地有各种障碍因素，因此，全国耕地仅占国土的 13.7%，人均耕地仅有 1.39 亩（折合 0.09hm²），而且空间分布很不平衡，如东部湿润地区面积不足全国土地总面积的一半，却集中了全国 72% 的耕地，80% 的人口。人均耕地面积高于全国平均水平的省份，主要分布在东北、西北、黄土高原和青藏高原。自然条件较好，生产水平较高的华北、长江中下游、华南和西南等省份人均耕地低于全国平均水平，其中，上海、福建、广东、浙江、湖南等省市人均耕地不足 1 亩（折合 0.06hm²）。

从"十五"我国耕地变动情况来看，耕地减少的途径有四方面：一是生态退耕，二是建设用地，三是农业结构调整，四是灾毁耕地，分别占"十五"减少1.13亿亩（折合753万公顷）耕地中的70.9％、14.4％、11.4％、3.3％。其中，生态退耕和农业结构调整是造成耕地减少的第一、第三位因素，但这两项事关生态保护和经济发展，核定适当的数量是必要的，而灾毁耕地是难以预料的。因此，问题集中在建设用地方面：

① 城镇化和开发区的扩张。改革开放以来，我国城镇化水平从1978年的17.92％上升到2005年42.99％。城镇化发展速度是同期世界平均水平的2倍多。作为城镇发展空间的支撑基础，耕地正以空前速度转变为各种非农业用地。城镇化发展速度处于全国前列的苏州市，2003年比1984年非农用地面积扩大2.59倍，而苏南的常熟市2001年比1966年城镇建设用地扩大了6.4倍。目前全国662个大中小城市中，有183个把建设现代化国际大都市作为自己的目标。对这种盲目追大城市的倾向已有学者提出了强烈质疑。

② 楼堂馆所建设无度。号称"世界第一""亚洲第一"等场馆的报导不时见于报端，然而其经营状况大多堪忧，如四川绵阳有一个体育馆，占地205亩，规模属西南一流，因离市区太远基本闲置。

③ 别墅、高尔夫球场、房地产以及名目繁多的培训中心的建设。一些地方为建设上述项目借口圈地，批多少用，久占不用；低水平重复建设造成土地粗放利用。

④ 建坟造墓。近年来，建坟造墓之风盛行，浙江温州仅公路沿线山坡上的椅子坟就有12万个。这些坟墓造价高昂，而且建造分散，占地惊人。

此外，砖瓦厂每年从良田取土，毁掉大量耕地。

在土地占用严重的情况中占用好地的情况也十分突出。

① 东部占地比西部严重。以珠江三角洲、长江三角洲和京津唐为中心的东部沿海地区，建设用地占地比例远高于全国，尤其是西部地区的水平。1988—1991年，沿海12个省份的建设用地在全国同类用地中的比重维持在40％左右，而此后4年上升到50％～55％。

② 城郊占用比农村严重。苏州市城镇建设用地在不同阶段都以占用高质量等级的土地资源为主，大多占用一、二等高质量耕地（如菜地和基本农田等高度熟化土壤以及部分果园和林地），而农村地区主要占用四等质量较低的耕地。

③ 平原占用比山丘严重。出于投资环境和建设成本考虑，城镇扩张、配套基础设施建设多选择在地形平坦、土层深厚，土壤肥沃，交通方便的平原。

④ 占高补低耕地隐性减少。土壤是在不同成土因素作用下形成的不均匀的自然历史体，空间变异大。土壤耕作熟化更需要经历很长时间。因此，耕地的生产潜力地域和类型差异很大。以作物平均单产而言，长江上游比中、下游地区低1/3～1/2。西部地区与中部、东部地区的差距就更大。"一步三换土"，在同一地区不同土系或土种肥力水平差异也很明显。当前，有些地方用劣质耕地来补充优质耕地，表面上看耕地总量是平衡的，而实际上由于耕地质量差异及其综合生产能力的下降，造成隐性的耕地减少。

17.2.2.2 土壤变化

土壤是一个复杂、多层次的开放性系统，其变化受各种环境和人为因素的共同影响，并处于不断的变化之中。在特定自然环境中，土壤的人为诱导作用日益突出，如土壤侵蚀、沙化、酸化、贫瘠化等一系列土壤生态恶化与质量退化，无不与人类活动有关，之前局部、次要的问题转化为全球性的重要问题。

土壤变化是指土壤性状在时间上的变化动态。土壤是一个复杂、多层次的开放性系统，在各种环境因素共同的作用下，始终处于不停的变化之中。通常所提的土壤养分退化、生产力下降、土壤酸化、盐渍化、沙化及土壤熟化等都是土壤变化的不同表现形式，虽然其定义和出发点不同，但都属于土壤变化的范畴，反映出土壤是一个客观存在的动态自然实体。

就本身而言，土壤变化存在物理、化学和生物学变化。物理变化包括土壤结构、容重、水分和温度特征等性质以及土壤侵蚀方面的变化。化学变化包括土壤元素含量、形态和酸碱度等及其过程的变化。生物变化包括土壤动物、微生物种类和数量方面的变化。从土壤发育角度，土壤变化分为土壤熟化和土壤退化两种类型。土壤熟化是指土壤理化性状向土壤肥力和生产力提高的方向演变；土壤退化则是指土壤性状向着相反的方向发育、演化，即土壤肥力和生产力的下降。从系统状态变化看，土壤变化可分为非系统（随机性）变化、有规则的周期性（循环）变化和趋势性变化。随机性变化在时空上没有确定性规律可循，如土壤空气、微生物活性及一些人为过程等；周期性变化在时间上呈现反复性，如土壤温度日变化、月变化与年变化、土壤养分与微生物活动的季节性变化等，较易建模与预测；趋势性变化指在某一特定时段内土壤性状向某一方向发展，如土壤盐化、土壤熟化或退化过程中养分含量的变化等，较易建模，并有一定的精确度。总之，土壤变化趋势包括平衡趋势、剥蚀趋势和积累趋势 3 种类型。

土壤变化是各种环境因素综合作用的结果，这些环境因素可以称为土壤变化的驱动力。人为因素参与后，土壤变化驱动力是自然与人为因素。如果说自然因素决定土壤变化过程的起始方向和速率，那么人为因素则加速或减缓其变化过程，甚而产生新的土壤变化过程，同时，改变其他状态的功能。人类活动对土壤的影响，一方面是通过大气圈、水圈和生物圈的变化间接影响土壤，另一方面是通过灌溉、施肥、耕作，尤其是施用有机肥、化肥、垃圾、农药等直接影响土壤，在人口增加的压力之下，如利用不当就会引起土壤退化。土壤侵蚀、沙化、酸化、养分贫瘠化、生产力下降等一系列生态、环境与资源退化问题，在很大程度上都是随着人口增加、社会经济发展、人类对资源不合理利用所导致的。据统计，人为活动引起的土壤质量下降面积，即土壤退化面积已占到全世界土地面积 15%，其中水蚀占 55%，风蚀占 28%，土壤养分下降占 7%，土壤盐渍化占 4%，土壤压实占 3%。亚洲土壤退化面积居各大洲之冠，约为 747 万平方千米。因此，必须重视农业土地利用对土壤环境和土壤性质的影响，揭示土壤的变化特征，为区域农业持续发展提供科学依据。

17.2.3　环境污染

城市发展是经济社会发展的必然结果。由于经济的发展和社会的进步，未来城市人口数量将急剧增加，更多的农村人口进入城市。中国作为世界上人口最多的发展中国家，城市化使资源和环境面临更大的压力。国家的政治活动、经济活动、文化教育和交通主要集中在城市，城市也是人们工作的主要地方，城市还为工业生产和居民生活创造条件，工业、建筑业等基础设施相对完善，交通运输业、文化娱乐设施等服务业相对齐全。但是，由于城市人口密集、工厂林立、交通拥堵等，城市发展对城市环境造成污染和破坏，使人们工作和生活条件受到威胁。城市在发展过程中面临的环境污染问题主要有以下几点。

（1）消费型环境污染不断增加

随着城市化进程的加快和城市功能、结构的转化，城市常住人口和流动人口将继续保持快速增长的态势，城市面临的人口压力将更突出，同时随着人民生活水平的提高和消费升级，各类资源和产品总量将大幅度提高，给原本趋紧的城市资源、环境供给带来更大的压力。水资源短缺、生活污水、垃圾等废弃物产生量的大幅度增加，机动车污染加剧，城市自然生态系统加快退化等一系列城市环境问题，给城市环境保护工作带来了新的挑战。可以预见，随着城市化的快速发展和人口的不断增加，生活源将替代工业源成为城市首要污染源，消费行为和生活方式对城市环境的影响还将进一步显现，城市环境问题将发生根本性的变化。

（2）城市环境污染边缘化问题日益显现

在城市化工业污染防治过程中，许多城市相继关闭、迁出一些污染严重的企业，在实行技术改造和污染集中控制的基础上对城市工业布局进行调整。这样，一方面调整城市的功能和布局，改善城区的环境质量；另一方面也客观上造成城市工业布局的向城市周边发展，出现城市工业污染边缘化趋势。同时，保证城市生活供给的集约化养殖、种植等现代农业也多集中分布在城市的周边地区，养殖业粪、化肥、农药等对城市周边地区的土壤和水体造成的污染问题也越来越突出，严重影响城市周边地区环境质量。此外，城市周边地区更多地承担着来自中心城区生产、生活所产生的污水、垃圾、工业废气等污染，城市周边地区的水体（包括地表水和地下水）、土壤、大气污染问题更为突出，影响着城市区域和城乡协调发展。由于以往城市环境保护战略更多地关注城市中心区域，城市周边地区的环境保护工作没有受到足够重视，导致城市环境问题的边缘化问题日益严重，严重影响城市区域和城乡的协调发展。

（3）机动车污染问题严峻

从大气环境来看，由于人民生活水平的提高，机动车特别是私家车数量快速增加，机动车尾气已成为城市空气污染的第一大污染源。预计，汽车和摩托车保有量将在未来的若干年内持续增长，机动车保有量的高速增长导致的城市空气污染已经成为城市发展面临的严峻问题。

（4）城市生态失衡问题不断严重

现代城市被钢筋水泥的建筑所统治，城市的自然生态系统受到严重破坏，生态失衡问题严重，普遍存在地下水超采问题，由此引起的一系列城市生态环境问题十分严重，城市自然生态系统受到严重破坏，"城市热岛""城市荒"等问题突出。同时，城市自然生态系统的退化，进一步降低了城市自然生态系统的环境承载力，加剧了资源环境供给和城市社会经济发展的矛盾。伴随着城市人口的增加和城市规模的不断扩张，城市的自然生态系统将受到更为严重的威胁，如果不从城市发展规划上进行相应的管理和调整，合理开发和利用土地，城市的生态环境问题将更加严重。

17.3 城市生态系统的发展方向

17.3.1 城市的园林绿化

城市园林绿化是指通过工程技术和艺术手段，采用改造地形种植树木花草、营造建筑和布置园林小路等方式，将园林艺术与城市生活相结合的环境绿化工程称作城市园林绿化，如城市公园、植物园、小游园、动物园等都是园林绿化的工程范围。随着科技的发展和生态宜居城市的建设，城市园林绿化还包括森林公园、名胜风景区、自然保护区和国家公园等游览区以及休养生息的度假区，这些都属于园林绿化的范围。

城市园林作为城市唯一具有生命的基础措施，在改善生态环境、提高环境质量方面有着不可替代的作用。城市对园林的需求分为两个方面：一是作为基础设施；二是作为休闲设施。前者由市政当局作为公共产品供给全体市民，后者则可由法人实体作为法人产品提供给部分市民。城市绿化不但要求城市绿起来，而且要美观，城市园林绿化是改善城市生态环境的重要途径和体现。城市绿化的建设过程、功能要求和经营目的，与林业有所不同，但都是生产建设的组成部分，一个是以取材为主，一个是以环境保护为主。城市绿化是对社会环境资本的投入，其经济回报是多方面的，而且十分丰厚。

20 世纪 70 年代末，我国提出城市绿化"连片成团，点线面相结合"的方针，城市绿化由此进入快速发展阶段。20 世纪 80 年代后，北方出现了以天津为代表的"大环境绿化"，南方出现了以上海为代表的"生态园林绿化"。近年来，我国城市园林绿化的研究主要集中在园林植物及风景园林两大方向。园林植物研究包括本木花卉、草坪及地被植物、盆景、切花与插花、园林植物资源、草本花卉、温室园艺与室内绿化、园林植物适应性与耐抗性、园林植物生理生态及快速繁育等；风景园林研究包括绿地规划设计、园林艺术、园林绿化管理等内容。但长期以来，我国园林学界多倾向于对园林美学的研究和实践，很少自觉运用景观生态学原理和方法研究城市绿地的结构、格局和生态功能等。

城市园林绿化发展要落实科学发展观，按照环境友好型、资源节约型社会的要求，把"生态优先、合理投入、因地制宜、科学建绿"的观念贯穿于管理、规划和发展的全过程中，引导和促使城市园林绿化发展模式的转变，构建全新的城市园林绿化模式。城市园林绿化的发展原则：①提高土地使用效率。通过增加乔木种植数量、改善植物配置结构等有效措施，提高土地的单位产出效益。②提高资金使用效率。通过科学规划、合理设计、积极投入等管理措施，降低城市园林的养护成本。③政府主导、社会参与。发挥政府在政策保障、规划控制、理念引导、资源协调和技术推广等方面的作用，引导和推动全社会的广泛参与。④坚持生态优先、自然调节。绿地生态效益最大化是城市园林绿化追求的目标，只有将城市绿地与历史、文化、美学、科技相融合，才能实现城市园林绿化生态、景观、游憩、科教、防灾等协调发展。

17.3.2　城市生物多样性的保护

城市生物多样性是城市环境的重要组成部分，更是城市环境、经济可持续发展的资源保障，既是提高城市绿地系统生态功能的前提，也是城市绿化水平的重要标志。

17.3.2.1　城市生物多样性的概念

1992 年，联合国环发大会签署的《生物多样性公约》第二条对"生物多样性（Biodiversity）"的解释是：所有来源的活的生物体中变异性，这些来源包括陆地、海洋和其他水生生态系统及其所构成的生态综合体，物种内、种间和生态系统多样性。1995 年，联合国环境规划署（UNEP）发表的关于全球生物多样性巨著《全球生物多样性评估》（GBA）给出了一个较简单的定义：生物多样性是生物和它们组成的系统的总体多样性和变异性。生物多样性通常有 3 个层次，分别为基因多样性、物种多样性和生态系统多样性。蒋志刚等（1997 年）给生物多样性所下的定义为："生物多样性是生物及其环境形成的生态复合体以及与此相关的各种生态过程的综合，包括动物、植物、微生物和它们所拥有的基因以及它们与其生存环境形成的复杂的生态系统"。

作为全球生物多样性的一个特殊组成部分，城市生物多样性是城市生物之间、生物与生境之间、生态环境与人类之间复杂关系的体现，是城市中自然生态环境系统的生态平衡状况的一个简明的科学概括，体现了城市生物的丰富度和变异的程度。

城市生物多样性保护的实质，可以分为三个层次：第一，在城市层次上，城市作为人类聚集中心，其生物多样性是为城市中人的生存、发展、休闲之需要而建立和维护城市生态系统高效、平衡的生态学标志；第二，在区域层次上，城市作为经济中心，具有特殊的地理背景，城市中的绿地与农耕生产无关，从这层意义上看，城市生物多样性保护是对城市中尚存的本地物种及其生境、生态系统的保护；第三，在全球层次上，城市作为科技与教育中心，有义务参与珍惜、濒危生物的保存、培育和宣传教育。这些都是需要城市承担的生物多样性保护义务。

17.3.2.2 城市生物多样性面临的威胁

（1）过度掠取

过度掠取指掠取速度超过一个种群繁殖更新的速度。当该物种受到法律保护时，这种掠取就成了偷猎，历史上不少大型动物就是因此而绝灭的。现在仍有不少生物因此而濒危，如虎、象、犀牛等，人参的情况也是如此。

（2）栖息地丧失

栖息地丧失通常是指多样性极其丰富的自然生态系统向多样性极其单调的农业生态系统转变。一个地区自然植被面积的陡然下降，常导致生物栖息地被隔离开来，形成一个个孤立的生态环境，限制种内基因的交流，遗传多样性因此丧失一部分，该种群对疾病、猎捕以及偶发灾变的抵抗力随之下降，这样该种群就有可能走下坡路。

（3）环境污染

环境污染对生物构成广泛而严重的威胁。废水、废气、固废、噪声等不仅对周围生境中的生物有极大的生存影响，而且对人类身体健康的影响也备受关注。环境污染中的重金属元素、微尘、有毒有害有机物等通过生物富集等各种途径进入人体，人类在破坏环境、危害其他生物的同时也在谋杀自己。

（4）气候变化

气候变化是又一个威胁生物生存的因素，它常与区域性植被格局的改变有关。涉及全球 CO_2 浓度升高、区域性厄尔尼诺效应和季风规律以及地方性火灾对北方森林、珊瑚礁、红树林、湿地等会有强烈影响。

（5）物种引进

物种引进是不容忽视的问题。在许多海岛上，引进植物已取代当地土著植物，这种现象称为生态入侵。引进植物已被认为是美国国家公园所面临的最大威胁，引进鱼种使具有极高特有种的非洲裂谷一些湖泊里的土著鱼种濒临绝灭边缘。

17.3.2.3　城市生物多样性保护的意义及重点

自然界有许多植物是人类可以利用的药材和食物，如三七、人参、折耳根等，这些植物对治疗人类的一些疾病有重要作用。但是，随着科学技术的不断发展，一些药剂的研制获得突破性进展，随之带来的野生药物滥采也越来越严重，许多地方的野生中草药濒临灭绝的危险，尽管政府出台多项措施加以制止和限制，但由于经济利益的驱动和法纪知识的淡薄，使野生植物数量不断减少。

森林是人类的一笔宝贵财富，它对调节气候和气温起着重要作用。森林是动物的乐园，是动物生活的家园，也是人类发展的保障。但是，随着人类对于木材的需求越来越大，各地滥砍滥伐森林资源，导致森林覆盖率不断减少，全球气候变暖也是森林资源减少所致，有些动物也随着某些森林资源的消失而灭绝。

动物是人类的亲密朋友，它们为人类提供了肉食、皮毛、医药等，动物多样性对于生态环境的稳定、食物链的维持和人类的发展有着非常重要的作用。虽然现在有一些动物已经被人类驯化为家养动物，但野生动物的数量还是在不断减少，这主要还是原于经济利益的驱动。作为城市生态系统中的动植物和微生物，一方面它们自身的生存与发展受着城市环境的严重制约；另一方面，它们的种类和群体水平对城市环境起着积极的不可替代的改善作用。保护城市生物多样性，实际上就是保护人居环境，保护人类自己，并促进城市生态系统健康有序地发展。通过城市生物多样性保护与重建，改善人与自然的关系、自然系统内部生物与环境之间的关系。由此可见，城市生物多样性保护的任务首先是从为人的生存提供适宜的环境这一需要出发，继之是为城市社会的可持续发展提供必要的保障，然后才是为地球的自然生态、物种和遗传基因的多样性保护做出贡献。显而易见，就一般意义的保护生物多样性任务而言，城市有着更为特殊、艰巨的任务。

中国城市生态问题面临着严峻挑战。改革开放以来，中国城市建设取得长足进展，城市数量急剧增加，城市数目从 1980 年 223 个发展到 663 个，城市人口不断扩大，城镇人口从 1980 年的 1.9 亿人激增至 2014 年的 7.5 亿人，城镇人口占比攀升至 54.77%。由于人口的大量涌入，城市化进程加快，一些负面效应逐渐显露出来，标志之一是城市生态环境破坏，作为城市生态自然基础、决定城市生态环境质量的生物多样性的境遇每况愈下，后者再经负反馈机制进一步加剧城市生态环境恶化。

城市绿化中存在的一些突出问题，如对城市生物多样性保护工作不够重视，本地物种利用和保护不够，片面追求大草坪大广场，大量引进国外草种、树种和花种、城市绿化植物种类减少，品种单一，盲目填河、填沟、填湖，城市河流、湖泊、沟渠、沼泽地、自然湿地面临高强度开发建设，造成部分地区生物多样性减少，植被退化和环境恶化，城市生态系统和生态安全面临威胁等。针对这些问题，建设部于 2002 年 11 月下达了《关于加强城市生物多样性保护工作的通知》，此举对于维护生态安全和生态平衡、改善人居环境等具有重要意义。

城市生物多样性保护的主要目的是改善城市中人与自然、生物与生物和生物与无机环境这三重关系，促进生物遗传基因的交换，增加对城市环境适应的物种，提高城市植物群落的稳定性与景观的异质性。同时，借助生物多样性的生态功能促进城市生态系统的修复与协调，改善或稳定城市生态环境，维护生态平衡，实现城市的可持续发展。城市生物多样性保护的重点如下。

① 通过城市生物多样性的保护与重建，改善人与绿地系统之间、绿地系统内部生物与环境之间的关系。在城市绿地中，人工促进"近自然"植物群落形成，实现其自我更新和演替，从而在经济意义上提高城市中的自然生产力，在环境意义上修复人在城市中的生存环境质量，在社会意义上改变人对自然的观念以及索取自然的方式，从而为城市的可持续发展做出贡献。

② 依据城市地理分布的地带性及其在生态区系中的特殊生境条件，以自然迁徙物种的生境、本地特殊的生态类型为重点的生态层次的多样性保护。这种保护具有地域难以移置性和功能难以替代性，因此意义特殊。

③ 借助城市植物园、动物园、苗圃等条件以及技术优势，以濒危、珍稀动植物移地保护、优势物种驯化为重点的物种层次的多样性保护。这种保护具有地域可移置性和功能可替代性，因此在城市中的意义是相对的、有条件的，宜根据城市的优势条件而定。

17.3.2.4　城市生物多样性保护现状

人类与生物多样性之间的关系主要体现在两大方面：一方面，主体意义的生物多样性，随着生物学的发展在不断增加而难以穷尽；另一方面，客观意义上的生物多样性，却随着人类的不平衡发展而迅速减少，人类在脆弱大气圈内的生存风险随之增加，进一步利用地球生物资源的潜在机会也在被不断扼杀。由此可见，认识或展示生物多样性与保护生物多样性有根本区别。在城市中，分类学意义上的物种数量增加，并不代表人与生物多样性关系的改善。人是自然的有机组成部分，其生存离不开自然，但人类社会的迅速发展具备毁灭自身生存环境的一切能力，所以还必须限制人类对自然地破坏行为，并负担起维护和恢复自然环境的责任。

在经济发达国家和地区，城市生物多样性的保护和建设备受重视，城市生物多样性水平已成为城市生态环境建设的一个重要标志。例如，法国巴黎、日本广岛以及中国香港都较早地开展了城市生物多样性保护和建设的研究与实践，成为城市生物多样性保护的成功范例。

许多城市都有明确的植物种类记录，如布鲁塞尔市有 730 多种植物（约为比利时植物区系的一半），柏林有园林植物 1200 多种，罗马有 1400 多种，上海园林植物总数约为 800，广州园林植物约 1600。

由于人口的增长和人类经济活动的加剧，致使生物多样性受到严重威胁，引起了国际社会的普遍关注。若要全面系统地、定量地研究城市生物多样性的影响，必要从以下几个方面入手：第一，进行系统研究，通过建立生态定位监测站，进行长期的定位监测，以获取系统化的资料，结合现代地理信息系统、遥感等技术手段，从时空梯度上更全面系统地研究；第二，开展人工模拟和人工促进"近自然"群落形成技术和原理研究；第三，建立统一的、科学的、符合城市特点的生物多样性测量标准和评估体系，以提高城市生物多样性研究成果的可比性，同时建立城市生物多样性保护的理论体系；第四，从立法方向着手，加强城市生物多样性保护的政策法规研究，同时提高城市规划者及市民的保护意识。

17.3.3　宜居城市的构建

1961 年 WHO 总结满足人类基本生活要求的条件，提出了居住环境的基本理念，即安全性（Safety）、健康性（Health）、便利性（Convenience）、舒适性（Amenity）。国外对"宜居城市"的理解比较注重城市现有和未来居民生活质量的三大类因素，即宜居性、可持续性、适应性。关于宜居性，除了关注城市的居住环境外，国外对居民参与城市发展的决策能力也很重视，并认为这是宜居性的重要表现之一；关于城市的可持续发展，追求的不仅是当前城市居民生活质量的高低，也重视城市的可持续发展潜力；另外，城市对危机和困难的可适应性也是宜居城市发展的重要内容。国内关于宜居城市的研究主要来源于吴良镛关于人居环境的研究，可以说，人居环境的理论和方法是宜居城市研究的重要基础。周志田等从生态角度出发认为：适宜人居住的城市是一种遵循自然生态系统规律的人工生态系统的地域组织形式，并提出评价城市的宜居性时，需要考虑城市经济发展水平、发展潜力、安全保障条件、生态环境水平、居民生活质量水平、居民生活便捷度等方面。在"宜居城市"的条件中，既包含优美、整洁、和谐的自然和生态环境，也包含安全、便利、舒适的社会和人文环境。

简单来说，宜居城市指经济文化、社会环境可协调发展的良好居住环境。宜居城市不仅可以满足居民的物质文化和精神生活的需求，还是能适应人类生活、工作和居住的城市。有人将宜居城市的理念简单归纳为"宜居、逸居、康居、安居"八个字。

关于如何构建宜居城市，国内外在近几十年来进行了不断地探索，不外乎以下几点要求。

（1）追求优美的居住环境和便利的公共基础设施

不管是国外城市还是国内城市，在城市宜居性的建设上均体现出公众对宜居的基本要求，即优美的居住环境和便利的公共基础设施。温哥华、新加坡均在如何创建优美宜人的居住环境上下足了功夫，同时考虑公共基础设施的便利性、人性化。国内城市的居住环境和公共基础设施建设相对滞后，但也都在城市建设的过程中通过不同的方式和手段力图建造宜人的生活空间，如生态化的社区、绿色社区、智能建筑等。

（2）追求城市的个性化、特色化

宜居城市不是"千城一面"的景观，吸引人前往居住的魅力之一是城市的与众不同。所以，城市宜居性建设的主要特点之一就是城市特色建设，如温哥华参与建筑设计的建筑师均来自本地，他们充分尊重建筑物周围环境的尺度、材料和色彩，创作出的建筑作品具有明显的地方特征；新加坡以采用非对称形式，建起绿色的覆盖层，为风景点缀色彩，重视果树，建成公园网络，"软化"水泥建筑，绿化已垦土地等不同方式和手段锁定"花园城市"的特色；国内的城市也是如此，上海在海派文化上下足了功夫，杭州大打"建设新天堂"的品牌，青岛的"红瓦、绿树、碧海、青山、黄墙"的城市色彩是国内仅有的，大连的"不求最大，但求最好"的城市经营策略独一无二，成都营造闲适的文化氛围，珠海则是塑造"海上云天，天下珠海"的城市品牌。

（3）以生态城市建设为突破口

宜居城市的建设非一朝一夕之功，而且人们对宜居城市的判定标准又不尽相同，所以究竟该怎样去建设一个以宜居城市为目标的城市，到目前为止还是模糊的。但是，对生态城市建设几乎都是认可的，而且城市的生态化也是城市可持续发展的主要因素之一。宜居城市当然也应该是可持续的，宜居城市更需要生态城市所带来的优美的自然环境，因此，几乎所有的提出建设宜居城市口号的城市都会从生态城市建设入手。国外城市生态化建设已相对成熟，但他们依然在此基础上不断丰富其内容，美化其环境。国内的城市生态化建设才刚刚起步，还处在不断学习和借鉴阶段，但依然有一个明确的目标，那就是通过城市生态化建设创建宜人的居住环境、生活和生产空间。

专栏—伦敦绿带

英国伦敦是世界上最早利用植被控制城市发展的城市。最早把"绿带"概念纳入近代城市规划理论的是英国人 Ebenezer Howard。他在"田园城市"模式里，提出用公园、农田等将城市中的公共活动区和住宅区分开，将各个住宅区分开，将母城和卫星城镇分开。

1938 年英国在市郊环境保护组织的压力下制定了《绿带法》，用法律形式保护伦敦和附近各郡城市周围的大片地区，限制城市用地的膨胀。计划的绿带包括占地 14712km² （占英国面积 13%） 的 14 块绿化带及 164km² 苏格兰的绿地。

绿带在限制城市盲目发展、保持城市传统特点、提供郊外游憩场所、改善城市生态环境、保护水源和为城市提供农副产品等方面具有积极作用。譬如，在海德公园里，松鼠自由出入林地，和平鸽自由翱翔；在摄政公园建立苍鹭栖息区等，成功建立了多类型的混合生境。现在，伦敦中心区的公园有多大 40～50 种鸟类自然栖息繁衍，而伦敦市边缘只有 12～15 种。

习题与思考题

1. 什么是城市生态系统？
2. 城市生态系统的功能和特点有哪些？
3. 城市生态系统存在哪些问题？
4. 城市生态系统的研究方向包括哪几方面？
5. 结合自己所学知识，举例说明如何保护城市生物多样性。
6. 简述我国一个城市的宜居城市构建思路和实施方法。

◆ 参考文献 ◆

[1] 姜煜华，甄峰，魏宗财. 国外宜居城市建设实践及其启示[J]. 国际城市规划，2009，24(4)：99-104.

[2] 郑华，李屹峰，欧阳志云等. 生态系统服务功能管理研究进展[J]. 生态学报，2013，33(3)：703-707.

[3] 苏美蓉，杨志峰，张迪. 城市生态系统服务功能价值评估方法初探[J]. 环境科学与技术，2007，30(7)：52-55.

[4] 郝之颖. 对宜居城市建设的思考——从国际宜居城市竞赛谈宜居城市建设实践[J]. 国外城市规划，2006，21(2)：75-80.

[5] 赵运林. 城市生态学[M]. 北京:科学出版社，2005.

第 18 章 | 农村生态系统保护

![本章要点]

1. 农村生态系统的含义、特点、功能和面临的环境问题；
2. 农村生态系统、城市生态系统、农业生态系统健康的基本内涵；
3. 农村生态系统健康评价指标体系设计的原则和构建；
4. 生态村建设的内容和模式。

18.1 概述

18.1.1 农村生态系统概念

农村生态系统是指在农村地域内以一定形式的物质与能量交换而联系起来的相互制约、相互作用的生命与非生命共同有机体，是由农田生态系统、森林生态系统、草原生态系统、水域生态系统以及其他自然的或人工的生态系统组成的复合生态系统。从组成上看，农村生态系统是一个复合系统，由自然生态子系统、农业生态子系统、村镇生态子系统 3 部分组成。

自然生态子系统是自然界选择、适应过程的产物。系统中的生物物种拥有环境所允许的最大程度的多样性。复杂的相互作用关系可有效地调控生物种群水平，使系统具有能够抵御外界变化的缓冲能力和较高的综合生产力。系统在动态中维持最大的复杂性和最高的生物量是自然生态系统的基本功能指向。可以说，自然生态子系统的能量流动是一个由绿色植物自我启动的自持续过程。能量转化为生物物质在系统中积累、流动，其中一部分在流动过程中散失于环境。各种生物营养元素随着地质循环和生物循环过程在生物体和土壤中富集。因此，自然生态子系统基本上受自然规律的制约，运行主要由太阳能与生物能支配，表现出较为强烈的自然节律性，与纯自然生态系统具有一定的相似性。

村镇生态子系统的属性与城市生态系统相接近，由乡镇及农村非农活动所组成，系统的演变与发展主要受人类社会的经济规律主宰，化石能是系统运行的主要能源。在这里，原有的自然生态系统的结构与功能发生根本变化，人类的社会经济活动及人类自身的再生产成为影响生态系统的决定性因素，因此村镇生态子系统具有人工系统的典型特征。

农业生态子系统是自然与人类交互作用的结合区，它既受自然规律的制约，又受经济规律的支配。在农业生态子系统中，生产者和消费者在空间上是分离的，大量能量、养分随产品输出到系统之外，具有明显的开放性。每次作物收获或畜禽出栏就意味着能量流动的结束，系统的继续需要人类的投入来重新启动。能量流动出现间断，造成能量浪费，影响系统的能量转化效率和生产力。农业生产子系统中的持久性生物量降低，循环养分数量减少，自然维持系统养分平衡的能力很小。由于地面覆盖下降，还有相当数量的养分随淋溶、侵蚀而散失。对于人工选择的农业生物物种来说，尤其在产出水平较高的情况下，自然系统的资源条件与农业生物生长发育的资源需求不相适应。此外，自然循环过程也不能恢复转移或流失的能量和养分。

18.1.2 农村生态系统的特点与功能

18.1.2.1 农村生态系统的特点

在农村生态系统中，自然生态子系统是基础，农业生态子系统是主体，村镇生态子系统则是不可缺少的重要组成。与农村生态系统这一特殊的结构相关联的是该系统本身的独特性，具体表现在如下几个方面。

（1）目的性

农村生态系统是在自然生态系统的基础上，经过人类的改造而形成的适合人类生存的高级生态系统。人类经济活动贯穿于整个系统的运行过程之中，利益是该系统的核心目标。在这里，不仅系统的形态结构受到人工建筑物及其布局、道路与物质输送系统、土地利用状况等人为因素的影响，而且系统的营养结构以及各种物质能量与信息流并非是按原始自然生态系统内各组成要素之间协同进化的自然规律所形成的。农村生态系统内部由于人类的定向干预：一方面，加速系统的演替过程，物质能量与信息的总量已大大超过自然生态系统，从而提高系统的生产力；另一方面，如果人类某些不正常或超强度的干预，则会造成生态环境的破坏，进而影响到整个系统整体功能的发挥。在人类发展的历史长河中，上述两方面的例证数不胜数。

（2）非自律性

所谓自律性是指系统的行为独立于系统外部的流入或压力的程度。系统越封闭，自律性越高。对于纯自然生态系统而言，当处于良性循环状态时，系统的形态结构与营养结构比较协调，只要输入太阳能，依靠系统内部的物质循环、能量交换和信息传递便可以维持生态系统的持续发展。农村生态系统则不然，系统内部那种简单的食物链结构不复存在，取而代之的是一种复杂的生态——经济结构。农村生态系统仅仅依靠自然能（太阳能、生物能）已无法满足系统的正常运转，而必须从其他生态系统（如城市生态系统等）输入能量，并且系统产出也以一定的形式（如农产品）向其他系统输出。特别是随着农村商品经济的发展，这种输入与输出可以说是农村生态系统维持生存的基本保障。

（3）自然节律性

农村是以农业生产为基础的社会经济实体，农业生态子系统是农村生态系统的主体结构。农业生产以动植物的再生产为基础，以开发利用光、热、水、土、气和各种营养元素为起点，其每个环节都包含着大量的自然过程，再加上农业生产布局具有大面积、分散的特点，深受自然界各因素的影响，表现出明显的自然节律性（如季节性）。而且，这种自然节律性不仅使农村地区与农业有关的产前、产中、产后行业发生相应的变化，而且还会使农村地区人们生活、娱乐乃至社会活动深受一定的影响。自然节律性是农村生态系统内自然生态规律作用的直接结果，它表明系统内人类的一切经济活动必须被限定在特定生态规律的容许范围之内，以不破坏自然生态平衡为基本前提。

（4）地域差异性

我国疆域辽阔，地形地势复杂，又地处温、热两带，自然条件具有明显的地域差异。同是农村，不仅有南方与北方、湿润区与干旱区的不同，而且还有平原、山地、草原、高原等的区别。再加上我国农村各地区社会经济发展历史与水平的显著差异，在自然生态与社会经济规律综合作用下，农村生态系统在不同地区便出现不同的结构特点与功能属性。地域差异性的特点说明，要促使农村生态系统的正常运转，寻求经济的持续发展，必须遵循因地制宜的原则。

18.1.2.2　农村生态系统的功能

农村生态系统的功能主要体现在如下几方面。

（1）供给功能

物质生产是农村生态系统最基本的功能。农村生态系统的生产除满足自然生态系统的生存和演化的要求外，还直接满足人类社会发展的需求。它为人类提供初级生产和次级生产的产品，维持人类社会的生产和发展。它在满足系统内农村居民的生活需要的同时，也是城市生态系统赖以发展的物质基础。农村生态系统这种巨大的生产能力不仅保证城乡居民的基本生活需求，同时也为相关产业的发展提供大量的原材料，为社会经济快速发展提供了重要的物质基础。

（2）调节功能

农村生态系统为农村居民提供生活居住的空间，使居民享受绿色生活，是农村文化和经济发展的重要依托。农村作为一个社区单元，是农村居民安居乐业的场所。除了本村居民外，农村也开始吸纳大量外来人口。农村丰富的旅游资源、独特的生产方式、自然景观、风土人情对城市人群及不同地域的人群具有强烈的吸引力，成为当代旅游业发展的一朵奇葩。

（3）文化功能

现代农村系统在维持人类文化的多样性和特有性，传统文化的传承，现代知识体系和教育体系的构建，发挥着美学价值，提供灵感来源以及为都市生活提供休闲娱乐等方面都发挥着巨大作用。中华民族文化源远流长，而众多的民族文化，特别是中国众多少数民族的文化基本上都产生于农村地区，依存于当地农村地区特有的自然和历史人文环境。它们作为中国文化的源头和根基，是民族精神和情感的重要载体，是普通老百姓代代相传的文化财富。

（4）生态功能

生态功能指农村生态系统保障区域安全、提供生态服务的功能，如调节气候、控制侵蚀、涵养水源、保持水土、净化环境、分解污染物，提供清新的空气、清洁的水源等。中国农村地区面积广袤，生态功能十分突出。除了世界上最多的粮食和各类农产品，农村生态系统还发挥了巨大的生态服务功能。

18.2 农村生态系统存在的问题及保护

18.2.1 自然生态环境的破坏

随着我国农村资源的开发与经济的发展，农村生态系统中的环境问题逐渐加剧，并且不断蔓延，已经达到严重影响农业生产的程度。生态破坏主要指由于开发利用农村生态系统中的资源不当而导致该生态系统功能退化或质量下降的现象，如资源开发过度或不当导致森林、草原、湖泊与农田等生态系统退化，抗干扰与破坏的能力下降，适应与抵抗各种新情况尤其是自然灾害的能力差；生物的生存环境恶化，多样性逐渐减少，食物网链的某些环节薄弱化趋势明显等。

18.2.2 土地占用和土壤变化

（1）违反自然规律的开发导致土地流失或土壤退化

不当开发，即开发利用不符合土地的自然性质和结构。例如，将原本适合作草场的土地变为耕地，又将耕地变鱼塘等，进行不当开发。随着城市化进程，大部分农村人口离开土地，进城务工，耕种人员越来越少，但农村土地仍被占用，造成大量耕地闲置、荒芜。

过度开发，主要表现为：一是使用大量农药、化肥造成土壤板结，土壤逐渐丧失自组织能力和天然肥力；二是人们为了在有限的土地上获得更多的作物而使轮作制由往常几十年间隔减为几年或隔年，甚至连年耕作，耕作时又过度精耕，从而加快土壤矿物质和有机质枯竭以及土壤结构破坏，造成土壤退化；增加的畜牧又集中在逐渐减少的牧场，加大放牧负载，在很多原本优良的牧场中留下大片的荒漠区。

（2）人为侵占导致土地流失

人口增长、交通工具的发展和交通等基础设施的建设，以及信息、通讯系统的延伸发展，缩短了农村与城市之间的距离，再加上农村地区土地价格较低，开发大片住宅成为可能，刺激了农业生产用地大量转为农村住宅用地。

18.2.3 水污染

我国大部分地区的农村都属原发建成的自然村落，缺乏整体规划，公共排污及治污设施不健全，基本上处于"污水乱流、垃圾乱倒、粪土乱堆"的状态。加之近年来随着农村产业结构的进一步调整，农业产业化、工业化进程加快，农产品加工小企业、规模养殖和种植业迅速发展。由于缺乏基本的污水和固体垃圾回收处理系统，固体垃圾和人畜粪便大都直接露天堆放，生活污水和生产污水大都直接排放到村边沟壑或村庄地面，降雨时被冲刷渗透到地下水或河流湖泊中，由点到面，逐渐扩张和蔓延。据统计，目前我国农村有近7亿人的饮用水中大肠杆菌超标，1.7亿人的饮用水受到有机污染。因水污染导致的农业减产、农产品质量降低、农作物中有毒物质富集等情况日益突出，水体污染已严重影响人民群众的身体健康和农村经济的健康协调发展。

农村水环境质量不容乐观。对全国 798 个村庄的农村环境质量试点监测结果表明，农村饮用水源和地表水受到不同程度污染。此外，环保部认为，农村环境问题日益显现，突出表现为工矿污染压力加大，生活污染局部加剧，畜禽养殖污染严重等。

据有关资料显示，我国饮用水的污染主要来自无机亚硝酸盐及农药、腐植酸、藻毒素、氯化消毒副产物等四类有机物。许多研究表明，饮用含有病原体或有机物污染的饮用水对人体的健康危害巨大，往往会给人带来血液性疾病，并与肝癌、胃癌、食道癌的发生存在相关关系。

18.2.4　生活垃圾污染

农村生活垃圾污染也是个突出问题，主要表现在以下方面。

① 农民的环境意识较差，农村生活环境"脏乱差"现象严重，"柴草乱堆、污水乱流、粪土乱丢、垃圾乱倒、杂物乱放、畜禽散养"等问题普遍存在，不仅影响村容村貌，还对水源造成一定的污染。

② 垃圾成分发生很大变化。以前农村产生的生活垃圾是可以就地化解、循环使用的，现在农民的生活水平提高，生活方式发生很大变化，使得塑料和电子等产品产生的难以降解的废品占比例越来越大。

③ 农村成为城市垃圾的转移地。由于农村天地广阔、管理松散，往往成为城市转移生活、建筑垃圾、有毒有害工业、医疗卫生垃圾的选择地。

18.2.5　其他污染

（1）农业面源污染

农村面源污染种类主要有：①畜禽粪便污染；②农药、化肥的使用加剧环境污染；③收获时节农作物秸秆焚烧造成的大气污染；④其他影响环境因素。

（2）生物质燃烧导致大气污染

我国广大农村由于生存条件的限制，燃料问题比较突出，大多时间是以秸秆甚至乡间杂草作为主要燃料。这些秸秆在燃烧过程中，释放大量的烟尘，成为农村一个重要污染源。

（3）土壤污染加剧

为追求农作物高产的短期经济效益，农村过量施用化肥、农药、除草剂、非降解地膜的现象普遍存在。大量施用化肥导致的土地固化，团粒结构破坏，土壤中的氮、磷、钾比例失调，致使地力下降问题日益严重。各种方式喷洒的农药大部分附着在作物外表，也因风吹雨淋而进入土壤中，造成土壤污染。除草剂中含有大量的砷化物和重金属离子，这些物质进入土壤都会对土壤有重大污染。非降解地膜因回收率低，大量废旧农膜遗留在耕层土壤中，破坏土壤结构，引起土壤板结，严重影响农业生产。目前，我国每年因不合理施肥使得超过 1000 多万吨的氮流失到农田之外。由于土壤污染，全国每年粮食减产 100 亿千克以上。

18.3　农村生态系统健康的基本内涵

18.3.1　生态系统健康概念的发展

著名土地伦理学家和环境保育家 Aldo Leo-pold 在 1941 年提出了土地健康的概念，认为健康的土地是指被人类占领而没有使其功能受到破坏的状况，把"土地有机体健康"作为内部的自我更新能力，指出土地的组成（土壤、水系、动植物等）是相互联系的，这种联系具有一定的稳定性和多样性。土地健康就是指所有生物区系自我更新的能力。新西兰土壤与健康学会于 1943 年创建《土壤与健康》（Soil and Health）期刊，提出"健康土壤—健康食品—健康人群"的有机农业与持续生活的理念。其后，人们借鉴"土地健康"的概念，提出"生态系统健康"概念，并逐渐转向"生态系统健康"的研究。

20 世纪 60～70 年代，生态学得到迅速发展，Woodwell 和 Baret 提出"胁迫生态学"。最初的生态系统健康从自身概念出发，把生态系统看作一个有机体（生物），健康的生态系统具有恢复力，保持着内外稳定性。健康的生态系统对于干扰具有恢复力，有能力抵制疾病。Rapport 及其他一些学者认为：由于人类活动加剧，致使生态系统受到损害，对受害症状进行诊断需要多学科的合作研究，植根于生态系统受害症状的综合诊断，以后逐渐发展为生态系统健康的概念和原理。后来，逐渐强调生态系统为人类服务的特性，认为一个健康的生态系统包括以下特征：生长能力、恢复能力和结构。对人类社会利益而言，一个健康的生态系统是能为人类社会提供生态系统服务支持，如食物、纤维、饮用水、清洁空气，以及吸收和再循环垃圾的能力等。至今，生态系统健康已不单纯是一个生态学的定义，而是一个将生态—社会经济—人类健康 3 个领域整合在一起的综合理念，即生态系统健康应该包含两方面内涵：满足人类社会合理要求的能力和生态系统本身自我维持与更新的能力。

18.3.2　相关生态系统健康的基本内涵

由于城市化的快速扩张，乡村城市化进程的推进，农村生态系统具有农业生态系统、城市生态系统的双重特性。

18.3.2.1　农业生态系统健康

农业生态系统是一个开放性的人工复合系统，有着许多能量与物质的输入与输出，其不但受自然规律的控制，也受经济规律的制约。由于人的主导作用参与其中，可以理解这种系统的结构为人的栖息劳作（包括地理环境、生物环境和人工环境）、区域生态环境（包括物资供给的"源"、产品废物的"汇"、调节缓冲作用的"库"）及社会环境（包括文化、组织、技术等）的耦合。农业生态系统健康指农业生态系统免受发生"失调综合征"、处理胁迫的状态和满足持续生产农产品的能力。一个健康的农业生态系统主要是指那种能够满足人类需要而又不破坏甚至能够改善自然资源的农业生态系统，目标是高产出、低投入、合理的耕作方式、良好的稳定性、恢复力和持续性，从活力、组织结构和恢复力 3 个方面构建农业生态系统健康评价指标体系，便于全面衡量农业生态系统的健康状况。健康的农业生态系统具有良好的生态环境与农业生物、合理的时空结构、清洁的生产方式，以及具有适度的生物多样性和持续农业生产力的一种系统状态或动态过程。

农业生态系统健康研究主要侧重于土壤质量和水质与农业生态系统健康的联系、农业生态系统健康的标准、害虫生态管理与杂草综合管理在农业生态系统健康中的作用、农业生态系统健康指示剂或物种的研究、转基因作物对农业生态系统健康的生态影响评价、农业投入政策对农业生态系统健康的影响、景观生态学在农业生态系统健康评价中的应用等。研究涉及农业生态系统健康的定义、评价方法、指示剂或物种以及相关影响因素等，已形成一个比较成熟的体系。近年来，关注的热点转向农业生态系统健康与食品安全，乃至人类健康，以及有关农业生态系统功能方面的研究。

18.3.2.2　城市生态系统健康

城市生态系统是城市内有一定社会、经济、文化与政治背景的人群和其周围环境的相互影响、相互作用的复杂关系的总和。因此，健康的城市生态系统不仅意味着为人类提供服务的生态系统（自然环境和人工环境组成）的健康和完整，也包括城市居住者（包括人群和其他生物）的健康和社会健康。马世俊认为，城市的自然及物理组分是其赖以生存的基础，城市各部门的经济活动和新陈代谢过程是城市生存发展的活力和命脉，人的社会行为及文化观点则是城市演替与进化的动力。城市生态系统健康指为人类提供服务的自然环境和人工环境组成的生态系统是健康和完整的，也包括城市居住者的健康和社会健康。此外，一些城市生态系统健康的概念框架是基于经济、环境和社会之间的相互关系提出的，还有基于三维要素（经济、环境和社会）的可持续性提出的。

18.3.2.3　农村生态系统健康

与自然生态系统相比，农村生态系统是自然—人工复合生态系统，既具有自然生态系统的某些特点，也具有人工生态系统的特性。它不仅具有农业生态系统的功能，还履行重要的环境功能和文化教育功能，体现城市生态系统的一些特性。在不同的区域，农村生态系统包括的对象不完全相同，有的区域包括森林生态系统、草原生态系统、湖泊生态系统、河流生态系统等。农村生态系统是多种类型生态系统的复合体现。近年来，由于突出的农村环境问题，农村生态系统健康问题也备受关注。然而，农村生态系统及农村生态系统健康的内涵方面还未形成一个统一的认识。在分析相关研究的基础上，提出农村生态系统是指在不同区域范围的农村地域内，不同类型生态系统间的相互能量关系，以及农村人群和周围环境的相互影响与相互作用的总和。农村生态系统健康指农村生态系统能够实现农村环境健康目标、生态系统活力目标、农业生产与乡镇企业发展目标的能力。健康的农村生态系统具有稳定性和可持续性，所包含的各类生态系统通过相互补充而具有一定的自我调节和对胁迫受损的恢复能力。

18.3.3　农村生态系统健康评价的框架体系

18.3.3.1　评价体系总体设计

生态系统健康评价的框架体系主要有 3 种表述方式：①采用综合性指标，即用一个或几个综合指数来反映生态系统的健康状况；②采用多要素、多层次的指标来进行评价；③采用诊断性指标或指示生物物种的方法来判断生态系统的健康状况。

对于农村生态系统健康评价应与农村生态系统所要体现的目标相一致，形成所体现目标的综合性指标，然后采用多要素、多层次的指标评价各个目标，进而综合成农村生态系统健康指数。初步设计包括环境健康目标、生态系统活力目标和功能目标 3 个主体目标，在目标层次的基础上，对每一主体目标分亚类和指标。

18.3.3.2　评价指标选取原则

农村生态系统健康评价指标涉及多学科、多领域，因而种类、项目繁多，选取的指标体系能完整准确地反映农村生态系统健康状况，能够对农村生态系统结构、功能、效益和人类胁迫进行监测，并寻求农村生态系统健康变化的原因。为此，筛选指标应该遵循以下原则。

（1）综合性

应说明农村生态系统内部和系统与系统之间的相互联系、相互影响，从系统的结构、功能和效益等方面综合考虑。

（2）空间尺度适合性

空间尺度涉及特定考虑下地区的空间大小，评价指标应该定向于合适的空间尺度。

（3）简明性和可操作性

指标概念明确，易测易得。评价指标的选择要考虑经济发展水平，无论从方法学和人力、物力上，均要符合特定地区的现状，同时还要考虑项目实施的技术能力，并且评价指标要可度量，数据便于统计和计算，有足够的数据量。

18.3.3.3　农村生态系统健康评价框架指标体系

在大量调研的基础上，参考前人的研究成果，初步构建了农村生态系统健康评价指标体系的基本框架。依据框架可以按评价的目标需要对大量的、各种形式的指标进行组织、调整，以便于应用。同时，也有利于根据新的需求和认识补充新的指标，进一步扩展和改进指标体系。

18.4　生态村建设

创建"生态文明村"是我党推进科学发展观、统筹城乡发展、开创"三农"工作新局面的光明之路。抓住当前解决农村问题的关键，是推动农村物质文明和精神文明双向发展的有效载体，是提高农村整体文明程度，提升农民整体文明素质的创新务实之举，是寻求探索物质文明、政治文明、精神文明、经济文明、生态文明在农村协调发展的理想制度模式。

18.4.1　环境污染治理

针对农村存在的环境问题，积极开展农村环境污染综合治理，重点抓好水污染治理、饮用水源保护、固体废弃物治理、人畜粪便污染治理和综合利用。加大农村环保执法力度，对污染和破坏农村环境的违法行为依法查处。对高能耗、污染严重的乡镇企业进行环境污染状况评估，对不符合治污排污标准的厂矿企业停产整顿，达不到治污标准的企业必须关停。

18.4.2　生态经济建设

农业标准化融技术、经济、管理于一体，是"科技兴农"的载体和基础，是农业增长方式由粗放型向集约型转变的重要内容之一。全面推进农业标准化技术的推广，大力发展农村循环经济和推行清洁生产，把农村产业结构的调整和推广清洁生产工艺、实用治理技术、发展环保产业结合起来，全面推进农村生态环境建设。

从 20 世纪 70 年代开始，一些国家经历了探索生态型经济形态和经济发展模式的曲折过程。通过科技进步、生产工艺改进、结构调整、政府干预等途径，在实现经济增长的同时，持续降低资源消耗和废弃物排放，取得明显的效果。这些国家建立无污染的经济发展模式的科学研究、技术创新、经济社会试验和政府积极干预等实践，受到民众的欢迎和越来越多企业的响应，使生态经济成为新的经济形态。实践证明，把环境作为经济发展的要素，把保护和改善环境作为经济发展的目标之一，把环境因素纳入经济系统之内，实现经济、社会、环境三方面相互协调的可持续发展，最终形成不损坏环境并有利于环境改善的经济系统是可以做到的。特别是新的科学技术革命为生态经济发展提供了先进的科技手段，产生了效益更高、污染更低的新工艺、新产业，展示了生态经济取代传统经济的必然趋势和广阔前景，从而引起人类发展观、消费观、健康观向生态型转变的重大观念变化。实现传统经济形态向生态经济形态转变，有效合理配置资源，加之更好地循环利用，发展循环经济，是建设和谐新农村的科学之路。

18.4.3　人居环境建设

农村人居环境是由农村社会环境、自然环境和人工环境共同组成的，是对农村的生态、环境、社会等各方面的综合反映，是城乡人居环境中的重要内容，其规划对于指导农村经济、环境、社会协调发展以及区域整体协调发展具有重要的意义。

18.4.3.1　农村人居环境规划内容

（1）村庄道路硬化

村庄之间、村庄内部的道路具有公共产品属性，是方便农民生活、提升居住质量、支撑农村经济社会发展最基本的硬件条件。

（2）村镇生活垃圾污水治理

近年来，不少村庄的垃圾随意堆弃，污水不处理，肆意排放，严重影响村容村貌。在社会主义新农村建设中，要将创建公共卫生放在重要地位，加强农村生活污染治理。可结合各地实际，积极推进生活垃圾的分类收集和就地回收利用，坚持减量化、无害化，推行"户分类、村收集、乡运输、县处理"的农村生活垃圾处理方式。

（3）加强农居安全

在村庄整治中，应引导农房建设逐渐从单纯追求面积向不断完善功能转变，从单纯注重住房建设向注重改善居住环境转变，从简单模仿建筑和装修形式向更加注重安全和乡土特色转变，既满足抗震、通风、采光、保暖、消防、安全等建筑结构要求，也要适应现代农村发展，妥善考虑储藏、晾晒、团聚等方面的需要。

（4）改善人居生态环境

充分利用村庄原有的设施和条件，按照公益性、急需性和可承受性的原则，改善农民最基本的生产生活条件，重点解决农村喝干净水、用卫生厕、走平坦路、住安全房的问题。加大村庄整治力度，要按照城乡统筹、以城带乡，政府引导、农民主体、社会参与，科学规划、分步实施，分类指导、务求实效的原则，充分依托县域小城镇经济社会的发展优势，推动村庄整治由点向片区、面上和县域扩展。

（5）优先发展重点镇

重点镇对于带动现代农业、为农村特色产业服务、改善农村人居环境作用明显。需要加大资金、政策支持力度，优先支持重点镇供水、排水、供电、供气、道路、通信、广播电视等基础设施和学校、卫生院、文化站、幼儿园、福利院等公共服务设施的建设，积极引导社会资金参与重点小城镇建设，改善人居生态环境，增强集聚产业和吸纳人口、繁荣县域经济的能力；结合农村经济社会发展和产业结构调整，推动现有规模较大的重点小城镇适度扩展行政权能，增强服务现代农业发展的能力，为周边农村提供服务；改善进城务工农民返乡就业创业条件，探索建设返乡创业园区，研究解决转移进城进镇农民的住房问题，推进农民带资进镇，引导农村劳动力和农村人口向非农产业和城镇有序转移。农村村庄环境整治规划是改善农村人居环境的一项重要手段，其内容主要涵盖农村日常生产生活所必需的公用设施、环境质量保障和安全保障设施，以及村容村貌的整治整修等，包括村庄公益性基础设施、公共性公共服务设施、环境设施、防灾减灾设施和村庄环境面貌等的整治。农村区域村庄布点规划是农村人居环境建设的重要依据。

18.4.3.2 城乡统筹与农村人居环境建设

城乡统筹是在我国特定的工业化和城镇化进程中，统一规划城市与乡村经济社会的发展，特别是针对城乡关系失调的领域，通过制度创新和一系列的政策，理顺城乡融通的渠道，填补发展中的薄弱环节，为城乡协调发展创造条件。城乡统筹发展的直接目标是实现城乡一体化。对于农村地区而言，统筹城乡发展包含2个相互关联的内容：①城市与乡村无障碍的经济社会联系；②农村地区本身的发展。

从农村人居环境体系的发展和与城镇关系来划分，依据村庄的地理位置、人口、经济特征、村庄特色以及未来村庄发展前景等因素，可将农村人居环境的策略划分为城镇村庄、城镇周边村庄、集聚发展村庄、控制发展村和撤并发展村庄等不同类型。城乡统筹发展条件下的农村人居环境发展是属于引导性的发展策略，其实施需要一个长期的过程。该策略的核心作用是引导政府公共财政资源在农村建设中的投入方向，即依据规划所确定的村庄类型，确定政府投入村庄公共服务设施和市政基础设施的内容与强度。同时，通过策略实施的引导和村庄人居环境的改善，逐步引导村民向重点村庄聚集，提高村民的生活质量。

18.4.3.3 农村人居环境建设的前景

"绿色住宅"作为一种新兴起的生态人居建筑理念已深入人心。注重居住环境的生态循环，节能环保成为"绿色住宅"的首要条件。其实，绿色住宅不单指个体的住宅，也包括整个体系。在新农村规划中，我们应当根据当地的自然环境，运用生态学、建筑学和植物学等的基本原理，处理好住宅建筑与整个周边环境的关系，使住宅和环境等成为一个有机的结合体。以本地植物为基体，共同组成一个既适合人居住又生态循环的系统，以达到自然、建筑和人三者之间的和谐统一。在具体设计上，注重本地植物的运用和不同植物各方面之间的相互补充融合。

18.4.4　生态文化建设

我国的农村生态环保问题，若没有广大农民的参与是不可能解决的。要不断加大环境宣传力度，逐步在农村普及环境科学知识，切实提高农村居民的环境保护意识，把保护环境变成人们的自觉意识和行动，同时，特别要注意提高环境污染产生者的环境意识，加强他们对污染危害的深刻认识，调动积极性，增强保护环境自觉性。要破除陈旧的生产生活陋习，大力倡导绿色消费，积极创建生态示范区、环境优美乡镇、生态示范村和绿色学校，促使生活垃圾节约化、减量化、无害化和资源化，走经济、社会、生态并重的可持续发展的路子，创造"村容整洁"的新农村。

生态文明是社会文明体系的基础，是人类遵循自然生态系统规律，以人与自然、人与人、人与社会和谐共生、全面发展、持续繁荣为基本宗旨的文化伦理形态。党的十七大报告明确提出要建设生态文明，并提出到 2020 年把我国建设成为一个生态环境良好的国家。作为农业大国，建设农村生态文明是建设和谐新农村的基础和保障，是"三农"科学发展的方向和必然要求。目前，我国农村生态文明的建设比较薄弱，形势严峻。由于农村工业化的迅速加快，农村的生态破坏、环境污染、资源浪费等现象非常突出，成为危及农民身体健康和财产安全的重要因素，制约了农村经济的可持续发展。因此，必须牢固树立生态文明观，重视人与自然、人与人、人与社会的和谐，不断化解冲突和生态危机，全面推进农村生态文明健康协调的发展。

意识是行动的先导，农村生态文明建设既是维护"三农"的生态安全，也是为农民谋福祉，提高农民的生存质量和文明素养的务实之举。

（1）大力提升农村基层干部的生态意识

农村干部是基层农村的政治核心人物，是农民的带头人和主心骨。目前，有很大一部分的农村基层干部生态意识淡漠，唯经济至上。因此，必须强化农村干部的生态意识和绿色GDP 意识，同时把选派到农村任职的大学生村官当作生态建设的生力军。各级政府既要大力倡导生态文明建设，更要身体力行，率先做出榜样。切实倡导"保住青山绿水也是政绩"的政绩观，把生态建设和保护成效作为首要标志纳入干部的实际考核评价体系中，将可持续发展的生态理念贯穿于实践行动中，以期真正达到上行下效，蔚然成风。

（2）增强群众生态保护观念

建设生态文明，目的是让人民群众在良好的生态环境下生活得更舒适、更幸福。要在全社会牢固树立生态文明的观念，充分利用各级政府及新闻传媒等多种渠道和各种载体，加大对生态思想的宣传教育力度，牢固树立生态文明观、道德观、价值观、消费观，强化农民生态保护意识，维护绿色环境，倡导科学、文明、健康的生活方式，让文明进步、积极向上、保护生态的观念深入人心，并潜移默化地落实到人们自觉的行动中去，使他们积极地承担起参与生态环境建设的责任和义务，为农村生态文明建设工作有效持久地开展打下坚固广泛的群众基础。

（3）积极推进农村生态环境建设，提高农民生活质量

生态文明观的核心是"人与自然协调发展"。统筹人与自然和谐发展，是保持我国经济、社会持续健康发展的迫切要求，也是保证人类健康的生存环境、保证人的全面发展的迫切要

求。农村的生态环境建设是搞好新农村建设的基础和保障，事关农民的切身利益，事关农村的和谐稳定。

（4）切实制定和抓好农村环境保护的法规条例

凡事预则立，立则行。推进农村生态环境建设，加大环保管理力度，加强环境立法的完整性和执法的具体操作性，推进环保规范化、制度化，切实做到农村环保有章可循、有法可依，依法可行，在生态建设的全局上处于主动地位，有条不紊地发展。把环保作为"前置"条件，结合实际，健全农村环保体系，大力倡导和推动绿色 GDP 的增长，真正落实《关于加强农村环境保护工作的意见》，维护广大农民的生存质量。

（5）加大对农村环境保护的技术和资金投入

要真正落实保护好农村的生态环境，必须明确目标，加大资金投入，加强污染防治；增加技术含量，研究和推广高新农业技术，降低农药、化肥、农膜污染的影响，改善土壤、水体和空气环境质量；严格控制农村企业的工业污染，抓出实效。此外，应建立有效的应急系统，提高抵御自然灾害和人为灾害的应急能力，从而真正推进农村生态环境的综合整治，切实解决危害农村群众健康和影响农业可持续发展的突出环境问题。同时，也要建立健全部门协调机制，以保障农村环境保护目标最终实现。

18.4.5 生态文明村建设

统筹城乡发展，继续推进生态文明村的创建，主要包括以下几方面内容。

（1）以样板为表率，深入推进生态文明村的创建

创建"生态文明村"是农村发展的目标和动力，是改变农村落后的生活方式、改善人居环境，推进农村小康社会的有效载体。要进一步深化干部群众对生态文明村创建的认识，做好推广普及工作。河北省创建"生态文明村"的实践成效显著，创造了成功的典范，得到了农民的理解和拥护，推动了农村经济社会的全面协调发展。要采取"政府推动，基层联动，经济驱动，示范带动"等措施，积极动员各个乡镇、村落广泛参与到生态文明村建设的实践中，进一步建立各级生态文明示范村，形成以点带线，以线带面，连片发展的农村新格局，使生态文明村逐步普及化、实际化。

（2）进一步发展和完善生态文明村的硬件建设，加快"三农"发展步伐

以生态文明村为载体，加大对生态文明村硬件建设的投入，搞好农村道路硬底化建设。道路硬底化建设不仅能改善生产生活条件，解决当地农民群众的行路难，更能改善农村的投资环境，带动农业生态产业化发展，推动农村经济发展和农民收入的提高。进一步优化农村人居环境，提高农民的生态保健意识。通过创建生态文明村，加快农村生活污水、垃圾处理、电讯信息和文化墙等基础设施的建设整治，建立和完善农村环境卫生状况，全面治理农村脏乱散的环境，加快实施"四位一体（养畜、厕所、沼气池、温室）"工程建设，形成农村生产生活良性循环生态链；大力实施农村绿化工程，全面推广村庄绿化，实现"村在林中、房在树中、人居绿中"的绿色生态家园，让农村处处绿树成荫，鸟语花香；同时，要加强农村"产业化"的发展，拓宽增收渠道，增加农民经济收入。

（3）以创建生态文明村为载体，提升农民的文明程度和知识水平

创建生态文明村不只是村容村貌的巨变，更要注重农民思想观念的改变。要通过多种方式和手段开展生态文明知识的宣传活动，以"文明化、生态化、知识化"为目标，紧紧抓住"文化、科技、卫生'三下乡'"活动的契机，深入指导和帮助农民成为新时代有文化、有能力、讲文明的社会主义新型农民。如组建老年秧歌队，青年篮球队、戏迷会等，营造"乐观向上、团结友爱"的生活氛围；开展"倡导绿色生活、共建生态文明"专栏和知识竞赛，建立农民阅览室，鼓励农民科学致富，文明发展。

（4）大力加强农村生态文化建设，积极培育新农村文明乡风

文明乡风是生态文化的内在组成部分，直接体现着农村的人文精神，反映着农民的精神风貌。加强农村生态文化建设，培育生态文明乡风，是文脉的延续，更是文明的需求。

（5）牢固树立生态文化观念，发挥其引导启发作用

发展农村和谐文化，倡导生态文化理念，在农村干部群众中牢固树立生态文化意识，注重生态道德教育和义务教育。观念是行动的先导，观念形成习惯。发展农村生态文化是新农村文明社会生存并保持活力的精神支柱。因此，要通过各种方式对农村干部群众进行生态文化的宣传、教育、培训，使农民充分认识生态文化对于农村经济社会以及自身生存发展的作用和意义，最终形成全体农民共同参与的生态行为习惯。

（6）着力完善农村生态文化基础设施建设

基础设施是条件和保障，要营造良好的农村文化环境，规范农村文化大院，建设成为集娱乐、休闲、体育、培训为一体的综合性大院；完善各级生态文化建设的硬件设施，如垃圾分类箱、节水节电指示牌等标志性设施；建立生态文化教育基地，设置生态文化宣传栏、制作生态文化墙等，利用文化设施传播生态文化理念，倡导绿色文明的生活方式，开展各种各样积极健康、文明向上的文化活动，形成良好的生态文化氛围。

（7）开展生态文化创建活动，培育文明乡风

乡风文明是新农村的灵魂，农民是推动生态文化、培育文明乡风的实践者、创造者。真正做到用生态文化建设生态文明，就要讲实效、落实处，培育文明乡风，使崇尚和谐的生态文化内化为农民的思维方式和行为习惯。搞好生态文化建设，培育文明乡风，就需以生态文化为主题，以丰富多彩的文化活动为载体，引导农民积极参与，在活动中认识，在活动中消融。培育出崇尚科学、遵纪守法、举止文明、保护环境、遵守公德、讲究卫生、尊老爱幼、善良诚实、亲睦和善、拾金不昧、抵制迷信、革除陋习等新文明乡风，提升农村整体生态文明水平。

18.5 生态村建设模式

18.5.1 生态农业主导型生态村

生态农业主导型生态村应成为西部地区主要的生态村模式。该类生态村主要根据当地的

自然资源和农村环境状况，有选择地采用立体农业、有机农业、循环农业等不同的生态农业类型，如发展立体农业，发挥生物共生、互补优势，遵循生态经济原则，调整土地利用和生产结构，提高土地利用率和产出率，使农林牧副渔各业有机结合，提高农业综合生产力。随着生态农业技术的推广与生态农业经济的发展，原本影响当地农村环境的禽畜粪便、垃圾已变废为宝，实现资源化利用。原先因禽畜粪便与垃圾霉变、发酵而散发的臭味从此不复存在，取而代之的是清新宜人的空气。此外，粪便、垃圾等农村废弃物的资源化利用，既可以改善农田生态和环境，又可以节约化肥农药的支出。

传统的以农业生产为主的村庄，传统的耕作模式制约了经济的发展，土地利用率低，经济相对落后。该类村庄在中国农村具有一定的代表性。该类型林业生态村规划及建设思路是：①改变单一的传统种植模式，发展立体农业、复合农业，如农果间作、果林间作；②坑塘绿化种、养、加结合，引进桑基鱼池、草基鱼塘等技术；③围村林带建设结合林下经济，林畜、林药、林菌综合经营，发展经济并带动村民造林绿化的积极性；④发展庭院经济，有条件的农家小院种瓜、种菜、种花草，并进行无公害生产，既美化农家小院，又形成绿色蔬菜及水果的供应点；⑤结合社会主义新农村规划进行绿地系统规划，使村庄绿化点、线、面有机结合，道路、庭院、公共绿地、围村绿化有机联系，森林化种植，使村庄掩映在绿树丛林之中。

传统的以林业生产为主的村庄的特点是林业生产已形成一定规模，并成为村庄的主要经济支柱产业，但存在的问题是果木品种老化，品质优秀的新品种很少，土地利用单一，土地潜力未能挖掘，果品生产产业链条短，未形成产、供、销、深加工等一条龙的产业链。该类村庄虽然已形成一定的产业基础，但达到林业生态村的建设标准还有一定距离，需不断完善和改进。该类型生态村规划及建设思路是：①延长产业链条，果品生产与销售、深加工结合，形成一条龙式产业链；②改良品种，重视新品种的科研，并适时引进品质优秀的新品种；③引进生物防治新技术，生产无公害产品，形成无公害生产基地；④发展林下经济，在林下开展种、养殖活动，充分挖掘土地潜力；⑤结合社会主义新农村规划进行绿地系统规划，使村庄绿化点、线、面有机结合，道路、庭院、公共绿地、围村绿化有机联系，森林化种植，使村庄掩映在绿树丛林之中。

生态农业园区是伴随着生态农业产业化进程而出现的一种产物，利用最新的生态农业技术，在一定的地区内以市场为导向，进行农业最新科技成果的试验、展示、推广与销售，综介组织科研、旅游、试验等多种功能，是传统农业向现代农业进行转变的方式之一，能够在保证生态效益和社会效益的同时提高农业生产的收益，并带动所在地区生态农业的整体发展。主要形式为农业生态生产园区、农业生态观光园区、农业生态示范园区等。

18.5.2　旅游文化依托型生态村

旅游文化依托型生态村，以农事活动为基础，以农业生产经营为特色，将农业经营、民俗文化及旅游资源融为一体，吸引游客前来观赏、品尝、购物、体验、休闲和度假。这类生态村主要凭借区位优势与便利的交通条件，打生态农业旅游和生态民俗文化牌。通过营造美丽的自然风光与原汁原味的乡土文化，来吸引外地人。做到这一点，客观上要求村庄环境势必是景致怡人、富有特色，而且基础设施也要配套齐备。

该类村庄的共同特点是与旅游景区毗邻，部分村庄已形成较分散的服务区，为前来景区旅游的游客提供住宿、餐饮、购物等便利条件。这些服务多为自发行为，未形成一定规模，特色不强，村容村貌、卫生条件均较差，因此对游客的吸引力不强。因此，应规划综合分析该类村庄的环境条件，资源优势及区位优势，挖掘村庄的历史文化渊源，并分析与其毗邻的旅游景区的特色、经营模式及与村庄的空间关系，充分利用村庄所处的优越区位优势及自然、人文资源，营造良好的旅游环境吸引游客，形成与旅游景区经济互动发展的旅游服务区，进而带动景区及村落经济的整体发展。

该类型村庄的规划及建设思路主要是：①村落建筑外观的改造，形成具有当地民居特色的村落风貌；②农家小院的绿化美化，体现农家特色，卫生整洁，葡萄架、养鱼池、果树、花草等是其主要构成元素，根据村庄所处位置的环境条件及旅游景区的特色进行设计及植物品种选择；③村中开辟公共绿地及活动场，为旅游者提供旅游活动场地，如举行地方特色的民俗活动，出售特色的农家工艺品；公共绿地内设手工艺品作坊，形成都市人喜好的各种"吧"；④村庄道路绿化是生态村建设重点，道路绿化应结合村庄布局尽量自然化，避免道路笔直、树木成行的城市化做法；⑤围村绿化是连接村庄与旅游景区的纽带，设计及建设要与景区风格保持一致，形成景区的缓冲带而不是边界分明、布局整齐、品种单一的分隔带；⑥结合社会主义新农村规划进行绿地系统规划，使村庄绿化点、线、面有机结合，道路、庭院、公共绿地、围村绿化有机联系，森林化种植，使村庄掩映在绿树丛林之中。

随着改革开放的不断推进，人们的生活水平不断提高，物质上获得足够的满足，逐渐开始注重精神方面的需求，许多市民都怀有一种拥抱自然的迫切渴望，看惯了大城市的车水马龙与钢铁大楼，希望能够返璞归真，享受淳朴天然的自然风光，农村的生态农业观光旅游正好迎合了这一需求。此外，发展农村生态观光旅游，能够调整农业产业小同链条上各环节之间的数量关系，重新组织农业产业规模化结构构成形式，有利于进行小同产业部门的平衡与协调，能够把当地的特色自然资源与特色人文资源转化成为特色的产品，进而推动地方经济进步，增加农民收入，促进生态农业产业化的发展。

18.5.3　特色产品开发型生态村

特色产品开发型生态村以发展特色产业为主，适合经济基础相对较好、村民思想观念较为先进且有独特优势资源的乡村。要依托本村的资源优势，开发出适合本村发展的特色产品。当特色产品做大做强后，形成优势产业，并带动本村其他产业的发展，以此提高村民的收入，改善人居环境。

如果把一个市场空间描述为力场，那么位于这个力场中的推进性单元就可以描述为增长极。增长极是围绕推进性的主导产业部门而组织的有活力的、高度开放的一组产业，它不仅能自身迅速增长，而且还能通过乘数效应推动其他部门增长，通过市场细分确定特色产业作为带动地方经济发展的增长极，并对增长极进行规模化开发，再通过增长极的自身快速发展带动整个区域的发展，产生强大的增长极乘数连带效应。生态农业特色龙头产业能够充分利用资源优势，以点带轴，以轴带面，先富带动后富，最终促进整个区域的全面发展。

18.5.4　工业型生态村

工业型生态村的特点是具有较好的矿产资源，村办企业发达，经济状况良好，但开山采石破坏了生态环境，且矿产生产带来的扬尘污染较重，村庄生态环境恶劣。

　　该类型生态村规划及建设思路是：①对采石、采矿坑口进行生态恢复及景观重建，最大限度恢复因开山采石造成的环境破坏，美化环境；②个别地段采用客土或团粒结构喷播等生态抚育技术，加快对环境的治理和改善，对正在生产矿区及采石场周围种植宽窄不一的生态隔离带，选用滞尘树种，科学搭配，形成隔尘障，有效改善村庄及周围的生态环境；③对裸露的荒山进行绿化，选择耐旱、瘠薄树种、适应性强的树木品种，仿自然群落式种植，逐步形成稳定植被群落；④有条件的村庄远期可向旅游方向发展，形成特色鲜明的工矿废弃地旅游；⑤结合社会主义新农村规划进行绿地系统规划，使村庄绿化点、线、面有机结合，道路、庭院、公共绿地、围村绿化有机联系，森林化种植，使村庄掩映在绿树丛林之中。

18.5.5　社区型生态村

　　社区型村庄特点是种植特色果木品种，以水果自由采摘为主，以开展农家乐主题的农业观光游，生态农庄初具规模。存在的问题是果品生产季节性强，品种单一，旅游的季节性也很强；旺季只有春季、"五一"、"黄金周"，时间不到1个月，其他季节基本土地闲置，土地利用率低，土地潜力未能很好挖掘；旅游兴奋点少而集中，缺乏长远考虑；基础设施差，缺少必要的旅游服务设施，旅游六要素"吃、住、行、游、购、娱"不配套，尤其交通状况及卫生状况极大影响游人的旅游兴趣。

　　该类型生态村规划及建设思路是：①增加旅游兴奋点，以绿色景观和田园风光为主题开展观光型乡村旅游，包括观光果园，休闲渔场，农业教育园，农业科普示范园等，体现休闲、娱乐和增长见识为主题乡村旅游；②针对水果品种单一，充实其他果木品种，如春季以樱桃为主，秋季以葡萄、枣为主，冬季可以种植冬枣、冬草莓等，尤其草莓可以与果树间作，增加土地的综合利用；③策划各种农家之旅的旅游活动，如樱桃节、葡萄节等；④完善各类基础服务设施，使交通便捷、服务全面，满足游人对旅游六要素的要求；⑤对村庄建筑风貌逐步改善，形成具有民居特色的农家院落；⑥结合社会主义新农村规划进行绿地系统规划，使村庄绿化点、线、面有机结合，道路、庭院、公共绿地、围村绿化有机联系，森林化种植，使村庄掩映在绿树丛林之中。

　　生态村是以人为尺度，把各种行为活动结合到不损害生态环境为特征的居住地中，支持合理有序和谐地开采和利用自然资源，能够可持续地进行长期的发展。一般认为，生态村普遍具备以下几个特征：人性化的规模、完善齐备的功能、不损害自然的农业活动以及和谐可持续的生活方式。生态村可以看做是生态园区的进一步扩大化，通过以村为单位的整体生态化建设，以连带效应带动周边区域的整体发展。

 习题与思考题

1. 简述农村生态系统的概念及其特点。
2. 农村生态系统的功能有哪些？
3. 农村生态系统存在哪些问题？
4. 如何保护农村生态系统？
5. 简述农村生态系统健康评价框架体系的形成。
6. 生态村建设主要包括哪几方面内容？

7. 生态村建设的主要模式有哪些?

8. 举例说明我国生态农村建设的措施和作用。

◆ 参考文献 ◆

[1] 李强, 李武艳, 赵烨等. 农村生态系统健康的基本内涵及评价体系探索[J]. 生态环境学报, 2009, 18(4): 1604-1608.

[2] 章家恩, 骆世明. 农业生态系统健康的基本内涵及其评价指标[J]. 应用生态学报, 2004, 15(8): 1473-1476.

[3] 朱跃龙, 吴文良, 霍苗. 生态农村——未来农村发展的理想模式[J]. 生态经济, 2005, (1): 64-66.

[4] 陈群元, 宋玉祥. 我国新农村建设中的农村生态环境问题探析[J]. 生态经济, 2007, (3): 146-152.

第 19 章 | 生态文明理论与实践

![本章要点图标] 本章要点

1. 生态文明的含义；
2. 生态文明与原始文明、农业文明和工业文明的区别与联系；
3. 生态文明与物质文明、政治文明和精神文明的区别于联系；
4. 生态文明建设的主要内容和特点。

19.1 生态文明理论

19.1.1 生态文明的含义

生态文明由生态和文明两个概念复合而来。其中，"生态"一词源于古希腊文字，意思是家或者我们的环境。简单地说，生态就是指一切生物的生存状态，以及它们之间和它与环境之间环环相扣的关系。生态的产生最早也是从研究生物个体而开始的，"生态"一词涉及的范畴也越来越广，人们常常用"生态"来定义许多美好的事物，如健康的、美的、和谐的等事物均可冠以"生态"修饰。汉语"文明"一词，最早出自《易经》，曰"见龙在田、天下文明"（《易·乾·文言》）。在现代汉语中，文明指一种社会进步状态，与"野蛮"一词相对立。文明与文化这两个词汇有含义相近的地方，也有不同的地方。文化指一种存在方式，有文化意味着某种文明，但没有文化并不意味"野蛮"。汉语的文明对行为和举止的要求更高，对知识和技术的要求次之。英文中的文明（Civilization）一词源于拉丁文"Civis"，意思是城市的居民，其本质含义为人民生活于城市和社会集团中的能力。引申后意为一种先进的社会和文化发展状态，以及到达这一状态的过程，其涉及的领域广泛，包括民族意识、技术水准、礼仪规范、宗教思想、风俗习惯以及科学知识的发展等。简而言之，文明是指人类社会的开化程度和整体进步的状态。从人类社会实践活动来讲，文明则是人类改造自然、改造社会和自我改造的结晶。

21 世纪是生态文明的时代，这已成全球的共识。但是，对于什么是生态文明，学者们的理解不尽相同。他们从各自不同的学科背景、理论视野以及关注点出发，提出了不同的生态文明定义。概括起来，主要有三种观点：一种观点从较为抽象的人类社会发展阶段的视角来定义生态文明，认为生态文明是人类社会继原始文明、农业文明、工业文明之后的一种新型文明形态或这种文明形态的新特征；另一种观点是从较为具体的角度，即生态文明的调节对象或构成要素的视角来定义生态文明；还有一种是从广义和狭义相区分的角度，即人类文明发展阶段和文明构成要素两者兼顾的角度来定义生态文明。

（1）从人类文明发展阶段角度定义的生态文明

这主要是从人类文明发展的支撑产业，即产业结构发展、优化的视角来定义生态文明。这一分析视角认为，人类文明的发展在经历以采集狩猎为特征的原始文明，以种植养殖为主要特征的农业文明以及以机器大工业生产为特征的工业文明之后，人类将进入以服务业为主体，以农业和工业的生态化为主要特征的生态文明新时代。生态文明必将开辟人类历史的新纪元，使人类的生产、生活方式发生质的改变。从人类文明发展阶段的角度来理解生态文明，主要有两种观点。一种观点认为，生态文明是人类文明发展的新阶段。从原始文明、农业文明、工业文明这一视角来观察人类文明形态的演变发展，可以说生态文明作为一种后工业文明，是人类社会一种新的文明形态，是人类迄今最高的文明形态。另一种观点认为，生态文明是人类未来文明的新特点。这种观点认为，生态文明并不是未来人类文明的全部，仅是未来文明的新特点。未来文明应是工业文明与生态文明相统一的文明。这是从我国现实国情出发对生态文明的深刻理解，指出了中国特色生态文明的鲜明特征，表明了当前经济建设和工业文明对于满足人民日益增长的物质文化需要的重要意义。

（2）从人生态文明的调节对象或构成要素定义的生态文明

从生态文明的调节对象或构成要素来定义生态文明，由于对"生态""文明"的理解不同，就产生出对生态文明的不尽相同的定义。对于生态的理解，有狭义和广义之分：狭义的生态单指人与自然的关系；广义的生态不仅指人与自然的关系，而且指人与人、人与社会的关系，是自然生态与社会生态的统一。同样对于文明的理解，也有狭义和广义之分：狭义的文明特指精神文明成果；广义的文明则包括物质成果和精神成果的总和。因此，生态与文明这两个概念组合起来，就构成了不同层次上的生态文明概念。第一个层次认为生态文明是调整人与自然关系的精神成果的总和。这是对生态文明概念最狭窄意义上的理解。其理论出发点是，生态特指人与自然的关系，文明特指精神文明。第二个层次认为生态文明是调整人与自然关系的物质成果和精神成果的总和。这一观点认为，凡是与处理人与自然关系相关的物质成果和精神成果都可以纳入生态文明的范畴。第三个层次认为生态文明是调整人与自然、人与人、人与社会关系的物质成果与精神成果的总和。这是一种对于生态文明的最宽泛意义上的理解。这一定义的指向是与生态文明发展阶段概念的指向相通的，将生态文明定义为人类文明发展新阶段的所有物质成果与精神成果的总和。

（3）从广义和狭义相区分的角度定义的生态文明

生态文明概念应从广义和狭义两个层面进行理解，既可理解为人类文明发展的某一阶段，也可理解为某一文明阶段的某种具体文明形式。从广义上讲，生态文明是人类文明发展的一个新阶段，即工业文明之后的人类文明形态。它是指人们在改造客观物质世界的同时，不断克服改造过程中的负面效应，积极改善和优化人与自然、人与人、人与社会的关系，建设人类社会整体的生态运行机制和良好的生态环境所取得的物质、精神、制度方面成果的总和。从狭义上讲，生态文明是人类在改造自然以造福自然的过程中，为实现人与自然之间的和谐所做的全部努力和所取得的全部成果，表征人与自然相互关系的进步状态，包含人类保护自然环境与生态安全的意识、法律、制度、政策，也包括维护生态平衡和可持续发展的科学技术、组织机构和实际行动。生态文明也是对现有文明的整合与重塑。就文明的发展阶段来看，生态文明是原始文明、农业文明、工业文明发展的一个更高阶段。

从纵向看，生态文明是人类发展迄今为止最先进的文明形态，也是人类历史发展不可逆转的潮流。目前，人类文明正处于从工业文明向生态文明过渡的阶段。从横向来看，生态文明是现代社会的第四大文明领域，是与物质文明、精神文明和政治文明并列的文明形式，是协调人与自然关系的文明。

19.1.2　生态文明与原始文明、农业文明和工业文明

人类文明史大致分为三个阶段：采集—狩猎阶段、农业阶段和工业阶段。三大阶段的人类文明也被广泛的称为原始文明、农业文明和工业文明。当前，人类文明正发生着重大的转折，一个新型的文明正在人类的呼唤中姗姗走来，这个就是生态文明。

（1）生态文明与原始文明

原始文明是人类文明发展的萌芽阶段。据考证，这一阶段大约经历了几百万年的时间。这个时期，人与自然是浑然一体的，人类依赖自然为生，以石器、木棒等简单的天然工具进行生产，以树叶为衣，以洞穴为居，直接从自然界中获取生活资料。后来，人类发明了人工取火、弓箭等，出现了群居以及语言，具备了社会的最初形式，创造出人类最初的文明。

原始文明虽然使人类从动物界脱离出来，并不等于使人类就此脱离了自然界的羁绊，从灾难深重的阴影中走出来。原始文明是人类文明史上经历最长的文明时代，在这一时期，生产力水平极其低下，人们对各种自然现象无法理解，逐渐形成了"图腾"崇拜，对大自然也就存在一种敬畏心理。人与自然的关系：人们只能被动地适应自然、盲目地崇拜自然、顺从自然，人受制于自然，人类寄生于大自然，始终以自然为中心。

（2）生态文明与农业文明

按照美国人类学家摩尔根和德国思想家恩格斯的看法，真正的人类文明是从农业文明开始的。从本质上讲，农业文明所使用的生产和生活资料基本上属于可再生能源。然而，作为农业文明最基本的资源——土地是有限的和稀缺的，当一个地区的人口增长达到一定限度，其赖以生存的土地就难以承载人口的压力。于是，人们开始毁林开荒，围湖造田，这种做法确实能够获得短期效益，但最终导致局部地区的水土流失、旱涝频繁、气候变异等生态灾难的发生。

据历史考证，曾辉煌一时的古埃及文明、巴比伦文明、古希腊文明、哈巴拉文明和玛雅文明之所以最终都难逃毁灭的命运，主要原因是由于过度开垦、放牧、砍伐、消耗所致。正如美国生态学家弗·卡特在《表土与人类文明》一书中所说："文明之所以会在孕育了这些文明的故乡衰落，主要是由于人们糟蹋或者毁坏了帮助人类发展文明的环境。"因此，农业文明的兴衰归根结底都与生态问题有关：当一个地域的生态环境有利于农业的发展时，农业文明最终繁荣起来；农业的繁荣促进人口的迅速增长，从而使生产和生活资料的需求量大大增加；由于原有的农业用地不能满足人口增长的需要，人们开始过度开垦，破坏该地域的生态环境，最终毁掉了农业赖以生存的环境，导致文明的衰落。这几乎成为农业文明不可逃脱的历史宿命。但从总体上讲，农业文明对于自然生态环境的破坏仍然是有限的和局部性的，

它只能从表土的层面毁掉某一区域内农业生产赖以进行的环境条件，而不可能从整体上毁灭掉经历了亿万年演化而最终形成的整个地球的生态环境。而且，在农业文明时代，人们也能够通过迁移等行为方式的调节来规避表土层面的生态危害。因此，农业文明时代的生态危机尽管会对某一区域的农业人口造成严重的灾难，但还不至于造成整个地球的变异以及危及整个人类的生存。

在农业文明中，中国处于领先的位置，农业文明甚至决定了中华文化的特征。中国的文化是有别于欧洲游牧文化的一种文化类型，农业在其中起着决定作用。聚族而居、精耕细作的农业文明孕育了自给自足的生活方式、文化传统、农政思想、乡村管理制度等，与今天提倡的和谐、环保、低碳的理念不谋而合。历史上，游牧式的文明经常因为无法适应环境的变化，以致突然消失。而农耕文明的地域多样性、民族多元性、历史传承性和乡土民间性，不仅赋予中华文化的重要特征，也是中华文化之所以绵延不断、长盛不衰的重要原因。虽然农业文明一直延续到工业革命之前，但在工业文明时代，农业文明并没有消失，而且，只要人类存在，农业文明就会存在，只是其主导位置不再存在而已。在以工业文明为主导的阶段，农业文明汲取着工业文明的成果会形成现代农业文明。现代农业文明的实现，不仅满足了人类对食物的需求，还满足了人类对能源和其他资源的需求，同时也推动着经济增长和发展。

综上所述，农业文明时期，生产力水平相对于原始文明有了一定的发展，人类为了自身的生存与发展对大自然进行开发与改造，但由于当时的生产力水平并不高，人类使用的生产工具还比较简单，使用的能源也仅仅是人力、畜力、风力以及水力等可再生资源，并没有从根本上破坏自然生态系统的平衡。人与自然的关系是：自然处于主导地位，人类处于从属地位，人与自然基本和谐。人类的一切行为都要依赖于自然界，但人类也在积极地利用自然为自身服务、改善自身生活水平。

（3）生态文明与工业文明

人类文明以舒缓的步履走完了几千年的农业文明时代，揭幕了一个文明新纪元——工业文明。英国科学家瓦特改进蒸汽机，成为工业文明的显著标志。蒸汽机的使用使社会生产力获得飞跃式的发展，工业文明也以一日千里的速度进入人类视野。工业文明是以工业化为重要标志、机械化大生产占主导地位的一种现代社会文明状态。其主要特点大致表现为工业化、城市化、法制化与民主化、社会阶层流动性增强、教育普及、消息传递加速、非农业人口比例大幅度增长、经济持续增长等。

迄今为止，工业文明是最富活力和创造性的文明。与漫长几千年的农业文明相比，工业文明前后仅仅用了 200 多年时间，创造的物质财富就大大超过了农业文明几千年的若干倍。而且，掌握先进生产力的人类，逐渐膨胀自己的野心，19 世纪德国哲学家尼采曾经喊出"上帝死了"，这告诉我们，工业革命已经使人类膨胀迷失，以世界的主人自居。

工业文明的优势是规模化生产，使人类商品迅速丰富，缺陷是对地球资源的消耗与污染的急剧加速。工业文明表现出人类对大自然的强大掠夺性，对不可再生资源的疯狂开采和使用，对水源、大气的肆意污染，对生态的严重破坏，都在为发展经济、在人类无尽的物质贪欲的驱动下而大行其道。在这种掠夺性基础上，工业文明自然地呈现出不可持续性。与农业生产不同，工业生产能够做到生产资料的集约化生产，而且，工业生产的许多生产资料是不可再生的、在物质形式上是不可循环的。不可循环的经济，从物质形态上讲就是不可持续的。工业文明对大自然的掠夺注定了其天然具有不可持续性。

当代生态危机表明，以往的工业文明模式已不适应当代人类的实践，无法正确处理人与自然的关系。尽管在征服自然、控制自然的思维方式下，人们可以为了人类自身的利益而善待自然，采取某些措施阻止破坏自然生态的行为发生，但由于工业文明模式的内在局限和缺陷，它不可能从根本上解决全球性的、整体性的生态危机。需要说明的是，人类必须结束的是一种产生危机的工业文明观，而不是就此终结工业文明的历史。生态文明对工业文明既有否定，也有承续。工业文明时代所创造的工业物质文明和精神文明成果仍然会充分继承和存在，只是工业文明时代关于人与自然关系的观念，特别是那些人类要主宰和控制自然的思想，需要进行根本性的改造。

工业文明时期，科学技术发展迅速，人类利用先进的工业技术给自身带来了前所未有的物质享受，但也带来了前所未有的生态破坏以及相应的自然灾害。这一时期的基本理念是"人是自然的主人"，自然是人类的奴隶，自然资源是取自不尽、用之不竭的，根本不顾自然的承受能力与可持续发展。

(4) 生态文明——重寻人与自然和谐相处

生态文明是对传统的工业文明进行批判性反思的结果，是通过人类重塑自然权威，以尊重自然、维护自然、顺应自然为前提，以人与人、人与自然、人与社会和谐共生为宗旨，以建立资源节约型、环境友好型社会和与之适应的经济增长方式、消费方式为基础，以引导人们走持续发展、和谐发展的道路为着眼点的一种全新的文明形态。原始文明、农业文明和工业文明是在人类与自然力量对比处于不平衡条件下发展起来的，它们具有物质、理性与进攻性的特征。与之不同，生态文明是在人类具有强大改造自然的能力之后，合理运用自己能力的文明，强调感性、平衡、协调与稳定，反对工业文明以来形成的物质享乐主义和对自然的掠夺。

"天人合一"是中国古人追求的一种人与自然和谐的最高境界。可以从两方面来探讨：一是从大的生态环境，即天地（大宇宙）的本质与现象来看"天人合一"的内涵；二是从生命（小宇宙）的本质与现象来看"天人合一"的内涵。在道家来看，天是自然，人是自然的一部分。因此，庄子说："有人，天也；有天，亦天也。"天人本是合一的。但由于人类制定了各种典章制度、道德规范，使人类丧失了原来的自然本性，变得与自然不协调。人类修行的目的，便是"绝圣弃智"，打碎这些加于人身的藩篱，将人性解放出来，重新复归于自然，达到一种"万物与我为一"的精神境界。在儒家来看，天是道德观念和原则的本原，人心中天赋地具有道德原则，这种天人合一乃是一种自然的，但不自觉的合一。由于人类后天受到各种名利、欲望的蒙蔽，不能发现自己心中的道德原则。人类修行的目的，便是去除外界欲望的蒙蔽，"求其放心"，达到一种自觉地履行道德原则的境界。

新世纪的"天人合一"，我们可以这样理解："天"指的是整个自然，包括整个地球；"人"指整个人类社会，包括人类社会中的政治、经济、文化等。在人类的文明发展历程中，历经原始文明、农业文明、工业文明以及生态文明，人与自然的关系从最初的敬畏自然到改造自然、征服自然，再到现阶段我们想要实现的人地协调、生态文明的"天人合一"，要求的理想状态便是人与自然和谐相处。

19.1.3　生态文明与物质文明、政治文明和精神文明

党的"十七大"报告首次明确提出"生态文明"的概念，生态文明成为全面建设小康社

会的奋斗目标之一，生态文明建设与经济建设、政治建设、文化建设、社会建设一起共同成为了中国特色社会主义事业总体布局的构成部分。党的十八大报告把"大力推进生态文明建设"作为一个独立部分进行专题论述，提出努力建设美丽中国和天蓝、地绿、水净的美好家园，强调建设生态文明是关系人民福祉、关乎民族未来的长远大计。面对资源约束趋紧、环境污染严重、生态系统退化的严峻形势，必须树立尊重自然、顺应自然、保护自然的生态文明理念，把生态文明建设放在突出位置，融入经济建设、政治建设、文化建设、社会建设各方面和全过程，努力建设美丽中国，实现中华民族永续发展。"十八大"将以前的"四位一体"扩充为"全面落实经济建设、政治建设、文化建设、社会建设、生态文明建设五位一体总体布局"。

19.1.3.1　生态文明和物质文明、精神文明、政治文明的概念

（1）生态文明

生态文明是指人类文明发展的新阶段和新形态，是人们在改造客观物质世界的同时，不断克服改造过程中的负面效应，积极改善和优化人与自然、人与人、人与社会的关系，建设人类社会整体的生态运行机制和良好的生态环境所取得的物质、精神、制度方面成果的总和。

（2）物质文明

物质文明是指人类物质生活的进步状况，主要表现为物质生产方式和经济生活的进步。物质文明越高，表明人类离开野蛮的状态愈远，依赖自然的程度愈小，控制自然的能力愈强。物质文明的高度发展给人类改造自然，征服宇宙，推动人类社会本身的进步创造了优越的、必要的、先决的条件。

（3）精神文明

精神文明指的是人类精神生活的进步状态。按性质，精神文明可以分为两大类：一类指科学教育、文化艺术、卫生体育事业的发展规模和水平，一类指思想、情操、理想、伦理、道德、风尚、习惯等社会意识形态的状况。前者是直接同社会的物质生产相联系，直接反映物质文明的程度，直接为物质文明条件所制约；后者不是直接同社会生产相联系，而是同社会经济制度的性质相联系。

（4）政治文明

政治文明是指人类改造社会的政治成果的总和，是人类社会文明的重要组成部分，是人类政治活动的进步状况和发展程度的标志，它是与政治蒙昧和政治野蛮相对立的范畴。政治文明其本质是一种回归主体性的文明，强调每一个公民都拥有参与管理国家事务的权力。"十六大"报告在一系列论述"民享"的基础上，提出政治文明，其核心意义就在于"民治"，也就是让公民真正成为能够决定自己命运的政治上的主人。

19.1.3.2　生态文明和物质文明、精神文明、政治文明的区别

首先，它们包含着各自不同的内容。物质文明是人们在改造客观世界的实践活动中形成的有益成果，表现为物质生产方式和物质生活的进步。政治文明是人们在政治实践活动中形成的有益成果，表现为社会政治制度和政治生活的进步。精神文明是人们在改造客观世界的

同时改造主观世界中形成的有益成果，表现为社会精神产品和精神生活的进步。生态文明是人类在改造自然以造福自身的过程中，为实现人与自然之间的和谐所做的全部努力和所取得的全部成果，表征人与自然相互关系的进步状态。

其次，它们包含着各自不同的处理关系。物质文明体现人类在改造自然过程中处理的人与自然的关系。政治文明体现人类在改造社会过程中处理的人与人的关系。精神文明体现人类在改造主观世界的过程中处理的主观与客观、人与自我的关系。生态文明体现的是不仅改造人与自然的关系，消除社会不公，使人与人的关系协调发展，而且还把许多新观念、新内容引进精神领域．全面推进人类文明的发展和进步。

19.1.3.3 生态文明和物质文明、精神文明、政治文明的联系

生态文明建设并非独立于三大文明之外再建设一种新的文明出来，而是在三大文明建设的实践中建设。因为现代生态危机源于近代工业文明在人与自然关系、经济利益与生态利益之间关系上的认识和做法的根本性错误，总的来说，自近代以来的人类工业文明，从价值导向、方针政策，到规章制度、行为规范，以及种种产品、设备、工作条件或生活环境等物质形态，无不渗透着人类中心主义等反自然或非生态化的思想观念及其消极影响。因此，要建设生态文明，就应对被近代工业文明所深深污染的三大文明在内容和形式进行"生态化"改造，将生态文明的理念和要求由内而外地贯彻到人类的思想意识、方针政策、法律法规、规章制度、行为规范、生产方式、行为方式、生活方式等人类社会的一切方面和细节中，以生态文明的理念和精神来引导、规范、限制和制约三大文明建设。

从物质文明方面来说，生态文明为物质文明建设明确规定了环保、节能、护生等生态化发展方向，要求物质生产力的职责不只是要认识自然、改造自然，而且要承担起保护自然、节省资源、健康卫生、创造美好环境的责任，即发展绿色生产力不能再像过去那样以牺牲环境和资源为代价来换取经济的快速增长。特别是应当大力建设如循环经济那样从全程控制污染物产生、最大限度利用资源的生态型经济，这是现代物质文明建设得以可持续发展的前提，以此来取代传统"三高一低"的线性经济模式；同时，还要以生态化方向调整产业结构，大力发展生态化的工业、农业、旅游业、信息业等产业，在消费上实现从以消费享乐主义为主导的消费模式向绿色、适度、可持续的生态型消费模式转变，开创出一条科技含量高、经济效益好、资源消耗低、环境污染少、人力资源优势得到充分发挥的新型工业化道路。按生态文明要求进行经济建设也许经济效益会暂时有所降低，但从长远或全局的角度来看无疑是利要远大于弊的，为此也有必要制定和实施若干对企业有利的生态性激励政策和措施，将生态物质文明建设与市场经济建设有机结合起来。党的"十七大"报告就生态文明建设提出在2020年所要达到的要求："基本形成节约能源资源和保护生态环境的产业结构、增长方式、消费模式。循环经济形成较大规模，可再生能源比重显著上升。主要污染物排放得到有效控制，生态环境质量明显改善。生态文明观念在全社会牢固树立。"其中，除了最后一句话之外，前面各项要求都可看作是对全面实现小康目标下物质文明建设生态化的基本要求。党的"十八大"以来，以习近平同志为总书记的党中央，从中国特色社会主义事业"五位一体"总布局的战略高度出发，从实现中华民族伟大复兴中国梦的历史维度，强力推进生态文明建设，引领中华民族永续发展。"十八大"以来，无论在考察调研，还是在重要会议，大江南北，国内国外，习近平总书记走到哪里，就把建设生态文明、保护生态环境的观念讲到哪里。"我们追求人与自然的和谐、经济与社会的和谐，通俗地讲就是要'两座山'：既要

金山银山，又要绿水青山，绿水青山就是金山银山。"2013 年 9 月 7 日，习近平在哈萨克斯坦纳扎尔巴耶夫大学发表演讲后回答学生提问时说，"我们绝不能以牺牲生态环境为代价换取经济的一时发展。"

在精神文明的生态化建设方面，应树立和倡导生态化的价值观和思维方式，并对传统工业文明的各种错误观念和思维方式进行变革。具体来说，应树立起人与自然的和谐发展观，代际代内发展上的平等观，尊重一切生命的生态伦理观，循环利用资源的资源观，全面注重经济、社会、生态诸方面效益的综合效益观，环保节约、适度消费、精神至上的可持续消费观，批判和破除奴役自然的人类中心主义、片面追求经济效益的狭隘政绩观，以及物本主义、消费享乐主义、物质主义等错误价值观念，用基于生态文明理念的思维方式来取代过去那种片面追求功利而置资源和环境于不顾的思维方式，倡导以环保为价值取向的技术创新观，使生态文明理念成为全社会公认的社会责任意识。同时，在生态文明的理论研究和教育宣传上，还应注意继承、借鉴或发扬古代儒道释诸家以及西方文化合理的生态哲学思想，以此来破除自近代工业革命以来形成的种种非生态的错误观念和思维模式，如中国古代"天人合一"思想将人类看成是大自然的一部分，与自然万物构成一种相互作用、相互依存的整体性关系，人与自然环境应保持一种和谐关系，这对于我们破除人类中心主义等错误观念以及人天分立、主客二分的机械论思维方式，树立人与自然和谐发展的自然观，有着重要的方法论意义。

在政治文明（或制度文明）的生态化建设方面，应大力制定和实施有利于建设"资源节约型、环境保护型"社会的法律法规，坚持以生态文明理念来指导制度创新，努力建设"节约型政府"。节约型政府即生态型政府，即要"追求实现对一个政府的目标、法律、政策、职能、体制、机构、能力、文化等诸方面的生态化"。应随着生态文明的具体实践与时俱进进行制度创新，建立健全各行业的职业生态行为规范乃至全社会公民的生态行为规范，特别要为循环经济以及生态农业、生态旅游业等生态产业及时制定有关的法律法规并严格监督实施。还应以科学发展观为指导来着重变革长期以来盛行的 GDP 干部考核制度，建立起包括经济、生活、人文、环境、卫生等方面指标在内的绿色 GDP 考核制度，这对于纠正片面把GDP 增长作为考核唯一标准的错误做法，矫正好大喜功、追求形象工程和短期效益的狭隘功利主义行为，有着重要的现实意义。

生态文明对三大文明不仅有着上述约束、限制的关系，它们彼此间还有着相互补充和支持的关系。

（1）生态文明丰富和补充了三大文明建设的内容

从物质文明方面来说，以往工业文明建设片面注重经济发展，从不考虑生态因素。按生态文明的新要求，物质文明建设的内容要生态化，在经济上增加与社会、环境、资源各方面协调发展的内容，在消费方式上增加环保、节能、减排、卫生、健康等绿色消费内容，在生活环境上依照自然规律建设和优化健康、舒适、安全、人性化的环境空间，等等。如此遵从生态化的价值取向，是确保物质文明建设健康、可持续性发展的保证。

从精神文明方面来说，生态文明作为对近代工业文明反思和超越的结果，标志着人类处理人与自然关系的一种新视角、新思路和新行为模式，为人类发展提供了代际代内皆平等的可持续发展思想，并使敬畏自然、关爱万物、环保节约等生态伦理成为人类道德建设的重要内容，使生态文明理念成为从观念创新到行为规范创新、从技术创新到制度创新的基本价值取向和指导原则，诸如在科技创新中树立起以满足生态保护、节约资源、替代能源、治理污染、清洁生产、回收废物、耐用型消费、人类健康等方面需要的全新价值取向，使得倡导适度、绿色、精神性的消费以及简约生活成为现代社会生活方式的重要内容，也使得培育"生态人"成为学校教育和社会教育的新目标，从而大大丰富和补充精神文明的内容。

从政治文明方面来说，生态文明建设客观上要求政治文明与时俱进地为其制定相关的各项方针政策、规章制度和行为规范，特别是要建立涵盖经济、生活、人文、环境、卫生诸方面内容在内的绿色 GDP 干部业绩考核制度，并予以有效的监督，乃至建立"节约型"的政府及企事业机构，这类要求构成政治文明为响应生态文明建设的要求所要增加、补充的新内容。同时，生态文明理念也促进政治文明内容的扩展，绿色政治的理念和思维业已成为政治文明的重要内容，人类在政治上的民主、平等、公正等意识也从人类扩展到动物界乃至一切生命领域，尊重和善待自然生命的生存权利成为人类应具有的社会责任意识，保护野生动物等生态性法律法规得以不断建立和完善。

（2）三大文明建设也为生态文明建设提供了有力的支持

从物质文明方面来说，它为生态文明建设提供基础性的物质支持。现实中不少环保问题难以解决的重要原因之一，就在于"缺资金"或"无能力"。要解决环境污染等问题，人、财、物等方面的支持是必不可少的，特别是组织科研力量对生态化的新能源、新材料、新技术、新产品进行自主创新具有重要意义。建设生态经济也需要将生态建设与发展经济结合起来，实现环保与市场经济发展的良性互动和价值双赢。

从精神文明方面来说，它为生态文明建设提供不可或缺的精神动力、思想保障和智力支持。绿色消费、循环经济、可持续发展等新思想，本身就是有强烈社会责任意识的人士提出的。生态文明建设离不开且需要精神文明建设在价值观、世界观、认识论和方法论诸方面予以思想和精神上的大力支持。事实上，作为生态文明建设基本内容的生态文化和生态道德建设，其培育和建设始终离不开精神文明的思想引导和道义支撑。特别是树立以人为本的科学发展观，能够真正从人与自然、人与社会最合理的关系角度来考量问题，最有助于克服各种反自然、反生态的错误观念。精神文明具有通过舆论宣传、思想教育等多种途径来提升人们的道德水平和文明程度的功能，这同样可用于生态文明建设，有助于人们树立和强化可持续发展、绿色消费等生态理念。

从政治文明方面来说，它能够为生态文明建设提供强有力的制度保障和促进作用。政治文明具有决策民主、调控性强、督导性强、执行力强、影响面宽等特点，通过法律法规、行政强制、税收杠杆、舆论宣传、基层民主等手段，政治文明能够在目标、法律、政策、组织、机制等方面为生态文明建设提供强有力的保障与坚强后盾。

19.2 生态文明建设实践

19.2.1 生态文明建设的国际实践

在人类文明经历工业化的高速增长的同时，环境污染、资源枯竭、生态失衡等问题也凸现出来，成为阻碍人类发展前进的掣肘。在严重的生态环境危机面前，最早享受工业文明成果的西方国家政府和民众开始深刻反思，逐渐从观念、制度和政策等层面进行探索，试图找到一条人与社会和谐发展的新道路。随着研究的深入，人们发现生态是一种适应于人类活动与生态环境之间矛盾的新型文明形态，是社会发展的必然趋势。

19.2.1.1　美国的生态文明实践

在生态文明理论研究方面，美国一直走在世界前列，而且公众参与性也很强。1962 年《寂静的春天》的发表，引发了公众对环境问题的注意，促使环境保护问题提到了各国政府面前。各种环境保护组织纷纷成立，从而促使联合国于 1972 年 6 月 12 日在斯德哥尔摩召开了"人类环境大会"，并由与会国家签署了"人类环境宣言"。1970 年 4 月 22 日的"地球日"活动，是人类有史以来第一次规模宏大的群众性环境保护运动，2000 多万的美国群众参与其中。作为人类现代环保运动的开端，它推动了西方国家环境法规的建立。美国就相继出台了清洁空气法、清洁水法和濒危动物保护法等法规。1970 年的地球日还促成了美国国家环保局的成立，并在一定程度上促成了 1972 年联合国第一次人类环境会议在斯德哥尔摩的召开，有力地推动了世界环境保护事业的发展。

（1）美国生态文明实践的战略目标

美国的生态文明战略目标主要体现在可持续发展和环境保护两方面。具体又有以下 7 个原则：保护原则、预防原则、公平原则、依靠科技原则、改进管理原则、合作原则以及责任原则。这七个原则囊括了治理污染的限度范围、手段工艺、管理过程和参与主体各个方面，有力保障了美国的生态文明实践。

（2）美国生态文明实践的特点

美国是典型的市场经济国家，利用市场手段解决环境问题是其最大的特点。美国的生态文明起点在于企业，提出了扩大产品责任链和实施生态认证及有效实施措施。产品责任延伸制是指政府在产品的生产和消费环节中明确环境保护的责任，在责任明确之后，制造商、销售商和消费者各自肩负起自己应有的责任。同时，美国政府还鼓励包装物回收再利用，以及旧货市场，对再生物质贴上生态标签，控制其价格以此来倡导生态消费。美国生态文明实践战略措施，大部分是使用税收、补贴的形式对有利于环境保护的项目予以鼓励，对不利项目予以控制。美国政府在循环经济的发展中，不进行过多干预，即使是干预，多半也是采用经济手段进行间接调控。

（3）美国生态文明实践的特色政策——排污权交易

在美国生态文明实践中最富特色的一项政策便是 20 世纪 70 年代开始的排污权交易计划。它是最先由美国经济学家戴尔斯于 1968 年提出，并首先被美国联邦环保局用于大气污染源及河流污染源管理。面对 SO_2 污染日益严重的现实，美国联邦环保局为解决通过新建企业发展经济与环保之间的矛盾，在实现《清洁空气法》规定的空气质量目标时提出了排污权交易的设想，引入了"排放减少信用"这一概念，并从 1977 年开始先后制定了一系列政策法规，允许不同工厂之间转让和交换排污削减量，这为企业针对如何进行费用最小的污染削减提供了新的选择。而后，德国、英国、澳大利亚等国家相继实行了排污权交易的实践。排污权交易是当前受到各国关注的环境经济政策之一。

排污权交易是指在一定区域内，在污染物排放总量不超过允许排放量的前提下，内部污染源之间通过货币交换的方式相互调剂排污量，从而达到减少排污量、保护环境的目的。它的主要思想就是建立合法的污染物排放权利即排污权（这种权利通常以排污许可证的形式表现），并允许这种权利像商品那样被买入和卖出，以此来进行污染物的排放控制。

排污权交易的具体做法有以下 3 点。

① 首先由政府部门确定出一定区域的环境质量目标，并据此评估该区域的环境容量。

② 推算污染物的最大允许排放量，并将最大允许排放量分割成若干规定的排放量，即若干排污权。

③ 政府可以选择不同方式分配这些权利，并通过建立排污权交易市场使这种权利能合法地买卖。在排污权市场上，排污者从其利益出发，自主决定污染治理程度，从而买入或卖出排污权。

简单来说，按照这一计划，排放量低于法定标准的企业可获得排污削减信用，排污削减信用可用来补偿企业内部其他污染源的超标排放或者与其他企业进行交易，也可以储存起来将来用于公司的扩建或者出售给其他公司。

排污权政策虽好，但实践中也存在不少问题，具体如下。

① 排污权交易以污染物总量控制为前提，而污染物排放总量应当基于当地环境容量也就是自净能力确定。但环境容量受多种不确定的因素影响，很难准确得出，因而实际确定的污染物总量只是一个目标总量，更多时候它表现为最优污染排放量（由边际私人纯收益和边际外部成本共同决定）。也就是说，如果排污权交易建立在最优污染排放量基础上，污染物排放总量极大可能超出环境容量，毫无疑问会构成对环境的破坏。

② 环境标准和排放标准的进一步准确化是排污权交易顺利进行的必备条件。从形式上看，环境标准似乎体现了污染源之间的公平，但实际上对于不同的排污企业，可能因为背景水平、治理难度等的差异并未公平地分摊削减污染的负荷。现行排放标准对于新兴污染控制政策的改革甚至产生一种限制。

③ 排污权交易原则上禁止功能区之间排污许可证的转让，但在特殊情况下可以。这就是当环境围绕压力大的地区向污染压力小的地区转让排污权时，适用两地环保部门协商制定的"兑换率"。然而，由于兑换率直接涉及两地的经济利益，可以想见达成一致是非常困难的，又会增加政府的管理成本。

④ 非排污者可以进入市场购买排污权，从理论上来说违反了污染者付费原则。实际上将一部分责任转嫁给无辜的非排污者，由于非污染者的原因减少了污染，意味着在环境自净能力许可范围内又可以多排放，极不公平，长此以往，后患无穷。

⑤ 未能适当考虑排污时间问题。效果良好地满足短期环境标准，意味着除控制污染外还要控制时间。污染是一个复杂的问题，环境自净能力在不同时期、不同条件下有所不同。如果节省的排污权在同一时期使用，又恰好遇到自净能力差的时期，就等同于超标排放。

⑥ 排污权交易中有可能出现两类很不相同的市场势力。第一种是定价污染源或污染源联盟，为了自己的经济利益，试图操纵许可价格。第二种是掠夺性污染源或污染源联盟试图把许可市场作为手段，减弱他们在生产和销售市场上遇到的竞争。也就是说，由于许可证数量有限，持有者会产生囤积、投机的行为，许可证还可能成为行业或地区生产垄断一种方式。在对排污权交易进行立法加以规制时，很难对这些行为加以界定。标准过严，可能会影响当地经济发展；反之，不仅破坏环境，还会影响经济的长期发展。在惩处这类囤积、投机行为，确定其法律责任时，只能处以经济和行政处罚，难以追究其刑事责任。

专栏一《人类环境大会》

为保护和改善环境，1972 年 6 月 5～16 日在瑞典首都斯德哥尔摩召开的由各国政府代表团及政府首脑、联合国机构和国际组织代表参加的讨论当代环境问题的第一次国际会议。

会议通过了《人类环境宣言》，呼吁各国政府和人民为维护和改善人类环境，造福全体人民，造福后代而共同努力。为引导和鼓励全世界人民保护和改善人类环境，《人类环境宣言》提出和总结了 7 个共同观点，26 项共同原则。

会议的目的是要促使人们和各国政府注意人类的活动正在破坏自然环境，并给人们的生存和发展造成了严重的威胁。

会议号召各国政府和人民为保护和改善环境而奋斗，开创了人类社会环境保护事业的新纪元，这是人类环境保护史上的第一座里程碑。同年的第 27 届联合国大会，把每年的 6 月 5 日定为"世界环境日"。

19.2.1.2　日本的生态文明实践

第二次世界大战后日本的经济取得高速增长，但环境却受到极大破坏。日本由于地少人多，资源消耗量大，而且是一个极度依赖进口的国家。在此背景之下，日本政府提出了抛弃传统的经济运行方式，建立减少资源消耗，保护环境安全的循环型社会的构想。

（1）日本生态文明实践的战略目标

20 世纪 80 年代末，日本提出了"环境立国"建设"循环型社会"的战略目标。工业迅速发展带来了环境的极大污染，在 20 世纪发生的世界八大污染事件中，日本就占据四席，譬如水俣病事件、痛痛病事件、四日市废气事件以及米糠油事件。为了治理污染，改善生态环境，实现经济的良性发展，日本提出建立"以可持续发展为基本理念的简洁、高质量的循环型社会"。

（2）日本生态文明实践的法律体系

2000 年被命名为日本"资源循环型社会元年"，同年日本国会通过了六部法案，具体为《循环型社会形成推进基本法》《固体废物处理和公共清洁法》（修订）、《资源有效利用促进法》（修订）、《建筑材料再生利用法》《食品资源再生利用促进法》《绿色采购法》。2001 年通过《多氯联苯废弃物妥善处理特别措施法》，2002 年还通过《报废汽车再生利用法》。

目前，日本的循环经济立法是世界上最完备的，这也保证日本成为资源循环利用率最高的国家。它的循环经济立法模式在立法体系上更有规划，先有总体性的再生利用法，再向循环经济具体领域层层推进，采取了基本法统率综合法和专项法的三层模式（见表 19-1 和表 19-2）。

表 19-1　日本循环经济立法发展

时间	法律名称
1970 年	《固体废弃物处理和公共清洁法》
1991 年	《资源有效利用促进法》
1993 年	《环境基本法》
1995 年	《容器包装分类回收及再生利用促进法》
1998 年	《特定家用电器再生利用法》

时间	法律名称
2000 年	《循环型社会形成推进基本法》 《食品资源再生利用促进法》 《绿色采购法》 《建筑材料再生利用法》
2001 年	《多氯联苯废弃物妥善处理特别措施法》
2002 年	《报废汽车再生利用法》

表 19-2　日本循环经济立法体系

法律层次	法律名称
第一层—基本法	《环境基本法》 《循环型社会形成推进基本法》
第二层—综合法	《固体废弃物处理和公共清洁法》 《资源有效利用促进法》
第三层—专项法	《容器包装分类回收及再生利用促进法》 《特定家用电器再生利用法》 《食品资源再生利用促进法》 《绿色采购法》 《建筑材料再生利用法》 《多氯联苯废弃物妥善处理特别措施法》 《报废汽车再生利用法》

（3）日本生态文明实践的特点——政府主导

日本政府在经济发展过程中一直走"强势政府"路线。政府对循环经济的发展进行指导和干预，在国家层面上颁布一系列法律，以法制形式贯穿循环型社会战略，同时通过政府有关部门采取各种有效措施，支持鼓励参与循环经济发展的活动。政府的全面推动，是日本生态文明实践的最重要特点。由于有完善的法律作支撑，良好的政府作表率，日本的循环经济形成了政府、市场和社会三类主体在循环经济发展中的有机结合体。

19.2.2　生态文明建设的中国实践

党的"十七大"报告提出"建设生态文明，基本形成节约能源资源和保护生态环境的产业结构、增长方式、消费模式"。这标志着我国开始了生态文明建设的实践探索。各地结合自己的情况，提出了自己的建设目标和发展模式。通过这些城市的建设和实践，丰富了生态文明的内涵，促进了生态文明理论的发展，也为我国今后生态文明建设的进一步发展提供了经验。

2012 年 11 月召开的党的"十八大"，把生态文明建设纳入中国特色社会主义事业"五位一体"总体布局，首次把"美丽中国"作为生态文明建设的宏伟目标。"十八大"审议通过《中国共产党章程（修正案）》，将"中国共产党领导人民建设社会主义生态文明"写入党章，作为行动纲领。十八届三中全会提出加快建立系统完整的生态文明制度体系；十八届四中全会要求用严格的法律制度保护生态环境；十八届五中全会提出"五大发展理念"，将绿色发展作为"十三五"乃至更长时期经济社会发展的一个重要理念，成为党关于生态文明建设、社会主义现代化建设规律性认识的最新成果。超越和扬弃了旧的发展方式和发展模式，生态文明、绿色发展日益成为人们的共识，引领社会各界形成新的发展观、政绩观和新的生产生活方式。

19.2.2.1　厦门的生态文明实践

自 1981 年成立以来，厦门经济特区在生态文明建设上成功地探索出一条新路子。近十年来，厦门市连续获得"国家卫生城市""国家园林城市""国家环保模范城市"以及"联合国人居奖"等荣誉称号。厦门也因此被誉为"中国最温馨、最适宜居住的地方"。厦门的生态文明实践主要有以下几种措施。

（1）树立生态城市建设理念

结合厦门自身的文化特色及功能定位要求，逐步树立生态城市理念，突出"海在城中、城在海上"的自然特征，在这种进行城市形态建设及功能开发的基础上，构建支撑整个生态城市的土地利用模式及市域生态空间安全格局，逐步提高城市生态系统的整体水平。

（2）制度为先

1994 年，厦门市人大常委会根据全国人大授权获得地方立法权。第一个颁布的地方性法规就是《厦门市环境保护条例》。随着厦门城市建设发展，生态环境保护的任务不断加重，市人大常委会先后修订通过新的《厦门市环境保护条例》，出台《厦门市沙、石土资源管理规定》等 20 多个地方性法规，为厦门生态城市建设提供了相应的法律保障。

（3）调整产业结构

厦门市委、市政府坚持"发展与保护并重，经济与环境双赢"原则，把环境保护与区划调整、产业布局调整、经济结构优化、削减污染物排放总量等工作结合起来。在招商引资的过程中，引进高科技、高效益、低污染、低消耗的项目，同时实行行业与行业集聚，延伸产业链条，形成分工明确的工业区。同时，厦门市注重对传统产业的改造，发展循环经济，在废物资源化、水的梯级利用、生态型农业、清洁生产等方面树立了典范。

（4）生态修复

厦门积极介入生态保护和生态区域综合整治，对员当湖、厦门西海域、东海域、九龙江流域进行综合治理，强化对区域环境及流域水资源的宏观调控，可持续地开发、利用和保护海域和流域水资源。

19.2.2.2　扬州的生态文明实践

扬州市地处大运河与长江交汇处，区位和环境优势非常显著，是一座可以用"古""文""水""绿""秀"五字概括的历史文化名城。为了实现现代与传统相伴、古朴与华丽相依的城市发展特点，扬州选择生态城市建设的发展之路。扬州的生态城市建设的内容是：建设和培育一类天蓝、水清、地绿、景美、生机勃勃、吸引力高的生态景观；诱导一种整体、偕同、循环、自生的融传统文化与现代技术为一体的生态文明；孵化一批经济高效、环境和谐、社会适用的生态产业技术；建设一批人与自然和谐共生的富裕、健康、文明的生态社区。以上内容确定了扬州生态城市的基本构想。

（1）科学规划，构筑生态城市的基本发展框架

从生态环境、生态经济、生态社会三个方面制订扬州生态城市建设的规划，总体上形成

主城、城市发展区、市域三个层次的发展格局。同时，强调古城、水景观及植被生态的建设与保护是扬州生态城市建设的核心，使扬州城乡一体化前景逐步显现。

（2）技术创新，科技带动"生态产业"发展

结合 ISO 14000 认证，建立企业环境行为的诊断、评价及咨询以及生态产品孵化、开发与设计的企业生态转型孵化中心，逐步把扬州的产业调整、改造、发展为生态产业，实行生态效益与经济效益并重的运行模式，努力提高绿色 GDP 份额。

（3）加强城市生态景观建设

实施成河综合整治、城市生活污水集中处理及资源化利用、瘦西湖"活水"、生活垃圾资源化、电厂脱硫、历史文化名城保护、城市绿色屏障及生物多样性的恢复、生态环境质量自动监控"八大工程"，进一步推进城市生态景观建设。

（4）倡导生态文化

简朴和谐的消费方式，是扬州市民宝贵的生态财富。把这种生态观和现代科学技术相结合，探索出一条现代化道路，是扬州生态城市建设的必由之路。

19.2.2.3　张家港的生态文明实践

作为首批全国"环境保护模范城市"和首批"国家生态市"，张家港拥有很多光环，但在一些生产、建设、流通、消费领域，仍然不同程度的存在一些不合可持续发展的现象，人们的生态文明意识和自觉自律也有待提高。为此，张家港紧紧抓住生态文明建设试点的机遇，结合当地环境优势发展自身。

（1）优化水系水体功能，营造生命河流

依靠科技进步，与产业和产品结构调整相结合，积极推行清洁生产，有效利用水资源，实行污染物总量控制，提高工业污染治理水平。通过关停小化工企业、提高工业企业污水排放标准、推广工业废水中水回用等措施，进一步削减工业水污染物的排放总量。实施引入调水、控制客水、拆坝建桥、河道疏浚，实现水系调整、水体沟通，促进市域河道水体的自然流动，增强自净能力。完成市区小城河、纪澄河整治工程，对纳污量大、水质差的河段实施水质提升工程，禁止所有船舶通过东横河市区段过境。

（2）依托水路网络优势，打造生物和谐共生体系

张家港市的水系生态廊道建设规划依托主干水系，合理规划水系两侧的生态林带及河滩湿地，在沿江地区严格保护长江沿岸湿地及江心岛，建设自然生态岸线，通过生态工程措施和人工辅助措施，开展河道绿地系统建设，依水建林，形成乔、灌、草组合的绿地生态系统，再现"流畅、水清、岸绿、景美"的水乡风貌，结合河道清淤、河堤整治、建设防护林带，加快河流的生态恢复，改善水体自净能力，使林网化和水网化协调统一，构建近自然的水系生态廊道。

（3）加强高端农业建设，打造多功能生态农业体系

以"现代、都市、生态、景观"为主题内容，以产业化基地为载体，以"人文生活、观光休闲、原生农业"一带两区多基地为模式，通过"结构调整""错位发展"，完成都市农业

生产、生态、生活功能转型，建立多功能型农业体系。充分发挥和利用水利条件、品种资源、市场网络、产品价值的优势，实施优质稻米产业化开发。加强现代农业示范园区、双山岛和南丰水稻基地建设，优化生产布局，给予必要的政策和资金扶持，实施绿色和有机生产，实施品牌战略，实行品种、供种、加工、品牌统一，种植规模与加工企业的加工能力配套，促进加工水平和优质稻米品质的不断提高。

（4）加快清洁服务业发展，构建高效环保服务业体系

依托张家港港口和保税物流园区，以港口物流为核心实现对各种物流功能、物流要素的整合，改善物流环境，降低物流成本，做大物流产业。以"发展大物流、建设大口岸、实施大通关、构筑大平台"为建设目标，突破空间制约，延伸拓展功能优势，加速形成以保税区和保税物流园区为主体，省级开发区、扬子江国际化学工业园和冶金工业园以及一批重点物流基地、企业联动推进的现代物流发展格局，把张家港市建成国内一流、国际知名的区域性现代物流基地。

打造张家港市物流产业"两综合、一专业"——市国际物流产业集聚区和杨塘综合物流产业集聚区（两综合）及锦丰冶金物流产业集聚区（一专业）的分布格局。

专栏一《寂静的春天》

《寂静的春天》1962年在美国问世时，是一本很有争议的书，它标志着人类首次关注环境问题。它那惊世骇俗的关于农药危害人类环境的预言，不仅受到与之利害攸关的生产与经济部门的猛烈抨击，而且也强烈震撼了社会广大民众。作者是美国一位研究鱼类和野生资源的海洋生物学家——女作家蕾切儿·卡森，她以寓言开头向我们描绘了一个美丽村庄的突变，并从陆地到海洋，从海洋到天空，全方位地揭示了化学农药的危害，是一本公认的开启了世界环境运动的奠基之作。

《寂静的春天》以一个"一年的大部分时间里都使旅行者感到目悦神怡"的虚设城镇突然被"奇怪的寂静所笼罩"开始，通过充分的科学论证，表明这种由杀虫剂所引发的情况实际上就正在美国的全国各地发生，破坏了从浮游生物到鱼类到鸟类直至人类的生物链，使人患上慢性白血球增多症和各种癌症。作者认为，像DDT这种"给所有生物带来危害"的杀虫剂，"它们不应该叫做杀虫剂，而应称为杀生剂"；所谓的"控制自然"，乃是一个愚蠢的提法，那是生物学和哲学尚处于幼稚阶段的产物。她呼吁，如通过引进昆虫的天敌等，"需要有十分多种多样的变通办法来代替化学物质对昆虫的控制"。

 习题与思考题

1. 什么是生态文明？
2. 生态文明与原始文明、农业文明和工业文明的区别是什么？
3. 生态文明与物质文明、政治文明和精神文明文明的区别和联系是什么？
4. 举例说明我国生态文明建设的内容和特点。
5. 根据自己的理解，简要指出我国与国际生态文明建设的联系与区别。

◆ 参考文献 ◆

［1］ 洪涛．生态与文明——生态文明的含义[J]．武汉理工大学学报：社会科学版，2009，22(3)：16-17．

［2］ 毛明芳．生态文明的内涵、特征与地位——生态文明理论研究综述[J]．中国浦东干部学院学报，2010，4(5)：92-96．

［3］ 李良美．生态文明的科学内涵及其理论意义[J]．毛泽东邓小平理论研究，2005，(2)：47-51．

［4］ 傅晓华．论可持续发展系统的演化——从原始文明到生态文明的系统学思考[J]．系统辩证学学报，2005，1((3)：96-99．

［5］ 左亚文，王诗露．生态文明：人类文明发展的必然选择[J]．湖北省社会主义学院学报，2014，(1)：62-65．

［6］ 李军昌．建设生态文明　促进社会和谐[J]．甘肃农业，2012，(15)：95-96．

［7］ 谢高地．生态文明与中国生态文明建设[J]．新视野，2013，(5)：25-28．

［8］ 贾玉娥，祝晓光．科学把握生态文明与物质文明、精神文明、政治文明之间的关系[J]．中国环境管理干部学院学报，2004，14(4)：21-24．

［9］ 姬凤娇，秦楠．浅析四个文明的关系[J]．法制与社会，2009，(17)：298-299．

［10］ 毛世英，刘艳菊．全面理解生态文明与三大文明之间的关系[J]．社会主义研究，2008，(4)：82-86．

［11］ 唐小平，黄桂林，张玉钧．生态文明建设规划[M]．北京：科学出版社，2012，26-44．

［12］ 傅治平．生态文明建设导论[M]．北京：国家行政学院出版社，2008．

［13］ 高吉喜，黄钦，聂忆黄等．生态文明建设区域实践与探索：张家港市生态文明建设规划[M]．北京：中国环境科学出版社，2010．

第 20 章 | 可持续发展

20.1 概述

20.1.1 可持续发展概念

近代可持续发展思想的由来可追溯到 1972 年的第一次世界环境大会，大会发表的《人类环境宣言》可以认为是人类对环境与发展问题思考的第一个里程碑，其中申明了共同的信念之一，即"为了这一代和将来的世世代代的利益，地球上的自然资源，其中包括空气、水、土地、植物和动物，特别是自然生态类中具有代表性的标本，必须通过周密计划或适当管理加以保护"。

可持续发展概念的明确提出，最早可以追溯到 1980 年由世界自然保护联盟（IUCN）/联合国环境规划署（UNEP）和野生动物基金会（WWF）共同发表的《世界自然保护大纲》。1980 年国际自然保护同盟的《世界自然资源保护大纲》："必须研究自然的、社会的、生态的、经济的以及利用自然资源过程中的基本关系，以确保全球的可持续发展"。1981 年，美国布朗（Lester R. Brown）出版《建设一个可持续发展的社会》，提出以控制人口增长、保护资源基础和开发再生能源来实现可持续发展。

1987 年以布伦兰特夫人为首的世界环境与发展委员会（WCED）发表了报告《我们共同的未来》，正式使用可持续发展概念，并对之做出比较系统地阐述，产生了广泛的影响。世界环境与发展委员会在《我们共同的未来》中的可持续发展被定义为："能满足当代人的需要，又不对后代人满足其需要的能力构成危害的发展。"有关可持续发展的定义有 100 多种，但归纳起来其理论基础内涵主要包括如下 5 个要素：①环境与经济的紧密联系；②代际公平；③代内公平；④生活质量提高与生态环境保护的同步；⑤公众参与。

1992 年 6 月，联合国在里约热内卢召开的"环境与发展大会"，通过了以可持续发展为核心的《里约环境与发展宣言》《21 世纪议程》等文件。随后，中国政府编制了《中国 21 世纪人口、环境与发展白皮书》，首次把可持续发展战略纳入我国经济和社会发展的长远规划。1997 年的中共"十五大"把可持续发展战略确定为我国"现代化建设中必须实施"的战略。可以说，可持续发展是一个集生态、环境、经济和政治为一体的综合性概念，而且随着人类对环境与发展问题认识的不断深入，可持续发展理论将会不断丰富和发展。

专栏—联合国环境与发展会议

里约会议是 1992 年 6 月 3～14 日在巴西里约热内卢举行的联合国环境与发展大会。参加会议的有 178 个国家，17 个联合国机构，33 个政府组织的代表，103 位国家元首和首脑。联合国秘书长发表演说，明确会议目的为推广"可持续发展"的观念。

会议取得了重要成果，设定了地球宪章、行动计划、公约、财源、技术转让及制度 6 大议题，并通过了《里约环境发展宣言》（又称《地球宪章》）和《21 世纪议程》，签订了《生物多样性公约》《气候变化框架公约》和《森林公约》等重要文件。在这次会议上，环境保护与经济发展的不可分割性被广泛接受，"高生产、高消费、高污染"的传统发展模式被否定；停滞多年的南北对话开始启动，在一些问题上表现出南北合作的诚意，国家主权、经济发展权等重要原则得到维护。发展中国家在一些会议上发挥了主导作用。

里约地球首脑会议是继斯德哥尔摩会议之后，又一个里程碑式的环境会议。它最大的成功在于促进了各国政府把宽泛的政策目标转化为具体的行动，并在通过经济的、行政的以及制度的手段管理环境上作出了初步尝试。

20.1.2 可持续发展的三大原则

可持续发展理论，在社会方面主张代内公平分配且要兼顾后代人的需要，在经济方面主张建立在保护地球生态系统基础上的经济发展，在自然方面主张人与自然的和谐相处。

（1）公平性原则

可持续发展是一种机会、利益均等的发展，既包括同代内区际的均衡发展，即一个地区的发展不应以损害其他地区的发展为代价，也包括代际间的均衡发展，即既满足当代人的需要，又不损害后代的发展能力。该原则认为人类各代都处在同一生存空间，对这一空间中的自然资源和社会财富应该拥有同等的享用权和有同等的生存权。因此，可持续发展把消除贫困作为重要问题提出来，予以优先解决，给各国、各地区、世世代代的人以平等的发展权。

（2）持续性原则

人类经济和社会的发展不能超越资源和环境的承载能力。在满足需要的同时必须有限制因素，即发展的概念中包含着制约的因素，因此，在满足人类需要的过程中，必然有限制因素的存在。主要限制因素有人口数量、环境、资源以及技术状况和社会组织对环境满足眼前和将来需要能力施加的限制，其中最大的限制因素是人类赖以生存的物质基础——自然资源和环境。因此，持续性原则的核心是人类的经济和社会发展不能超越资源和环境的承载能力，真正将人类的当前利益与长远利益有机结合。

（3）共同性原则

各国可持续发展的模式虽然不同，但公平性和持续性原则是共同的。可持续发展是超越文化与历史的障碍来看待全球问题的，讨论的问题关系到全人类，所要达到的目标是全人类的共同目标。国情不同，实现可持续发展的具体模式不可能是唯一的，但无论富国还是贫国，公平性原则、协调性原则、持续性原则是共同的，各个国家要实现可持续发展都需要适当调整国内和国际政策。只有全人类共同努力，才能实现可持续发展的总目标，从而将人类的局部利益与整体利益结合起来。

20.1.3　可持续发展的基本内涵

2002 年中共"十六大"把"可持续发展能力不断增强"作为全面建设小康社会的目标之一。可持续发展是以保护自然资源环境为基础，以激励经济发展为条件，以改善和提高人类生活质量为目标的发展理论和战略。它是一种新的发展观、道德观和文明观。可持续发展的内涵可以归纳如下几点。

① 突出发展的主题。发展与经济增长有根本区别，发展是集社会、科技、文化、环境等多项因素于一体的完整现象，是人类共同的和普遍的权利，发达国家和发展中国家都享有平等的发展权利。

② 发展的可持续性。人类的经济和社会的发展不能超越资源和环境的承载能力。

③ 人与人关系的公平性。当代人在发展与消费应努力做到使后代人有同样的发展机会，同一代人中一部分人的发展不应当损害另一部分人的利益。

④ 人与自然的协调共生。人类必须建立新的道德观念和价值标准，尊重自然，师法自然，保护自然，与之和谐相处。科学发展观把社会的全面协调发展和可持续发展结合起来，以经济社会全面协调可持续发展为基本要求，促进人与自然的和谐，实现经济发展和人口、资源、环境相协调，坚持走生产发展、生活富裕、生态良好的文明发展道路，保证一代接一代地永续发展。从忽略环境保护受到自然界惩罚，到最终选择可持续发展，是人类文明进化的一次历史性重大转折。

专栏一《增长的极限》

《增长的极限》从 1972 年公开发表以来，四分之一个世纪过去了。这是由麻省理工学院研究小组具体担任研究工作，是国际著名的智囊组织——罗马俱乐部提交给国际社会的第一个报告。作者分别是德内拉·梅多斯、乔根·兰德斯、丹尼斯·梅多斯。本书由罗马俱乐部、波托马克学会和麻省理工学院研究小组联合出版。

这份研究报告所提出的全球性问题，如人口问题、粮食问题、资源问题和环境污染问题（生态平衡问题）等，早已成为世界各国学者专家们热烈讨论和深入研究的重大问题。书中提到有以下几个观点：①增长的极限来自于地球的有限性；②反馈环路使全球性环发问题成为一个复杂的整体；③全球均衡状态是解决全球性环发问题的最终出路。

　　书中的观念和论点，现在听来不过是平凡的真理，但在当时，西方发达国家正陶醉于高增长、高消费的"黄金时代"，对这种惊世骇俗的警告，并不以为然，甚至根本听不进去。现在，经过全球有识之士广泛而又热烈的讨论，系统而又深入的研究，有越来越多的人取得了共识。人们日益深刻地认识到：产业革命以来的经济增长模式所倡导的"人类征服自然"，其后果是使人与自然处于尖锐的矛盾之中，并不断地受到自然的报复，这条传统工业化的道路，已经导致全球性的人口激增、资源短缺、环境污染和生态破坏，使人类社会面临严重困境，实际上引导人类走上了一条不能持续发展的道路。

20.2　循环经济

　　循环经济即物质闭环流动型经济，指在人、自然资源和科学技术的大系统内，在资源投入、企业生产、产品消费及其废弃的全过程中，把传统的依赖资源消耗的线形增长经济，转变为依靠生态型资源循环来发展的经济。其目的是通过资源高效和循环利用，实现污染的低排放甚至零排放，保护环境，实现社会、经济与环境的可持续发展。循环经济是把清洁生产和废弃物的综合利用融为一体的经济，它要求运用生态学规律来指导人类社会的经济活动。

20.2.1　循环经济的由来

　　"循环经济"一词是美国经济学家波尔丁在20世纪60年代提出生态经济时谈到的。波尔丁受当时发射的宇宙飞船的启发来分析地球经济的发展，他认为飞船是一个孤立无援、与世隔绝的独立系统，靠不断消耗自身资源存在，最终将因资源耗尽而毁灭。唯一使之延长寿命的方法就是实现飞船内的资源循环，尽可能少地排出废物。同理，地球经济系统如同一艘宇宙飞船。尽管地球资源系统大得多，地球寿命也长得多，但也只有实现对资源循环利用的循环经济，地球才能得以长存。

　　循环经济思想萌芽可以追溯到环境保护思潮兴起的时代，首先是在国外出现，经历了近十多年的发展。在20世纪70年代，循环经济的思想只是一种理念，当时人们关心的主要是对污染物的无害化处理。20世纪80年代，人们认识到应采用资源化的方式处理废弃物。20世纪90年代，特别是可持续发展战略成为世界潮流的近些年，环境保护、清洁生产、绿色消费和废弃物再生利用等才整合为一套系统的以资源循环利用、避免废物产生为特征的循环经济战略。循环经济是与线性经济相对的，是以物质资源的循环使用为特征的。

20.2.2　循环经济的技术经济特征

　　传统经济是"资源—产品—废弃物"的单向直线过程，意味着创造的财富越多，消耗的资源和产生的废弃物就越多，对环境资源的负面影响也就越大。循环经济则以尽可能小的资源消耗和环境成本，获得尽可能大的经济和社会效益，从而使经济系统与自然生态系统的物质循环过程相互和谐，促进资源永续利用。

　　循环经济是对"大量生产、大量消费、大量废弃"的传统经济模式的根本变革。循环经济是把清洁生产和废弃物的综合利用融为一体的经济，本质上是一种生态经济。它要求把经济活动组成一个"资源—产品—再生资源"的反馈式流程，其特征是低开采，高利用，低排放。

发展循环经济的主要途径包括资源的流动和资源的利用。

从资源流动的组织层面来看，主要是从企业小循环、区域中循环和社会大循环，亦称"点—线—面"这 3 个层面来展开：①以企业内部的物质循环为基础，构筑企业、生产基地等经济实体内部的小循环；②以产业集中区内的物质循环为载体，构筑企业之间、产业之间、生产区域之间的中循环；③以整个社会的物质循环为着眼点，构筑包括生产、生活领域的整个社会的大循环。

从资源利用的技术层面来看，主要是从资源的高效利用、循环利用和废弃物的无害化处理 3 条技术路径去实现：①资源的高效利用。依靠科技进步和制度创新，提高资源的利用水平和单位要素的产出率；②资源的循环利用。通过构筑资源循环利用产业链，建立起生产和生活中可再生利用资源的循环利用通道，达到资源的有效利用，减少向自然资源的索取，在与自然和谐循环中促进经济社会的发展；③废弃物的无害化排放。通过对废弃物的无害化处理，减少生产和生活活动对生态环境的影响。

20.2.3　3R 原则

循环经济要求以"3R 原则"为经济活动的行为准则。3R 原则为减量化（Reduce）原则、再使用（Reuse）原则和再循环（Recycle）原则。

（1）减量化原则

减量化原则要求用较少的原料和能源投入来达到既定的生产目的或消费目的，进而到从经济活动的源头就注意节约资源和减少污染。在生产中，减量化原则常常表现为要求产品小型化和轻型化；在产品包装中，减量化原则要求应该追求简单朴实而不是豪华浪费，从而达到减少废物排放的目的。

（2）再使用原则

再使用原则要求制造产品和包装容器能够以初始的形式被反复使用。再使用原则要求抵制当今世界一次性用品的泛滥，生产者应该将制品及其包装当作一种日常生活器具来设计，使其像餐具和背包一样可以被再三使用。再使用原则还要求尽量延长产品的使用期，而不是非常快地更新换代。

（3）再循环原则

再循环原则要求生产出来的物品在完成其使用功能后再变成可以利用的资源，而不是不可恢复的垃圾。按照循环经济的思想，再循环有两种情况，一种是原级再循环，即废品被循环用来产生同种类型的新产品，如报纸再生报纸、易拉罐再生易拉罐等；另一种是次级再循环，即将废物资源转化成其他产品的原料。原级再循环在减少原材料消耗上面达到的效率要比次级再循环高得多，是循环经济追求的理想境界。

"3R"原则有助于改变企业的环境形象，使企业从被动转化为主动。典型的事例就是杜邦公司研究人员创造性地把"3R 原则"发展成为与化学工业实际相结合的"3R 制造法"，以达到少排放甚至零排放的环境保护目标。他们通过放弃使用某些环境有害型的化学物质、减少某些化学物质的使用量以及发明回收本公司产品的新工艺，在过去 5 年中使生产造成的固体废物减少 15%，有毒气体排放量减少 70%。同时，他们在废塑料如废弃的牛奶盒和一次性塑料容器中回收化学物质，开发出耐用的乙烯材料——维克等新产品。

20.2.4　循环经济与传统经济的区别

传统经济是一种由"资源—产品—污染排放"所构成的物质单向流动的经济。在这种经济中，人们以越来越高的强度把地球上的物质和能源开发出来，在生产加工和消费过程中又把污染和废物大量地排放到环境中去，对资源的利用常常是粗放的和一次性的，通过把资源持续不断地变成废物来实现经济的数量型增长，导致许多自然资源的短缺与枯竭，并酿成灾难性环境污染后果。与此不同，循环经济倡导的是一种建立在物质不断循环利用基础上的经济发展模式，它要求把经济活动按照自然生态系统的模式，组织成一个"资源—产品—再生资源"的物质反复循环流动的过程，使得整个经济系统以及生产和消费的过程基本上不产生或者只产生很少的废弃物，只有放错地方的资源，而没有真正的废弃物，其特征是自然资源的低投入、高利用和废弃物的低排放，从而根本上消解长期以来环境与发展之间的尖锐冲突。

20.3　清洁生产

清洁生产是指由一系列能满足可持续发展要求的清洁生产方案所组成的生产、管理、规划系统。它是一个宏观概念，是相对于传统的粗放生产、管理、规划系统而言的；同时，它又是一个相对动态概念，它是相对于现有生产工艺和产品而言的，它本身仍需要随着科技进步不断完善和提高其清洁水平。

20.3.1　清洁生产的产生背景

发达国家在 20 世纪 60 年代和 70 年代初，在经济快速发展的同时，忽视了对工业污染的防治，致使环境污染问题日益严重。公害事件不断发生，如日本的水俣病事件，对人体健康造成极大危害，生态环境受到严重破坏，社会反映非常强烈。环境问题逐渐引起各国政府的极大关注，并采取相应的环保措施和对策。例如，增大环保投资，建设污染控制和处理设施，制定污染物排放标准，实行环境立法等，以控制和改善环境污染问题。

但是，通过十多年的实践发现，这种仅着眼于控制排污口的污染物达标排放的办法，虽在一定时期内起到一定的作用，但并未从根本上解决工业污染问题。其原因主要有以下几点。

① 随着生产的发展以及人们环境意识的提高，工业污染物的种类检测越来越多，规定控制的污染物（特别是有毒有害污染物）的排放标准也越来越严格，从而对污染治理与控制的要求也越来越高。为达到排放的要求，企业要花费大量的资金，大大提高治理费用，即使如此，一些要求还难以达到。

② 由于污染治理技术有限，治理污染实质上很难达到彻底消除污染的目的。因为一般末端治理污染的办法是先通过必要的预处理，再进行生化处理后排放。有些污染物是不能生物降解的污染物，不仅污染环境，甚至有时治理不当还会造成二次污染，有时只是将污染物

转移，废气变废水，废水变废渣，废渣堆放填埋，污染土壤和地下水，形成恶性循环，破坏生态环境。

③ 只着眼于末端处理的办法，不仅需要投资，而且使一些可回收的资源得不到有效的回收利用而流失，使企业原材料消耗增高，产品成本增加，经济效益下降，从而影响企业治理污染的积极性和主动性。

④ 末端处理在经济上已不堪重负。根据日本环境厅 1991 年的报告，从经济上计算，在污染前采取防治对策比在污染后采取措施治理更为节省。例如，就整个日本的硫氧化物造成的大气污染而言，排放后不采取对策所产生的受害金额是现在预防这种危害所需费用的 10 倍。以水俣病而言，其推算结果则为 100 倍。

据美国环保署统计，美国用于空气、水和土壤等环境介质污染控制的总费用（包括投资和运行费），1972 年为 260 亿美元（GNP 的 1%），1989 年猛增至 1200 亿美元（GNP 的 2.8%）。如杜邦公司每磅废物的处理费用以每年 20%～30% 的速率增加，焚烧一桶危险废物可能要花费 300～1500 美元。

因此，发达国家通过污染治理实践逐步认识到防治工业污染不能只依靠末端治理，要从根本上解决工业污染问题，必须"预防为主"，将污染物消除在生产过程之中，实行工业生产全过程控制。20 世纪 70 年代末期以来，不少发达国家的政府和大型企业集团纷纷研究开发和采用清洁工艺，开辟污染预防的新途径，把推行清洁生产作为经济和环境协调发展的一项战略措施。

清洁生产的概念最早可追溯到 1976 年。当年，欧共体在巴黎举行"无废工艺和无废生产国际研讨会"，会上提出了"消除造成污染的根源"的思想。1979 年 4 月欧共体理事会宣布推行清洁生产政策，1984 年、1985 年、1987 年欧共体环境事务委员会三次拨款支持建立清洁生产示范工程。清洁生产审核起源于 20 世纪 80 年代美国化工行业的污染预防审核，并迅速风行全球。

根据《中国 21 世纪议程》的定义，清洁生产是指既可满足人们的需要又可合理使用自然资源和能源并保护环境的实用生产方法和措施，其实质是一种物料和能耗最少的人类生产活动的规划和管理，将废物消除在生产过程之中，或进行减量化、资源化和无害化。

清洁生产的定义包含 2 个全过程控制：生产全过程和产品整个生命周期全过程。对生产过程而言，清洁生产包括节约原材料与能源，尽可能不用有毒原材料并在生产过程中就减少它们的数量和毒性；对产品而言，则是从原材料获取到产品最终处置过程中，尽可能将对环境的影响减小到最低。

20.3.2　清洁生产的内涵

从本质上来说，清洁生产就是对生产过程与产品采取整体预防的环境策略，减少或者消除它们对人类和环境的可能危害，同时充分满足人类需要，使社会经济效益最大化的一种生产模式。具体措施包括：不断改进设计；使用清洁的能源和原料；采用先进的工艺技术与设备；改善管理；综合利用；从源头削减污染，提高资源利用效率；减少或者避免生产、服务和产品使用过程中污染物的产生和排放。清洁生产是实施可持续发展的重要手段。

清洁生产的观念主要强调 3 个重点：①清洁能源，包括开发节能技术，尽可能开发利用再生能源以及合理利用常规能源；②清洁生产过程，包括尽可能不用或少用有毒有害原料和中间产品;对原材料和中间产品进行回收,改善管理,提高效率;③清洁产品,包括以不危害人体健康和生态环境为主导因素来考虑产品的制造过程甚至使用之后的回收利用,减少原材料和能源使用。

清洁生产是生产者、消费者、社会三方面谋求利益最大化的集中体现:①从资源节约和环境保护两个方面对工业产品生产从设计开始,到产品使用后直至最终处置,给予全过程的考虑和要求;②不仅对生产,而且对服务也要求考虑对环境的影响;③对工业废弃物实行费用有效的源削减,一改传统的不顾费用效益或单一末端控制办法;④可提高企业的生产效率和经济效益,与末端处理相比,成为受到企业欢迎的新事物;⑤着眼于全球环境的彻底保护,为人类社会共建一个洁净的地球带来希望。

20.3.3 清洁生产的基本内容

20.3.3.1 清洁过程控制

清洁生产的定义包含了两个清洁过程控制:生产全过程和产品周期全过程。对生产过程而言,清洁生产包括节约原材料和能源,淘汰有毒有害的原材料,并在全部排放物和废物离开生产过程以前,尽可能减少它们的排放量和毒性。对产品而言,清洁生产旨在减少产品整个生命周期过程中从原料的提取到产品的最终处置对人类和环境的影响。

清洁生产思考方法与前不同之处在于:过去考虑对环境的影响时,把注意力集中在污染物产生之后如何处理,以减小对环境的危害,而清洁生产则是要求把污染物消除在它产生之前。

20.3.3.2 清洁生产目标

根据经济可持续发展对资源和环境的要求,清洁生产谋求达到2个目标:①通过资源的综合利用,短缺资源的代用,二次能源的利用,以及节能、降耗、节水,合理利用自然资源,减缓资源的耗竭;②减少废物和污染物的排放,促进工业产品的生产、消耗过程与环境相融,降低工业活动对人类和环境的风险。

(1) 实施产品绿色设计

企业实行清洁生产,在产品设计过程中,一要考虑环境保护,减少资源消耗;二要考虑商业利益,降低成本、减少潜在的责任风险,提高竞争力。具体做法是,在产品设计之初就注意未来的可修改性,容易升级以及可生产几种产品的基础设计,提供减少固体废物污染的实质性机会。产品设计要达到只需要重新设计一些零件就可更新产品的目的,从而减少固体废物。在产品设计时还应考虑在生产中使用更少的材料或更多的节能成分,优先选择无毒、低毒、少污染的原辅材料,防止原料及产品对人类和环境的危害。

(2) 实施生产全过程控制

清洁的生产过程要求企业采用少废、无废的生产工艺技术和高效生产设备,尽量少用、不用有毒有害的原料,减少生产过程中的各种危险因素和有毒有害的中间产品;使用简便、可靠的操作和控制,建立良好的卫生规范、卫生标准操作程序和危害分析与关键控制点;组织物料的再循环;建立全面质量管理系统(TQMS),优化生产组织,进行必要的污染治理,实现清洁、高效的利用和生产。

（3）实施材料优化管理

材料优化管理是企业实施清洁生产的重要环节。选择材料，评估化学使用，估计生命周期是提高材料管理的重要方面。企业实施清洁生产，在选择材料时要关心再使用与可循环性，具有再使用与再循环性的材料可通过提高环境质量和减少成本获得经济与环境收益；实行合理的材料闭环流动，主要包括原材料和产品的回收处理过程的材料流动、产品使用过程的材料流动和产品制造过程的材料流动。

原材料的加工循环是自然资源到成品材料的流动过程以及开采、加工过程中产生的废弃物的回收利用所组成的一个封闭过程。产品制造过程的材料流动，是材料在整个制造系统中的流动过程，以及在此过程中产生的废弃物的回收处理形成的循环过程。制造过程的各个环节直接或间接的影响着材料的消耗。产品使用过程的材料流动是在产品的寿命周期内，产品的使用、维修、保养以及服务等过程和在这些过程中产生的废弃物的回收利用过程。产品的回收过程的材料流动是产品使用后的处理过程，其组成主要包括：可重复利用的零部件、可再生的零部件、不可再生的废弃物。在材料消耗的环节里，都要将废弃物减量化、资源化和无害化，或消灭在生产过程之中，不仅要实现生产过程的无污染或不污染，而且生产出来的产品也没有污染。

20.3.4　清洁生产审核

清洁生产审核，是审核人员按照一定的程序对正在运行的生产过程进行系统分析和评价的过程，也是审核人员通过对企业的具体生产工艺、设备和操作的诊断，找出能耗高、物耗高、污染重的原因，掌握废物的种类、数量以及原因的详尽资料，提出减少有毒和有害物料的使用、产生以及废物产生的备选方案，经过对备选方案的技术经济及环境可行性分析，选定可供实施的清洁生产方案的分析和评估过程。

清洁生产审核是企业实施清洁生产的一种主要技术方法和工具，也是实施清洁生产的基础。由于世界各国对清洁生产经常使用不同的术语或表述，清洁生产审核在不同国家也有着不同的名称。例如，美国环保局最早针对有害废物的预防，建立推广了废物最小化机会评价，后来将这一技术方法推广为对一般污染物开展的污染预防审核；联合国环境署与联合国工业发展组织将其称为工业排放物与废物审核。中国自开展清洁生产工作以来，清洁生产审核一直是这项工作的核心内容之一。许多清洁生产项目都是首先从清洁生产审核入手，找出污染和浪费的原因，制定相应的清洁生产方案。

清洁生产审核只是实施清洁生产的一种主要技术方法，这种方法能够为企业提供技术上的便利，但它并不是唯一方法，对于一些生产过程相对简单明了的企业，清洁生产审核方法显得过于烦琐，没有必要。因此，在一般情况下，是否需要进行清洁生产审核由企业根据自己的实际需要决定。但是，对超标排放污染物和排放有毒有害物质的企业，必须实施强制性的清洁生产审核。

20.3.4.1　清洁生产审核的目的

清洁生产审核是一种对污染来源、废物产生原因及其整体解决方案的系统化的分析和实施过程，旨在通过实行预防污染分析和评估，寻找尽可能高效率利用资源（如原辅材料、能源、水等），减少或消除废物的产生和排放的方法。清洁生产审核是组织实行清洁生产的重要前提，也是组织实施清洁生产的关键和核心。持续的清洁生产审核活动会不断产生各种清洁生产方案，有利于组织在生产和服务过程中逐步实施，从而使其环境绩效持续改进。

通过清洁生产审核，核对有关单元操作、原材料、产品、用水、能源和废物的资料，确定废物的来源、数量、类型及其削减目标，制定经济有效的削减废物产生的对策，提高对由削减废物获得效益的认识和知识，判定效率低的瓶颈部位和管理不善的地方，提高经济效益、产品和服务质量。

20.3.4.2　清洁生产审核的主要内容

在产品的整个生命周期过程中都存在对环境产生负面影响的因素，因此环境问题不是仅存在于生产环节的终端，而是贯穿于与产品有关的各个阶段，包括从原料的提取和选择、产品设计、工艺、技术和设备的选择、废物综合利用、生产过程的组织管理等各个环节，而这正是清洁生产的理念之一。清洁生产审核作为推动清洁生产的工具，也需要覆盖产品的生命周期的各个阶段，从生产的准备过程开始对全过程所使用的原料、生产工艺，以及生产完工的产品使用进行全面分析，提出解决问题的方案并付诸实施，以实现预防污染、提高资源利用率的目标。清洁生产的主要内容可分为3个主题。

（1）生产过程耗用资源审核

生产过程耗用资源审核主要包括以下方面。

① 能源审核，内容包括：企业清洁能源的利用情况，企业开发降低污染或根绝污染的能源替代技术情况及其效果，企业能源的利用效率等。

② 原材料审核，审核内容主要是查明企业是否选用对环境无害的原材料，否则应分析企业所用的原材料毒性或难降解性；查明产出的产品对环境是否有危害及其危害程度；检查企业是否采取有效措施回收利用原材料及其回收利用程度。

③ 工艺技术审核，审核内容应包括检查企业是否不断进行工艺技术改造，提高原材料利用效率，减少废弃物的排放；检查企业是否开发减污工艺流程，是否在生产工艺流程的上游进行污染控制；评价工艺技术改造的实际效果。

④ 设备审核，作为技术工艺的具体体现，设备的实用性及其维护、保养情况均会影响生产过程中废弃物的产生。因此，清洁生产审核应对设备的使用、更新、维护、保养情况进行审查。

（2）清洁产品审核

清洁产品，包括节约原材料和能源、少用昂贵和稀缺的原料的产品、利用二次资源作原料的产品、使用过程中和使用后不含危害人体健康和环境的产品、易于回收、利用和再生的产品以及易处置降解的产品。因此，清洁产品审核的内容包括：检查企业清洁产品的设计情况，选择最佳的设计方案；产品在生产过程中是否高效地利用资源；产品在使用过程中是否对用户及其环境有不利的影响；产品在废弃后是否会使接纳它的环境受害；企业是否注意回收与利用技术的开发，变有害无用为有益有用；产品的包装物是否对环境有不利的影响，及其包装物的回收利用情况。

（3）清洁管理审核

任何管理的缺陷都是产生废物的重要原因。审核人员应检查清洁生产管理系统的建立健全及其运行的科学性、有效性；检查清洁生产管理内部控制制度的健全性、有效性；核实清洁生产主要技术经济指标的完成情况及其影响因素；检查清洁生产政策和措施的落实和效果。

20.4　我国清洁生产审核实践

我国推进清洁生产的过程大体可以分为 3 个阶段。

① 清洁生产的启动阶段。1992～1997 年是我国启动清洁生产的阶段，这个阶段的基本特征是以宣传示范推动清洁生产。

② 清洁生产的政策实践。1997～2003 年是清洁生产的政策实践阶段，这个阶段的基本特征是在继续清洁生产培训和审核示范活动基础上，转向促进清洁生产的政策机制建立。

③ 清洁生产的深化发展。2003 年以后至现在，随着《中华人民共和国清洁生产促进法》的颁布实施（2003 年 1 月 1 日），我国清洁生产进入一个新的阶段，这个阶段的基本特征是清洁生产正以多样性和内涵拓展的方式深化发展。

20.4.1　我国清洁生产立法的特点

1999 年 10 月，太原市颁布了《太原市清洁生产条例》，2002 年 6 月 29 日全国人大常委会通过《清洁生产促进法》，这是我国针对清洁生产的专门性立法。但从实质意义上看，我国有关环境、能源与科技发展等的多项法律制度中已经或多或少地包含了某些清洁生产的思想和立法内容。1989 年通过的《环境保护法》、1995 年通过的《固体废物污染环境防治法》、1995 年和 2000 年两次修订的《大气污染防治法》、1996 年修订的《水污染防治法》、1997 年制定的《节约能源法》以及某些自然资源法律中都有关于清洁生产的内容，或是有关清洁生产的原则性规定或明确规定，或是体现出清洁生产的某些要求。这些环境保护方面的法律已经对生产过程中产生的污染物的治理作了明确规定，并且制定并公布了一些强制性的标准，这对减少因在生产过程中产生的污染物对环境的破坏起着重要的作用。

与这些法律不同，《清洁生产促进法》的立法目的要求减少和避免污染物的产生，而不是通常环境保护方面的法律所规定的对产生的污染物进行治理。我国已经提出在工业污染防治中"转变传统发展模式，积极推行清洁生产，走可持续发展道路"，表明我国环境战略与政策由注重污染物的"末端处理"转向注重污染预防、清洁生产。环境战略和政策的实施依赖于管理制度、法律法规的保障，依赖于经济刺激措施的推动和环境宣传、教育、合作、交流等措施的配合。

《清洁生产促进法》的出台使我国关于清洁生产的立法跨上一个新台阶，使我国清洁生产的实施有了基本的法律依据，更为我国清洁生产立法的进一步完善提供了一个支点。

《清洁生产促进法》的制定和实施对促进清洁生产，提高资源利用效率，减少和避免污染物的产生，保护和改善环境，保障人体健康，促进经济和社会的可持续发展都具有重大意义。《清洁生产促进法》使清洁生产最终取得了完整而系统的法律制度形式，具体贯彻落实了"经济建设和环境保护协调发展""预防为主、防治结合、综合治理"等基本原则，促进了我国环境保护法制的健全和发展。

20.4.2 《清洁生产审核暂行办法》的原则

自 2004 年 10 月 1 日起，我国施行《清洁生产审核暂行办法》。《暂行办法》对规范清洁生产审核行为提出了明确的要求，体现了 4 项原则。

① 以企业为主体。清洁生产审核的对象是企业，是围绕企业开展的，离开企业，所有工作都无法开展。

② 自愿审核与强制审核相结合。对污染物排放达到国家和地方规定的排放标准以及总量控制指标的企业，可按照自愿原则开展清洁生产审核；对于污染物排放超过国家和地方规定的标准或者总量控制指标的企业，以及使用有毒、有害原料进行生产或者在生产中排放有毒、有害物质的企业，应依法强制实施清洁生产审核。

③ 企业自主审核与外部协助审核相结合。企业对自身的产品、原料、生产工艺、资源能源利用效率、污染物排放以及内部管理状况比较熟悉，可根据对清洁生产审核方法和程序的掌握程度以及人员力量情况，全部或部分开展自主审核。如果企业没有能力自主审核，可寻求外部专家的指导和帮助。

④ 因地制宜、注重实效、逐步开展。各地区经济发展很不均衡，不同地区、不同行业的企业在工艺技术、资源消耗、污染排放等方面的情况千差万别，在实施清洁生产审核时应结合本地实际情况，因地制宜地开展工作。

《清洁生产审核暂行办法》明确了企业实施清洁生产审核的义务，对应实施强制性清洁生产审核的企业，规定了清洁生产审核的时限，审核结果的上报以及企业不履行清洁生产审核义务应承担的法律责任，从而推动企业依法实施清洁生产审核；明确了政府部门推行清洁生产审核的监督管理和服务的职责，提出了建立健全清洁生产审核服务体系、规范清洁生产审核行为的要求；明确了清洁生产审核的内容、程序和方法，指导和帮助企业按照相关的程序和方法正确开展清洁生产审核。这一办法的颁布实施，将有效克服清洁生产审核缺乏法律依据、服务体系不健全、审核行为不规范等问题，对全面推行清洁生产发挥重要作用。

20.4.3 清洁生产在我国的发展现状

20.4.3.1 我国清洁生产工作进展

自 2003 年《中华人民共和国清洁生产促进法》实施以来，我国陆续出台了一系列促进清洁生产的政策措施，将清洁生产作为促进节能减排的重要手段，工业领域清洁生产推行工作取得积极进展，具体体现在以下几个方面。

（1）不断出台清洁生产的政策文件

2003 年国务院办公厅转发了国家发展改革委等部门《关于加快推行清洁生产的意见》，对推行清洁生产做了整体部署，提出了加快结构调整和技术进步、提高清洁生产的整体水平，加强企业制度建设、推进企业实施清洁生产，完善法规体系、强化监督管理，加强对推行清洁生产工作的领导等重点任务。在总体部署下，出台了有关政策、法规、标准，包括《工业清洁生产推行"十二五"规划》《清洁生产审核暂行办法》《工业企业清洁生产审核技术导则》《工业清洁生产评价指标体系编制通则》以及数十个行业清洁生产评价指标体系等清洁生产标准。

（2）不断强化清洁生产的基础工作

建立了冶金、化工、轻工、有色、机械等行业清洁生产中心及清洁生产审核咨询服务机构，国务院有关部门共同组建了"国家清洁生产专家库"，为清洁生产审核、评估提供技术和智力支持。将清洁生产与污染物减排、重金属污染防治相结合，积极推动重点领域、重点企业的清洁生产培训和审核，并取得积极进展。据不完全统计，23.4%的规模以上工业企业负责人接受了清洁生产培训，规模以上工业企业的9%开展了清洁生产审核。

（3）进一步加大科技对清洁生产的支撑力度

发布了 3 批《国家重点行业清洁生产技术导向目录》，以目录为指南，引导冶金、机械、有色金属、石油和建材等重点行业的企业采用先进的清洁生产工艺和技术。通过国家科技计划和科技专项，积极支持重污染行业开展清洁生产技术研发与集成示范。

（4）利用中央财政清洁生产专项资金支持重大共性、关键技术的应用示范和推广

电解锰、铅锌冶炼、电石法聚氯乙烯、氮肥、发酵等行业重大关键共性清洁生产技术产业化示范应用取得进展，为全面推广应用奠定了技术基础。

（5）清洁生产促进节能减排取得了明显的效果

冶金、有色、化工、建材、轻工、纺织等重点行业的清洁生产审核工作有序推进，实施了一批清洁生产技术改造项目，有效提高了企业资源能源利用效率，大幅削减了污染物产生量。《节能减排"十二五"规划》提出，2015 年，全国工业化学需氧量和 SO_2 排放总量分别控制在 319 万吨和 1866 万吨，比 2010 年的 355 万吨和 2073 万吨各减少 10%；全国工业氨氮和 NO_x 排放总量分别控制在 24.2 万吨和 1391 万吨，比 2010 年的 28.5 万吨和 1637 万吨各减少 15%。2012 年，工业化学需氧量、工业 SO_2 排放量分别为 338.5 万吨和 1911.7 万吨，比 2010 年减少 4.65% 和 7.78%。工业氨氮、NO_x 排放量为 26.4 万吨和 1658.1 万吨，比 2010 年减少 7.37% 和 1.29%。

20.4.3.2　我国清洁生产发展存在的问题

在一系列政策措施的带动下，工业领域清洁生产工作取得了不错的成绩，但总体看，我国清洁生产仍处于起步阶段，发展水平有待进一步提高，同时存在一些突出问题。

（1）对清洁生产认识的高度不够

一些地方对清洁生产的本质认识不够清楚，没有完全认识到清洁生产在转变经济发展方式，提高经济增长质量，建设资源节约型、环境友好型社会中的重要作用。清洁生产工作更注重在大型企业开展，忽视了中小企业。企业普遍缺乏依法实施清洁生产的主动意识，对源头预防、过程控制的清洁生产理念认识不够，重末端治理。有些企业虽然进行了清洁生产审核，但流于形式，没有按审核意见实施，或者是部分实施，即着眼于眼前利益，倾向于选择投资小的无费或低费方案，对资金实施效果更好的中费和高费方案不愿投入，直接影响了清洁生产审核的效果。从总体看，清洁生产技术改造方案实施率不高，仅为 44.3%，其中，中高费项目的实施率仅为 41.7%。

（2）清洁生产没有全面展开

实施清洁生产审核的企业数量比例偏低，从全国范围来看，共发布了 5 批全国重点企业

清洁生产公告，2005 年以来，全国共有 17862 家重点企业实施清洁生产审核并通过评估验收。已经公布的强制性审核企业的总量还比较少，有的省份累计公布的强制性清洁生产审核企业数量，占符合《重点企业清洁生产行业分类管理名录》企业的比例不到 1/10。

（3）清洁生产科技开发投入不够

清洁生产科技开发投入不够，重金属污染减量、有毒有害原料替代和主要污染物削减等领域缺乏先进有效的技术。同时，成熟适用技术推广应用不够，制约了清洁生产技术水平的提升。

（4）政策机制有待进一步健全完善

清洁生产促进法规定的一些制度还没有真正建立，如清洁生产信息系统和技术咨询服务体系，清洁生产的技术研发、成果转化和推广机制等有待健全；同时清洁生产推行过程中，尚未充分发挥市场机制的作用。大量消耗资源的产品和包装物强制回收目录和具体回收办法还没有出台。

 习题与思考题

1. 什么是可持续发展？可持续发展的原则和基本内涵分别是什么？
2. 循环经济的由来是什么？有哪些技术经济特征？
3. 循环经济与传统经济的区别是什么？
4. 结合所学知识，举例说明"3R"原则的内容。
5. 清洁生产的内涵和目标是什么？
6. 什么叫清洁生产工艺？试举一例加以说明。
7. 举例说明我国清洁生产的特点和存在问题。

参考文献

[1] 张坤. 循环经济理论与实践[M]. 北京：中国环境科学出版社，2003.
[2] 王国印. 论循环经济的本质与政策启示[J]. 中国软科学，2012，(1)：31-43.
[3] 陆学，陈兴鹏. 循环经济理论研究综述[J]. 中国人口·资源与环境，2014，24(5)：204-207.
[4] 孙晓峰，李键，李晓鹏. 中国清洁生产现状及发展趋势探析[J]. 环境科学与管理，2010，35(11)：185-188.
[5] 彭晓春，谢武明. 清洁生产与循环经济[M]. 北京：化学工业出版社，2009.
[6] 毕俊生，慕颖，刘志鹏. 我国工业清洁生产发展现状与对策研究[J]. 节能与环保，2009，(3)：1-3.